U0240058

Hunting Cyber Criminals

A Hacker's Guide to Online Intelligence Gathering Tools and Techniques

狩猎网络罪犯

黑客视角的开源情报实战

[美] Vinny Troia 著

陈剑锋　张玲　罗仙　蒋涛　译

電子工業出版社

Publishing House of Electronics Industry

北京・BEIJING

Title: Hunting Cyber Criminals: A Hacker's Guide to Online Intelligence Gathering Tools and Techniques
by Vinny Troia
ISBN: 978-1-119-54092-2
Copyright © 2020 by John Wiley & Sons, Inc., Indianapolis, Indiana.
Simplified Chinese translation edition copyright © 2023 by Publishing House of Electronics Industry.
All Rights Reserved. This translation published under license.
Copies of this book sold without a Wiley sticker on the cover are unauthorized and illegal.
本书简体中文版经由John Wiley & Sons, Inc.授权电子工业出版社独家出版发行。未经书面许可，不得以任何方式抄袭、复制或节录本书中的任何内容。
本书封底贴有Wiley防伪标签，无标签者不得销售。

版权贸易合同登记号　图字：01-2022-7107

图书在版编目（CIP）数据

狩猎网络罪犯：黑客视角的开源情报实战 /（美）文尼 • 特洛亚（Vinny Troia）著；陈剑锋等译. 一北京：电子工业出版社，2023.9
书名原文：Hunting Cyber Criminals：A Hacker's Guide to Online Intelligence Gathering Tools and Techniques
ISBN 978-7-121-45961-0

Ⅰ. ①狩…　Ⅱ. ①文… ②陈…　Ⅲ. ①黑客一网络防御　Ⅳ. ①TP393.081

中国国家版本馆 CIP 数据核字（2023）第 129743 号

责任编辑：缪晓红
印　　刷：北京盛通印刷股份有限公司
装　　订：北京盛通印刷股份有限公司
出版发行：电子工业出版社
　　　　　北京市海淀区万寿路 173 信箱　邮编：100036
开　　本：787×1 092　1/16　印张：24　字数：620 千字
版　　次：2023 年 9 月第 1 版
印　　次：2023 年 9 月第 1 次印刷
定　　价：120.00 元

凡所购买电子工业出版社图书有缺损问题，请向购买书店调换。若书店售缺，请与本社发行部联系，联系及邮购电话：（010）88254888，88258888。

质量投诉请发邮件至 zlts@phei.com.cn，盗版侵权举报请发邮件至 dbqq@phei.com.cn。

本书咨询联系方式：（010）88254760，mxh@phei.com.cn。

前　言

我最近参与了一起针对市值达数十亿美元企业的黑客攻击的调查工作，被盗的数据在“地下圈子”兜售。在发现这一点后，我立刻联系了这家企业，他们问了我很多问题。由于我在此次调查的前期已经开展了大量工作，所以，这家企业让我代表他们与威胁行为者联系，试图获取关于此次违规行为是如何发生的等更多信息。

以下内容是名为 NSFW 的威胁行为者提供的文章的一部分，我们将在本书后续更加详细地介绍这个人和他的组织。文章详细描述了他是如何入侵该组织的网络的，其过程非常复杂，绝非普通的黑客所能达到。

整个入侵过程是精心组织并实施的。

文中的敏感信息已修改。

黑客专稿：NSFW

首先，我意识到 GitHub 将在一周内添加新的设备验证机制，因此，我尝试获取尽可能多的开发人员的信息，通过登录他们的 GitHub 账号以访问组织的私有数据库。

然后，我发现公司的软件开发人员在使用 LinkedIn 平台。在通过公开信息查询每人的 Gmail 账号后，我锁定了 Bob。

我通过数据库搜索希望发现 Bob 重复使用的口令或口令风格（撞库），从而使我能够以合法身份登录。

果不其然，我通过这一方式进入了 Bob 的 GitHub 账号，他重复使用了口令“BobsTiger66”（虽然 GitHub 在页面上用红色消息框提示他该口令不安全，但他显然忽略了这一信息）。这一口令还被他在多个私有数据库和一个公共数据库（ArmorGames）上重复使用。

登录后，我必须迅速采取行动，以避免 GitHub 的新机器学习算法对使用新 IP 地址进行账号登录的锁定风险。我立即使用 ssh-keygen 将新的公共 SSH 密钥添加到用户配置文件，同时我意识到 Bob 添加了 Okta SSO 防止私有数据库的复制操作，为了绕过这一点，我查看了相关的集成配置。

CircleCI 是一种流行的 CI/CD（持续集成/交付）工具，通过 SSH 密钥或 PAT（个人访问令牌）与企业组织连接。虽然可以利用这一过程来访问私有数据库，但我并不需要。Bob 的组织使用 AWS 添加了一个奇怪的 Okta STS 实现以生成限时访问令牌，我意识到这个过程在每次新的编译阶段开始时都会被触发，因此，我通过访问 Circle 调试模式，设法提取了这些限时访问令牌，并使用它们下载了内部私有数据库。

不幸的是，这些令牌没有开放更多的权限，否则，我将通过 CLI 获得对 RDS 的访问权限，并将整个数据库的快照复制下来。

读到这里，我对文章作者在这一攻击事件中付出的努力印象深刻。抛开结果不谈，客户同样也非常吃惊。

这次攻击事件有一个圆满的结局。我向客户提供的有用情报能够让他们确定违规是如何发生的，他们将采取适当的保护措施来确保类似的情况不会再出现。

我们的工作原点不应该像许多威胁情报公司所做的那样，为客户提供与假想的威胁行为者相关的通用 TTP（策略、技术和程序）的无用文章，而是尽可能给出威胁行为者是如何破坏他们系统的详细信息。

很多公司对黑客这一群体的认知仅来源于阅读分析报告，但从未真正从核心上了解攻击是如何发生的。实际上，作为狩猎威胁行为者的一个环节，调查者可以直接与他们进行交谈。他们通常非常开放，并乐于吹嘘他们是如何做到的，因为在某种程度上，所有黑客都想出名，虚荣心总会战胜安全操作（Operation Security，OPSEC）。

我之前也与 NSFW 谈论了与他有关的其他几位黑客们的事情，他也很爽快地坦白了他是如何完成攻击的。

如果读者足够细心，将会注意到他提供的文本中的几个拼写错误和独特的写作风格。常见的拼写错误或区域差异（如 organisation 与 organization）是非常重要的调查线索，我将在本书中讨论。

在进一步探讨之前，让读者了解我是谁很重要，这能说明是什么让我与众不同，也可以让读者更早习惯全书中将会充斥的枯燥幽默和讽刺文法。

我的故事

开始写这本书时，我问过自己一个简单的问题：我有资格写这本书吗？直到今天，我的回答仍然是“可能不会”。我不相信一个人可以掌握关于某个领域的全部知识，这就是你会在本书中找到来自其他行业专家提供的技巧和故事的原因。

我钦佩并尊重为本书做出贡献的每个人。我非常了解他们的工作，因而我相信他们独特的观点都成为我在本书中随后讨论内容的有力佐证和补充。

在开始之前，下面有一些关于我是谁，以及我为什么做这件事的理由。

1. 往事

当我父亲带回家一台 IBM PS/2 时，我大约 10 岁。虽然我不知道它是什么、能做什么，但我被迷住了。那是 Windows 3.1 之前的时代，我仍然记得启动这台计算机之后出现的 DOS 提示符，它使我感觉非常震撼。整个事情就像一个巨大的谜题，深深地吸引了我。

我是一个狂热的拼图迷，越复杂的事情越对我的胃口。我的优势（也是公认的弱点）之一就是除非我找到复杂问题的解决方案，否则我决不认输。有些人将这种行为称为“强迫症”，我同意，也承认这一结论。

有时凌晨 4 点我仍然在工作，因为我就是停不下来。工作是我的一部分，也是我觉得自己非常擅长做某些事情（不论是试图入侵系统，还是在刑事调查背后还原事情的真相）的重要原因。

2. 寻根锐舞

20 世纪 90 年代后期，我作为 Web 开发人员开始了编写 HTML 和 JavaScript 的职业生涯。

我在新泽西州长大，一直很喜欢电子音乐。我也对锐舞文化1着迷，像 Limelight 和 Tunnel 这样的夜总会对我而言非常重要，我渴望成为其中的一员。

不幸的是，这些俱乐部对会员有 21 岁以上的年龄要求。这很麻烦，因为当时我只有 16 岁。所以，我自学了 HTML，并提出为俱乐部的一位常驻 DJ 建立一个免费网站。从那时起，我就可以和他一起进入俱乐部，因为我是他的“网络伙计”。

相比之下，渗透测试并没有太大的不同，关键是要了解规则是什么，然后找出绕过规则的方法。这就是我一生都在以某种方式进行渗透测试的原因。

我一直很擅长寻找绕过规则的方法，我认为这是大多数渗透测试人员的共同特点。

不要误会我的意思，规则仍然很重要。有些人喜欢在定义明确的沙盒中生活，而另一些人则喜欢应对挑战、尝试突破，我属于后者。

3. 开发商业模型（使用激光！）

2011 年的一个晚上，我在正在访问的网站上启用了 Burp 套件并开始运行被动风险扫描，这是我和大多数同行浏览互联网的一致模式。

我告诉我的妻子有一个很棒的网站，那里出售不同颜色的高功率激光器，我希望她能让我买一个。虽然这一请求被断然否定了，但令我惊讶的是，Burp 套件在这个网站中发现了一个被动 SQL 注入漏洞。

对此我必须检查一下。我没费什么力气就找到了用户列表，以及对应的口令散列值。如果想以管理员身份登录，那么我必须破解管理员口令的散列值。由于管理员口令是类似“Admin123”的变体，我通过在线哈希破解器立刻找到了它。

我顺利登录了网站，能够访问包括系统记录、用户账号、订单信息等在内的所有内容。

说明

我后来意识到这个行为并不完全是“合法的”，但请不要用道德准则评判我，因为做任何事情都必须从“某个地方”开始。此外，这个故事有一个美好的结局。

正是在那一刻，我感受到了创业的火花。如果我将获取这些信息的方法提供给站点所

---

1 译者注：锐舞（RAVE）又称锐舞派对和狂野派对，是一场通宵达旦的舞会，在那里 DJ 或其他表演者会播放电子音乐和锐舞音乐。

有者，让他们能够修复 SQL 注入错误，从而防止其他人以同样的方式再度入侵，那么他们肯定会用一些很棒的高功率激光器来回报我的善举吧。

我现在拥有一台 2000mW 蓝色激光器和一台 1000mW 绿色激光器。激光确实很强大，它们能烧坏许多东西。

相比该站点修复了 SQL 注入漏洞更重要的是，我拥有了一套为需要帮助的人们提供服务的商业模型。

在这个过程中，我学到了非常宝贵的经验：如果你先入侵一个网站，再尝试向客户提供修复漏洞的解决方案，同时要求以他们网站上出售的产品作为“小费”，那么这种行为可以被解释成“敲诈勒索”，而这显然不是我的意图。虽然我认为我在与该网站 CEO 的电子邮件沟通中进行了明确陈述，但回想起来，我当时的确有可能会陷入麻烦中。因此，虽然这种特殊的实践对我来说十分奏效，但显然我需要进一步努力来完善我的商业模式。

4. 教育经历

我在美国国防部工作时，某天我从一位高级领导那里听说他将招募一位刚刚通过“道德黑客”（也称为白帽子）认证的人加入他的团队。

我认为我也可以做到这一点，因为我已经拥有了破解事物的技能，并且我一生都在这样做。“道德黑客”听起来是一条很好的职业道路，可以做一些我真正喜欢的事情，于是我立刻开始着手研究。

这时，我已经有了学士学位。我在高中时就开始从事技术支持工作，后来只上了一个学期的大学就辍学了。直到很久以后，我才决定去完成我的在线学士学位。

经过一番研究，我在西部州长大学（WGU）找到了一个专门研究信息安全的硕士课程，并将道德黑客（CEH）认证和黑客取证调查员（CHFI）认证作为攻读硕士学位课程的一部分。

几年后，我取得了硕士学位，并获得了所有我想得到的证书。回想起来，我觉得当时我很像阿甘跑遍美国那个场景：既然我已经做到了这一步，那么我还不如继续前进。我决定跳过 CISSP 认证这一“规定动作”，去攻读博士学位。

我又花了大约 4 年的时间参加在线课程，撰写了名为《不同行业 CISO 对网络安全框架有效性的认知》的论文，并于 2018 年获得博士学位。

5. 创建夜狮安全

在与多家大型组织合作，包括担任 RSM（排名前 5 的会计师事务所）的安全服务总监后，我对如何执行渗透测试和风险评估形成了独特的见解。我知道我能够提供更好的东西。

2014 年，我决定创办自己的安全咨询公司——Night Lion Security。我的愿景是组建一支由黑客和渗透测试人员组成的精英队伍，为客户提供全面而有用的调查报告。

成为一家初创网络安全咨询公司本身就已经够难的了，试图与 Optiv、毕马威、SecureWorks、AT&T 等巨头竞争就更加困难了。

我觉得我们能够在这样一个过度饱和的市场中脱颖而出的重要原因，是我们积极接触新闻和媒体并频繁出现在电视上。这也是客户愿意与一家从未听说过的小型初创企业合作的核心原因之一。

虽然我因为在电视上进行“自我推销”而受到批评，但我觉得这是值得的，因为这样能让我以一种难以替代的方式回馈社会。

我们最近完成了对一家大型上市银行的渗透测试。测试结束时，银行的安全副总裁特意告诉我，我们的测试是他们开展过的“首次实质性渗透测试”。过去所有经董事会批准为他们提供服务的大型网络安全公司，都只是进行了例行的漏洞扫描工作，而我们能够为他们提供更有价值的东西。我非常感谢他告诉我这一点，同时对此感到非常自豪，因为这正是我创办公司的初衷。

6. 数字调查与数据泄露

我向数字调查工作的过渡是如此无缝，以至于根本称不上过渡。我甚至不会说我“转向”了它，因为我平常所做的事情就是数字调查：处理事件响应案例、渗透测试、解决复杂问题。它们本质上是一样的，都是为了破解谜题。

在很多个客户案例（识别数据泄露和非法使用）中，如何妥善处置事件调查的后果，有时比事件查找和曝光的过程本身更具挑战性。

我破获了一些备受瞩目的数据泄露事件，包括 Exactis、Apollo.io、Verifications.io 等（将在第 14 章中详细讨论），这些事件披露后带来的后果都大不一样。

Verifications.io 特别有趣，因为我们发现其泄露的数据实际上是从其他人那里窃取的。事实证明，这家公司完全是假的，在我们介入调查后，他们关闭了全部网站。

也有很多次，我绕着圈子向数十家公司发送数据副本，试图找出数据的所有者。

需要注意的是：如果向一家公司询问与他们有关的数据非法使用（或泄露）事件，该公司没有义务透露数据是否真正属于他们。

尽管各个行业的人可能都在努力做正确的事情，但公司不得不公开承认数据非法使用（或泄露）将会为他们带来重大后果——因为几乎总是有人会被解雇，或者更糟糕。

在第 14 章中，我详细介绍了对 Exactis 数据泄露事件的发现过程。当他们的 CEO 在周六晚上给我发短信询问，我为什么要毁了他的事业时，这一点也不有趣（也不轻松）。一切都会起起落落，但归根结底，我喜欢我所做的事情。

我用现实生活中的故事、场景和技巧填满了这本书，它是我过去二十年生命的巅峰之作。希望有一天它能帮助你开展自己的网络调查。

那么，让我们进入正题吧。

致 谢

在此，我要感谢以下几个人：

我的妻子，感谢她在我无数个不眠之夜不断鼓励我解开这个谜题。

感谢贝弗·罗柏（Bev Robb），如果没有他的帮助，我不可能解开 TDO 的秘密。有时，偶然的一次联系和信息片段让我有了重大的发现。非常感谢他包容了我无数的问题和深夜的短信打扰。我永远感激他，希望有一天能为他效劳。

感谢克里斯托夫·莫尼尔（Christopher Meunier），正是他时常嘟囔着下面这种无意间暴露他身份的语句，才给了我继续调查下去的动力，他说：

whitepacket@xmpp.is：我很抱歉，但你听起来要么是执法部门派来的，要么是白痴。更可能是后者。

感谢丹尼斯·卡沃内里斯（Dennis Karvouniaris）一直以来给我的所有信息和帮助。很抱歉事情发展成这样。我很喜欢和他聊天，希望他读到此书时，已经接受了我的建议。

感谢克里斯·哈德纳吉（Chris Hadnagy），他足够信任我，帮我同 Wiley 出版社的好朋友们联系，最终为我争取到了这本图书的出版协议。

感谢亚历克斯·海德（Alex Heid）和杰西·伯克（Jesse Burke），多次帮我整理和拼凑各种线索。

另外也非常感谢花时间为本书提出意见的各位专家，以及他们为这本书贡献的故事和观点。尽管在第 1 章我表达了对他们的敬意，但在此我要再次向所有专家表示感谢。

关于作者

文尼·特洛亚（Vinny Troia），博士，CEH[1], CHFI[2]，Night Lion Security 网络安全咨询公司负责人，公司位于圣路易斯，致力于提供顶级的白帽黑客和风险管理服务。

特洛亚被公认为是网络安全领域的思想领袖，是网络安全相关问题的媒体专家，主要研究企业数据泄露、网络法律和立法、航空和车载系统黑客攻击及网络安全相关问题。

长期以来，通过编代码、解决复杂问题、自学计算机技能，特洛亚在 IT 安全方面积累了丰富的经验。目前，他常在全球各地的网络安全会议和相关活动上发表演讲，大部分时间都在致力于挖掘数据泄露事件，并渗透进暗网的威胁行为者圈子。

每当新漏洞出现时，攻击者的方法都会随之演变，同时留下高价值线索。在演讲中，特洛亚告诉听众如何使用这些信息来提高网络安全防御能力，并在事件发生时制定必要的应对策略。

在成立 Night Lion Security 公司之前，特洛亚花了近十年的时间在美国国防部从事安全和风险相关的项目。

特洛亚获得了卡佩拉大学（Capella University）的博士学位，是一名经认证的白帽黑客和黑客取证调查员。

1 译者注：CEH（Certified Ethical Hacker），由美国中立机构国际电子商务顾问委员会（EC-Council）提供的网络安全认证，被业界称为白帽黑客认证。CEH 认证满足 ANSI / ISO / IEC 17024 标准要求。

2 译者注：CHFI（Computer Hacking Forensic Investigator）是关于计算机入侵调查取证的专业认证，由 EC-Council 颁发。CHFI 认证获得者可在各大政府执法机构及企业担任计算机及网络安全专家。

关于技术编辑

雷亚尔·当斯（Rhia Dancel）在美国各地进行信息安全评估，在美国国防部和私营部门领域开展与开源情报（OSINT）和基于风险的管理平台相关的重要活动。

雷亚尔·当斯拥有化学领域的学位，他的技术与分析背景来源于在制药行业 15 年多的经历。雷亚尔·当斯在工作中试图通过实施安全控制为组织实现横跨多个安全项目的信息安全目标。他同时也将继续为基于风险和安全的项目提供技术支持。

目 录

第 1 章 准备开始……001

1.1 本书的独到之处……001
1.2 你需要知道的……003
1.3 重要资源……004
1.4 加密货币……008
1.5 小结……014

第 2 章 调查威胁行为者……015

2.1 调查之路……015
2.2 黑暗领主……021
2.3 小结……030

第一部分 网络调查

第 3 章 人工网络调查……032

3.1 资产发现……033
3.2 钓鱼域名和近似域名……043
3.3 小结……047

第 4 章 识别网络活动（高级 NMAP 技术）……048

4.1 准备开始……048
4.2 对抗防火墙和入侵检测设备……050
4.3 小结……060

第 5 章 网络调查的自动化工具……061

5.1 SpiderFoot 工具……062
5.2 SpiderFoot HX（高级版本）……067
5.3 Intrigue.io……069
5.4 Recon-NG……078
5.5 小结……085

第二部分　网络探索

第 6 章　网站信息搜集……088

6.1　BuiltWith……088
6.2　Webapp 信息搜集器（WIG）……090
6.3　CMSMap……094
6.4　WPScan……098
6.5　小结……105

第 7 章　目录搜索……106

7.1　Dirhunt……106
7.2　Wfuzz……109
7.3　Photon……111
7.4　Intrigue.io……114
7.5　小结……117

第 8 章　搜索引擎高级功能……118

8.1　重要的高级搜索功能……118
8.2　自动化高级搜索工具……125
8.3　小结……129

第 9 章　Whois……130

9.1　Whois 简介……130
9.2　Whoisology……135
9.3　DomainTools……139
9.4　小结……147

第 10 章　证书透明度与互联网档案……148

10.1　证书透明度……148
10.2　小结……164

第 11 章　域名工具 IRIS……165

11.1　IRIS 的基础知识……165
11.2　定向 Pivot 搜索……166
11.3　信息融合……175
11.4　小结……181

第三部分 挖掘高价值信息

第 12 章 文件元数据……183

12.1 Exiftool……183
12.2 Metagoofil……185
12.3 Recon-NG 元数据模块……187
12.4 Intrigue.io……193
12.5 FOCA……196
12.6 小结……200

第 13 章 藏宝之处……201

13.1 Harvester……202
13.2 Forums……206
13.3 代码库……212
13.4 维基网站……218
13.5 小结……221

第 14 章 可公开访问的数据存储……222

14.1 Exactis Leak 与 Shodan……223
14.2 CloudStorageFinder……226
14.3 NoSQL Database3……228
14.4 NoScrape……237
14.5 小结……244

第四部分 狩猎威胁行为者

第 15 章 探索人物、图像和地点……247

15.1 PIPL……248
15.2 公共记录和背景调查……251
15.3 Image Searching……253
15.4 Cree.py 和 Geolocation……260
15.5 IP 地址跟踪……263
15.6 小结……263

第 16 章 社交媒体搜索……264

16.1 OSINT.rest……265
16.2 Skiptracer……273
16.3 Userrecon……282
16.4 Reddit Investigator……284

16.5 小结 ······ 286

第 17 章 个人信息追踪和密码重置提示 ······ 287

17.1 从哪里开始搜索 TDO ······ 287
17.2 建立目标信息矩阵 ······ 288
17.3 社会工程学攻击 ······ 290
17.4 使用密码重置提示 ······ 297
17.5 小结 ······ 307

第 18 章 密码、转存和 Data Viper ······ 308

18.1 利用密码 ······ 309
18.2 获取数据 ······ 312
18.3 Data Viper ······ 319
18.4 小结 ······ 328

第 19 章 与威胁行为者互动 ······ 329

19.1 让他们从“阴影”中现身 ······ 329
19.2 WhitePacket 是谁 ······ 330
19.3 YoungBugsThug ······ 335
19.4 建立信息流 ······ 339
19.5 小结 ······ 344

第 20 章 破解价值 1000 万美元的黑客虚假信息 ······ 345

20.1 GnosticPlayers ······ 346
20.2 GnosticPlayers 的帖子 ······ 349
20.3 与他联系 ······ 354
20.4 把信息汇聚在一起 ······ 357
20.5 到底发生了什么 ······ 363
20.6 小结 ······ 367

后记 ······ 368

第1章 准备开始

本章介绍了在正式开始之前应该了解的重要事项，如本书将涉及和不涉及的主题、后续章节中将时常讨论的主要内容、帮助简化网络调查之旅的预备知识等。

也许你正在寻找进入网络空间调查领域的理由，也许你已经在该领域之中并且希望掌握在调查工作期间可以使用的新技术。

无论哪种情况，我都觉得很有必要先做出提醒：开始调查就像跑马拉松一样，它可能缓慢而乏味，并且需要很长时间才能到达目的地。

你需要有很强的意志力，因为试图将整个互联网中杂乱无章的线索和信息联系起来，结果可能会非常令人沮丧。但如果坚持下去，并克服最初的痛苦，谜底最终会揭开。

在调查过程中你将会体验一种感觉，这种感觉与程序员的主线程编译在反复报错后最终首次通过，或者与黑客通过漫长的试探性接触并最终破解了目标 Tumblr 账号类似。在第一次成功后，紧接着就会有第二次、第三次……最终整个世界都亮了起来。

没有什么比进入“目标状态”更令人振奋了。在解决难题、破解系统或完成你正在做的事情之前，你全身心处于一个类似电影《黑客帝国》中“子弹时间”一样的精确的“激光聚焦”境界：你无法放慢节奏，或者停止你正在做的事情。

本书中将展现我个人珍藏的“武器工具库”相关内容，希望它能帮助和引导读者准确到达那个境界。

本书还介绍使用工具的经验和思考过程，因为学习他人是如何使用这些特定工具的，比简单重复用户手册上的步骤更有价值。

1.1 本书的独到之处

我阅读过很多有关数字调查的图书，它们大多仅列出了所有可用的工具并提供其功能的简短说明，这种做法就是走马观花。

在写本书之前，我阅读和参考了许多关于开源情报与调查的图书，它们让我感到不知所措。就像在看技术百科全书时，书中没有给出任何与正在阅读的内容相关的指导或有用建议。

我自认为本书与众不同，因为我深入研究了这些工具，并试着通过讲解真实调查背后的故事，来说明这些工具在使用过程中有多大用处。

另一个区别是，本书的示例不仅限于展示各种工具的“积极效果”，我讨厌其他书这样做，因为那纯粹是报喜不报忧。真实的数字调查过程常常无法得到有用信息，这也是我将在下文中对不同工具进行比较时的要点。

1. 你将会/不会在本书中读到的内容

本书涵盖许多工具，包括这些工具的用途、我的思考过程，以及我如何使用它们中的一些来推进调查工作的故事。

本书将包含我在情报搜集或违规行为调查中的一些个人经验。尽管出于保护相关公司或人员（主要是为了保护我）的目的，示例中的人名、地名等信息可能会被更改，但所呈现的故事和场景完全并非虚构。我比较崇尚“开箱即用”的生活方式，因此，本书将提供触手可及的知识和技巧，也许有一天它们会对你有所帮助。

我不喜欢大多数技术图书仅以单一视角（作者）来进行叙述的风格。

我将是第一个承认我对开源情报或数字调查一无所知的人。调查过程常常涉及来自不同领域的多样、复杂的技术，这需要独特的视角和对多年实践经验的理解。我喜欢接触我所尊重的人，因为我感觉可以从他们身上学到东西。

我认为如果将自己的观点和经验与其他专家的见解一起纳入本书，对读者来说会很有趣。

既然这是一本关于某个主题的书，为什么不把同样擅长该主题的人的意见包括在内呢？

因此，我邀请了一些我认为是该领域专家的人，分别就信息搜集或调查过程的某些环节提供相应的故事、观点和技术。

他们的每个故事都是独一无二且发人深省的。

2. 了解与你同行的专家们

我要特别感谢以下人员，感谢他们作为专家对本书所做的贡献（姓名按字母顺序排列）。

- Alex Heid：SecurityScoreCard 研究副总裁，HackMiami 创始人。
- Bob Diachenko：SecurityDiscovery.com 创始人和安全研究员。
- Cat Murdock：Guidepoint Security，威胁与攻击模拟研究员。
- Chris Hadnagy：LLC, SEVillage owner，首席 human 黑客，社会工程专家。
- Chris Roberts：Attivo Networks，首席安全战略官。
- John Strand：Black Hills Information Security 创始人，高级 SANS 导师。
- Jonathan Cran：Intrigue.io 创始人，Kenna Security 首席研究员。
- Leslie Carhart：Dragos, Inc. 首席威胁狩猎师。
- Nick Furneux：计算机取证调查专家、数字货币调查专家。
- Rob Fuller：Heavyweight 红队。
- Troy Hunt：Microsoft 副总裁、安全研究员，Have I Been Pwned 创始人。
- William Martin：SMBetray 研究员、工程师。

3. 加密货币小记

感谢 Nick Furneux 为本章提供的加密货币调查入门内容。对于那些真正有兴趣深入研究如何调查加密货币的人，请读他出版的 *Investigating Cryptocurrencies: Understanding, Extracting and Analyzing Blockchain Evidence* 一书（由 Wiley 出版社出版）。

1.2 你需要知道的

本书将讨论以下主题，它们将按出场先后而非按重要性排序。

（1）一些年轻有抱负的黑客（或称为 Skid，即 Script-kiddie），他们的虚荣心总是让他们将安全操作（OPSEC）抛在脑后。本书将介绍许多示例来证实这一说法。

（2）访问历史信息往往会促进或破坏整个调查工作。如果一个年轻或有抱负的网络罪犯愿意为了自己的虚荣心而牺牲 OPSEC，那么他留下的线索迟早会被发现。具备访问历史信息能力的调查者会顺着提示找出正确的答案。可以访问的历史信息越多，找到关注的人或东西的概率就越大。

（3）一分价钱一分货。如果想使用最好和最完整的历史信息来源，就必须下血本。如果想要便宜（或免费），不要期望可以获得所有内容。

（4）永远不要仅依赖一种工具来寻找答案。应该尝试所有可用的工具和技术，即便它们之前未能提供任何有用的结果，但我们在下一时刻可能就会走运。本书到处都是为什么应该这么做的例子，我曾被其中的一些结果深深震撼。

（5）保存所有内容，保留详细的文档，以便以后能够找到。

警告

及时保存是在任何调查中都必须强调的，特别是当调查者正在寻找新的细节时。我不确定我是否有资格这么说，因为我在一些关键项目的研究中都没做到这一点。当时我确定截图了，但应该是太忙于研究（在入迷的境界中）了，以至于忘记保存，现在这些东西都不见了。我每天都为此而自责。再说一次，保存一切。

1. 付费工具与历史数据

在本书中我将尽最大努力使用免费和开源工具，但我还是要强调一点：一分价钱一分货。

情报研究和信息搜集也不例外，总是有便宜的“路线”可以走，有免费的工具可以用，但归根到底，这种方式会降低能够检索到的信息质量，同时增加在查找信息上花费的时间。

调查中最关键的部分与可以访问历史数据的能力密切相关，目前的开源工具极少包含大规模历史数据。

我很乐意为一些包含大量有用信息的工具包付费，稍后我将更详细地讨论它们。但是现在，你需要知道本书中讨论的技术并非都使用了完全免费的工具，需要权衡是否要花钱。

2. Maltego 是什么

Maltego 是用于数字调查的强大工具，甚至可称为行业标准调查工具的标杆。很多数字调查图书都对Maltego的功能进行了介绍，也有专门介绍Maltego的用途和用法的图书，而这就是我决定将 Maltego 排除在本书之外的原因。

不要误会我的意思，我也是 Maltego 的爱好者和使用者。但是该程序非常庞大，以至于需要花费本书的大部分内容来描述它，才能涵盖它的所有功能。在这种情况下，其他许多有用且值得注意的工具将无法得到应有的关注。所幸，这不会发生。

3. 准备工作

要想有效使用本书中描述的工具和技术，需做好如下两项准备。

1）懂得如何去使用和配置 Linux

本书介绍的大部分工具和示例都是用 Linux 书写的，读者需对 Linux 有基本的了解，从而自行决定工具的设置，以及安装各自的依赖项。有许多不同的 Linux 环境可供选择，每种环境都有自身的优势。比起在这方面详细介绍，我宁愿花时间专注于与调查相关的技术和故事。

如果不确定如何选择 Linux 发行版本，可下载 Kali Linux，需要的大部分东西都已经设置好了。

2）好好保存 API 密钥

本书中的许多工具都需要与多个站点/服务的 API 连接。在起步阶段会遇到的最令人沮丧的事情之一就是必须在每个工具中单独设置 API 密钥。

建立并维护一个 API 密钥的清单。关于这个话题没有多少可说的，但我希望在此强调，从长远来看，它能节省很多时间。如果你的 API 密钥列表并没有几行也没关系，我们可以从头开始。我使用“站点名称：APIKEY”这一格式来记录，并将所有内容存储在我的 1password 保险库中。

不要在任何公共网站上发布密钥，包括 AWS Bucket、Trello board 或 OneNote 文件等。我直到某天看到了一则关于密码和其他账户的详细信息通过服务器暴露的事件，才意识到 Trello board 可以公开搜索。应尽量避免将密钥存储在无法直接控制的东西上。

1.3 重要资源

下面的资源是非常有用的指南，可帮助提高对 OSINT 和调查的了解。

1. 开源情报（OSINT）框架

OSINT 框架是一系列开源情报工具的集合，旨在使搜集情报和数据的过程变得更容易。

OSINT 框架在易于使用的 Web 界面中集成了详尽的工具(远远超过本书所涵盖的内容)。

图 1.1 所示为 OSINT 提供的资源链接，OSINT 的在线界面为不同的情报来源做好了分类，可以作为调查对象所有可能信息来源的重要清单（或路线图）。

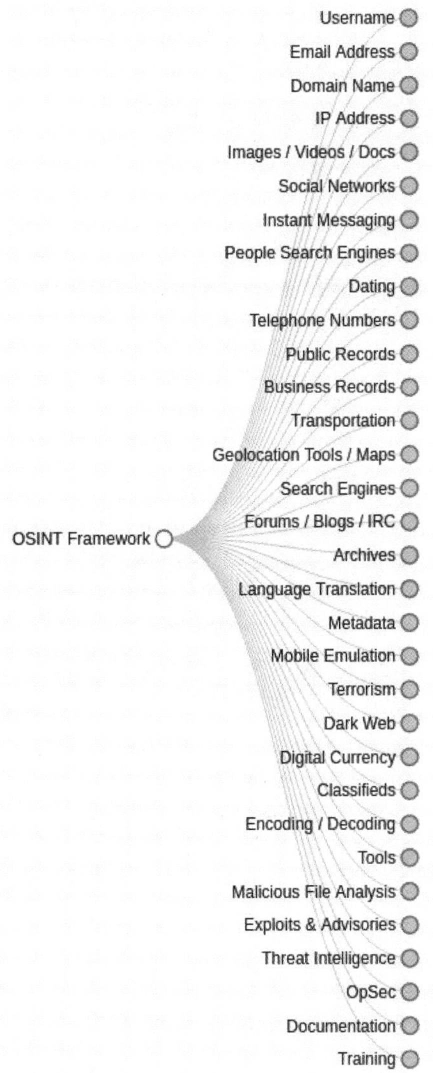

图 1.1　OSINT 提供的资源链接

OSINT 框架是网络犯罪调查人员和渗透测试人员的绝佳资源，可以在 https://osintframework.com 找到它。

2. OSINT.link

OSINT.link 为调查者搜集信息提供链接、搜索引擎和 Web 目录资源。

3. IntelTechniques

OSINT 专家 Michael Bazzell 和他的同事创建的 www.inteltechniques.com 提供了非常有用的社交媒体和调查搜索引擎。但从 2019 年 4 月起，该网站不再免费，仅对网站视频培训的付费会员开放。图 1.2 所示为 Intel Techniques 包含的大量搜索引擎，它们只是网站中许多可用链接和资源类别的一部分。

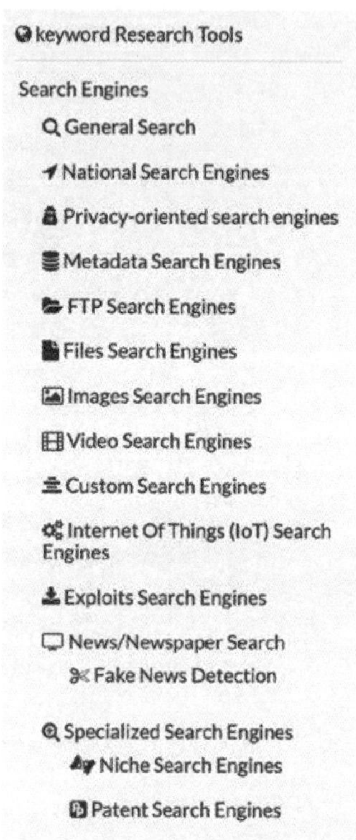

图 1.2　IntelTechniques 包含的大量搜索引擎

4. Termbin

你是否遇到过在 Linux 中工作时需要向自己发送一些文本数据，但无法直接将数据传给自己的计算机的情况？

如果想通过一个或多个跳转服务器进行连接，那么使用 Rsync 可能不是一个好方法，因为配置 Web 服务器意味着要在防火墙上建立一条通道，而这可能会坏事。那么要从其中一台服务器上向自己发送文本，我们该怎么做？

在这种情况下，Termbin 最适合。

使用 netcat 将文件的内容发送到 termbin.com，将会得到一个可以下载文本的私有链接。

例如，使用以下命令将名为 surprise.txt 的文件发送到 termbin.com：

```
root@osint >  cat surprise.txt | nc termbin.com 9999
```

会得到一个提供该文件下载的自定义网址：https://termbin.com/cpc4。

5. Hunchly

Hunchly 是一种用于在线调查的工具，它会自动搜集文档并注释访问过的每个网页。

在多次调查中，我都希望当时保存了特定的屏幕截图。但即使我知道我肯定保存了，却还是找不到它们。Hunchly 通过捕获浏览器中的所有内容并将其标记为特定的调查案例来避免这种情况发生。

无论是专业调查人士还是 OSINT 爱好者，都应该下载此工具。

Hunchly 支持 Windows、Mac 和 Linux，并能直接与 Chrome 以插件方式集成。当开始特定的调查时，快速打开插件并选择正在处理的案例，Hunchly 将完成剩下的工作。

如果有机会，我希望能更详细地介绍这个工具，因为正确保存和记录调查结果非常重要。同时它也能帮助调查者回过头来弄清楚，特定结论是如何得出的。

Hunchly 的下载地址是 www.hunch.ly。

6. 词汇表[1]与生成器

本书中会时不时出现词汇表的应用。互联网上有大量通用词汇表可用，在大多数情况下，这些词汇表能够很好地帮助调查者完成工作。当进行蛮力破解或寻找隐藏目标时，调查者通常会使用自定义词汇列表。

1）SecLists

你的第一站应该是 GitHub 上的 SecLists 页面。

SecLists 由 Daniel Miessler 维护，是由许多不同类型的单词列表组成的高质量集合，包括用户名、密码、名称组合、数据模式、模糊测试负载等。

可以在 SecLists GitHub 页面（网址为 https://github.com/danielmiessler/SecLists）下载该词汇表。

SecLists 是一个很好的起点，下面将介绍的工具可以用于创建自定义词表。所有这些都可以在 Kali Linux 中使用。

2）Cewl

Cewl 是一个开源的自定义词表生成器，旨在构建调查者的特定目标词汇表。Cewl 通过抓取目标 URL 并返回可用于 JTR 等各种密码破解应用程序的关键字来构建列表。

在寻找特定目标的关键字列表时，Cewl 就是那把一击致命的“狙击步枪”。

通过抓取一个人的社交媒体页面就可以获得一些特定的关键字，一旦有了这些关键字，就可以使用应用程序标准语法或自定义语法生成单词组合。

Cewl 的下载地址是 https://github.com/digininja/CeWL。

3）Crunch

Crunch 是一个免费工具，它使用自定义模式和排列生成复杂而详尽的词汇表。

1 译者注：词汇表（Wordlist）是一类存储着大量短文本的数据库，包括通过各种手段获取和搜集的网络用户名、密码、URL、敏感数据模式等。词汇表多用于蛮力密码破解，对于安全意识较差的用户，破解率很高。

Crunch 是开发词汇表的绝佳方法，也是在查找名称未知的公共存储库和 S3 存储桶的出色工具。

Crunch 的下载地址是 https://sourceforge.net/projects/crunch-wordlist。

7. 使用代理

在运行 OSINT 搜索（例如，NMAP 扫描或目录蛮力破解）时，可以使用代理来避免被对方检测到。

有数百个代理站点售卖私有的高质量代理。你可以选择购买 50～100 个，并通过 ProxyChains 等工具自动轮换这些代理。

我最喜欢如下两个站点：

- Lime Proxies（www.limeproxies.com）。
- quid Proxies（www.squidproxies.com）。

我钟爱的用于 OSINT 搜索、调查和网络抓取的代理服务是 Storm Proxies（www.stormproxies.com）。

Storm Proxies 无须在服务器上设置 ProxyChains 或其他代理服务，就能够自动轮换代理。使用它可以将所有网络访问请求发送到特定 IP 地址，然后该地址将通过自己的数千个私有代理服务器中的一部分来转发这些流量。

可以选择使用 3 分钟或 15 分钟代理，即每 3 分钟或每 15 分钟更改一次 IP 地址，或者干脆发送每个请求时都通过不同的代理服务器（这是避免防火墙检测的好方法）。

Storm Proxies 是一项付费服务，但与购买和管理数百个私人代理所需的费用相比，其价格相当便宜。

1.4 加密货币

本节内容由 Nick Furneux 提供。

2008 年年底，神秘的中本聪撰写了一份白皮书，介绍了一种能够自我创造和自我管理的货币，这种货币构建于被称为区块链的新型数据库之上。2009 年年初，名为比特币的概念验证型区块链系统在互联网上出现，该系统声称其基于去中心化的模型构建，承诺其将不受银行或政府控制，同时将从本质上彻底改变货币的定义。比特币已经成为一个传奇，尽管表面上它并不符合货币的标准，但它以某种方式产生了事实上可接受的价值和可交易性。相比“加密货币”，大部分使用者现在更喜欢使用“加密资产”来称呼比特币。

区块链本质上是一种将合约（如代币交易）存储在进行加密保护的数据库中的巧妙方法，除非攻击者拥有强大的算力，否则，数据库中的条目无法被更改。当前，区块链一词已与其他流行技术术语（如人工智能、云计算）一起成为炙手可热的营销话术，这些概念听起来很不错，同时人们也愿意为之付费，但实际上他们的系统不需要这些技术带来的“改进”也能运行良好。2017 年，一家名为 Bioptix 的公司更名为 Riot Blockchain，其股票价格上涨了 394%。但当 CNBC 电视台曝光了这一更名行为纯粹是为了提升公司股价的事实后，股票随即暴跌。

2009 年以来，有许多新的加密货币出现。在撰写本书时，CoinMarketCap 官网列出了 2164 种不同类型的可交易加密货币。虽然它们中的大多数沿用区块链或其变体技术，但也有如 IOTA 这类采用“Tangle”等不同技术架构的加密货币。一些加密货币提供完全匿名保证，另一些只允许部分匿名。它们的优点包括：

- 无中心化控制。
- 无须清算资金，交易更快捷。
- 不可篡改的交易历史。
- 部分或完全匿名。

大多数流行的加密货币都拥有公开交易账本，在开源协议之下运作。公开的账本对于调查非常有帮助，但调查人员可能很难理解比特币和以太坊等加密货币使用的伪匿名数据。

1. 加密货币是如何运作的?

加密货币是相当复杂的系统，有专门的图书阐述其内部运作机理。其中的一些细节值得开源情报调查人员注意。

加密货币地址是字母和数字的组合，通常用 Base58 编码表示，它们一般为 34、42、96 个字符，或者其他自定义的长度。

一个比特币地址的例子如：1BoatSLRHtKNngkdXEeobR76b53LETtpyT。

一个以太坊地址的例子如：0x89205A3A3b2A69De6Dbf7f01ED13B2108B2c43e7。

一个门罗币地址的例子如：44AFFq5kSiGBoZ4NMDwYtN18obc8AemS33DBLWs-3H7otXft3XjrpDtQGv7SqSsaBYBb98uNbr2VBBEt7f2wfn3RVGQBEP3A。

这些地址本质上是一个公钥，用户可以将它提供给任何希望向他们发送加密货币的人。当提取、转移在这个地址中存储的任何代币时，需要与之相应的私钥（可以在 https://medium.com/@vrypan/explaining-public-key-cryptography-to-non-geeks-f0994b3c2d5 上找到描述公钥/私钥系统的一篇出色的概述文章）。

调查中会遇到许多加密货币地址，但它们都是公钥地址。虽然有些私钥会因为用户泄露或系统错误而暴露出来，但这种情况是罕见的，很快这一地址上由私钥保护的代币就会消失。

加密货币地址不直接与账户或身份相关联，因而它是伪匿名的。虽然有些技术能够用于推断账户的所有权，但通常它们的原理复杂且耗时巨大。

当用户希望将加密货币发送给另一个用户时，他们需要将这笔交易记录在该类型货币所有用户节点的所有分类账本中。事实上，“矿工”（原指参与维护加密资产网络并获得收益的人，这里也泛指执行加密资产交易的人）会将该交易记录添加到某个区块中（试想一个装满了“交易”的盒子），再使用强大的计算机进行复杂的数学运算，为区块加锁，这种锁定使得已经记录的数据无法轻易被更改。如果有人试图改变某笔交易的信息，那么他们必须在该类型货币全球所有分类账本中都进行修改，并重新计算新的复杂数学问题。在特定区块之上叠加的其他区块越多，更改操作实施起来就越困难，实际上这是不可能做到的。

2. 调查区块链

除了一些封闭的或高安全的加密货币以外，区块链的账本都是公开的，它们对调查人员而言是有用的资源。例如，如果调查人员在论坛的帖子签名中找到属于嫌疑人的加密货币地址，则很容易确定已通过该地址进行的交易或依然存放在该地址中的金额。为了做到这一点，调查者需要使用区块链浏览器。有许多这方面的资源，其中关于比特币的例子如：

- www.blockchain.com。
- www.blockcypher.com。
- www.btc.com。

小技巧

使用 blockchain.com 搜索地址时，滚动到页面底部并单击“高级”→“启用”链接，将会为该地址的每次交易记录生成一个链接。

blockchair.com 和 bitinfocharts.com 等能够为比特币、比特币现金、狗狗币、以太坊、莱特币等多种货币提供区块链浏览器。它们虽然使用不同的图形界面，但本质上显示的是相同的信息，了解这些信息的构成非常重要。

下面介绍 blockchain.com/explorer。在这里可以搜索比特币、比特币现金或以太坊地址，并得到与该地址相关的所有交易的列表。如果某一地址显示为“输入”，表示它向其他地址付款；如果是“输出”，则表示它从其他地址接收资金。

对于特定的比特币地址，会在顶部面板中看到一系列元数据属性，随后是一系列交易记录，如图 1.3 所示。

Summary	
Address	1Mz7153HMuxXTuR2R1t78mGSdzaAtNbBWX
Hash 160	e62f3c2c154063f3e230d293701c7583f5489556
Transactions	
No. Transactions	91
Total Received	4.19381086 BTC
Final Balance	0.15830061 BTC

图 1.3　blockchain.com 关于比特币地址的信息面板

有关地址的元数据可能非常有趣，它可以帮助我们还原有关该地址使用的大致情况。例如，这个地址参与了多少次交易；这个地址收到了多少比特币，现在还剩下多少；第一次付款是什么时候，以什么方式进行；收到的比特币是立即转移，还是保留在地址中。此外，还可以通过图形方式呈现出地址中存放的金额随时间的变化情况。

下面以一次勒索病毒攻击为例，说明这些问题为什么很重要。假设受害者的计算机感染了病毒，该病毒会加密所有数据，并向受害者要求比特币赎金以获取解锁码。关于赎金地址的调查，可以告诉我们诈骗活动可能于何时开始、有多少受害者向诈骗者的地址付款、

诈骗者赚了多少钱、这些钱是转移还是保留了，等等。在 Petya/NoPetya 勒索软件的案例中，受害者付款后加密货币会在地址中保留几天，然后诈骗者将其移走。通过搜索诈骗者使用的地址 1Mz7153HMuxXTuR2R1t78mGSdzaAtNbBWX，在生成的图表中可以看到 2017 年 6 月代币余额出现了明显峰值，这将有助于确定受害者何时开始支付、诈骗者收到多少钱、诈骗者如何转移这些钱等有用信息。可以清楚地看出，首笔付款开始于 2017 年 6 月 27 日，主要的付款完成于 2017 年 6 月 28 日。加密货币一直存放在该地址中并直到 2017 年 7 月 4 日才进行交易。这些信息有助于我们了解诈骗事件的生命周期：受害者的付款实际上是在 24 小时内进行的；在加密货币被转移之前仅在地址中保留了短短几天；没有再收到其他大额款项。这是一个很好的例子，可以用于说明仅单个地址的元数据就能够帮助我们重建犯罪过程。

付款的数额可以帮助我们辨别可能的受害者数量，https://oxt.me 能够帮助我们做到这一点。浏览该站点并再次查看地址 1Mz7153HMuxXTuR2R1t78mGSdzaAtNbBWX，如图 1.4 所示。

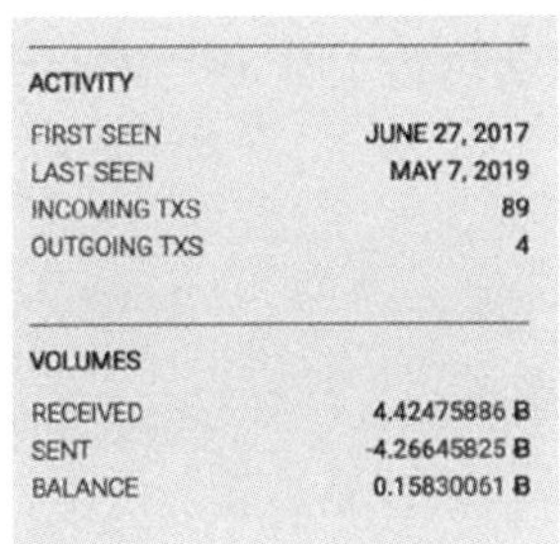

图 1.4 利用 https://oxt.me 查看比特币地址的交易信息

这些数据直观给出了地址的首次交易、末次交易、总计接收和发送的加密货币等统计信息，对调查非常有用。在此示例中，“输入”和“输出”交易的细分记录还有助于我们了解潜在受害者的数量、89 笔收款的详情，以及最终使用了多少地址才将代币从该地址中转移等情况。如果分析得出某些交易用于向非法暗网商店支付，那么诈骗者很可能是这些货物的买家。

小技巧

受害者通常是加密货币新手，他们倾向于直接从交易所购买代币并将其发送给诈骗者。如果调查者能够识别出该交易所，就能直接向交易所提出 KYC（Know Your Customer，了解客户规则[1]）请求并找到受害者。

3. 跟踪资金去向

加密货币的调查过程通常意味着对从源地址到目的地进行的非法支付行为进行跟踪。由于加密货币的伪匿名性质，很多情况下跟踪实现起来很复杂。例如，比特币具有 34 个

1 KYC（了解客户规则）是指在金融服务中需要验证客户的身份、适合性和与该客户维持商业关系所带来的风险的惯用做法，也指金融服务提供商为配合司法调查建立的信息披露机制。

字符的 Base58 编码，当调查者不停地在交易记录之间切换并查找信息时，容易出现“地址疲劳”。

在各种区块链浏览器中，在不同的交易间跳转访问方法略有不同。在 Blockchain.info 中，当单击右侧交易输出端突出显示的“已付款”（Spent）链接时，可以跳转到下一笔或之后的交易，但单击左侧交易输入端的“输出”（Output）链接时，却令人困惑地回到了上一笔交易，如图 1-5 所示。

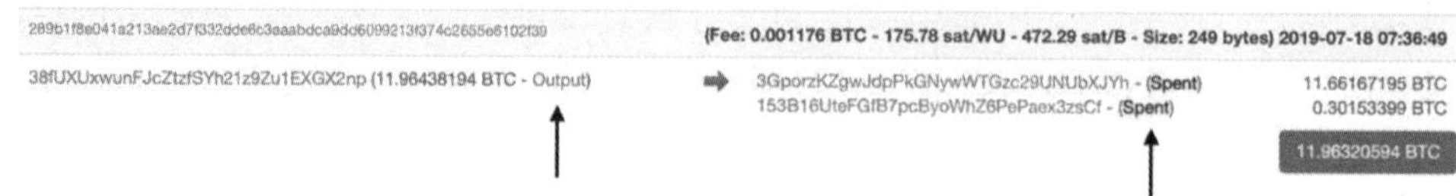

图 1.5　在区块链浏览器中查看交易详情

假设收到了一份报告，说图 1.5 中的比特币地址 38fUXUxwunFJcZtzfSYh21z9Zu1EXGX2np 是一个诈骗地址，它原本存储了 11.964 余个比特币。这些钱都花到哪儿了？我们可以看到有 11.66 个比特币支付给了地址“3Gpor…”，少量比特币支付给了地址“153B1……”。

注意：

在描述比特币地址时，只使用前 5 个字符会比使用全部 34 个字符更加有效地驻留在调查者的记忆中，该模式有助于解决“地址疲劳”问题。在 5 字符模式下，总的可能性为 34×34×34×34（比特币地址首位固定为 1 或 3，因此是 4 个数相乘），即超过 130 万种组合，因此，无须担心会看到具有 5 个相同字符的地址。

接下来，需要确定其中的地址是否是付款地址。在地址“一对多”或“多对多”的绝大多数交易中，输出地址之一是找零地址。原因在于，每个比特币都可能由至多 1 亿个“聪”（satoshis）组成，因此，向多个地址支付的金额加起来正好等于输入金额的可能性很小。在此示例中，付款来自首位为“3”的钱包地址，这种以数字 3 开头的比特币地址更多用于多重签名或更复杂的交易，而不仅仅是直接的“地址到地址”支付，因而作为收款方时更可能是找零地址。示例中输出的两个地址分别是“3”地址和“1”地址，因此，可以推断出“3”地址是找零，“1”地址是付款。

也有另外一些技术用于分辨哪个输出地址是找零地址。在图 1.6 中，3 个输入中的任何一个都可能为“3HfFw”地址支付费用，但发送到“3B5kC”的金额需要 3 笔输入加起来才可能办到。可以得出结论：“3HfFw”地址是找零地址，而需要关注的是另一个地址。

在识别有关付款的一个或多个地址后，可以通过单击“已花费”（Spent）按钮继续跟踪下一笔交易。在此示例中，两个输出均未使用，因而调查进入了死胡同。

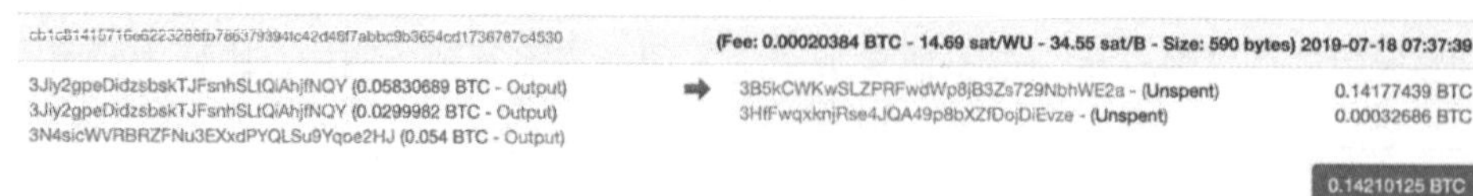

图 1.6　继续对交易地址进行跟踪

单击“下一个”或“上一个”交易会跳转到另外的输入和输出列表，调查员可能会在众多的交易中迷失方向。经验表明，如果从起点开始已经跳转了 2～3 次，那么调查工作很可能已经超出了答案边界。建议在每次单击新链接后都暂时停止调查，在仔细研究这些地址并重新构建线索链后再继续。问题的焦点往往集中于起初的几笔交易中，除非嫌疑人使用加密货币搅拌器和滚筒[1]来移动和分割代币，而这种操作在没有商业工具的帮助下是很难做到的。

在很多调查中遇到的情况都是如此。例如，在一项反恐调查中，可以在一张纸上画出整个交易图，向“恐怖事业”捐款的人都从某个交易所购买代币并直接向该组织的地址捐款，这些钱仅在一两次交易后就被兑现到另一个交易所。

当然，有时犯罪分子也非常老练，他们会不遗余力地通过拆分和重组代币，通过交易所转移或兑换成其他代币来混淆最终地址。这里就是商业工具真正发挥作用的地方。

4．识别交易站点和交易者

虽然通过区块链浏览器在不同的交易间跳转和浏览很容易，但对于推进调查工作基本上没有意义，除非能从中识别出可能具有 KYC 属性或 IP 地址日志数据的可信且真实的信息，这些资源才是大多数调查取得突破的关键。应该注意的是，通过交易所进行跟踪很困难，因为将代币存入交易所后再取出的不会是相同的代币，就像在银行柜台存入 10 美元后无法在 ATM 机取出同一张钞票一样。在交易完成之后，调查者唯一的追踪机会就是与交易所合作，让他们提供所需的 KYC 数据。

一些网站能够用于识别属于特定交易所和交易者的加密货币地址，其中最可靠的是 www.walletexplorer.com 和 www.bitcoinwhoswho.com。后一个站点还具有诈骗地址报告功能，能够通过网络搜索来匹配调查员关注的地址。

Walletexplorer.com 尝试使用聚类技术来识别单个地址，然后推断同一实体拥有的其他地址，这与商业软件产品使用的方法相同，但是 Walletexplorer 的服务是免费的。整个过程如下：向交易所存入代币，得到交易所提供的付款地址，随后取出代币，得到输入地址。于是这两个属于交易所的地址都将被确认。

接下来，可以使用聚类算法来定位同一实体拥有的其他地址。关于聚类的完整讨论超出了本书的范围，其大致原理是通过寻找已知地址与其他输入地址的共享交易，进而推测出这些地址可能为同一实体所有。

这是商业工具擅长的领域。如果不购买一种或多种主要的商业工具，涉及加密货币的犯罪事实调查会非常艰难。所有工具都通过识别交易所、交易者、暗网和其他人拥有的地址集群来帮助调查员推进他们的工作。这些工具大多数拥有可视化功能，令调查员能够在跟踪与交易所或其他已知实体有关的可疑交易时更轻松、直观。

在撰写本书时，主要的商业化工具包括如下几个：

- Chainalysis（chainalysis.com）。

---

1 译者注：搅拌器和滚筒（Mixers 和 Tumblers）是指用多个不同的地址和交易记录对加密货币拆分和重组，从而实现洗钱的目的。

- Ciphertrace（ciphertrace.com）。
- Elliptic（www.elliptic.co）。
- Coinfirm（coinfirm.com）。

Maltego 也有可从 Hub 网站安装的免费版本。blockchain.com 提供了从交易中以可视化方式定位输入和输出地址的转换工具，它成本很低但非常有用。Ciphertrace 出售能够从 Maltego 中访问比特币识别数据库的转换工具。

1.5 小结

本章概述了可以在本书中找到的主要内容和相关工具，还介绍了一些技术资源，这些资源可被视为阅读本书和未来调查的重要内容。

下一章将介绍与 The Dark Overlord 和 Gnostic Players 等威胁组织相关的背景信息和故事，并给出它们在调查网络犯罪分子方面的借鉴意义。

第2章 调查威胁行为者

本章将重点介绍成为网络犯罪调查员意味着什么，对不同类型的研究员和调查员角色可能面临的一些道德挑战及完成研究需要采取的不同路径等内容进行深入探讨。本章还将介绍这些威胁行为者和团体。

在这里，我想预先为即将在本书中出现的大量用户名和别名致歉。一些威胁行为者在每个论坛或网站上都使用不同的别名，更有经验的行为者会故意使用社区中属于其他已知黑客的别名，这种行为称为“别名劫持”。对于调查人员而言，这可能会带来令人难以置信的沮丧和困惑。威胁行为者甚至可能在他们的小组内互换别名，从而逃避调查人员或执法部门的追踪。

2.1 调查之路

引用电影《银河护卫队 2》中德拉克斯的话：“这个世界上有两种人：跳舞的人和不跳舞的人。”

我觉得这是对如何进行调查的基本问题的非常准确的总结——你是想与被调查的人和组织接触，还是进入隐身模式安静地观察？

问题的答案取决于工作的类型，以及公司性质和法律准则。一些公司有严格的“不接触”政策，在这种情况下，调查者没有决定权。然而，在许多情况下会有一些回旋余地，调查者可以决定以何种方式搜集信息。

显然，每种模式都有优点和缺点。但我永远不会像那些安静地坐下来观察的人一样，我大脑的连接方式需要我不停地运动，这意味着，我必须与调查目标接触。

1. 要做就做一票大的

我通常会同时面对 4 个或 5 个活跃的别名，他们有各式各样的人设故事和活动背景。我在专注于所做的事情时都会沉浸其中，所以，如果我在调查俄罗斯籍的持卡人时，可能会使用“俄式”英语口音，并使用在他们圈子中显得不那么出格的名字。人们在互联网上经常更换别名和联系信息，用相似的名称创建新账户并告知他们的社交圈，而我也时常尝试使用其他的身份来活动。这种“别名劫持”有很多好处，如果你擅长对别人实施社会工程学，那么可以使用一个“陈旧”的别名来快速提升自己的可信度，通过这种方式取得别人的初步信任，让他们觉得你是他们曾经认识的人。

归根到底，使用或不使用别名取决于调查者的具体任务目标。

专家建议：来自 CAT MURDOCK

关于开源情报，除非调查者将它们消化吸收作为行动指南，否则，它们就仅仅是一直待在那里的开源信息。

如果正在搜集有关公司的情报或准备进行大规模的诱骗攻击取证，那么需要获取的信息将会与针对特定个人的鱼叉式攻击调查的截然不同。前者获取信息的侧重点是有关对象网络和整个公司发生的情况，而不仅仅是针对个人的事件。

每当开始调查时，首先问问自己为什么要调查此目标。例如，对鱼叉式攻击的调查就与其他类型的调查大相径庭，调查者必须更关心威胁行为者是谁，以及其更多细节。

是什么在驱使他们？他们与谁交互？

下面的问题是留给调查者的，即在可能的行动范围内，如何去联系这个人？调查者真正想获取的是什么情报？类似在某些情况下住房信息数据也能对调查有所帮助，但没人会使用它们来作为鱼叉式攻击的诱饵。

如果调查方案允许与目标直接联系，那么调查者有可能获取难以在网上找到的信息。与目标直接通信可能非常有益，但也非常危险。如果不够小心，与真正的威胁行为者或犯罪分子直接接触可能会对调查产生非常严重的影响和破坏。

在与威胁行为者互动时，我很乐意通过编造身份来尝试加入目标团体。进入团体的一个“好处”是你对他们越了解，他们就越信任你，也就越有可能与你分享新信息。

他们总是很忙碌，时常在研究一些新的黑客方法，一旦你进入核心圈，就能听到他们在吹嘘最新的黑客或漏洞。

大多数组织都忽视了这种主动开展的威胁情报搜集方式。这些威胁情报团队都在寻找被动信息，但很少有人主动去尝试。

你可能会想：“是的，这一切听起来很棒且令人兴奋，但主动调查多大用处？真的值得努力吗？”

我很高兴你能够这样问。

2.“从未发生过”的数据泄露

一天晚上，我起草了一封给某大型航空公司的 CEO 和 CISO 的电子邮件，标题为“紧急！您网络中的数据已被泄露”。晚些时候，我接到了一个电话并告诉这家公司的安全管理员，根据我从一个暗网联系人那里收到的消息，这家公司的网络数据即将被售卖。

他们说会调查一下，大约两天后他们回复了我：没有任何证据表明有人攻击了他们的网络或者破坏了系统。

黑客还常常出售网络访问权限（这是一种常见做法）。在这次事件中，我在付款前联系了黑客，要求他提供关于这家公司的访问权限证明。对方向我提供了他在公司网络中运行的实时命令的屏幕截图，还有公司管理员账户的列表。

以下是黑客提供的部分网络访问证明输出：

```
    beacon>  shell net group "domain admins" /domain
    [*] Tasked beacon to run: net group "domain admins" /domain [+] host called home,
sent: 64 bytes
    [+] received output:
    The request will be processed at a domain controller for domain ***.com.

    Group name  Domain Admins
    Comment     Designated administrators of the domain Members
    -------------------------------------------------------------------------------
    A****       a****  a****
    A****       A****  A****
    A****       a****  a****
    A****       a****  A****
    M****       SP**** svc_****
    svc_****

    The command completed successfully.
```

我可以将这些新信息提供给航空公司，使他们在数据完全泄露之前找到并锁定黑客。但这样做意味着黑客很可能会意识到我是泄密者，并将我赶出他们的圈子。渗透进他们团队几个月以来的辛勤工作将付之东流，而我的化名也将被揭穿。

如果是你，你会怎么做？

我决定再次联系航空公司，让他们知道我获得了更多信息，同时我还让他们知道，向他们提供这些信息容易暴露我在黑客圈中的行迹。所以，如果公司能向我提供从调查中搜集到的任何情报，我将不胜感激。此时，我已经知道黑客是如何获得访问权限的，所以，我跟踪了攻击者使用的 IP。

公司同意回应。

这家公司不是我的老客户，我与他们安全团队中的任何人也没有接触。在这种情况下，我向他们提供信息后，他们没有义务向我提供任何东西。

尽管我认为他们不会回应，我还是选择了继续沟通。我将信息发给航空公司的管理员，也没有收到任何回复。

在两天没有邮件的日子后，我接到了管理员表达感谢的电话。他说他们通过我提供的信息找到了攻击者，并成功将黑客从他们的网络中赶走。

但不幸的是，法律部门也介入了这一事件。这位管理员坦言，本来不应该和我通话，因为我曾经在新闻报道中描述过数据泄露事件的调查，该公司担心我此次也会向媒体披露事件信息。

尽管他无法向我提供其他任何情况，但他很友善地给我回电话，并告诉我这些信息是真实的，已经非常难能可贵了。

该公司最终决定忽略此次事件，不公开任何信息。

调查者应该清楚这一点，再决定如何处理所发现的信息。

备注

这次事件之后，我的黑客联系人停止与我对话。正是由于我才导致他被踢出网络。我曾与其他一些威胁情报公司进行过交谈，他们的立场非常明确，即永远不会直接参与到黑客圈子中。可能这就是（他们成果不佳的）原因。

有时，让客户承认被泄露的数据是他们的，也是一个难题。特洛伊 · 亨特（Troy Hunt）是 www.haveibeenpwned.com 的所有者，他也有类似的故事。

专家提示：跟踪特洛伊木马

不久前，推特上出现过一个名为 0x2Taylor 的人。他不断攻击，非法获取了大量完整的数据库记录，并在他的推文记录上到处以一口价方式叫卖泄露数据。如图 2.1 所示，他正在出售几年前从一家名为 Bluesnap 的公司服务器盗取的一个拥有数十万条支付记录的数据集。

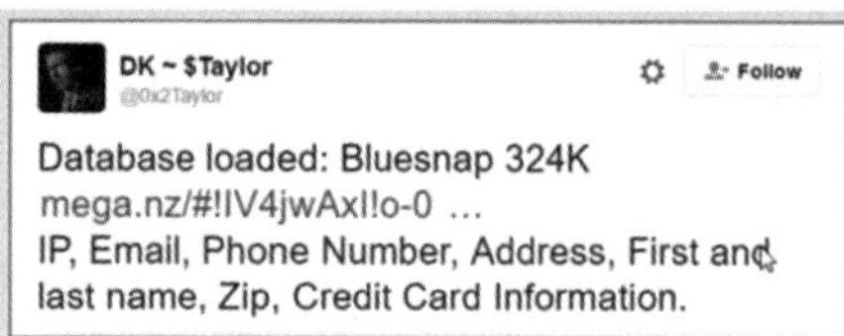

DK ~ $Taylor
@0x2Taylor
Follow
Database loaded: Bluesnap 324K
mega.nz/#!IV4jwAxl!o-0 ...
IP, Email, Phone Number, Address, First and
last name, Zip, Credit Card Information.

图 2.1　Taylor 在 Twitter 售卖数据

数据集中都是完整、合法的支付记录，包括完整的卡号、CVV、个人家庭住址、电话号码等，而且全部都是明文。当我浏览并查看数据时，看到很多记录都引用一家名为 Regpack 的公司。这有点儿奇怪，因为数据看似来自 Bluesnap 公司，但数据内容却指向另一个所有者。

我通过调查发现 Regpack 运营着一项可以嵌入用户站点的注册服务。无论是初学者还是学校、慈善机构，只需要会一点点代码，就可以利用此项服务在网站上收款。

Regpack 的声明是“我们已经部署了完整的安全协议并且它们运行良好，因而确定此事件不涉及我们的服务器”。但第二天，他们转而发表声明，说数据确实来自他们。

这次的声明是“我们发现由于人为错误，导致这些已解密文件向公众服务器暴露，这就是事件的原因”。同时，“Regpack 系统没有被破坏”。

但事实上，有多达 324 000 条纯文本形式的支付记录泄露出来，究竟发生了什么事？这不是数据泄露又是什么？

我想知道他们是否努力避免说出“泄露”这个词，因为他们承担了特定的监管义务。如果确实有数据泄露行为，PCI DSS 的监管要求和相关法规将适用这种情形。数十万个完整的账号和 CVV 代码的泄露够他们喝一壶的了。

与试图否认数据来自他们的人打交道总是很有趣，特别是在有压倒性证据的情况下，更是如此。

3. 道德灰色地带

无论是在寻找公共数据泄露、调查威胁行为者，还是渗透特定威胁团伙的调查过程中，往往存在一条必须跨越的界限，调查者为了达到目标，将不可避免会触碰道德灰色地带。

威胁行为者和犯罪分子永远不会尊重道德或遵守法律，因此，如果他们看到调查者试图维护某种道德标准，他们就可能对调查者亮红灯。需要记住的一点是：犯罪是他们的生计，网络犯罪分子是为了赚钱，因此，在这些场合中出现的人，都自然而然地会将谈话转向非法的事情。如果不是为了赚钱，他们为什么会在那里呢？这是最重要也是最明显的危险信号，也是许多调查人员立刻被识破的原因。

特别是在进行社会工程活动期间，这种场景会时常出现，有些人一看就是在撒谎。我们将在第 15 章讨论几个场景，届时将更深入地研究社会工程。下面是 John Strand 的一个非常有趣的观点。

专家提示：来自 John Strand

在对目标进行社会工程活动时，没有什么比“仇恨武器”更好使的了。当你开始愚弄某人（尤其当他们是一个非常虔诚的人时），如果你对他们说“好吧，我是一个无神论者，你所相信的一切都是错误的，耶稣是罗马帝国用来控制犹太人制造出来的概念”，这会真正激怒他。

在激怒后，你可以发送一个链接并告诉他们“这是一个网站链接，我刚才说的一切内容都在上面”。该人将很可能点击该链接。

不好的消息是，大多数目标永远不会让我有机会说这么多，因为那非常令人反感。

这绝对是越界了。我们将会以专业的方式来讨论如何在框架的限度内开展非常邪恶的事情。当你开始尝试社会工程、开展网络侦察，进而针对个人发起试探时，这种行为就真的开始试探道德界限了，但这条界限在参与程度和个人影响方面又有点模糊不清。

黑客行业中的许多人在进行违规操作前，既未意识到这条线存在，也不清楚它在哪里，因此，他们不明白自己做错了什么。这个概念很重要，因此我将它放在首要位置。

另外，我非常喜欢侦察邪恶的人。如何对他们进行侦察呢？通过网络归因。为了试图获得某种程度的网络归因能力，我喜欢使用一些工具。

Honey badger 是 Tim Tomes 在 HIS 工作时编写的基础工具，它是一个了不起的工具。如果可以诱使对手运行 Applet 小程序或者打开带有宏的 Word、Excel，就可以在 20 米范围内定位此人。

Canary Tokens 设计了一种令牌机制，可以在 Word、PDF、AWS 密钥中创建这些令牌。通过一些简单的设置后，如果任何人复制了你的网站，令牌就会返回信号通知相关人员。这是利用 Word 的网络漏洞开展的针对对手网络归因的一种完整的侦察形式，而业内许多人都没有想到这一点。

网络对抗红队队员拥有许多工具和技术，如果知道如何正确使用，它们在蓝队领域也非常有效，能够在对攻击者进行网络归因方面取得较高的置信度。

4. 条条大路通调查

网络调查可以选择不同的职业道路。假如你是安全事件的处理者，那么很可能会更专注于调查犯罪过程而不是犯罪者；如果你在安全运营中心工作，则可能希望了解和验证来自各类安全论坛的、不同类型的潜在威胁信息。

行业会决定所从事的调查工作的类型，其角色也可能涉及主动或被动的调查工作。

专家提示：来自 LESLIE CARHART

我的大部分时间都花在了主动式狩猎和被动式事件响应上。

我们非常努力地去识别高级别对手，它们并非总是来自国家，有时也会来自有组织的团体。我们了解哪些团体正在从事哪些活动、他们的目标是谁、他们如何锁定目标。

我们非常了解特定的角色群体，他们正在攻击谁，以及他们是如何做到的。我们同时也在努力搜集关于攻击者在工业领域造成严重破坏的情报，识别敌对组织并了解他们的运作方式。这是我们业务和社区工作的重要组成部分。

与事件响应一样，我们不会从攻击者由于造成破坏而被捕这件事中得到太大的满足感，因为这不是我们作为安全公司的职责，这需要国际执法合作。

但我们一直在尝试通过了解对手如何攻击、怎样攻击和已经攻击了什么来改进我们的检测和预防能力，这是做好事件响应和安全运营的主要工作。

高级威胁行为者在开展工业领域的网络攻击时，会考虑得更加系统。例如，侦察活动很容易被追踪，因为它们总是在同一时刻针对很多目标发起。另外，对工业控制系统构成物理效果的独特而新颖的攻击可能会被重复使用，因为它们是如此尖端和新潮。

我将目前针对工业系统的攻击大致分为如下三类：

第一类是高级对手。他们在工业网络中建立立足点并开展侦察，在极少数情况下才主动发起攻击。

第二类是内部人员攻击，他们通常是心怀不满的内部员工，有的拥有过度的系统访问权限，有的在被停职后仍然保留了访问权限。他们可能通过逻辑炸弹之类的攻击来造成破坏，或利用他们对系统弱点和漏洞的了解来篡改系统。这样的事情一直在发生，但除非造成了严重破坏，否则一般不会成为新闻。

第三类是资产攻击。运行 Windows 的工业网络计算机可能会感染勒索病毒，如果被感染的恰好是低资源系统、负责接口 HMI、监控系统行为和安全等功能的主机，那么事件很可能会导致无法预料的后果。

更高级的对手常常在工业系统中留下侦察和活动痕迹，但新型攻击极少涉及独立系统，特别是在被他们用作试验床的地方。

5. 为网络空间罪犯画像

根据调查者的角色不同，网络犯罪调查可以包括对犯罪技术方面的探索（如了解黑客行为是如何产生的），或对犯罪分子的研究与溯源。

网络调查的关键在于对威胁行为者及其运作方式有一定程度的了解。尤其是通过调查犯罪集团及其作案手法（Modus Operandi，MO），可以推断出攻击者作案期间的关键信息。例如，他们如何获得初始访问权限、网络核心节点是什么、倾向于窃取哪些文件等。

本书中的示例和场景取自我在调查过程中与黑暗领主（TDO）和 Gnostic Players 团伙互动的真实经历。为便于叙述，本书后续各章中使用这些名称时，可能指代相应的团体、团体成员或者团队的众多别名之一。

2017 年的一天，一位朋友告诉我，他们的一个分支机构被“黑暗领主”（The Dark Overlord，TDO）勒索，并问我是否知道关于 TDO 的任何事情。该组织因敲诈 Netflix 并威胁要发布 *Orange Is the New Black* 的预发行本，窃取并出售从数十家医疗提供商那里获得的数据而名声大噪。

从此我便投身于调查地下犯罪分子构成的暗网。我并没有为此获取工资或报酬，只是因为这个新爱好令我欲罢不能。

在过去的几年里，跟踪这个团队是我一生中最激动人心和最有意义的经历之一。在此过程中我遇到了很多有趣的人，并且学到了很多关于技术和人类行为的知识。我想我应该感谢他们，如果不是因为这群人的幼稚、非法和吸引注意力的行为，我不会走上这条路，也不会写这本书。

2.2　黑暗领主

2016 年，一个名为 The Dark Overlord（TDO）的黑客组织开始恐吓和勒索企业。TDO 迅速在媒体上广为人知的原因是对医疗单位开展了大量黑客攻击。他们第一次公开的攻击对象包括美国密苏里州法明顿的中西部骨科疼痛和脊柱诊所、中西部影像中心有限责任公司和范尼斯骨科与运动医学中心。

该组织在 2017 年因入侵 Netflix 而上了头条新闻，他们威胁说如果赎金要求没有得到满足，就将在互联网上公开发布 *Orange Is the New Black* 的预发行本。

后来，该组织从传统的“黑客攻击”转向更多的网络恐怖袭击。该组织向蒙大拿州哥伦比亚瀑布市学区的学生家长发出死亡威胁，导致 30 多所学校关闭，并迫使超过 15000 名学生在家里待了一整周。

该组织会定期在 Twitter 上发布他们的诉求和最新的黑客攻击活动，同时在 Pastebin 上提供关联信息。图 2.2 所示的图像是该组织的官方头像。该头像为叙利亚艺术家 Aula Al Ayoubi 的一幅画。

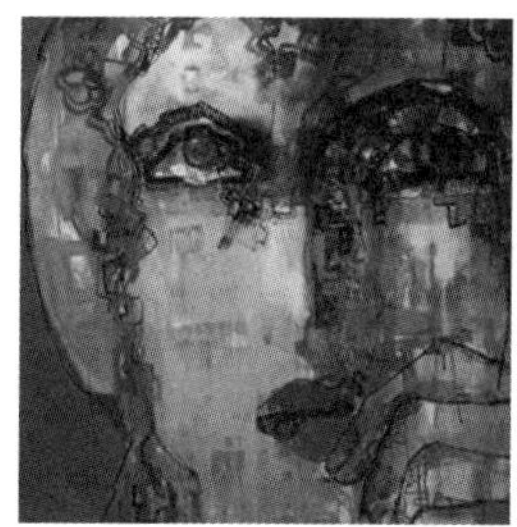

图 2.2　TDO 组织的官方头像

下面介绍有关该组织历史、动机和每个成员的简要信息。

1. 受害者列表

以下组织已公开宣布受到 TDO 的攻击或勒索：

- A.M. Pinard et Fils, Inc.
- ABC Studios / Steve Harvey
- Adult Internal Medicine of N. Scottsdale
- Aesthetic Dentistry
- All-American Entertainment
- American Technical Services
- Athens Orthopedic Clinic
- Auburn Eyecare
- Austin Manual Therapy
- CB Tax Service
- Coliseum Pediatric Dentistry
- Columbia Falls, MT
- Disney Studios
- Dougherty Laser Vision
- DRI Title
- Family Support Center
- Feinstein & Roe
- Flathead Falls School District
- G.S. Polymers
- Gorilla Glue
- H-E Parts Morgan
- Hand Rehabilitation Specialists
- Hiscox (Hoax)
- Holland Eye Surgery and Laser Center
- Indigofera Jeans
- International Textiles & Apparel
- Johnston Community School District
- La Parfumerie Europe
- La Quinta Center for Cosmetic Dentistry
- Line 204
- Little Red Door Cancer Services of East Central Indiana
- Lloyd's of London
- London Bridge Plastic Surgery
- Marco Zenner
- Menlo Park Dental
- Mercy Healthcare
- Midwest Imaging Center
- Midwest Orthopedic Clinic
- Mineral Area Pain Center
- Netflix / Larson Studios
- OG Gastrocare
- PcWorks, L.L.C
- Peachtree Orthopedic Clinic
- Photo-Verdaine
- PilotFish Technology (PFT)
- Pre-Con Products
- Prosthetic & Orthotic Care
- Purity Bakery Bahamas
- Quest Records, LLC
- Royal Bank of Canada
- Saxon Partners
- School District 6
- Select Pain & Spine
- SMART Physical Therapy
- St. Francis Health System
- Tampa Bay Surgery Center
- UniQoptics, L.L.C
- Van Ness Orthopedic and Sports Medicine
- WestPark Capital

这一清单并未涵盖所有受害者，许多组织尚未公开他们与 TDO 有过联系。

备注

出现在此列表中的公司并不意味着已被 TDO 成功入侵或受害者已支付赎金，这仅仅显示了受害者以某种方式被黑客攻击或恐吓的公开记录。DataBreaches.net 对该 TDO 的黑客行为有着详尽的记载。

2. 攻击者简介

据称，针对首个受害者——医疗诊所，TDO 最初是通过从 Xdedic 购买访问权限，并基于远程桌面协议（RDP）发起了攻击。Xdedic 是一个暗网市场，以廉价出售世界各地被黑客入侵的计算机访问权限而知名。

此后，TDO 通过 HL7 医疗软件入侵更多的诊所和医疗设施。在接受 DataBreaches.net 采访时，TDO 的一位发言人发表了以下声明：

“……我使用（HL7 的）代码在他们所有的客户端中查找漏洞。……另外，我进入了他们的系统，且拥有证书签名权限，因此我在他们的签名客户端中安装了一个后门。不过这个后门在几周前的一次更新中被删除了。”

受害公司的规模和行业各不相同，并且 TDO 经常要求支付过度的赎金并承诺受害公司的机密文件不会在互联网上被公布。

除了对医疗设施进行黑客攻击，该组织还定期针对整形外科诊所发起威胁，发布好莱坞患者在手术前后的照片。

如果他们的要求没有得到满足，TDO 将曝光信息。例如，当伦敦桥整形外科拒绝支付赎金要求时，该组织泄露了弗兰基·埃塞克斯的裸照。

该团队的官方交流语言刻意抹黑“皇家英语”，其小组成员在所有交流中都严格保持一种“标准化”的方言。在与 TDO 的直接沟通过程中，总是能感受到极端的夸大其词，特别是在讨论业务或他们的“黑客技能”时。

该团队的角色都保持一种在大型公司工作的“设定”，并经常称自己为“我们”。

TDO 在描述他们的“商业模式”时非常谨慎，并且经常会提到他们成功创建的“品牌”。

当该团队于 2016 年首次活动时，负责通过 Twitter 账户进行交流的似乎是一个英语不好的人。

随着团队的成熟，他们推出了一个更正式的、使用标准化正统英语的角色，也许是为了让他们看起来像来自英国。

在 2017 年领导层更换后，该组织的整体基调变得越来越敌对，与受害组织的沟通变得更加积极，在 Twitter 上的语气也发生了变化。

这一转变标志着该组织倾向于减少传统黑客攻击，进而转向更多的恐怖攻击。正如他们向哥伦比亚瀑布学区的学生发送死亡威胁的行为所表明的那样。

3. 团伙结构和成员

TDO 由 4 名核心成员和 1 个用于执行琐碎任务的小型“承包商”网络组成。证据还表明，该组织是由 KickAss 论坛的管理员 Cyper 非正式地领导的。

TDO 成立于 2015 年左右，其成员相遇于一个古老的暗网黑客论坛“Hell”。Arnie 是该组织最初的公开领导人，而 cr00k 是负责出售被盗数据和开展整体营销的人。

该组织的每个成员在攻击受害者方面都发挥了作用。2017 年，TDO 在 Twitter 上公开宣布它正在接受新的领导。在此过渡之后，该小组的领导权已移交给 NSA（@rows.io）。

以下是通过该组织的 Twitter 账户（@tdohack3r）与原始 TDO 负责人（2016 年）的私人对话摘录：

你知道我不是一个人。我有团队。

我们有懂英语的勒索专家。我负责黑客技术，其他人负责偷数据。

我擅长利用漏洞和攻击。

我的搭档擅长英语和做交易。

另一个人精通偷数据、搞定服务器和备份，以及制作勒索软件。

1）Cyper

Cyper 的非官方领导人名为 Cyper 或 CyPertRoN。他是 TDO 中年龄最大的成员，对 C++和其他编码语言有非常深刻的理解。他由于英语蹩脚，因此很容易被认出。Cyper 40 多岁，住在奥地利。

虽然 Cyper 可能不是传统意义上的“领导者”，但他肯定是其他组织成员的导师，并且始终都与组织成员在一起。

在 2002 年至 2013 年之间，CyPertRoN 把大部分空闲时间都花在了破坏网站上。他的 208 次网络入侵记录可以通过 zone-h 网站的黑客篡改档案查看，地址是 http://www.zone-h.org/archive/notifier=CyPeRtRoN。

根据 Cyper 的说法，他最著名的行动是 2003 年对美国海军 OWA 网站的篡改，当时的情景可以通过 http://zonehmirrors.org/defaced/2003/03/04/owa.navseadn.navy.mil/访问到，如图 2.3 所示。

图 2.3　Cyper 对美国海军 OWA 网站进行篡改的记录截图

Cyper 还是 BlackBox 论坛（账号名：Ghost）和 KickAss 论坛（账号名：NSA）的知名管理员。

Cyper 的其他别名包括 Cypertron、NSA、Ghost、l00k、l00k2。

 **备注**

TDO 成员经常互换别名以造成混淆。例如，KickAss 论坛的负责人 NSA 接管了

NSA(@rows.io)的别名，该别名跟几个与 TDO 相关的黑客直接相关，包括路易斯安那州的 DMV（他在聊天中公开承认）。在提到 TDO 的 NSA 时，我将他称为 NSA(@rows.io)来代表他的 Jabber 地址。我将 KickAss 论坛的管理员称为 Cyper。

2）Arnie

有证据表明，Arnie 是 30 岁的英国居民 Nathan Wyatt（又名 CraftyCockney）。

证据还表明，Arnie 在 2016 年该组织成立之初就参与了 TDO，他是团队的元老角色（说蹩脚英语的人），也是最先使用 Arnie 这一名字来领导该组织的人。

Arnie 起先通过在 Hell Reloaded 论坛上宣布了 TDO 针对医疗保健行业的攻击行为，同时因贩卖相关医疗数据而获得媒体关注，如图 2.4 所示。

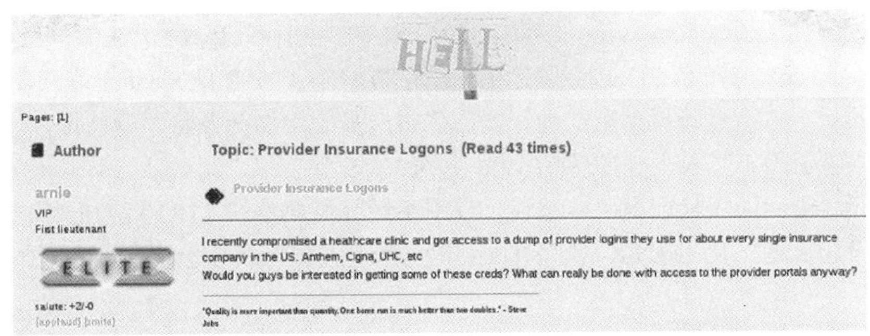

图 2.4　Arnie 在 Hell Reloaded 论坛上贩卖医疗数据的截图

Arnie 在论坛上公开宣传他入侵了医疗诊所，因此，他在其他论坛上也被归为类似数据的主要卖家。

2016 年 9 月 24 日，Wyatt 因涉嫌违反《计算机滥用法》而被捕，罪名是协助促成黑客入侵皮帕·米德尔顿（Pippa Middleton）的 iPhone，并试图交易从中获取的照片。

2016 年 12 月，在对怀亚特的设备进行搜查后，伦敦大都会警察局发现了来自一家英国律师事务所的数千份被盗文件的证据，这些文件此前曾被 TDO 勒索过。

被捕后，怀亚特同意接受 DataBreaches.net 记者 Dissent Doe 的采访。在采访中怀亚特描述了他与 TDO 的关系，其中包括培训该组织使用欺诈技术，以及应 TDO 要求向美国受害者拨打敲诈电话等。

Vocativ.com 发布了独家采访的其他详细信息（以下引用均可在 https://www.vocativ.com/362147/pippa-middleton-hack-photos-arrest-uk 找到）：

这个狡猾的人说他不是黑客，只是为想要出售信息的人做个代理。“我不是黑客，”他说，“我也没有进行黑客攻击。我是社区的一员，但老实说我还是挺能干的，因为我很容易就能使加密系统运转起来。”

怀亚特还描述了该组织利用媒体来提高对皮帕·米德尔顿照片的勒索价格：

英国媒体中了我们的计，我无意向他们出售任何东西，但是他们已经表示了诚意，这就解决了我一半的难题。

3）起诉和引渡

怀亚特因多项与 TDO 有关的罪行而被引渡到美国。

以下对怀亚特的指控摘录来自官方的法庭起诉书和引渡文件（他好心地提供给我）：

- 受害者的资金已通过电子邮件 tashiadsmith@tutanota.com 转入 PayPal 账户。
- 威胁勒索短信是用电话号码 337-214-5137 发送的，该短信是使用怀亚特的家庭IP 地址注册的。
- 怀亚特用电话号码 337-214-5137 注册了一个 WhatsApp 账户，并上传了他的照片作为头像。
- 同一号码用于登录接收受害者付款的 PayPal 账户（tashiadsmith），并被设置为该账户的家庭电话。
- 在一封发送给受害者的勒索电子邮件中，要求将资金打给 4 个不同的英国银行账户，其中包括怀亚特和他女朋友的银行账户信息。
- 一个属于 Nathan Fyffe 的英国号码 44 775-481-6126 用于注册怀亚特的个人 Facebook 账户和 TDO 组织使用的名为 TDOHACK3R 的 Twitter 账户。
- 同一个电话号码被用来作为订购比萨饼送货上门的怀亚特家庭住址，同时也被用来注册用于登录上述服务的 VPN 系统。

对怀亚特不利的大量证据不容忽视。我毫不怀疑怀亚特在 TDO 运营的第一年与其他组织成员一起活动。我还认为，他与 TDO 其他组织成员的联系也使他成为“替罪羊”的完美人选。

备注

正如我们将在以后的章节中讨论的那样，“其他组织成员”的一个特征是“他们”通常能够找到一个可怜的人，“他们”可以将所有罪行都加在他身上。

起诉书称，怀亚特自愿以他和他女朋友的名义使用了特定的银行账户，这些账户被用来转移该组织从敲诈中赚取的钱。这是我觉得有点难以相信的一项指控。根据起诉书，这些账号曾在 TDO 的勒索电子邮件中出现。

鉴于其他组成员的作案手法（Modus Operandi，MO），他们很有可能得到怀亚特的银行账号，并故意将其写在给受害者的电子邮件中。

话虽如此，怀亚特还是自愿在 YouTube 上录制并发布了一段音频，内容是他承认向勒索受害者发送了要求向该组织付款的威胁性语音邮件。在通话期间，他称自己为 TDO 的一部分。

可以在网址 https://youtu.be/DzApepLbA70 收听这段音频。Arnie 的其他别名包括 CraftyCockney、craftycockn3y、Gingervitis、JasonVoorhees、l00t5、Mari0 等。

4）cr00k（Ping）

cr00k 在 TDO 中的角色是主要推销员/数据经纪人。多年来，cr00k 拥有许多不同的别名。他在 2015 年以“Ping”的身份而出名，当时他是地下暗网黑客论坛 Hell 的所有者和管理员。

除了这些“成就”，cr00k 还是一位技术精湛的黑客，对不同的技术有着非常深刻的理解。

cr00k 喜欢通过劫持知名黑客的别名来制造混乱和欺骗，并且会经常利用媒体来提升人们对他的黑客行为和贩售商品的关注。

cr00k 也是利用媒体操纵事件和让执法部门查不到踪迹的大师，他只有 18 岁。

cr00k 具有长期规划和战略的天赋，通过创造虚假场景、发布虚假“人肉搜索”信息和操纵对话来虚构故事情节，这些错误信息使调查人员陷入无尽的徒劳搜索中。

cr00k 的其他别名包括 C86x、Dio_the_plug、F3ttywap、Frosty、Jinn、Lava、Nakk3r、NSFW、Malum、Ping、Photon、Prometheus、Overfl0w、Rejoice、ROR[RG]、Ryder、Russiant 等。

5）NSA（Peace of Mind）

NSA 即 nsa@rows.io（不要与 Cyper 混淆，他也有一个叫 NSA 的名字），他仅以该名称活跃了几个月。

NSA 因在 TheRealDeal 市场上宣传销售路易斯安那州机动车辆部门的黑客记录而闻名。他的出身可以追溯到 2015 年，当时他使用 Revolt 账号在早期的 Hell 论坛担任管理员，同时使用 Peace of Mind 账号在 TheRealDeal 市场担任管理员。

有证据表明，NSA 是 TDO 背后的真正操盘手。正如怀亚特所说，那个“孩子”接任了该组织领导人。

NSA 最大的优势是进行欺骗和制造混乱，他是在多重别名的幌子下做到这一点的。我读过许多 NSA 用不同的化名与自己进行的“左右互搏式”激烈对话，那些编造出的对话只是为了制造混乱和错误信息。

任何在 2017 年之后与 TDO 进行过接触的记者或调查员都极有可能与他交谈过。

备注

Ping 和 Revolt，也即 cr00k 和 NSA，他们住在加拿大卡尔加里，彼此相距约 5 英里。他们一起长大，经常一起参与被认为是 Hell 论坛发起的黑客攻击。

6）TDO 的新领导

2017 年，TDO 在 Twitter 上宣布了领导层变动，并发布了一条标题为“新年，新的我们”的推文。该推文包含一个 Pastebin 链接（pastebin.com/kekU-JRU7），目前该链接已被删除（不幸的是，相关内容未被存档）。这一变化标志着 Arnie 作为 TDO 领导人的终结，以及在 NSA@rows.io 领导下新时期的开始。

2017 年之前，TDO 主要通过攻击 RDP 服务器获取权限来入侵医疗软件。随着领导层过渡到 NSA，攻击变得充满敌意并且更具危害性。

TDO 的语言也变得更具侵略性和辱骂性，他们的攻击方式从典型的基于技术的黑客攻击转变为彻头彻尾的恐怖攻击。该组织在向学生家长发出死亡威胁，迫使几个学区关闭后被列入国家恐怖名单。

图 2.5 所示为 TDO 发送给一位学生家长的短信截图。

图 2.5　TDO 以短信方式向一位学生家长发出死亡威胁

能够说明该组织残忍的另一个例子是对印第安纳州非营利癌症诊所“小红门”的勒索。NPR.com 报道称，TDO 与诊所的沟通是通过电子邮件进行的，主题为“癌症很糟糕，但我们更糟糕！”

由于“小红门”没有支付近 50000 美元的赎金，于是 TDO 在 Twitter 上公布了寄给去世客户家属的哀悼信。

7）敌意态度

NSA 除了过于敌对的语气，还在黑客论坛上显示出一种抨击同性恋的倾向，但其个人社交媒体页面却包含许多支持同性恋的图片和参考资料。

我有幸通过他的个人 Facebook、Twitter 和 Jabber 账户与他多次交谈。以下是一小段摘录，可以了解他的“正常”态度。

XXX：我很抱歉，但看起来你要么是执法部门，要么就是个蠢材。

VT：为什么说我是蠢材?

XXX：你和你的朋友 NightCat、jasonvoorhees、hafez asad 及其他人都可以去死了。

VT：NightCat? Jasonvoorhees?

XXX：去死吧!

NSA 的一些其他别名包括 BTC、Columbine、L3tm3、NSFW、Obbylord、Obfuscation、Peace of Mind、Revolt、Stradinatras、WhitePacket、Vladimir。

8）TDO

TDO 组织的人物进行交流时会遵循严格的语言指南和正式的语气，显示出他们是一个庞大的组织，并拥有一系列内部流程和程序。

让人觉得可笑的是，TDO 努力将自己包装成“合法企业”。在我与其成员的多次对话中，他们总是在讨论合同、发票或其他正式的商业文件，而这些文件需要使用他们的服务。

图 2.6 所示为由 Joseph Cox 在 Motherboard 论坛上发布的 TDO 与受害者之间的所谓“合同”的一部分。

尽管起初他们很客气，但如果受害者不支付赎金，该组织的态度很快就会转变。每当 TDO 的荒谬要求没有得到满足，他们会迅速变得激动，并在 Twitter 上公开发脾气，如图 2.7 所示。

4. TERMINATION AND GUARANTEES
   a. thedarkoverlord reserves the right to rescind this agreement if the "Client" and/or associated parties of the "Client" fail to understand the agreement before the aforementioned deadline.
   b. thedarkoverlord reserves the right to rescind, cancel, or otherwise terminate this agreement if this agreement is not accorded and satisfied by the aforementioned deadline.
   c. Conditionally, thedarkoverlord will make no attempts to defraud this agreement after the understanding of this agreement by the "Client" and/or associated parties of the "Client".
      i. Condition A is that the thedarkoverlord may defraud this agreement if the "Client" and/or associated parties of the "Client" fail to accord and satisfy the terms of this contract.
   d. The "Client" and/or associated parties of the "Client" will make no attempts to defraud this agreement after the understanding of this agreement.
      i. If any attempts by the "Client" and/or associated parties of the "Client" are made to defraud this agreement after the understanding of this agreement, thedarkoverlord reserves the right to rescind, cancel, or otherwise terminate this agreement,
      ii. If any attempts by the "Client" and/or associated parties of the "Client" are made to defraud this agreement after the understanding of this agreement, thedarkoverlord reserves the right to inflict harm and further adversarial action against by the "Client" and/or associated parties of the "Client".

图 2.6 TDO 要求受害者签署的“合同”部分内容

图 2.7 TDO 在 Twitter 肆意发泄情绪

以下是我在 2018 年 10 月通过 Jabber 与 TDO 进行的 3 小时对话的摘录。TDO 知道他在和我（Vinny Troia）谈话。

另外一些对话摘录将在本书的其他地方呈现，因为它们与对应章节中的材料相关。通过这些摘录，我们能很好地了解 TDO 的侵略性、自我夸大和亵渎的个性。

12:27	AM	TDO	*****
12:27	AM	TDO	你能和我们交流，应该感到荣幸。
12:31	AM	TDO	今晚你很幸运。
12:32	AM	TDO	我正在把数 TB 的数据挪到一个新服务器上，这很枯燥，你应该感到荣幸，有机会和我说话。
12:52	AM	TDO	Troia，最终与你交流的感觉还不错。
12:53	AM	VT	你也是。
12:53	AM	TDO	听着，小伙子们经过重重努力才适应了我们的语言体系，因此你要理解这种简洁的表达方式。
12:54	AM	TDO	我再重复一次，这个机会很珍贵，不要毁了它。
12:59	AM	TDO	伙计，听清楚，忘了 Krebs 吧……你难道没意识到即便是你们的国家力量，也从来没有找到过我们吗？
1:00	AM	TDO	这是有公开报道的。去查查蒙大拿的 billings gazette 网站数据泄露事件吧，美国情报局和国家安全局都对我们开展了调查。
1:01	AM	VT	祝贺你躲开了他们。
1:01	AM	TDO	你们的安全局和情报中心并不像他们想让人们相信的那么有用。他们只会被动地进行监视。
1:02	AM	VT	我完全赞同。
1:02	AM	TDO	你知道我们使蒙大拿 6 个不同校区的网络瘫痪了整整 5 个工作日吗？

1:02	AM	TDO	我们让 36000 个学生上不成学。
1:03	AM	TDO	我们都听说过“炸弹威胁”可以让学校停学一天，但如果想让他们停学 5 天，你会怎么做？
1:03	AM	TDO	你想过这些吗？
1:03	AM	VT	诚实地说，没有。
1:03	AM	TDO	那么你是一个蠢材。还有哪个组织能使整个区域瘫痪这么长时间？
1:04	AM	TDO	好好想想。为了达到这个目标，我们做了些什么？
1:04	AM	TDO	是 5 天，不是 1 天。
1:04	AM	TDO	记住，我们甚至引起了 FBI 的注意来追捕我们。
1:04	AM	TDO	追捕幽灵。
1:04	AM	VT	我确实没注意到那些学校停学了整整一周，你是对的，这太让人吃惊了。
1:05	AM	TDO	你应该关注一下的，这都是公开信息。
1:05	AM	VT	让我捋一下这个事件，你们是给学校打电话了吗？
1:05	AM	TDO	打电话？远不止这些。
1:05	AM	TDO	我们通过低调的第三方伙伴给学校安装了一些物理设备。
1:06	AM	VT	我不知道那意味着什么。
1:06	AM	TDO	****蠢货！
1:06	AM	TDO	想想！
1:06	AM	TDO	用你****的大脑好好想想。
1:06	AM	VT	什么是低调的第三方伙伴？
1:06	AM	TDO	这就是为什么美国情报局和国家安全局在调查我们，以及在伦敦的袭击。
1:07	AM	TDO	提醒一下，未遂的袭击。
1:07	AM	VT	我并不清楚哪里被袭击了。
1:07	AM	TDO	上 billings gazette 网站看看吧，那是 TDO 有史以来最大的杰作。
1:07	AM	TDO	Troia，你****是个蠢材。
1:07	AM	VT	不好意思，billings gazette 网站并不在我的关注列表里。
1:08	AM	TDO	***，我整个晚上都在和这个世界上最大的蠢材说话。

激怒 TDO 很有趣，也很有用。之后我在与组织的其他人员交谈时，这种很轻易就能触发其情绪爆发的技巧会派上用场。只要有足够的好奇心，只需提出正确的问题，就能引发同样的情绪宣泄。这是一种非常有效的调查方式，可以使我们更好地了解正在与谁交谈。

2.3 小结

本章概述了作为调查员可用的一些不同途径，以及我在寻求帮助并通知组织发生违规事件时出现的一些场景。

本章还介绍了 TDO 及其核心小组成员的背景信息。

第一部分　网络调查

这一部分包括：

第 3 章：人工网络调查

第 4 章：识别网络活动（高级 NMAP 技术）

第 5 章：网络调查的自动化工具

正如标题所示，这一部分讨论了网络调查和探索的高度复杂性。通常只需要一个 IP 地址，调查人员和黑盒渗透测试人员就能够开始工作，因此，我们的调查之旅就从这里开始。接下来的 3 章将介绍能够帮助调查者彻底探索网络空间，搜集尽可能多信息的方法和工具。

第3章 人工网络调查

本章将概述对目标组织执行一般性网络侦察，以及扫描和识别网络主机的方法。本章的重点在于流程，而不是使用的特定工具。因为当涉及开源情报或信息安全的具体方面时，总会有更新、更好的工具可供使用，所以，调查者可以使用数百种不同的工具和服务来搜集有关组织的信息。由于每天都有新工具出现，所以，保持“工具库”最新是不可能的。我不希望工具成为焦点，因为我敢肯定在调查中我错过了一些工具，并且到本书出版时，书中描述的一些工具肯定已经过时了。我的目标是介绍一些我认为现在有用的工具，但我认为未来可能会有更好的工具出现。

无论如何，工具不应该是重点，关键是如何搜集信息，更重要的是，发现新信息的过程不应仅限于一种工具。

应该积极尝试新事物，因为单一工具永远不会给出一个完整的答案。

为了说明不同工具和服务之间的差异，我们将以两个不同的网址——pepsi.com 和 cyper.org 为例运行对比测试。这两个站点差异性很大，我只是想说明在处理完全不同的目标时，软件输出情况的对比。

为什么选择 pepsi.com 和 cyper.org？之所以选择 pepsi.com，是因为我在写这篇文章时正在喝一杯百事可乐。而之所以选择 cyper.org，是因为这个名字吸引我。cyper.org 不属于威胁行为者 Cyper（我认为他属于 TDO 黑客组织）。在任何调查过程中都会遇到这样的新目标，研究如 cyper.org 这类不常见的域名。

备注

在开始之前，我想指出，数据权归属可能是调查人员面临的最困难的任务之一。举个例子，我发现了包括 Exactis、Apollo.io 和 Verifications.io 在内的很多数据泄露事件，在这些事件中我需要调查的只是泄露数据库服务器的 IP 地址。由于数据库服务器通常不会使用企业的主要域名，因此，需要由调查人员找到数据的真实归属。我将在此过程中给出提示，并描述当时的实际情况。希望我的经历对一些人有所帮助。

3.1 资产发现

开始网络探索很容易。在进行黑盒测试时调查者会知道客户的名称和域名。要获取他们的 IP 地址可以执行 dig 命令。在默认情况下，dig 包含在 Linux/Mac 内。运行以下命令将显示 apple.com 的 IP 地址：

```
root@INTEL:~: dig apple.com
; <<>> Dig 9.10.3-P4-Ubuntu <<>> apple.com
;; global options: +cmd
;; Got answer:
;; ->>HEADER<<- opcode: QUERY, status: NOERROR, id: 7666
;; flags: qr rd ra; QUERY: 1, ANSWER: 3, AUTHORITY: 0, ADDITIONAL: 1
;; OPT PSEUDOSECTION:
; EDNS: version: 0, flags:; udp: 512
;; QUESTION SECTION:
;apple.com. IN      A
;; ANSWER SECTION:
apple.com.          1100   IN       A    17.172.224.47
apple.com.          1100   IN       A    17.142.160.59
apple.com.          1100   IN       A    17.178.96.59
;; Query time: 1 msec
;; SERVER: 8.8.8.8#53(8.8.8.8)
;; WHEN: Mon Dec 10 09:02:24 UTC 2018
;; MSG SIZE  rcvd: 86
```

1. ARIN 查询

能查到 IP 地址固然很好，但我们想了解的是目标的 IP 空间。美国互联网号码注册机构（ARIN）负责管理 IPv4 和 IPv6 地址的分配。许多大型组织注册了整个网段范围，因此它们的 IP 空间将很容易搜索。ARIN 提供免费搜索功能，可以用来快速识别这些 IP 地址范围。

Whois 协议（将在第 9 章介绍）用于从各种公开可用的信息数据库中查询 Internet 资源，如域名和 IP 地址等。Whois 协议广泛用于 Whois 服务器网络查询中，以获取有关全球数十亿网站域名的信息（统称为 Whois 数据）。

WhoisRWS 搜索可用于查看 ARIN 注册数据。在执行黑盒评估时，这通常是一个很好的开始，所需做的只是输入公司名称。图 3.1 所示为一个 ARIN 搜索窗口的示例。

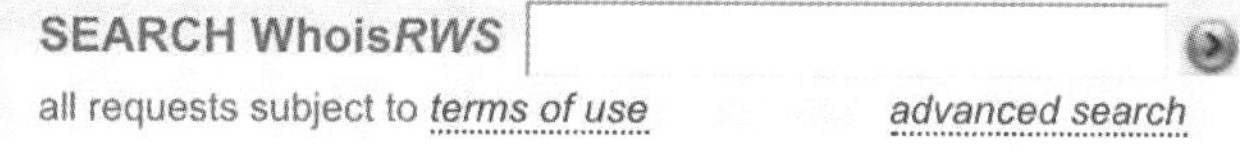

图 3.1　一个 ARIN 搜索窗口

在 WhoisRWS 搜索框中输入“Google”，将给出几个不同的网段，可以将它们添加到未来的搜索中，如图 3.2 所示。

You searched for: **google**

Networks	
GOOGLE (NET6-2620-E7-4000-1)	2620:E7:4000:: - 2620:E7:4000:FFFF:FFFF:FFFF:FFFF:FFFF
GOOGLE (NET6-2620-E7-C000-1)	2620:E7:C000:: - 2620:E7:C000:FFFF:FFFF:FFFF:FFFF:FFFF
GOOGLE (NET-108-170-192-0-1)	108.170.192.0 - 108.170.255.255
GOOGLE (NET-108-177-0-0-1)	108.177.0.0 - 108.177.127.255
GOOGLE (NET-142-250-0-0-1)	142.250.0.0 - 142.251.255.255
GOOGLE (NET-172-217-0-0-1)	172.217.0.0 - 172.217.255.255
GOOGLE (NET-172-253-0-0-1)	172.253.0.0 - 172.253.255.255
GOOGLE (NET-173-194-0-0-1)	173.194.0.0 - 173.194.255.255
GOOGLE (NET-192-178-0-0-1)	192.178.0.0 - 192.179.255.255
GOOGLE (NET-199-87-241-32-1)	199.87.241.32 - 199.87.241.63
GOOGLE (NET-199-88-130-0-1)	199.88.130.0 - 199.88.130.255
GOOGLE (NET-199-89-220-0-1)	199.89.220.0 - 199.89.220.255
GOOGLE (NET-207-223-160-0-1)	207.223.160.0 - 207.223.175.255
GOOGLE (NET-209-170-110-128-1)	209.170.110.128 - 209.170.110.191
GOOGLE (NET-209-170-110-192-1)	209.170.110.192 - 209.170.110.255
GOOGLE (NET-209-170-119-128-1)	209.170.119.128 - 209.170.119.191

图 3.2　WhoisRWS 对“Google”的搜索结果

备注

Whois 搜索是一个很好的起点，因为有时你会很幸运地发现一个 IP 地址（甚至整个 IP 块）为特定所有者所有。虽然这种情形在寻找服务器或数据库归属时很少发生，但至少我遇见过几次。这里我想特别提及一次数据泄露事件调查，一家中国电信公司被曝光了超过 3TB 的数据，包括客户姓名、电子邮件地址、手机号码和银行借记卡号码等。幸运的是，他们注册了整个网段，因此，随后的归因调查变得非常简单。通常这种情况不会总是发生，但值得尝试。

2. 高级搜索字符串

使用 Google Dorks（高级搜索字符串）查找活动子域是一项相当容易的工作。

备注

“dork”是使用高级运算符的搜索字符串，可以用于发现新的搜索结果。dork 将在第 8 章中详细介绍。本节将介绍一些非常简单的 dork，可用于查找特定网站地址上的信息。

要在特定网站中搜索结果，只需使用以下命令：

```
Site:pepsi.com
```

使用“-inurl”（减去 inurl）可以删除我们不想要的子域（如 www）来进一步增强搜索结果的匹配。Inurl 将在 URL 中搜索字符串，而我们想要的恰恰相反——我们希望忽略与字符串匹配的任何 URL：

```
Site:pepsi.com -inurl:www
```

有 609 个页面结果，仅第一页（见图 3.3）看起来就有值得研究的目标。

About 609 results (0.19 seconds)

Pepsi.com
https://dev.pepsi.com/ ▾
Dec 4, 2017 - The official home of Pepsi®. Stay up to date with the latest products, promotions, news and more at www.pepsi.com.

About | Pepsi Pulse
stage.pepsi.com/ABOUT ▾
Pepsi Pulse lets you live for NOW with our picks of the hottest updates on music, sports, and entertainment.

Terms & Conditions | Pepsi Pulse
pre.pepsi.com/terms
Pepsi Pulse lets you live for NOW with our picks of the hottest updates on music, sports, and entertainment.

Pepsi Pulse
pre.pepsi.com/thegame ▾
Pepsi Pulse lets you live at the speed of NOW with our pick of the hottest updates from the worlds of music, sports and entertainment.

Magnet - Pepsi Shop
https://shop.pepsi.com/magnet ▾
Four color magnet. 5 Reviews. In stock. SKU PC18015. Qty. Add to Cart. Reviews 5. Write Your Own Review. You're reviewing:Magnet. Nickname. Summary.

Contact Us - Pepsi Shop
https://shop.pepsi.com/contact ▾
If you love Pepsi Stuff and just can't wait, here's a way to buy it now!

Use your social network account - PepsiCo
https://account.pepsi.com/ ▾
Your account can be used as your login for any PepsiCo, Pepsi, Mountain Dew, Sierra Mist, SoBe, Aquafina or Propel website. We will never share your email ...

Pepsi 2Lt no puede pasar un domingo sin encontrarse en la mesa con ...
https://stage.pepsi.com/content/15551403 - Translate this page
Pepsi Pulse lets you live for NOW with our picks of the hottest updates on music, sports, and entertainment.

图 3.3　使用 Google Dorks 的搜索结果

3. DNSDumpster

人们很忙。他们越忙，就越容易忘记收拾东西。在查看 DNS 记录或寻找有关目标的更多信息时，总是能够找到应当停用而未停用的子域名。开发人员并不都擅长清理代码，并且经常使用快捷方式，特别是在自己的开发站点上工作时。他们很可能会为尚未投入生产阶段的开发项目创建“测试”子域名，这些域名和快捷方式是可以提供信息的“金矿”。

可以使用 DNSDumpster 进行搜索，这是一个免费的域名搜索工具，它可以通过 IP 地址快速发现相关主机。

很多时候，一个子域名指向一个旧的 IP 地址。我曾经遇到过公司子域名指向的 IP 地址甚至不属于该公司的情况：隶属于一家银行的 blah.bank.com 子域名指向一个包含盗版软件的 IP 地址，那是一个公共 FTP 站点而银行不知道这一点。他们非常感谢我的这一发现。

DNSDumpster 使用起来再简单不过了（见图 3.4），只需输入要查找的域名或 IP 地址，就会显示一个非常漂亮的图形化输出。

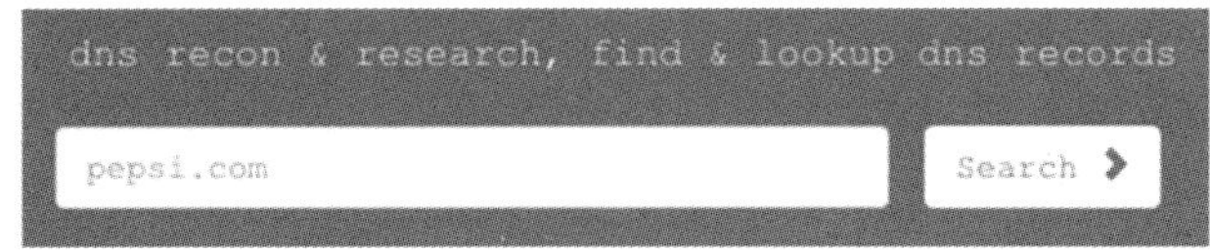

图 3.4　DNSDumpster 的使用界面

图 3.5 所示为使用 pepsi.com 作为目标的示例输出。DNSDumpster 提供了 19 条主机记录。图中列出的只是结果的一小部分，但从这里可以看到 4 个不同的潜在目标 IP 地址，它们的名称都很有趣（积分、账户、商店和安全）。

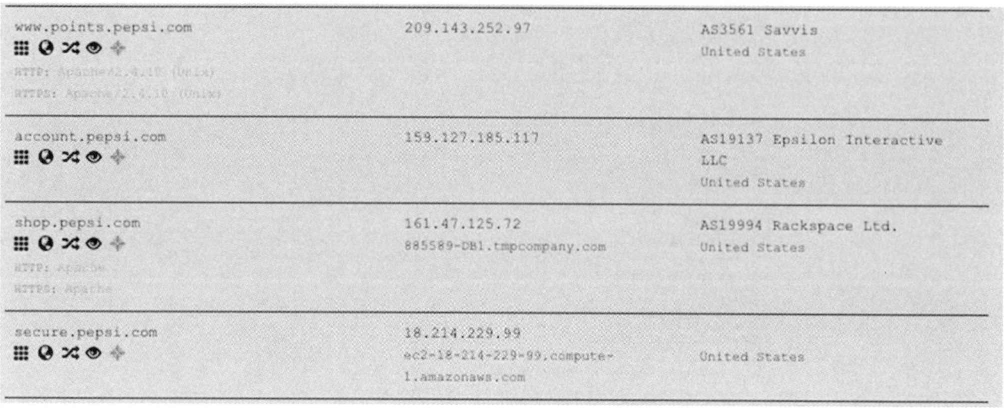

www.points.pepsi.com HTTP: Apache/2.4.10 (Unix) HTTPS: Apache/2.4.10 (Unix)	209.143.252.97	AS3561 Savvis United States
account.pepsi.com	159.127.185.117	AS19137 Epsilon Interactive LLC United States
shop.pepsi.com HTTP: Apache HTTPS: Apache	161.47.125.72 885589-DB1.tmpcompany.com	AS19994 Rackspace Ltd. United States
secure.pepsi.com	18.214.229.99 ec2-18-214-229-99.compute-1.amazonaws.com	United States

图 3.5　DNSDumpster 的示例输出

DNSDumpster 还有一个免费下载 XLS 文件的选项，通过它可以轻松地将其导入另一个程序，如图 3.6 所示。

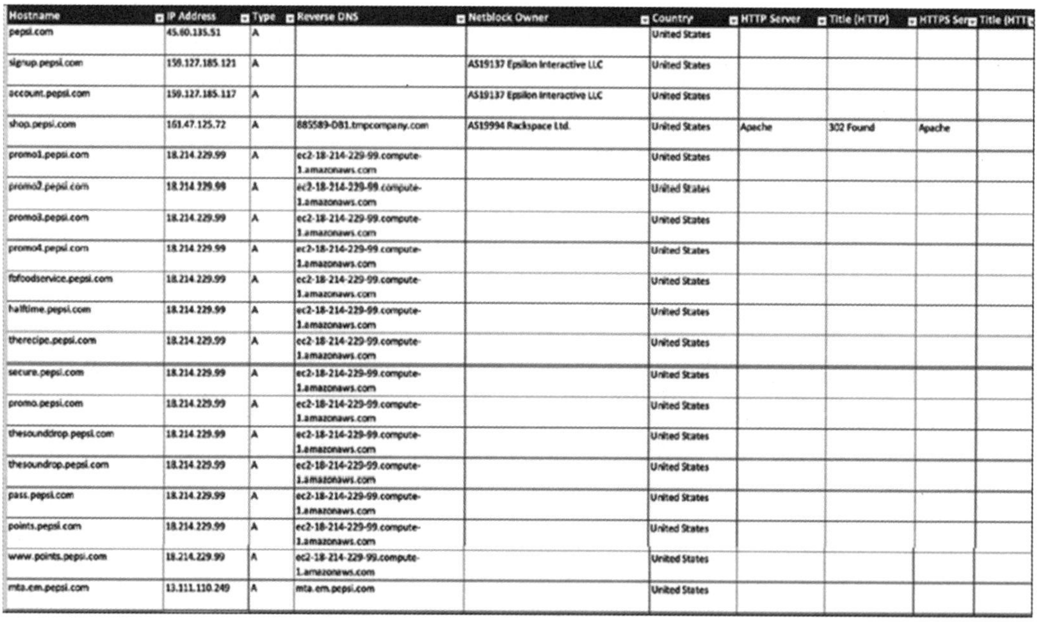

Hostname	IP Address	Type	Reverse DNS	Netblock Owner	Country	HTTP Server	Title (HTTP)	HTTPS Ser	Title (HTT
pepsi.com	45.60.135.51	A			United States				
signup.pepsi.com	159.127.185.121	A		AS19137 Epsilon Interactive LLC	United States				
account.pepsi.com	159.127.185.117	A		AS19137 Epsilon Interactive LLC	United States				
shop.pepsi.com	161.47.125.72	A	885589-DB1.tmpcompany.com	AS19994 Rackspace Ltd.	United States	Apache	302 Found	Apache	
promo1.pepsi.com	18.214.229.99	A	ec2-18-214-229-99.compute-1.amazonaws.com		United States				
promo2.pepsi.com	18.214.229.99	A	ec2-18-214-229-99.compute-1.amazonaws.com		United States				
promo3.pepsi.com	18.214.229.99	A	ec2-18-214-229-99.compute-1.amazonaws.com		United States				
promo4.pepsi.com	18.214.229.99	A	ec2-18-214-229-99.compute-1.amazonaws.com		United States				
fbfoodservice.pepsi.com	18.214.229.99	A	ec2-18-214-229-99.compute-1.amazonaws.com		United States				
halftime.pepsi.com	18.214.229.99	A	ec2-18-214-229-99.compute-1.amazonaws.com		United States				
therecipe.pepsi.com	18.214.229.99	A	ec2-18-214-229-99.compute-1.amazonaws.com		United States				
secure.pepsi.com	18.214.229.99	A	ec2-18-214-229-99.compute-1.amazonaws.com		United States				
promo.pepsi.com	18.214.229.99	A	ec2-18-214-229-99.compute-1.amazonaws.com		United States				
thesounddrop.pepsi.com	18.214.229.99	A	ec2-18-214-229-99.compute-1.amazonaws.com		United States				
thesoundrop.pepsi.com	18.214.229.99	A	ec2-18-214-229-99.compute-1.amazonaws.com		United States				
pass.pepsi.com	18.214.229.99	A	ec2-18-214-229-99.compute-1.amazonaws.com		United States				
points.pepsi.com	18.214.229.99	A	ec2-18-214-229-99.compute-1.amazonaws.com		United States				
www.points.pepsi.com	18.214.229.99	A	ec2-18-214-229-99.compute-1.amazonaws.com		United States				
mta.em.pepsi.com	13.111.110.249	A	mta.em.pepsi.com		United States				

图 3.6　DNSDumpster 输出的 XLS 文件

DNSDumpster 同样能够以图形方式创建已发现设备的网络图，如图 3.7 所示。这将能够为调查者的渗透测试报告增加一些额外的亮点。

对第二个域名 cyper.org 运行相同的搜索时，得到 1 个主机记录结果：

```
www.cyper.org - 162.210.102.59
```

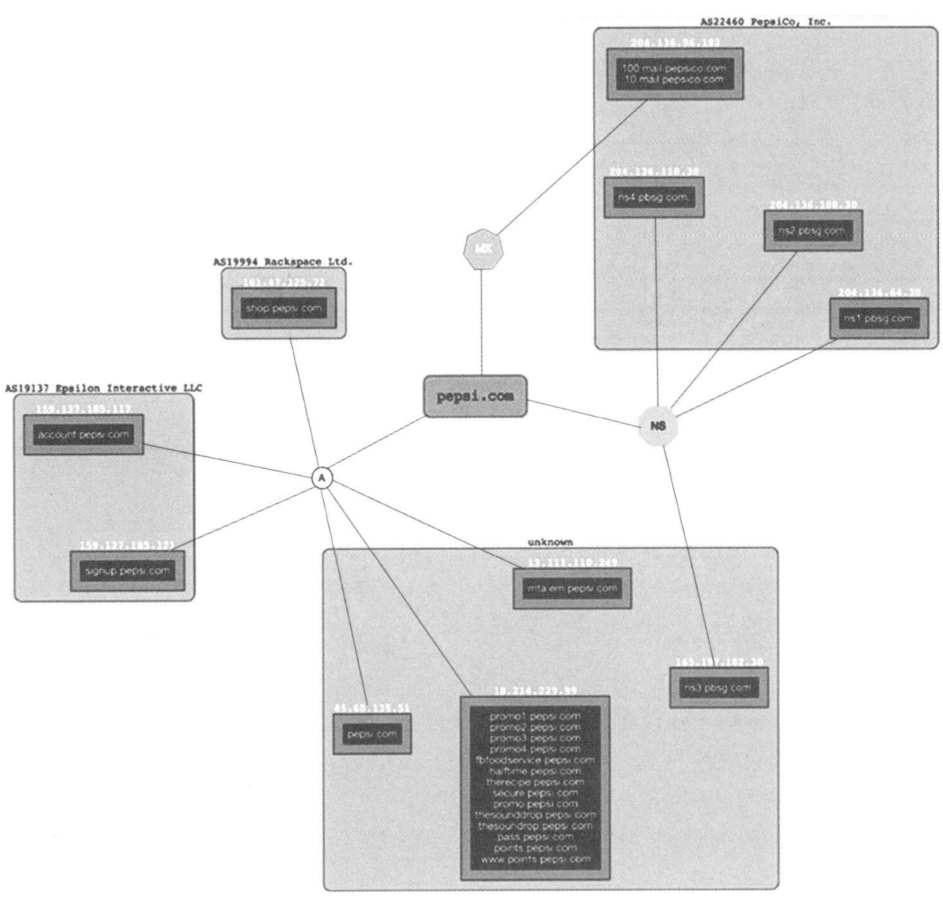

图 3.7　DNSDumpster 的图形化结果输出

4. Hacker Target

使用 Hacker Target（https://hackertarget.com/reverse-dns-lookup）的 API 能使搜索子域名和反向 DNS 查找变得非常容易。可以使用单个 URL 查询域名或 IP 地址，调用方式如下：

```
https://api.hackertarget.com/reversedns/?q=url.com
```

在 hackertarget.com 上快速搜索 pepsi.com 会发现 31 个不同的子域名，结果如下：

```
https://api.hackertarget.com/reversedns/?q=pepsi.com
sadad scl-pepsi.com,124.29.219.220 58.27.215.220 124.29.219.221
moscntx3.russia.intl.pepsi.com,195.239.40.163
www.wpbpepsi.com,209.142.183.140 mail.hbcpepsi.com,210.56.13.100
mbcpepsi.com,156.46.83.96
router.mbcpepsi.com,69.29.19.133
mx.mbcpepsi.com,69.29.19.134
mail.nbcpepsi.com,116.58.32.20
sticladepepsi.com,216.247.113.7
lakesidepepsi.com,71.13.1.74
iwanttoservepepsi.com,165.197.98.42
```

```
204.136.80.125 host170.mbgpepsi.com,205.244.118.170
host171.mbgpepsi.com,205.244.118.171
mbg1.mbgpepsi.com,205.244.118.161
host162.mbgpepsi.com,205.244.118.162
mail2.mbgpepsi.com,173.219.102.86
host163.mbgpepsi.com,205.244.118.163
host173.mbgpepsi.com,205.244.118.173
host164.mbgpepsi.com,205.244.118.164
host165.mbgpepsi.com,205.244.118.165
host166.mbgpepsi.com,205.244.118.166
host167.mbgpepsi.com,205.244.118.167
host168.mbgpepsi.com,205.244.118.168
host169.mbgpepsi.com,205.244.118.169
mail.mbgpepsi.com,206.107.106.67
gjpex01.gjpepsi.com,173.226.224.197
cin_prd.gjpepsi.com,38.155.184.10
autodiscover.exchangedelegation.gjpepsi.com,173.226.240.194
domino.forumpepsi.com,207.245.55.250
207.245.55.251
mail.bremertonpepsi.com,70.90.189.233
viv.vivehoypepsi.com,174.120.246.142
```

对 cyper.org 的第二次搜索，会显示 5 个子域名，结果如下：

```
https://api.hackertarget.com/reversedns/?q=cyper.org
office.cyper.org,65.100.252.81
zone.cyper.org,65.100.252.84
seek.cyper.org,65.100.252.82
storm.cyper.org,65.100.252.83
www.cyper.org,65.100.252.85
```

5. Shodan

Shodan 是互联网设备的搜索引擎，它在互联网设备映射方面做得非常出色，调查者要做的就是向它提出正确的问题。

Shodan 原则上将探测每个 IP 地址及其端口，并搜集有关服务器响应的信息。Shodan 之所以如此有价值，是因为调查者可以使用它深入研究并寻找特定的调查目标。想知道哪些风力涡轮机具有可访问的 IP 地址吗？问 Shodan。想知道无须凭据即可访问哪些 Elasticsearch 或 MongoDB 数据库吗？想知道哪些网络摄像机或家庭路由器仍在使用默认密码？Shodan 有这些答案。

备注

Shodan 仅提供有限次数的免费查询，因此，如果希望能够进行更多搜索，如使用 API 批量下载数据列表，则需要付费访问。

Shodan 的搜索设计得非常好，提供了使用高级搜索运算符（dorks）来快速搜索特定目标。可用于 Shodan 的基本运算符包括：

- city：在特定城市查找设备。
- country：在特定国家查找设备。
- geo：使用地理坐标。
- hostname：查找与特定主机名匹配的设备。
- net：基于 IP 地址或 CIDR 的搜索。
- OS：基于操作系统的搜索。
- port：查找特定端口。
- before/after：在特定时间范围内查找结果。
- Org：搜索特定组织名称。

搜索特定组织的语法如下：

```
Org: Company Name
```

要将百事可乐作为一个组织进行搜索，可以使用以下搜索：

```
Org: Pepsi
```

如果使用 org 搜索获得的结果过于宽泛，则可以尝试通过匹配具有特定主机名的结果来缩小搜索范围，例如：

```
Hostname:pepsi.com
```

找到了与 pepsi.com 相关的 28 个结果，这是一个良好的开始。

如果无法在 Shodan 中搜索特定主机名，或者想进行全面的搜索，则可以尝试搜索域名的 IP 地址。

针对 cyper.org 的主机名搜索没有找到结果。可以使用 Dig 快速找到与 cyper.org 关联的 IP 地址，代码如下：

```
root@OSINT: dig cyper.org
<<>> DiG 9.10.6 <<>> cyper.org
lobal options: +cmd
;; Got answer:
;; ->>HEADER<<- opcode: QUERY, status: NOERROR, id: 12771
;; flags: qr rd ra; QUERY: 1, ANSWER: 1, AUTHORITY: 0, ADDITIONAL: 1

;; OPT PSEUDOSECTION:
; EDNS: version: 0, flags:; udp: 4096
;; QUESTION SECTION:
; cyper.org IN      A
;; ANSWER SECTION:
cyper.org. 3155
IN
A
162.210.102.59
```

现在检查 Shodan 是否有关于这个 IP 地址的信息（也称为反向 DNS 查找）。

虽然在之前的输出中没有找到 cyper.org 的子域名，但可以从该 IP 地址中获得大量元数据，其中也包括其他相关域名的信息。我们将在本书的第二部分（“网站信息搜集”一章）更详细地讨论反向 DNS（RDNS）查找。

6. Censys（子域查找器）

Censys.io（www.censys.io）是一项与 Shodan 非常相似的服务，它们都提供 Internet 联网设备的搜索功能。Censys 工具可用于搜索特定网络上的资产，从而帮助企业了解他们在 Internet 上公开了哪些服务器和设备，甚至发现可能被员工创建但被遗忘的未知主机。外部渗透测试中非常重要的一个环节就是找到暴露在互联网上的基础设施，而 Censys 能够识别这类可能导致信息泄露的开放攻击面。

Shodan 和 Censys.io 的主要区别在于 Censys 可以提供历史数据。这些数据是有代价的，因而 Censys 比 Shodan 贵得多。在调查过程中，具备历史数据的访问能力通常能够成为整个调查得以进行的基础前提。

Censys 子域名查找器（https://github.com/christophetd/censys-subdomain-finder）是一个易于使用的命令行工具，它使用 Censys.io API 返回可用子域名的列表。因为 Shodan 和 Censys（及其他子域名研究工具）返回的结果经常会有所不同，所以，API 是快速查询 Censys 以其他命中记录的好方法。

对于喜欢钻研技术的读者，可以通过证书透明度（CT）日志查询 Censys.io 以获取可用子域名的列表。证书透明度日志可用于多种不同类型的归因调查。

首先，搜索 pepsi.com，会发现 42 个独特的子域名，代码如下：

```
root@OSINT: python censys_subdomain_finder.py pepsi.com
[*] Searching Censys for subdomains of pepsi.com
[*] Found 42 unique subdomains of pepsi.com in ~1.4 seconds
```

接下来，搜索 Cyper.org，代码如下：

```
root@OSINT: python censys_subdomain_finder.py cyper.org
[*] Searching Censys for subdomains of cyper.org [-]
Did not find any subdomain
```

可以看到两个结果不同，主要是由于这两个组织的规模存在差别。提醒：不同的工具会产生不同的结果。

7. Fierce

Fierce 是一种 DNS 枚举工具，是 NMAP 的前身，可针对指定的域名查询不连续的 IP 空间和主机名，运行它需要先指定待搜索的目标 IP 空间。

并非参数选项越多，工具就越好。Fierce 仅用于 DNS 枚举，它只是完成它应该做的工作，可用选项列举如下。

- -dns-server：指定要使用的 DNS 服务器。
- -domain：待测试的域名。

- -subdomain-file：使用此文件中指定的子域名（每行一个）。
- -range：扫描内部 IP 范围，使用 cidr 表示法。
- -delay：两次查询间的等待时间。

简单起见，对两个示例域名运行 Fierce。还可以使用 Linux 命令将结果输出为文本文件，代码如下。

```
fierce --domain pepsi.com > output.txt
```

Fierce 扫描的结果显示了如下 6 个独特的子域名/主机条目：

```
159.127.187.12      e.pepsi.com
18.214.229.99       promo.pepsi.com
18.214.229.99       secure.pepsi.com
161.47.125.72       shop.pepsi.com
159.127.185.121     signup.pepsi.com
209.143.254.67      stage.pepsi.com
Subnets found (may want to probe here using nmap or unicornscan):
    159.127.185.0-255 : 1 hostnames found.
    159.127.187.0-255 : 1 hostnames found.
    161.47.125.0-255 : 1 hostnames found.
    18.214.229.0-255 : 2 hostnames found.
    209.143.254.0-255 : 1 hostnames found.
Found 6 entries.
```

现在尝试另一个域名，代码如下：

```
root@OSINT: fierce --dns cyper.org --threads 5 --file dns.txt
```

扫描输出如下：

```
Checking for wildcard DNS... Nope. Good.
Now performing 1917 test(s)... 198.23.53.116    imap.cyper.org
198.23.53.116       pop3.cyper.org
198.23.53.116       smtp.cyper.org
162.210.102.59      www.cyper.org
Found 4 entries.
```

相比上一次扫描，结果多了 4 个。

8. Sublist3r

Sublist3r 是在数百个子域蛮力搜索脚本之中我最喜欢的。在运行时只需输入域名就能调用包括 Yahoo、Bing、Netcraft、DNSDumpster、PassiveDNS 在内等多个引擎来对子域名进行检查。

我已经使用 Sublist3r 多年了，许多黑客也钟情于它。在工具更新方面，我一直努力跟上漏洞赏金猎人们的趋势，但 Sublist3r 始终是我的最爱。Sublist3r 是一个非常简单易用的工具，其搜索结果的广泛性令人印象深刻。

Sublist3r 包括以下选项。

- -d：待搜索的域名。
- -b：开启蛮力模式。
- -p：要扫描的端口列表。
- -v：详细模式。
- -t：并发线程数。
- -e：指定要使用的搜索引擎。
- -o：输出为文件。

Sublist3r 不需要过多的配置或调整，可以使用标准-d 选项来搜索域名，代码如下：

```
root@OSINT: python sublist3r.py -d pepsi.com
[-] Enumerating subdomains now for pepsi.com
[-] Searching now in Baidu..
[-] Searching now in Yahoo..
[-] Searching now in Google..
[-] Searching now in Bing..
[-] Searching now in Ask..
[-] Searching now in Netcraft..
[-] Searching now in DNSdumpster..
[-] Searching now in Virustotal..
[-] Searching now in ThreatCrowd..
[-] Searching now in SSL Certificates..
[-] Searching now in PassiveDNS..
[-] Total Unique Subdomains Found: 56
```

这个初始查询从 pepsi.com 返回了数百个结果（其中存在重复）。对第二个域名尝试相同的命令：

```
root@OSINT: python sublist3r.py -d cyper.org
www.cyper.org
office.cyper.org
seek.cyper.org
storm.cyper.org
zone.cyper.org
[-] Total Unique Subdomains Found: 5
```

目前已经介绍了一些 GUI 和命令行工具，当然也可以使用传统的搜索方法获取子域名列表。让我们继续前进，尝试蛮力搜索。

Enumall 是由 Jason Haddix 创建的 Python 脚本，能够通过单个命令执行详尽的子域名发现功能，从而完成在本章中我们已经实现的所有操作。

Enumall 使用 recon-ng 引擎来完成如下功能：

- 枚举子域名。
- 执行 Google、Bing、Yahoo 和 Netcraft 抓取。
- 蛮力搜索查找子域名。
- 搜索 Shodan。
- 将所有活动地址解析为 IP 地址。
- 将所有内容输出为漂亮整洁的 CSV。

该脚本使用单词列表组合来尝试进行蛮力查询。在运行脚本之前，应该了解这些特定参数。

- -a：使用 alt-dns 根据种子列表创建单词排列。
- -p：提供给 alt-dns 的种子列表。
- -w：在蛮力破解时与 recon-ng 一起使用的自定义词汇表。

备注

根据要执行的查询级别不同，使用 alt-dns 选项可能有点小题大做，因为创建数百万个可能的排列并进行测试，通常需要很长时间才能完成（超过 12 小时）。在大多数情况下，使用带有-w 的标准蛮力字典可能就足够了，如果失败了再尝试不同的词典。

对 pepsi.com 运行脚本，代码如下：

```
root@OSINT: python enumall.py pepsi.com -a -p ../altdns/words.txt -w \
/SecLists/sortedcombied-knock-dnsrecon-fierce-reconng.txt
SUMMARY
-------
[*] 78 total (51 new) hosts found.
[*] 167 records added to '/opt/recon/domain/pepsi.com.csv'.
root@OSINT: python enumall.py cyper.org -a -p ../altdns/words.txt -w \
/SecLists/sortedcombied-knock-dnsrecon-fierce-reconng.txt
[*] 5 total (5 new) hosts found.
[*] 6 records added to '/opt/recon/domain/cyper.org.csv'.
```

9. 结果比较

表 3.1 所示为使用不同工具的运行结果比较。

表 3.1　不同工具的运行结果比较

使用的工具	pepsi.com	cyper.org
DNSDumpster	19	1
Hacker Target	31	5
Shodan	28	0
Censys	42	0
Fierce	6	4
Sublist3r	56	5
Enumall/Recon-ng	78	5

3.2　钓鱼域名和近似域名

近似域名是一种注册与原始/合法域名相似的仿造域名的技术，也可以称为拼写错误的域名。攻击者利用人们在输入时容易出现错误这一事实，注册虚假域名构建仿冒网站以获取登录凭据、分发恶意软件或进行恶意活动。攻击者通常会在网络钓鱼电子邮件中使用拼写错误的域名，作为诱使受害者点击链接的简易方法。

 备注

同形文字（Homoglyphs）在网络钓鱼攻击中也很流行，它们是看起来与合法文字非常相似的字符（或字形），也包括看起来与原始字符非常相似的其他字母表中的字符。例如，对于 pepsi.com 和 pepsì.com，你能立即分辨出区别吗？答案：字母“i”不一样。

出于以下两个原因之一，搜索网络钓鱼/域名仿冒域名通常很有用：①在外部渗透测试报告中，为客户提供域名的潜在网络钓鱼域名列表（应该始终这样做）；②你被聘为对客户进行社会工程学的专家，需要找到一种巧妙的方法来诱骗用户，使他们交出凭据。

我发现的用于检测域名仿冒的最佳工具是 DNSTwist。DNSTwist 的使用方法如下：输入想要的目标域名，它就会生成一个潜在网络钓鱼域列表，并自动检查它们是否已注册或者启用。

可以指定以下开关来增强结果输出。

- -d：使用自己的字典文件。
- -f：输出为文件格式（CSV、JSON）。
- -r：只显示已注册的域名。
- -w：对域名执行 Whois 查询。
- -b：从主机抓取 banner 信息。
- -a：显示所有 DNS 记录。

运行 DNSTwist，查看仅显示已注册的域名结果，代码如下：

```
root@OSINT: python dnstwist.py -r pepsi.com
```

几乎不费力，得到了 81 个结果（以下结果为节选），代码如下：

```
Processing 936 domain variants ....... 81 hits
Addition    pepsia.com    185.18.82.122 NS:ns.dynamixhost.com
                          MX:mx2.dynamixhost.com
Addition    pepsib.com    -
Addition    pepsic.com    78.41.204.29 NS:ns1.torresdns.com
Addition    pepsid.com    104.31.76.91 2606:4700:30::681f:4c5b
                          NS:igor.ns.cloudflare.com
Addition    pepsie.com    199.59.242.151 NS:ns1.bodis.com
                          MX:mx76.m2bp.com
Addition    pepsif.com    -
Addition    pepsig.com    184.168.221.50 NS:ns53.domaincontrol.com
                          MX:mailstore1.secureserver.net
Addition    pepsih.com    -
Addition    pepsii.com    66.63.171.125 NS:ns1.ehostinginc.com
                          MX:mail.pepsii.com
```

```
Addition    pepsij.com    -
Addition    pepsik.com    94.152.37.52 NS:ns1.kei.pl MX:pepsik.com
Addition    pepsil.com    NS:juming.dnsdun.com
Addition    pepsim.com    184.168.221.56 NS:ns65.domaincontrol.com
                          MX:mailstore1.secureserver.net
Addition    pepsis.com    69.172.201.153
                          NS:ns1.uniregistrymarket.link
Addition    pepsit.com    162.255.119.194
                          NS:dns1.registrar-servers.com
Addition    pepsix.com    104.217.67.249 NS:v1.dns234.net
Addition    pepsiy.com    162.255.119.196
                          NS:dns1.registrar-servers.com
Omission    pepi.com      206.220.201.245 NS:ns.net10.net
                          MX:pepi.com.mx1.net10.rcimx.net
Omission    pesi.com      216.56.243.144 NS:ns-1311.awsdns-35.org
                          MX:d140747a.ess.barracudanetworks.com
Omission    peps.com      213.1.249.100 NS:ns.planit.com
Omission    ppsi.com      208.91.197.128 NS:ns33.worldnic.com
                          MX:mx1.netsolmail.net
Omission    epsi.com      216.198.200.146 NS:ns23.domaincontrol.com
                          MX:mail.epsi.com
Repetition  pepssi.com    -
Repetition  peppsi.com    172.98.192.36 NS:ns1.rentondc.com
Repetition  peepsi.com    23.20.239.12 NS:ns1.namebrightdns.com
Repetition  ppepsi.com    50.63.202.54 NS:ns01.domaincontrol.com
                          MX:mailstore1.secureserver.net
Replacement pemsi.com     -
Replacement p3psi.com     184.168.131.241 NS:ns53.domaincontrol.com
                          MX:mailstore1.secureserver.net
Replacement peosi.com     192.185.188.86 NS:ns825.websitewelcome.com
                          MX:mail.peosi.com
Replacement peps9.com     -
Replacement peps8.com     -
Replacement pelsi.com     64.118.87.10 NS:ns1.mywwwserver.com
                          MX:pelsi.com
Replacement pepei.com     72.52.179.174 NS:ns1.parklogic.com
Replacement pwpsi.com     23.20.239.12 NS:ns1.namebrightdns.com
Replacement prpsi.com     -
Replacement pspsi.com     NS:ns1.bdm.microsoftonline.com
                          MX:pspsi-com.mail.protection.outlook.com
Replacement pepsu.com     46.30.215.63 2a02:2350:5:104:cfc0:0:8428
                          NS:ns01.one.com
```

```
                                     MX:mx1.pub.mailpod6-cph3.one.com
    Replacement pepso.com            50.63.202.54 NS:ns63.domaincontrol.com
                                     MX:mailstore1.secureserver.net
    Replacement pepsj.com            192.232.223.72 NS:ns6175.hostgator.com
                                     MX:mail.pepsj.com
    Replacement pepdi.com            107.180.21.19 NS:ns67.domaincontrol.com
                                     MX:mail.pepdi.com
    Replacement pepai.com            185.53.179.24 NS:ns1.parkingcrew.net
                                     MX:mail.h-email.net
    Replacement pepyi.com            198.1.175.40 NS:ns1.dnsowl.com
    Replacement mepsi.com            192.64.147.150 NS:dns1.yoho.com
                                     MX:mx1.mepsi.com
    Vowel-swap  pipsi.com            199.59.242.151 NS:ns1.bodis.com
                                     MX:mx76.m2bp.com
    Vowel-swap  popsi.com            35.186.238.101 NS:ns1.namefind.com
    Vowel-swap  pepse.com            198.60.86.20 NS:ns1.markmonitor.com
                                     MX:mailn.scientech.com
```

在不使用-r 开关的情况下再次运行 DNSTwist，查找可以注册为网络钓鱼目标的潜在域名，代码如下：

```
root@OSINT: python dnstwist.py pepsi.com
```

以下是可以注册的一些潜在域名的部分列表：

```
Homoglyph   þepsï.com      -
Homoglyph   þepsι.com      -
Homoglyph   peþśi.com      -
Homoglyph   pępşi.com      -
Homoglyph   pepsĭ.com      -
Homoglyph   pěpsι.com      -
Homoglyph   pëpsi.com      -
Homoglyph   pěpsï.com      -
Homoglyph   ρeρsï.com      -
Homoglyph   pepsi.com      -
Homoglyph   pepsı.com      -
Homoglyph   þēþsi.com      -
Homoglyph   þepsi.com      -
Homoglyph   pepsï.com      -
Homoglyph   pepsí.com      -
Homoglyph   pepsı.com      -
Homoglyph   þepsi.com      -
Homoglyph   pepsĭ.com      -
Homoglyph   þepsl.com      -
Homoglyph   pépsi.com      -
Homoglyph   pepsĭ.com      -
```

```
Homoglyph   þepsl.com      -
Insertion   pelpsi.com     -
Insertion   pepwsi.com     -
Insertion   p4epsi.com     -
Insertion   pepsai.com     -
Insertion   psepsi.com     -
Insertion   pepswi.com     -
Insertion   pepasi.com     -
Insertion   pepdsi.com     -
Insertion   pe4psi.com     -
Insertion   pep0si.com     -
Insertion   peopsi.com     -
Insertion   pzepsi.com     -
Insertion   pe3psi.com     -
Insertion   pezpsi.com     -
Insertion   pepsyi.com     -
Insertion   pepxsi.com     -
Insertion   pempsi.com     -
Insertion   pewpsi.com     -
```

如果得到了百事可乐公司的许可，可以用它来尝试钓鱼攻击。

3.3　小结

本章介绍了网络和子域名发现领域的很多内容。我们研究了 Sublist3r、Fierce 和 Enumall 等工具，这些工具对于任何数字调查员或渗透测试人员都是必不可少的，因为它们能够嗅探出目标域名的子域名。

本章还介绍了 Shodan 和 Censys.io 等服务，它们是记录暴露在互联网上的数字资产信息的大型数据库，可用于识别目标组织的服务器或设备。

最后，本章通过测试不同工具和服务在针对不同组织规模的网站运行时输出的结果，来比较它们的搜索性能。

第4章 识别网络活动（高级NMAP技术）

本章重点介绍如何使用高级 NMAP 扫描技术来识别活动主机和端口。几乎在每次调查中，NMAP 都是寻找活动主机的不二之选。

NMAP 在每个黑客和调查人员的武器库中都是不可或缺的，许多图书已对其进行充分介绍。本章不会重复讲述 NMAP 扫描的基础知识，而是重点介绍通过 NMAP 来发现主机活动的几个高级用例和技术方法，以及如何达到这一极具挑战性的目标：穿透防火墙。

4.1 准备开始

执行 NMAP 扫描可以获得大量关键数据，从而为接下来的调查工作定下基调。在开始之前，本书假设读者对 NMAP 有基本的了解——它是什么、它是如何工作的，以及如何使用它。

1. 构建活动主机列表

每次调查开始时，首次 NMAP 扫描旨在扫描所有本地 IP 空间并返回一个格式良好的活动主机列表。NMAP 通常用于内部渗透测试，但它在查找外部活动 IP 地址方面也很顺手。

使用以下命令获取内部网络上所有活动主机的列表：

```
root@OSINT: nmap -n -sn 10.0.0.0/8 172.16.0.0/12 192.0.0.0/16  -oG - | \awk '/Up$/{print $2}' > outputfile.txt
```

该命令执行以下操作。

（1）-sn：执行 ping 扫描（如果禁用 ping，则使用-sS）。

（2）三个网段：扫描所有内部 IP 空间。

（3）-oG：输出为 greppable 格式。

（4）将输出发送到 AWK，从而仅显示标记为 Up 的 IP 地址。

（5）将输出发送到 outputfile.txt。

该命令将输出一个非常干净的活动 IP 地址列表，代码如下：

```
192.168.0.1
192.168.0.2
```

```
192.168.0.3
... and so on.
```

可以将其用于下一个任务。

2. 基于不同扫描类型的全端口扫描

只扫描一次就能发现谜底的情形非常罕见，因此，我总是以多种方式运行完整的 NMAP 扫描（包括每个端口），以确保没有遗漏任何东西。

对于不太复杂的网络，使用典型的 SYN 扫描即可，因为如果目标机器的端口打开，它们将发送 SYN/ACK 响应，反之则响应为 RST（重置）。

但实际上，网络中使用 SYN 或 FIN 的标准 TCP 扫描通常会被阻止，尤其是在部署了入侵检测系统（IDS）或入侵防御系统（IPS）时。可行的尝试是使用 Xmas 参数扫描（-sX），如果没有得到想要的结果，可以尝试使用--scanflags。

- -p-：扫描所有端口，而不仅仅是默认或标准端口。这会增加一些扫描时间，因为 NMAP 将扫描端口 1～65535。
- -sU：扫描 UDP。大多数扫描只关注 TCP，而一些使用 UDP 进行通信的服务和端口就会被遗漏。之前的扫描类型（-sS、-sX 等）不会识别 UDP 端口。要检测这些端口和服务，需要打开-sU 开关。
- --scanflags：告诉 NMAP 使用哪种扫描类型。运行 NMAP 扫描时，必须定义此设置。一些扫描类型包括 null 扫描、FIN 扫描和 Xmas 扫描。--scanflags 允许设置多种扫描类型。
- 值得尝试的设置是 PSH、FINPSH 和 SYNFIN。PSH 将尝试通过操纵 TCP 标头的 PSH 标志来获得响应。FINPSH 将尝试相同的策略，同时也会操纵 FIN 标志。SYNFIN 将尝试操纵 FIN 标志，并且还将尝试使用 SYN/ACK 方法获得响应。

对 pepsi.com 进行全端口扫描，代码如下：

```
root@OSINT: nmap -v -p- -sX -sU pepsi.com --scanflags PSH
```

这次扫描的结果并不理想，所有返回的端口都是打开/过滤的形式，代码如下：

```
    Starting Nmap 7.70 ( https://nmap.org ) at 2018-12-11 01:03 CST Initiating Ping
Scan at 01:03
    Scanning pepsi.com (18.214.229.99) [4 ports]
    Completed Ping Scan at 01:03, 0.06s elapsed (1 total hosts) Initiating Parallel
DNS resolution of 1 host. at 01:03
    Completed Parallel DNS resolution of 1 host. at 01:03, 0.00s elapsed Initiating
XMAS Scan at 01:03
    Scanning pepsi.com (18.214.229.99) [65535 ports]
    XMAS Scan Timing: About 18.48% done; ETC: 01:06 (0:02:17 remaining) Stats: 0:00:39
elapsed; 0 hosts completed (1 up), 1 undergoing XMAS Scan XMAS Scan Timing: About
25.85% done; ETC: 01:06 (0:01:52 remaining)
    XMAS Scan Timing: About 53.74% done; ETC: 01:06 (0:00:59 remaining) Completed
XMAS Scan at 01:05, 117.00s elapsed (65535 total ports) Initiating UDP Scan at 01:05
```

```
    Scanning pepsi.com (18.214.229.99) [65535 ports]
    Stats: 0:02:17 elapsed; 0 hosts completed (1 up), 1 undergoing UDP Scan UDP Scan
Timing: About 11.73% done; ETC: 01:08 (0:02:30 remaining)
    UDP Scan Timing: About 35.76% done; ETC: 01:08 (0:01:30 remaining) UDP Scan Timing:
About 66.45% done; ETC: 01:07 (0:00:40 remaining) Completed UDP Scan at 01:07, 108.80s
elapsed (65535 total ports) Nmap scan report for pepsi.com (18.214.229.99)
    Host is up (0.058s latency).
    rDNS record for 18.214.229.99: ec2-18-214-229-99.compute-1.amazonaws.com All
131070 scanned ports on pepsi.com (18.214.229.99) are open|filtered
```

NMAP 的-sW 开关将执行 TCP“窗口扫描”。窗口扫描类似于 ACK 扫描，但可用于区分打开和关闭的端口，而不是仅仅将端口显示为“未过滤”，代码如下：

```
root@OSINT: nmap -v -p- pepsi.com -sW
Starting Nmap 7.70 ( https://nmap.org ) at 2018-12-11 01:15 CST
Initiating Ping Scan at 01:15
Scanning pepsi.com (18.214.229.99) [4 ports]
Completed Ping Scan at 01:15, 0.05s elapsed (1 total hosts)
Initiating Parallel DNS resolution of 1 host. at 01:15
Completed Parallel DNS resolution of 1 host. at 01:15, 0.00s elapsed
Initiating Window Scan at 01:15
Scanning pepsi.com (18.214.229.99) [65535 ports]
Window Scan Timing: About 13.16% done; ETC: 01:19 (0:03:25 remaining)
Window Scan Timing: About 26.85% done; ETC: 01:19 (0:02:46 remaining)
Window Scan Timing: About 41.15% done; ETC: 01:19 (0:02:10 remaining)
Window Scan Timing: About 54.07% done; ETC: 01:19 (0:01:43 remaining)
Window Scan Timing: About 64.15% done; ETC: 01:19 (0:01:24 remaining)
Window Scan Timing: About 74.69% done; ETC: 01:19 (0:01:01 remaining)
Window Scan Timing: About 85.98% done; ETC: 01:19 (0:00:34 remaining)
Stats: 0:03:37 elapsed; 0 hosts completed (1 up), 1 undergoing Scan
Window Scan Timing: About 89.93% done; ETC: 01:19 (0:00:24 remaining) Completed
Window Scan at 01:19, 244.88s elapsed (65535 total ports)
Nmap scan report for pepsi.com (18.214.229.99)
Host is up (0.061s latency).
rDNS record for 18.214.229.99: ec2-18-214-229-99.compute-1.amazonaws.com
Not shown: 65533 filtered ports
PORT       STATE SERVICE
80/tcp closed http
443/tcp closed https
```

最终发现端口 80 和 443 是开放的（我们已经知道此事，但确认该信息也令人兴奋）。

4.2 对抗防火墙和入侵检测设备

任何现代防火墙或入侵检测系统都会附带大量预设的策略规则，旨在阻止或降低外部对其保护对象的扫描效果。如果扫描流量没有被防火墙完全阻止，那么可能是 IDS 正在监视它。本节为帮助规避这些系统的检测提供有用的指南。

1. 使用归因模式

当 NMAP 运行端口扫描时，会返回每个端口是否处于打开、关闭或过滤状态的信息，并提供通常在该端口上运行的服务的名称。--reason 开关还将返回 NMAP 判断端口处于特定状态的原因。换句话说，如果端口显示为打开，NMAP 将提供它用来判断端口在线的原因代码。

你是否遇到过如下情况：扫描网络范围中每个 IP 地址上的每个端口都显示为活动状态？这并不有趣，尤其是当调查者期待一些有用结果的时候。一些现代 IDS/IPS 可以检测到正在执行的 NMAP 扫描，并切换其响应模式，将每个端口均显示为打开状态。如果在不知晓这一点的情况下就运行 NMAP 并将设置输出到 XML 文件，调查者在预计代码将执行完毕的数小时后返回时，会发现 XML 的大小已经增长到数 GB。因为 NMAP 会将每个端口都记录为打开状态，从而产生过量的日志。这种事情时有发生。

有两种方法可以解决这个问题：一是使用原因响应代码，二是使用时间间隔策略（将在下一节中讨论）。原因响应代码可用于检测活动服务器，因为活动（或不存在的）服务器将会对请求进行差异化的响应。

使用--reason 开关时，将收到以下 3 种响应之一。

- 端口关闭：reset。
- 端口开放：syn-ack。
- 端口被过滤：port-unreach。

如果端口确实无法访问，则不会产生响应，结果被标记为“被过滤”并返回。如果收到 reset 响应，那么网络另一端可能隐藏着不想被暴露出来的资产。

在之前的示例基础上，下面是对/24 网段列表的 FIN 扫描（命令中省略了实际 IP 地址）。

```
root@OSINT: nmap -T4 -sF --send-ip --reason 1.2.3.4/24 -oX new-out.xml
```

这是一个实际场景。客户端拥有整个网段，并且每个 IP 地址均显示其所有端口处于活动状态以迷惑攻击者。

以下是结果示例。

```
<host starttime="1544321477" endtime="1544321651"><status state="up" reason="echo-reply" reason_ttl="246"/>
<address addr="1.2.3.4" addrtype="ipv4"/>
<hostnames>
</hostnames>
<ports><extraports state="closed" count="1000">
<extrareasons reason="resets" count="1000"/>
</extraports>
</ports>
<times srtt="39452" rttvar="16489" to="105408"/>
```

```
    </host>
    <host starttime="1544321477" endtime="1544321604"><status state="up" reason="echo-
reply" reason_ttl="53"/>
    <address addr="1.2.3.5" addrtype="ipv4"/>
    <hostnames>
    <hostname name="cassutility.com" type="PTR"/>
    </hostnames>
    <ports><extraports state="open|filtered" count="1000">
    <extrareasons reason="no-responses" count="1000"/>
    </extraports>
    /ports>
    <times srtt="23131" rttvar="23131" to="115655"/>
    </host>
    <host starttime="1544321477" endtime="1544321639"><status state="up" reason="echo-
reply" reason_ttl="53"/>
    <address addr="1.2.3.6" addrtype="ipv4"/>
    <hostnames>
    </hostnames>
    <ports><extraports state="open|filtered" count="1000">
    <extrareasons reason="no-responses" count="1000"/>
    </extraports>
    </ports>
    <times srtt="23763" rttvar="23763" to="118815"/>
    </host>
    <times srtt="22516" rttvar="22516" to="112580"/>
    </host>
    <host starttime="1544321477" endtime="1544321633"><status state="up" reason="echo-
reply" reason_ttl="53"/>
    <address addr="1.2.3.7" addrtype="ipv4"/>
    <hostnames>
    </hostnames>
    <ports><extraports state="open|filtered" count="1000">
    <extrareasons reason="no-responses" count="1000"/>
    </extraports>
    </ports>
    <times srtt="22949" rttvar="22949" to="114745"/>
    </host>
```

每个 IP 地址都显示为“up”状态，但请注意原因字段的值。在端口确实没有活动的情况下，原因是“no-responses”。如果防火墙显式地阻止了我们的扫描，响应应该为“reset”。

使用此信息就可以过滤具有“reset”响应的 IP 地址，以确定实际活动的 IP 地址列表。

2. 防火墙规避

随着 IDS/IPS 变得越来越复杂，使用 NMAP 规避防火墙变得越来越困难，但仍然有一些可用技巧和成功示例，因为很多安全设备没有进行正确的配置。

对于一些较新的 IDS，在检测到扫描操作时会显示所有端口都已关闭。这一点在我们测试网站 IP 地址时将显得十分反常，因为网站提供服务的端口理应显示为开放状态。

1）使用代理和 TOR 进行分布式扫描

实施完全匿名扫描的一种思路是将扫描行为分散在随机化的代理之中。下面将介绍这类方法的几种具体实现。

（1）代理服务轮换。有很多出售轮换代理的服务，其工作方式是用户首先连接到一个指定 IP 地址，然后该 IP 地址再使用任意数量的随机轮换代理去访问 Internet。基于这种方式，可以轻松地将 NMAP 扫描行为分布在数千个不同的 IP 地址上，这可能会对扫描结果产生截然不同的影响。

要将代理与 NMAP 一起使用，可使用-proxy 开关指定地址，代码如下：

```
root@OSINT: nmap -sX -proxy http://1.1.1.1:1080 -iL targetlist.txt
```

（2）代理链。除了使用单一代理，proxychains 还允许将多个代理串联在一起，从而使源 IP 地址更难被检测到。在 Linux 系统上安装代理链后，可以编辑代理链的 conf 文件，以添加要链接在一起的代理列表。它的原理类似于 TOR 的流量分配方法，但相对于非常慢的 TOR，这种方法要快得多。

运行 proxychains 代理链的命令如下：

```
proxychains <the command you want to run>
```

通过 proxychains 运行 NMAP 的命令如下：

```
root@OSINT: proxychains nmap -T4 -sX 1.2.3.4
```

资深专家提示: WILLIAM MARTIN

实现类似效果的另一种方法是使用 TOR 代理。可以通过-proxy 开关在 NMAP 中使用代理，并通过本地 TOR 发送扫描请求。也可以使用 proxychains 将多个代理串在一起，而不是使用 TOR 网络。还可以使用像 Storm Proxies 这样的优质包月服务来完成这项工作。如果不想维护自己的代理网络，这种方法是最好的，Storm Proxies 会自动轮换 70000 个代理而不必担心 IP 地址被检测到，同时也能避免自己搭建 TOR 代理带来的麻烦。

2）分段数据包/MTU

尽管使用分段数据包开关（-f）来探测成功的可能性非常低，但仍然值得尝试，因为可能存在错误配置的 IDS。

-f 开关告诉 NMAP 将探测分成更小的数据包，即发送 8 个字节的数据包，代码如下：

```
root@OSINT: nmap -f -sX -Pn -v pepsi.com
```

--mtu（最大传输单元）选项与-f 类似，在传输期间仅发送有限数量的数据，这种方式需要尝试不同的配置才能正常工作，并可能会使一些较老的防火墙失灵，代码如下：

```
root@OSINT: nmap -sX -v --mtu 32 pepsi.com
```

3）服务探测技巧

如果端口显示为已关闭或已过滤，可以通过查询服务版本请求来欺骗目标主机，使其产生响应。这两种技术背后的技巧是通过-Pn 开关来强制让 NMAP 认为所有端口都处于打开状态。在不需判断端口是打开还是关闭的情况下，NMAP 将运行其所有操作系统和服务检测测试，如果足够幸运，可能会收到响应。

-A 开关将启用操作系统检测的“高级和积极”功能。使用-A 开关与 NMAP 的一些其他选项相同，如-O（操作系统检测）和-sC（对主机运行默认脚本）。

-sV 开关将启用端口上的版本检测。开启此选项会对端口对应服务的多个不同版本进行测试，因而得到的结果非常庞杂。如果不在乎制造大量数据，这值得一试。-sV 开关也可以用于区分打开的和过滤的 UDP 端口。同时请注意，启用版本检测的扫描非常慢，因为它涉及向每个打开的端口发送大量特定于应用程序的探测请求。正因为如此，这个命令也有使编码质量较低的应用程序崩溃的能力，所以应谨慎使用。

以下结果展示了它是如何工作的。首先，对 pepsi.com 运行一个标准的 Xmas 扫描，代码如下：

```
root@OSINT: nmap -sX pepsi.com
Starting Nmap 7.70 ( https://nmap.org ) at 2019-03-08 23:45 CST
Note: Host seems down. If it is really up,
but blocking our ping probes, try -Pn
Nmap done: 1 IP address (0 hosts up) scanned in 3.07 seconds
```

令 NMAP 假定所有端口都是打开的，在对 pepsi.com 运行扫描的同时执行服务版本检测，代码如下：

```
root@OSINT: nmap -Pn -sV pepsi.com
Starting Nmap 7.70 ( https://nmap.org ) at 2019-03-08 23:29 CST
Nmap scan report for pepsi.com (45.60.135.51)
Host is up (0.049s latency).
Other addresses for pepsi.com (not scanned): 45.60.75.51
Not shown: 778 filtered ports
PORT        STATE   SERVICE     VERSION
25/tcp      open    http        Incapsula CDN httpd
53/tcp      open    domain?
80/tcp      open    http        Incapsula CDN httpd
81/tcp      open    http        Incapsula CDN httpd
82/tcp      open    http        Incapsula CDN httpd
83/tcp      open    http        Incapsula CDN httpd
84/tcp      open    http        Incapsula CDN httpd
85/tcp      open    http        Incapsula CDN httpd
88/tcp      open    http        Incapsula CDN httpd
89/tcp      open    http        Incapsula CDN httpd
90/tcp      open    http        Incapsula CDN httpd
99/tcp      open    http        Incapsula CDN httpd
389/tcp     open    ssl/http    Incapsula CDN httpd
443/tcp     open    ssl/http    Incapsula CDN httpd
```

```
444/tcp     open    ssl/http    Incapsula CDN httpd
555/tcp     open    http        Incapsula CDN httpd
587/tcp     open    http        Incapsula CDN httpd
631/tcp     open    http        Incapsula CDN httpd
636/tcp     open    ssl/http    Incapsula CDN httpd
777/tcp     open    http        Incapsula CDN httpd
800/tcp     open    http        Incapsula CDN httpd
801/tcp     open    http        Incapsula CDN httpd
843/tcp     open    http        Incapsula CDN httpd
888/tcp     open    http        Incapsula CDN httpd
[results truncated]
1 service unrecognized despite returning data.
SF-Port53-TCP:V=7.70%I=7%D=3/8%Time=5C834F5B [truncated]
```

现在知道了目标主机位于 CDN 后面，同时猜测这些端口中的大多数实际上都没有打开。无论如何，这些结果与第一次扫描有很大的不同。

4）放慢节奏

NMAP 的-T 开关将改变请求的间隔。这个定时选项可用于欺骗高级检测系统。如果使用多代理轮换模式，那么调查者的行为看起来就不大像端口扫描，同时降低请求的频率是避免被防火墙检测到的好方法。但是，这样做会大大增加扫描的时间成本，可以使用以下时间间隔设置。

- T0：偏执的（在每次探测之间等待 5 分钟，使 IDS/IPS 通常无法检测到）。
- T1：偷偷摸摸的（等待 15 秒）。
- T2：有礼貌的。
- T3：正常的。
- T4：积极的。
- T5：疯狂的（容易被察觉）。

在典型的扫描情况下，经常使用-T4。-T3 是 NMAP 的默认行为，-T4 会有一些速度提升。使用定时开关不会使工具输出额外的信息，但可能会产生不同的结果。以下扫描示例将扫描之间的时间设置为“积极的”，这将使每个探针之间的最大延迟为 10ms，代码如下：

```
root@OSINT: nmap -sX -T4 yourtarget.com
```

5）错误校验和、诱饵和随机数据等

这里将介绍 4 种不同的 NMAP 技术，这些技术涉及向目标发送无效或欺骗数据以诱发响应。

（1）错误校验和。TCP/IP 使用“校验和”来确保数据完整性。通过制作带有错误校验和信息的数据包，可以欺骗目标主机发送响应。这种方法仅适用于配置错误的服务器，当调查工作遇到困难时值得尝试，尤其是在试图避开防火墙时。

可以使用--badsum 开关向目标发送错误的校验和。由于 CDN 的存在，在之前的扫描中使用--badsum 形成的结果可能会产生一些错误。当对 pepsi.com 使用--badsum 时，会看到以下结果：

```
root@OSINT: nmap -sX -T4 --badsum 45.60.135.51 Starting Nmap 7.70 ( https://nmap.org )
Nmap scan report for 45.60.135.51
```

```
Host is up (0.050s latency). Not shown: 778 filtered ports
PORT        STATE   SERVICE
25/tcp      open    smtp
53/tcp      open    domain
80/tcp      open    http
81/tcp      open    hosts2-ns
82/tcp      open    xfer
83/tcp      open    mit-ml-dev
84/tcp      open    ctf
85/tcp      open    mit-ml-dev
88/tcp      open    kerberos-sec
89/tcp      open    su-mit-tg
90/tcp      open    dnsix
99/tcp      open    metagram
389/tcp     open    ldap
443/tcp     open    https
444/tcp     open    snpp
555/tcp     open    dsf
587/tcp     open    submission
```

所有端口的结果都是开放的，其实我们已经知道它们背后有 CDN 正在影响输出的结果。

（2）诱饵扫描。在执行诱饵扫描时，NMAP 将生成看似来自许多不同诱饵地址的大量欺骗数据包，这可能会使主机认为它正在受到多个来源的洪泛攻击，从而导致 IDS/防火墙忽略这些扫描请求。

要包含诱饵数据包，可使用-D 命令，后跟 RND:[number]，告诉 NMAP 生成 *X* 个随机诱饵。

此命令更多用于隐藏调查者的 IP 地址，而非实际绕过 IDS。在执行诱饵扫描时，IDS 可能会报告多个来自不同 IP 地址的端口扫描行为，但不知道实际执行扫描的是哪个 IP 地址，这是掩盖实际 IP 地址的好方法。显然，这种攻击非常费事，另外如果目标会对执行扫描的机器 IP 地址进行屏蔽，调查者的实际 IP 地址仍会出现在日志中。保护 IP 地址的更好方法是使用前面讨论的代理。

以下命令将在对目标使用 SYN 扫描时生成 10 个诱饵数据包：

```
root@INTEL: nmap -D RND:10 -sS pepsi.com
```

结果与刚刚看到的相同，因为我们没有更改扫描类型，只是添加了诱饵。

（3）更改数据长度。端口扫描器通常发送相同大小的请求，因此，一些防火墙/IDS 通过查看数据包的大小来检测是否发生了端口扫描。可以尝试通过使用-data-length 参数，并指定要与数据包一起发送的附加数据来规避这种类型的检测。如果想进行测试，可尝试扫描已确认打开的单个端口（如 80 或 443）并调整数据包大小，直到收到所需的响应。

```
root@OSINT: nmap -sS -data-length 300 scanme.nmap.org
Starting Nmap 7.01 ( https://nmap.org ) at 2018-12-12 08:52 UTC
Nmap scan report for scanme.nmap.org (45.33.32.156)
Host is up (0.085s latency).
Other addresses for scanme.nmap.org (not scanned):
```

```
2600:3c01::f03c:91ff:fe18:bb2f
Not shown: 996 closed ports
PORT        STATE   SERVICE
22/tcp      open    ssh
80/tcp      open    http
9929/tcp    open    nping-echo
31337/tcp   open    Elite
Nmap done: 1 IP address (1 host up) scanned in 2.41 seconds
```

（4）**IP/MAC 地址欺骗**。试图绕过防火墙检测的另一种方法是欺骗主机 MAC 地址。如果服务器配置了只允许特定 MAC 地址主机流量传输的过滤规则，则此技术可能非常有效，其缺点是需要知道服务器允许哪些主机的 MAC 地址传输。这种技术更有可能用于内部网络扫描。

如果知道目标网络的特定供应商，则可以尝试从他们的产品中搜集典型 MAC 地址并在扫描中使用这些地址。同样，可以使用源端口或 IP 地址欺骗，以便目标认为请求是来自相同子网中的主机。在某些情况下，防火墙将允许来自某些子网中端口或 IP 地址的请求，这非常值得尝试。

备注

使用欺骗 IP 地址意味着有权访问该 IP 地址，否则扫描者将永远收不到返回的数据包。使用欺骗 IP 地址扫描，需要使用-e 开关将请求绑定到网络接口，这通常需要在计算机上设置一个假的内部网卡（如 vnic1）并从那里发送请求。欺骗 MAC 地址是一种很少在外部扫描中使用的策略，当能够识别网络中的受信任机器时，通过它在内部进行网络扫描最为有效。

以下命令将欺骗 IP 地址：

```
nmap -sF -e vnic1 -S 192.168.0.182 pepsi.com
```

要想在网络中欺骗 MAC 地址，可使用-spoof-mac 开关，代码如下：

```
nmap -sF -e vnic1 -spoof-mac <mac address> pepsi.com
```

6）Firewalking 方法

Firewalking 通过使用 IP TTL（生存时间）到期算法来搜集有关主机的信息，以确定主机是否处于活动状态。简单来说，由于可以通过 traceroute 确定通向目标主机的网络路径，因此可以将一个其 TTL 等于源地址到目标距离的数据包发送到主机，如果数据包超时，则重新发送之前的 TTL 值减 1。在这种情况下，如果 ICMP 返回 TTL 超时报文（类型 11，代码 0），则表示数据包已转发且端口未阻塞；如果没有收到响应，则说明该端口在网关上被阻塞。traceroute 是在 IP 层运行（TTL 字段）的，因此，任何传输层的协议（TCP、UDP 和 ICMP）都可以通过相同的方式使用。

NMAP 脚本引擎（NSE）有一个 firewalk 脚本可以自动执行这些步骤。该脚本将尝试使用前面描述的 IP TTL 过期方法来发现防火墙规则。

可以使用以下命令运行 firewalk 脚本：

```
nmap --script=firewalk --script-args=firewalk.max.probed.ports=5 \
--traceroute host
```

3. 比较结果

在前面的示例中我们尝试了许多不同的 NMAP 扫描类型，并且将它们全部输出为某种可以返回并查看的格式（通常使用 XML）。

Ndiff 是一个类似于 Linux diff 命令（显示文件之间的差异）的工具。它可以很好地用作展示 NMAP 结果之间的差异。

通常我们会运行 3～4 种不同的变体扫描请求，以确保所有的基础目标都被覆盖。Ndiff 在这些情况下可用于比较并展示不同的扫描结果。

另一个用例是系统管理员每周在他的网络上运行 NMAP 扫描以查看网络中是否有任何新变化。这种情况下 Ndiff 将是最快的方法。

运行 Ndiff 非常简单，只需在 ndiff 命令后加上要比较的两个文件，代码如下：

```
root@OSINT: ndiff nmap-scan1.xml nmap-scan2.xml
```

输出将展示两种扫描类型结果之间的所有差异，代码如下：

```
-Nmap 7.01 scan initiated as: nmap -p- -sX -iL ips.txt -oX nmap-scan1
+Nmap 7.01 scan initiated as: nmap -sP -T4 --send-ip --reason \
-iL ips.txt -oX nmap-scan2
1.2.3.4:
-Not shown: 65534 closed ports
PORT        STATE   SERVICE VERSION
-11211/tcp open|filtered
1.2.3.5:
-Not shown: 65535 open|filtered ports
1.2.3.6:
-Not shown: 65534 open|filtered ports PORT  STATE  SERVICE VERSION
-443/tcp closed https
1.2.3.7
-Not shown: 65534 open|filtered ports PORT  STATE  SERVICE VERSION
-443/tcp closed https
1.2.3.8:
-Not shown: 65535 open|filtered ports
-1.2.3.9:
+hostname (1.2.3.9):
-Not shown: 65535 open|filtered ports
12.109.109.165:
-Not shown: 65535 open|filtered ports
1.2.3.10:
-Not shown: 65534 closed ports
PORT        STATE   SERVICE VERSION
```

```
-11211/tcp open|filtered
-1.2.3.11:
-Host is up.
-Not shown: 65535 open|filtered ports
1.2.3.12:
-Not shown: 65534 closed ports
PORT        STATE   SERVICE VERSION
-11211/tcp open|filtered
```

根据 Xmas 扫描结果，似乎在多个主机上都打开了 11211 端口（这通常与 Memcached 相关联）。

NMAP 结果的可视化一直是老大难问题。有一些工具声称实现了这一功能，但我从来没有发现任何有价值的东西。可以使用带有–stylesheet 参数的 XSL 样式表来设置 NMAP XML 文件的输出样式。德国的 Andreas Hontzia 创建了一个非常不错的 XSL 样式表，能够将 NMAP 的输出格式化为可读性好的报告，代码如下：

```
nmap -sS pepsi.com -oA filename --stylesheet \
https://raw.githubusercontent.com/honze-net/nmap-bootstrap-xsl/
master/nmap-bootstrap.xsl
```

扫描完成后，可以在 Web 浏览器中查看 XML 文件，结果如图 4.1 所示。

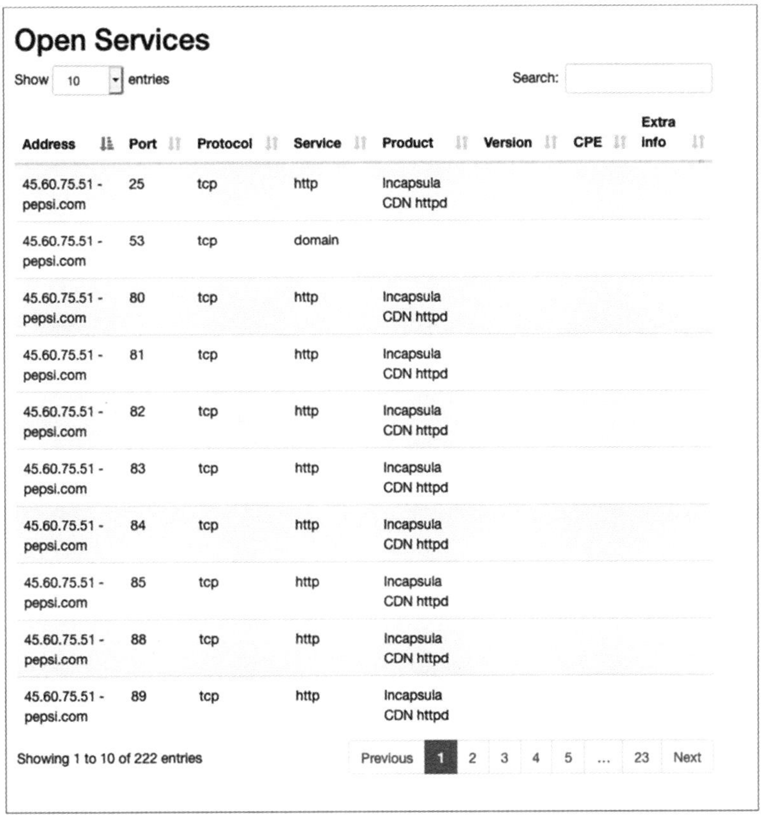

Open Services

Show 10 entries　　Search:

Address	Port	Protocol	Service	Product	Version	CPE	Extra info
45.60.75.51 - pepsi.com	25	tcp	http	Incapsula CDN httpd			
45.60.75.51 - pepsi.com	53	tcp	domain				
45.60.75.51 - pepsi.com	80	tcp	http	Incapsula CDN httpd			
45.60.75.51 - pepsi.com	81	tcp	http	Incapsula CDN httpd			
45.60.75.51 - pepsi.com	82	tcp	http	Incapsula CDN httpd			
45.60.75.51 - pepsi.com	83	tcp	http	Incapsula CDN httpd			
45.60.75.51 - pepsi.com	84	tcp	http	Incapsula CDN httpd			
45.60.75.51 - pepsi.com	85	tcp	http	Incapsula CDN httpd			
45.60.75.51 - pepsi.com	88	tcp	http	Incapsula CDN httpd			
45.60.75.51 - pepsi.com	89	tcp	http	Incapsula CDN httpd			

Showing 1 to 10 of 222 entries　　Previous 1 2 3 4 5 … 23 Next

图 4.1　在 Web 浏览器中显示的 NMAP 输出结果

4.3 小结

本章介绍了许多使用 NMAP 来识别目标 IP 地址特征的高级技术。随着防火墙和入侵检测系统变得越来越复杂，应该使用不同的方法来确保扫描结果的准确和完整。至此，读者应该已经了解了手动检测目标信息的工具和方法，下一章将重点介绍几种自动化工具，它们可用于简化工作并提升搜索结果的数量。

第5章 网络调查的自动化工具

前几章介绍了许多可用于获取目标情报的手动命令行工具，如果赶时间或只想采取“一网打尽”的方法找到尽可能多的信息，应当怎么办？

本章将介绍 3 种可用于快速搜集信息的自动化工具及其功能。这些工具之所以是“自动化”的，是因为它们能够自动分析在每一步骤中获得的结果和目标，并在此基础上更深入地挖掘以发现新信息。

例如，基于发现的一个电子邮件地址，这些工具可以自动查询各种 API 以找到尽可能多的与该电子邮件地址的关联信息。对命令行工具而言这通常是一个手动过程，而自动化工具将自发地从第一步的输出中中获取结果，并以无须人工干预的方式执行后续步骤。

如果发现了新电子邮件地址，自动化工具可能会查看它是否已泄露，或者是否有任何来自 SecurityTrails 或 Whoisology 等来源的 Whois 数据与之相关；如果发现了新 IP 地址，这些工具可能会自动开始查找相关域名或查询 VirusTotal 等威胁情报源，以检查该 IP 地址是否在任何已知的黑名单上。

这些工具之间的结果大约有 80%是相似的，剩下的 20%恰恰可以在调查中发挥作用并提供有价值（或独特）的信息。

换句话说，在情报搜集方面没有“一站式服务”，所以，永远不要依赖单一工具。应当运行多种测试，以确认结果是准确和完整的。

本章将介绍 3 种工具——SpiderFoot、Intrigue.io 和 Recon-NG。

关于示例调查目标的说明

本章将研究 DualXCrypt.com 这个域名，网站首页如图 5.1 所示。该网站提供一种基于 CopperheadOS 的去中心化智能手机终端。该域名仅在线上活动了短暂的时间（目前仍然可以在 archive.org 上查看它）。

该网站的设计者自称是“KickAss 论坛”中的 3 位知名黑客。如果 Cyper（KickAss 论坛的所有者）没有专门发帖说这 3 个人与 KickAss 无关，我就不会知道有这个网站。这是一个很好的调查理由。

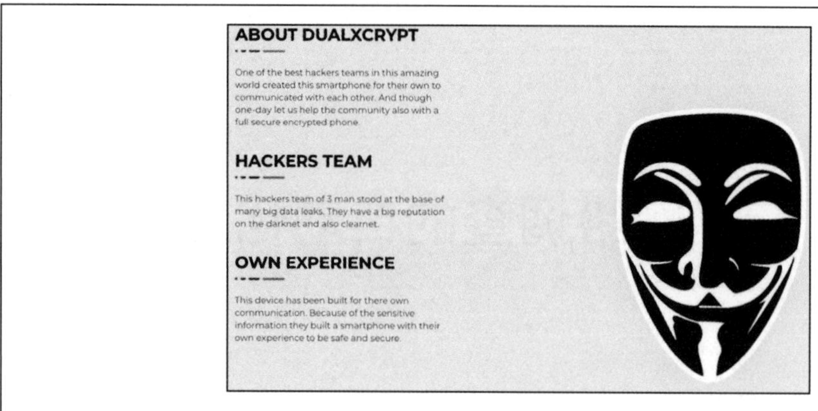

图 5.1　DualXCrypt.com 的首页

5.1　SpiderFoot 工具

SpiderFoot 是一个基于“信息链”概念的开源平台，这意味着搜集的每条数据都能以自动递归的方式获取与之关联的其他数据，直到搜集完成目标和相关实体的所有开源情报。

SpiderFoot 是一种自动化工具，会递归地分析通过初始扫描获得的任何数据，以便找到尽可能多的新信息，扫描结果将迅速膨胀。它使用超过 150 类查询 API（涵盖 Shodan、VirusTotal 和 Censys 等）来构建信息链和关联数据，甚至会抓取网站并执行端口扫描。

运行 SpiderFoot 的代码如下：

```
root@OSINT:/opt/spiderfoot: python sf.py 0.0.0.0:5001
```

可以通过网络浏览器在 5001 端口访问 SpiderFoot。在第一次扫描之前，需要在应用程序中设置 API 密钥，之后整个工作就很容易开展了，如图 5.2 所示。

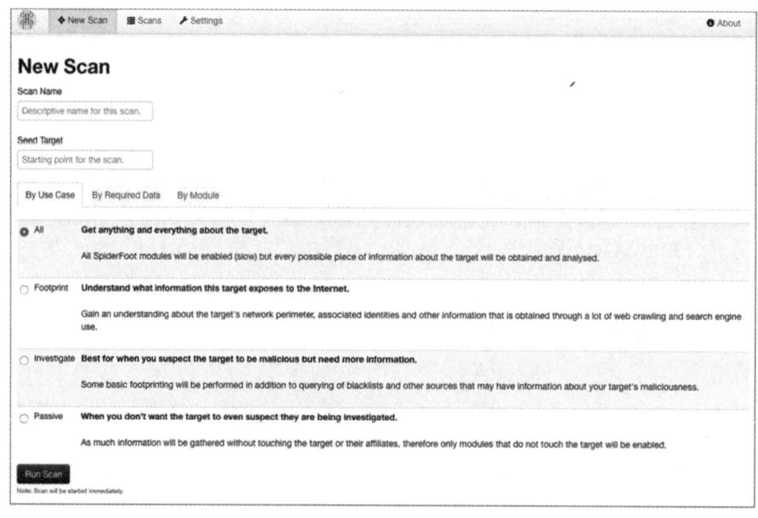

图 5.2　SpiderFoot 新建扫描任务

界面中有几个不同的扫描选项，我们将采用“一网打尽”的方式扫描所有内容，并查看返回的结果。

DualXCrypt.com 最近的已知 IP 地址是 185.165.169.124，我们将从这里开始。

输入 IP 地址 185.165.169.124 后，单击“Run Scan”按钮使 SpiderFoot 开始工作。扫描结束后，在不同的选项卡中切换可以查看初始扫描结果，如图 5.3 所示。

	Name	Target	Started	Finished	Status	Elements	Action
	185.165.169.124	185.165.169.124	2018-12-15 08:20:12	2018-12-15 09:59:52	FINISHED	307	

图 5.3　SpiderFoot 初步扫描得到的结果

单击 IP 地址，将显示一个扩展列表来统计扫描发现的不同元素，如图 5.4 所示。

185.165.169.124

Status　Browse　Graph　Scan Settings　Log

Type	Unique Data Elements	Total Data Elements
Affiliate - Email Address	79	101
BGP AS Membership	1	1
BGP AS Peer	3	3
Blacklisted IP on Same Subnet	11	11
Co-Hosted Site	47	49
Co-Hosted Site - Domain Name	40	47
Co-Hosted Site - Domain Whois	39	39
IP Address	1	1
Malicious Co-Hosted Site	9	9
Malicious IP Address	36	36
Malicious IP on Same Subnet	5	5
Netblock Membership	1	1
Open TCP Port	2	2
Search Engine's Web Content	2	2

图 5.4　SpiderFoot 基于 IP 地址的扩展信息列表

可以看到有很多非常有趣的新信息可供探索。其中一项是该 IP 地址共同托管恶意网站的数量为 9 个。

备注

我不经常使用“一网打尽”策略（指同时并行开展多个活动）开始调查的原因之一是返回结果的绝对数量太多。在如此短的时间内处理这么多信息，很容易错过一些东西。除非调查者有一个非常可靠的信息编目和存储系统，否则，这些结果中的某些内容很可能会指向一条不归路，之后就很难再回过头来重新开始。

继续单击共同托管恶意网站列表，如图 5.5 所示，可以看到使用相同 IP 地址的其他恶意网站的信息。

▢	VirusTotal [dnstars.vip] https://www.virustotal.com/en/domain/dnstars.vip/information/	dnstars.vip
▢	VirusTotal [dualxcrypt.com] https://www.virustotal.com/en/domain/dualxcrypt.com/information/	dualxcrypt.com
▢	VirusTotal [putlockerhd.cc] https://www.virustotal.com/en/domain/putlockerhd.cc/information/	putlockerhd.cc
▢	VirusTotal [tfile-search.cc] https://www.virustotal.com/en/domain/tfile-search.cc/information/	tfile-search.cc
▢	VirusTotal [tfile-video.org] https://www.virustotal.com/en/domain/tfile-video.org/information/	tfile-video.org
▢	VirusTotal [www.seventorrents.cc] https://www.virustotal.com/en/domain/www.seventorrents.cc/information/	www.seventorrents.cc

图 5.5　使用相同 IP 地址的其他恶意网站的列表

注意图 5.5 中显示的结果，该站点与其他多个恶意站点共用 IP 地址，这很不寻常。但是如果了解了该站点及其所有者的上下文信息，这一发现也就不足为奇了，域名的所有者可能具备一些相同的属性，这值得进一步研究。查看使用相同 IP 地址的其他潜在恶意站点（如种子和非法视频下载网站）可能会告诉我们有关目标的信息。现在我们想知道的是网站托管位置在哪里。

单击 SpiderFoot 中的“dualxcrypt.com”链接，进入 VirusTotal 界面，在该界面中可以看到目标域名的信息，如图 5.6 所示。

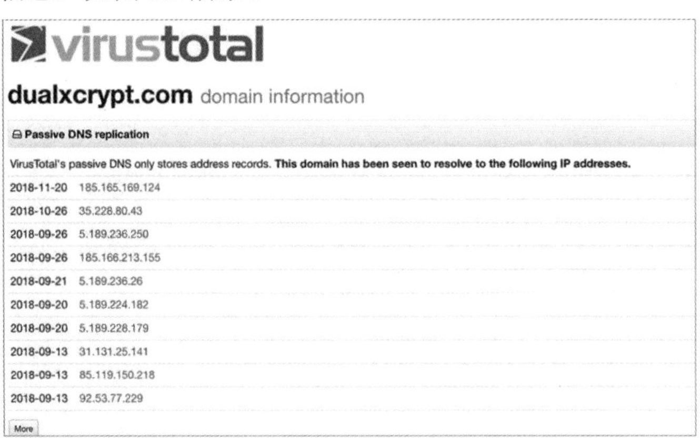

图 5.6　VirusTotal 的域名解析历史

这是一个非常有趣的发现，因为这个特定的域名在一个月内有大量的 IP 地址转移记录，其中某些可能是个人 Web 服务器，甚至是家庭地址，总之每个都值得研究。不过在这样做之前，应当先确定网站的当前托管位置。

如图 5.7 所示，快速浏览 Censys.io 返回的信息，可以知道域名的 ISP 是 Flokinet 并托管在塞舌尔。这些信息不知是否有用，但就目前而言值得关注。

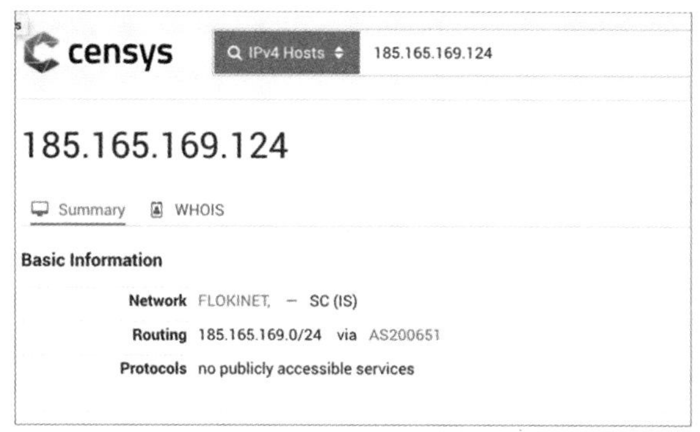

图 5.7　查阅 Censys 得到的域名归属记录

Whois 信息显示该域名是在匿名域名服务 njalla.io 注册的，该网站提供完全匿名的网络托管，所以，我们走进了一条死胡同（第 9 章将详细介绍 Whois）。

由于缺乏可用于进一步探索的信息，我们可以切换至相邻的 IP 地址或域名进行扫描，也可以开始追踪其他线索。

 备注

当使用 Censys.io 或 Shodan 时，搜索“dualxcrypt.com”不会返回任何结果。在这种情况下，virustotal.com 在可用信息方面无疑更加出色。但是，在另外一些情况下也许我们的结果正好相反，因此，应该始终使用多种服务进行测试。

通常，针对域名的调查并不能带来大量可用信息。下面尝试一个更常见的目标 uberpeople.net，这是一个很受欢迎的网络论坛。

回到 SpiderFoot 主菜单，对 uberpeople.met 进行一次新扫描，如图 5.8 所示。

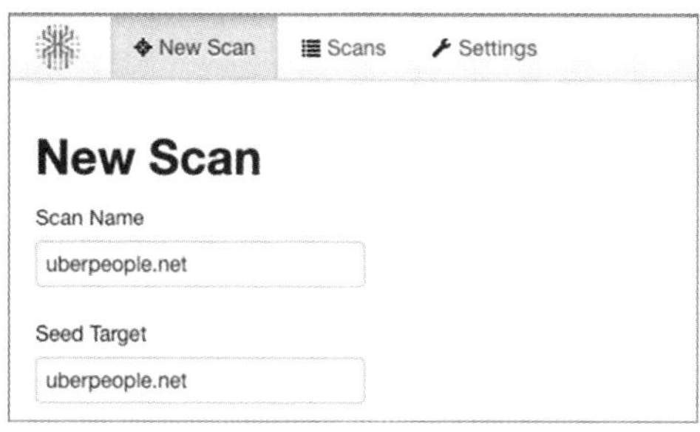

图 5.8　SpiderFoot 新建域名扫描任务

在扫描之后，可以看到有更多的元素可以展开，如图 5.9 所示。

	Name	Target	Status	Elements	Action
	uberpeople.net	uberpeople.net	FINISHED	1043	

图 5.9　针对 uberpeople.net 的初步扫描结果

表 5.1 所示为扫描 uberpeople.net 得到的不同数据元素列表，其中包括 DNS 记录、电

子邮件地址、垃圾文件、通过 pastebin 泄露的站点内容，以及用户名等信息。

表 5.1　SpiderFoot Scan 中发现的元素列表

类型	唯一性数据条目
外部站点上的账户	12
附属信息——公司名称	5
附属信息——域名	8
附属信息——域名Whois	7
附属信息——电子邮件地址	19
附属信息——IP地址	20
附属信息——互联网名称	13
BGP AS成员资格	1
BGP AS节点	9
列入黑名单的附属IP地址	1
共同托管网站	2
共同托管网站——域名	1
DNS SPF记录	1
DNS TXT记录	2
域名	1
电子邮件地址	2
电子邮件网关（DNS的MX记录）	1
托管服务提供商	2
IP地址	1
互联网名称	18
互联网名称——未解析	6
垃圾文件	36
泄露网站内容	1
泄露站点URL	2
链接的URL——内部	287
恶意附属	1
恶意关联IP地址	10
恶意共同托管网站	2
恶意IP地址	2
同一子网上的恶意IP地址	4
名称服务器（DNS的NS记录）	2
Netblock成员	1
打开TCP端口	18
打开TCP端口欢迎信息卢	5
原始DNS记录	15
SSL证书——颁发者	2
SSL证书——颁发给	4

续表

类型	唯一性数据条目
SSL证书——原始数据	8
SSL证书主机不匹配	1
搜索引擎的网页内容	60
相似域	6
相似域——Whois	5
用户名	1

发现的记录总数为 605。对于进一步调查而言，这些信息数量不算少。由于每种不同类别的信息都会指引不同的研究途径，因此，无法一次性把它们都消化完。最好将所有数据分类和组织起来，否则，绝对会错过并忘记调查过程中的重要信息。

5.2　SpiderFoot HX（高级版本）

SpiderFoot HX 是 SpiderFoot 的高级版本。HX 完全基于云架构，并包含许多额外的增强功能和特性，包括扫描速度提升、多线程/并发扫描、更好的可视化、团队协作、风险识别及显著改进的自动化数据关联功能等。

升级后的 HX 自动关联引擎立即引起了我的注意。本节将使用 SpiderFoot HX 重新扫描前一组目标，并对结果的差异进行比较。

在开始扫描前，需要将扫描目标添加至“New Scan”窗口中。设置扫描的配置为“包含所有模块”（All Modules），带有扫描目标的窗口如图 5.10 所示。

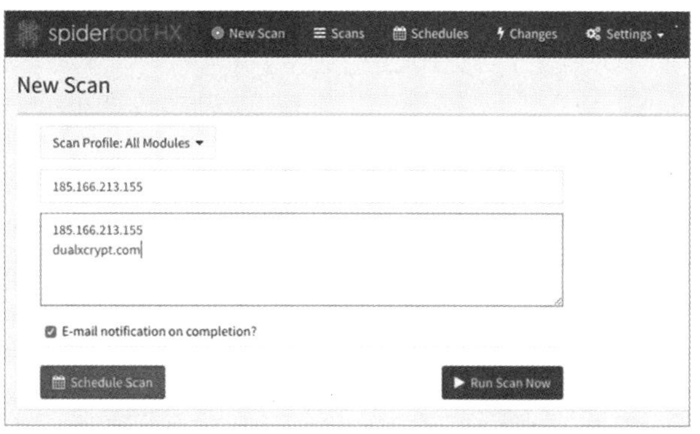

图 5.10　SpiderFoot HX 的新建扫描窗口

通过差异比较，可以看到 HX 版本的 Spider-Foot 提供了更多结果，可以按照风险级别对这些结果进行分类。图 5.11 所示为初始风险结果，包括两个高风险项目、两个中风险项目和一个低风险项目。

图 5.11　运行 SpiderFoot HX 扫描得到的初步结果

从图 5.12 所示的结果统计来看，很明显，HX 中的 UI 和图形元素比标准版 SpiderFoot 有了显著改进。

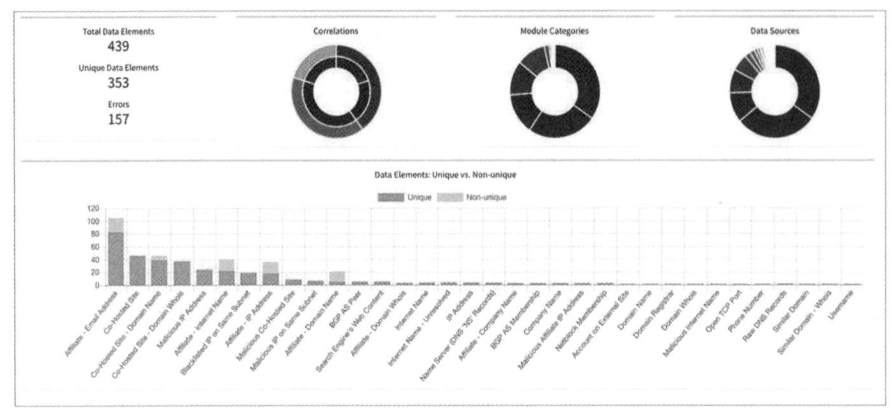

图 5.12　SpiderFoot HX 图形化的扫描结果呈现

备注

在向客户管理层汇报时，图形化数据的呈现效果通常可以决定这是一份“好的”报告还是一份“优秀的”报告。大多数高管不希望报告中包含太多费解的词汇，他们希望看到简洁的结果、要点和图形，这种报告也可以用来向董事会或执行团队轻松地展示调查结果。

总体而言，SpiderFoot 免费版和高级版得到的结果非常相似。如图 5.13 所示，大多数返回的结果为 IP 地址的子域名，它们出现在大约 30 个不同的黑名单中。此外，HX 版本还发现了一个与我们目标相关联的用户名，一个名为“dualxcrypt”的 Reddit 账户（https://www.reddit.com/user/dualxcrypt）。这是一个很好的线索，但不幸的是该用户没有发布任何内容。

Correlation	Data Elements	Criticality	Created
Entity blacklisted by multiple sources: 185.165.169.0/24	19	HIGH	2018-12-17 09:02:13
Entity considered malicious by multiple sources: 185.165.169.0/24	27	HIGH	2018-12-17 09:02:12
Hostname only from proprietary service: hostmaster.dualxcrypt.com	1	MEDIUM	2018-12-17 09:02:13
Hostname only from proprietary service: www.dualxcrypt.com	1	MEDIUM	2018-12-17 09:02:13
IP address only from proprietary service: 149.129.212.248	1	LOW	2018-12-17 09:02:13

图 5.13　查询返回 IP 地址的子域名与风险等级清单

dualxcrypt 这个目标对于我们而言过于困难，几乎没有发现任何可用的信息。与免费版本相比，SpiderFoot HX 在扫描 uberpeople.net（一个更受欢迎的目标）时的结果如图 5.14 所示。

uberpeople.net	uberpeople.net	FINISHED	629	1 2 7

图 5.14　SpiderFoot HX 扫描 uberpeople.net 得到的结果

从图 5.14 可知，SpiderFoot HX 针对 uberpeople.net 的扫描得到 629 个结果，其中有

1 个高风险项目和两个中等风险项目。将 SpiderFoot HX 扫描结果图形化的呈现如图 5.15 所示。

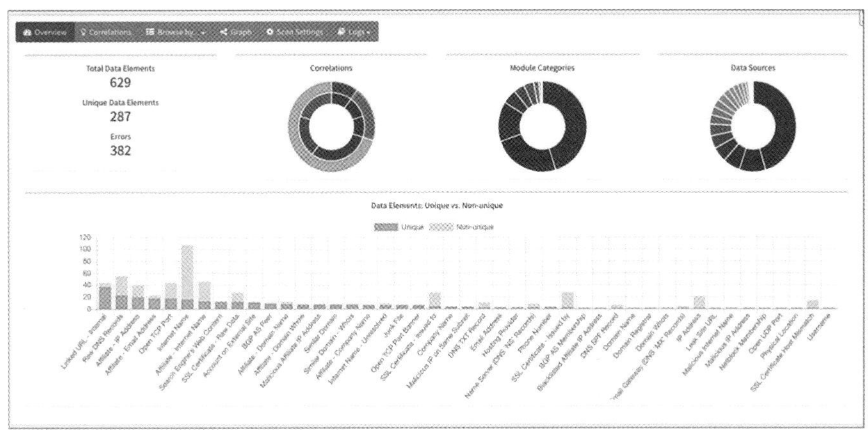

图 5.15　SpiderFoot HX 扫描结果的图形化呈现

Spider-Foot 的免费版本对 uberpeople.net 的扫描得到 605 个结果，而 HX 版本有 629 个结果。多出来的 24 个匹配项看起来并不十分重要，这些额外的结果受许多因素影响，例如我们发起测试的网络位置等。

HX 版本添加的视觉组件和导出友好图形元素的能力对不同工作性质的调查者而言，可能是非常值得的订阅升级。

5.3 Intrigue.io

Intrigue 是由安全开发人员和研究员 Jonathan Cran 开发的，可以在网站 www.intrigue.io 下载。Intrigue 是支撑攻击面发现平台 Intrigue.io 运作的开源引擎。根据 Cran 的说法，Intrigue Core 围绕数据图识别的概念设计，可以使攻击面发现和安全情报搜集的过程自动化。

Intrigue 的主要关注点是从外部检测组织的网络资产和“有趣的事物”。它对于开发运营和安全团队也非常有用，可以将与网络安全相关的信息集中在一处，从而轻松找到组织实体之间的联系。

在 Intrigue 中，每条信息（或情报）都被归类为一个实体。Intrigue 的数据模型非常灵活，它们使用任务机制来执行创建这些实体的功能。相应地，每个实体都可以通过更多的任务以手动或自动方式进行填充和丰富。Intrigue 使用这种数据模型和另一个被称为“machine”的迭代概念来不断完善组织的资产和漏洞库。

Intrigue 最令人印象深刻的是它能够处理、检测并以自动化方式进一步处理新发现的实体。

在对域名进行泛在搜索时，Intrigue 可能会返回 IP 地址、相关域名和子域名等许多实体信息。使用“enrich”选项，Intrigue 将针对每个新实体执行一整套测试。由于组合方式多样，获得的结果将呈指数级迅速增长，从而节省大量时间。

Intrigue 可以执行如下任务：

- 开放式数据库搜索，如 Censys、SecurityTrails 和 Shodan。
- Whois 查询。
- 公共 Trello 板检查。
- S3、Trello 和其他公共存储桶的暴力破解。
- URI 爬取。
- 目录和文件名暴力破解。
- DNS/名称服务器枚举。
- 证书透明度搜索（CRT.sh）。
- 相关名称服务器和 DNS 记录检查。
- 相关 Whois 域检查。
- FTP 服务发现和数据搜集。
- SSH、RDP 和 VNC 登录（带有自动截图功能）。
- NSEC 遍历。
- GitHub 搜索（与 Gitrob 集成）。
- 其他。

作者评注：JONATHAN CRAN

由于内置了 Ident 库，Intrigue 的应用程序核心非常强大。Ident 专为应用层指纹扫描而设计，通过访问 Intrigue.io 令数据保持同步更新，使用户具备不断增强的数据扫描能力。这种技术也能够使 Intrigue 核心进行特定版本的指纹识别和漏洞匹配。

Intrigue 的应用程序核心更像一个平台而不是一个工具，它内置了大量任务，同时还带有通知功能。任务和实体的概念使应用程序很容易实现功能扩展。随着资产、漏洞和错误配置不断更新，该平台满足用户需求的能力也随之持续进化。

要使用 Intrigue 启动 URI 的自动化基础查询，单击“Start”按钮后选择“Create Entity”（创建实体）任务，并将“Entity Type”设置为“Uri”，如图 5.16 所示。

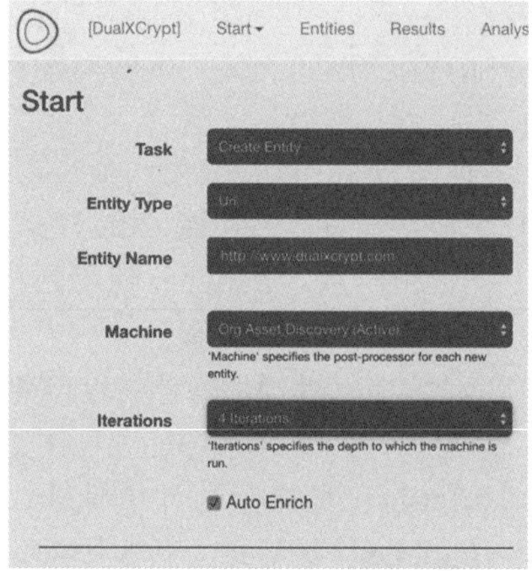

图 5.16　Intrigue 的基础查询界面

1. 实体选项卡

实体选项卡将显示所有已发现实体类型的列表。针对 DualXCrypt.com 只得到 6 条信息，而对于更受欢迎的目标，这个数字会高得多。

以下是 DualXCrypt.com 发现结果的实体类型（见图 5.17）。

- 域名：3 个。
- Uri：1 个。
- IP 地址：1 个。
- 网络块（Netblock）：1 个。

name	details
• [IpAddress: 185.165.169.124]	• Seychelles |
• [Domain: njalla.no]	• A: 1
• [Domain: njal.la]	• A: 1
• [Domain: dualxcrypt.com]	• A: 1
• [NetBlock: 185.165.168.0/22]	• SC-FLOKINET-LTD-20160826
• [Uri: http://www.dualxcrypt.com]	• Server: | App: | Title:

图 5.17　Intrigue.io 针对 DualXCrypt.com 的扫描结果

单击任何一个实体，都能看到更多可运行的选项和转换功能。例如，单击“dualxcrypt.com”域名后，图 5.18 将显示实体详情页面，右侧是可运行新任务的选项列表。如图 5.19 所示，单击“Task”（任务）将会在下拉列表框中显示可对域名执行的多个后续扫描选项，包括搜索证书透明度信息 CRT.SH（将在第 10 章中讨论）、检查公共 Google Groups 泄露、Trello 泄露、枚举名称服务器和 Whoisology 搜索等。每种实体类型都对应一组附加任务，可以运行这些任务来查找与目标相关的新信息。

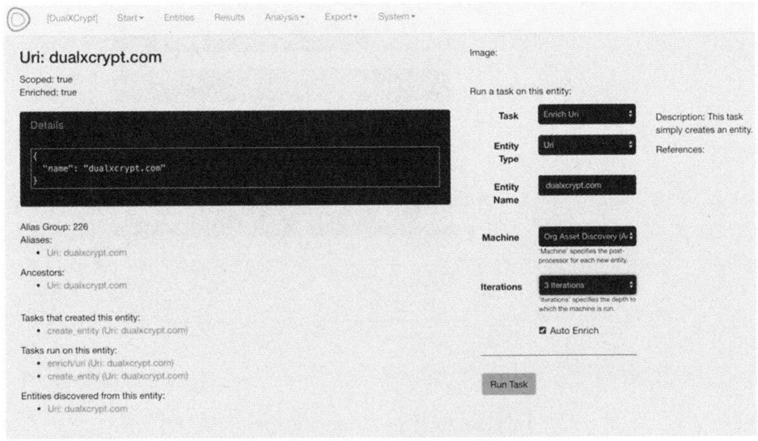

图 5.18　Intrigue.io 的实体详情页面

从图 5.20 所示的界面中还可以展开并查看当前已发现实体的更多详细信息。单击 IP 地址会显示与其相关的一般信息，包括大致地理位置等。界面的右侧可以调出可执行的任务列表，允许基于此 IP 地址运行新的操作。图 5.20 中的任务选项与图 5.18 中的不同，这是因为任务集合将根据实体可以执行的内容而动态变化。

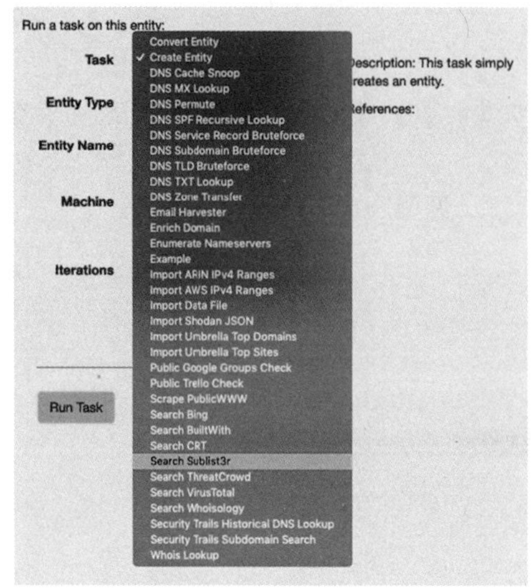

图 5.19 Intrigue.io 可选的后续扫描选项

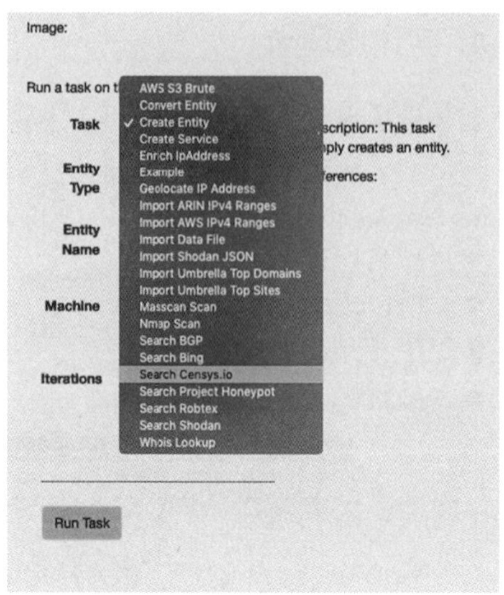

图 5.20 Intrigue.io 的可变任务集合

2. 分析 uberpeople.net

在了解 Intrigue 的功能以后，重新启动该程序以分析 uberpeople.net。图 5.21 所示为通过“创建实体”功能开始扫描 uberpeople.net 的配置界面。

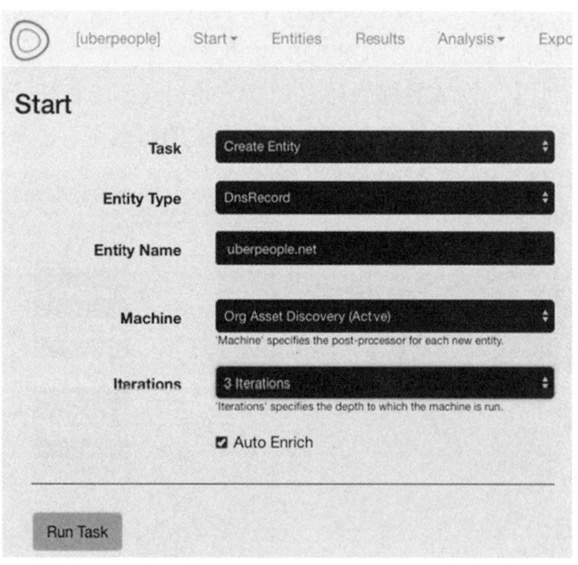

图 5.21 Intrigue.io 扫描 uberpeople.net 的配置界面

查看“Results”选项卡，可以看到许多任务已在 uberpeople.net 上自动运行。图 5.22 所示为任务自动运行的部分结果，显示了每个任务发现的实体数量。

dns_brute_sub on DnsRecord: ftp.uberpeople.net	0	complete
enrich/dns_record on DnsRecord: ftp.uberpeople.net	3	complete
dns_brute_sub on DnsRecord: www.uberpeople.net	0	complete
enrich/dns_record on DnsRecord: www.uberpeople.net	3	complete
dns_brute_sub on DnsRecord: cpanel.uberpeople.net	0	complete
enrich/dns_record on DnsRecord: cpanel.uberpeople.net	3	complete
dns_brute_sub on DnsRecord: www.mokotoband.uberpeople.net	0	complete
enrich/dns_record on DnsRecord: www.mokotoband.uberpeople.net	3	complete
dns_brute_sub on DnsRecord: mokotoband.uberpeople.net	3	complete
enrich/dns_record on DnsRecord: uberpeople.net	2	complete
enrich/dns_record on DnsRecord: mokotoband.uberpeople.net	3	complete
dns_brute_sub on DnsRecord: www.bedmaybebreakfast.uberpeople.net	0	complete
enrich/dns_record on DnsRecord: www.bedmaybebreakfast.uberpeople.net	3	complete
dns_brute_sub on DnsRecord: bedmaybebreakfast.uberpeople.net	3	complete
enrich/dns_record on DnsRecord: bedmaybebreakfast.uberpeople.net	3	complete
enrich/nameserver on DnsRecord: ns2.uberpeople.net	0	complete
enrich/nameserver on DnsRecord: ns1.uberpeople.net	0	complete
aws_s3_brute on DnsRecord: uberpeople.net	0	complete
public_google_groups_check on DnsRecord: uberpeople.net	0	complete
dns_brute_sub on DnsRecord: uberpeople.net	13	complete
search_crt on DnsRecord: uberpeople.net	4	complete
enumerate_nameservers on DnsRecord: uberpeople.net	2	complete
dns_brute_sub on DnsRecord: vps.uberpeople.net	0	complete
enrich/net_block on NetBlock: 184.154.0.0/16	0	complete
nmap_scan on IpAddress: 184.154.76.235	39	complete
whois_lookup on IpAddress: 184.154.76.235	1	complete
enrich/dns_record on DnsRecord: vps.uberpeople.net	3	complete
enrich/domain on DnsRecord: uberpeople.net	1	complete
enrich/ip_address on IpAddress: 184.154.76.235	2	complete
create_entity on DnsRecord: uberpeople.net	1	complete

图 5.22　Intrigue 的任务运行结果（部分）

列表中令我们感兴趣的是 NMAP 扫描任务返回了 39 个结果。单击图 5.22 中的 nmap_scan 链接后，不仅能得到 NMAP 发现端口的列表，还会得到关于其他有用实体的列表。NMAP 发现端口的列表如下所示，界面中呈现的有用实体列表如图 5.23 所示。

```
    [_] Options: []
    [_] Starting task run at 2018-12-18 03:52:42 UTC!
    [_] Scan list is: ["185.165.169.124"], ports: 10
    [_] Scanning 185.165.169.124 and storing in /tmp/nmap_scan_47907309.xml
    [_] NMap options:
    [_] Nmap Output:
    Starting Nmap 7.01 ( https://nmap.org ) at 2018-12-18 03:52 UTC Nmap scan report
for 185.165.169.124
    Host is up.
    PORT        STATE   SERVICE     VERSION
    21/tcp      filtered            ftp
    22/tcp      filtered            ssh
    23/tcp      filtered            telnet
    25/tcp      filtered            smtp
    80/tcp      filtered            http
    110/tcp     filtered            pop3
    139/tcp     filtered            netbios-ssn
    443/tcp     filtered            https
    445/tcp     filtered            microsoft-ds
    3389/tcp    filtered            ms-wbt-server
    53/udp      open|filtered       domain
    67/udp      open|filtered       dhcps
    123/udp     open|filtered       ntp
```

```
    135/udp     open|filtered      msrpc
    137/udp     open|filtered      netbios-ns
    138/udp     open|filtered      netbios-dgm
    161/udp     open|filtered      snmp
    445/udp     open|filtered      microsoft-ds
    631/udp     open|filtered      ipp
    1434/udp    open|filtered      ms-sql-m
    Too many fingerprints match this host to give specific OS details
```

图 5.23　Intrigue NMAP 扫描得到的有用实体 URI 列表

从中可以看到 webdisk.uberpeople.net 和 ftp.uberpeople.net。

Intrigue.io 非常独特，因为它可运行的任务/模块数量不仅很多，而且模块调用的自由度也很高。

如图 5.24 所示，在 webdisk.uberpeople.net 的结果查看页面中，可以看到针对这一目标的任务选项发生了变化。现在可以运行漏洞检查、主机爬虫、截屏（在目标 IP 地址的 RDP 或 VNC 端口打开时很有用）等功能，还可以使用“URI Bruteforce”和“URI Bruteforce with Credentials”等命令对目标执行蛮力破解。

警告

蛮力破解凭据超出了本书的范围。这一行动通常是非法的，除非你有合适的权限。如果想使用这些工具，请合法且负责任地使用它们。

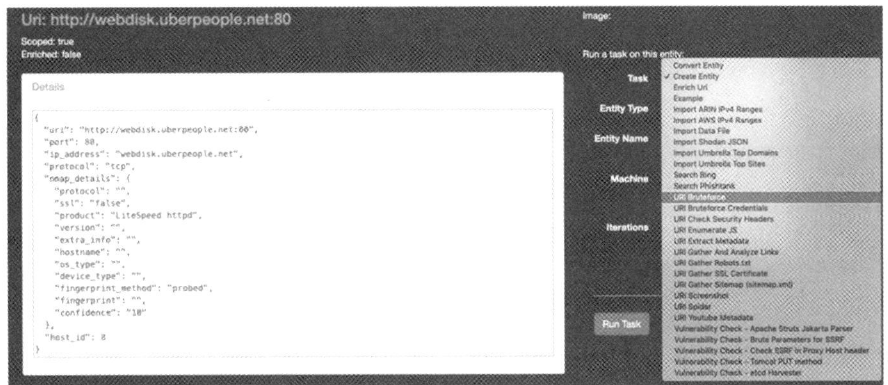

图 5.24　针对 webdisk.uberpeople.net 的后续可选操作

3. 结果分析

Intrigue.io 的结果引擎令人印象深刻。扫描完成后，单击“实体”选项卡可以查看扫描过程搜集的所有内容。

在 uberpeople.net 中发现了以下实体，如图 5.25 所示。

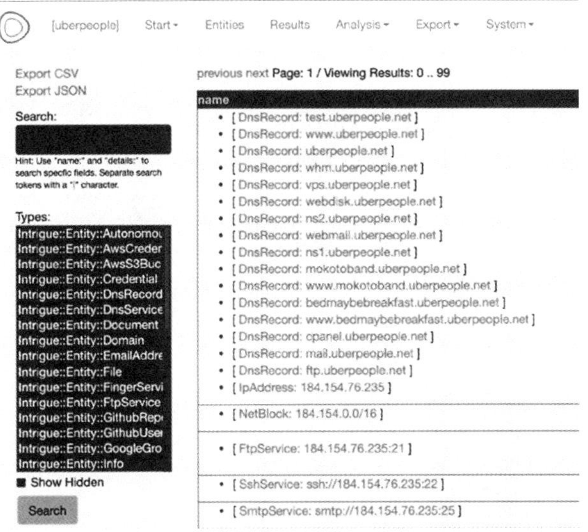

图 5.25　针对 uberpeople.net 的实体扫描结果

- 实体总数：58 个。
- 网络服务：1 个。
- DNS 服务：1 个。
- SSH 服务：1 个。
- FTP 服务：1 个。
- SMTP 服务：1 个。
- URI：34 个。

- IP 地址：1 个。
- 网络块（NetBlock）：1 个。
- DNS 记录：17 条。

随着目标范围的扩大，获取的结果也会增加。为了与之前得到的信息进行对比，我们将继续把 pepsi.com 作为目标，下面是 Intrigue 的扫描结果。

- 实体总数：208 个。
- 网络服务：3 个。
- DNS 服务：1 个。
- SSH 服务：1 个。
- 域：15 个。
- 名称服务器：4 个。
- SMTP 服务：1 个。
- URI：72 个。
- IP 地址：20 个。
- 网络块（NetBlock）：10 个。
- DNS 记录：81 条。

“实体”选项卡的主列表中列出了每个实体，单击某个实体即可查看相关信息并运行其他任务。

还可以通过选择一种实体类型，单击“Search”按钮来对列表进行过滤，这样只有正在寻找的实体类型会显示。例如，想要用 DNSRecords 来过滤，可单击实体类型（DNSRecord），然后单击“Search”按钮。图 5.26 所示为过滤后的搜索结果。

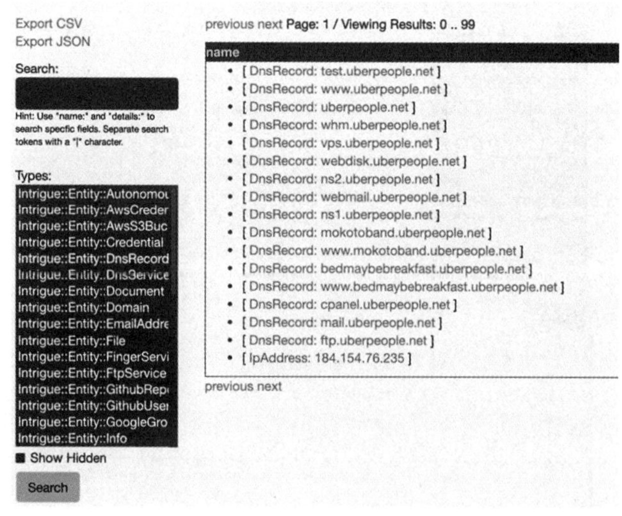

图 5.26　经过过滤后的搜索结果

4. 导出结果

在实体页面中可以通过易于使用的 CSV 或 JSON 格式导出结果。另外，值得一提的是 Intrigue 的绘图功能。用户可以选择通过 maltego 样式的图表查看结果，它有助于在大量搜索结果中查找汇聚点。要查看可视化图表，可选择“Analysis”菜单选项。图 5.27 所示为 Intrigue.io 生成的关系图表。

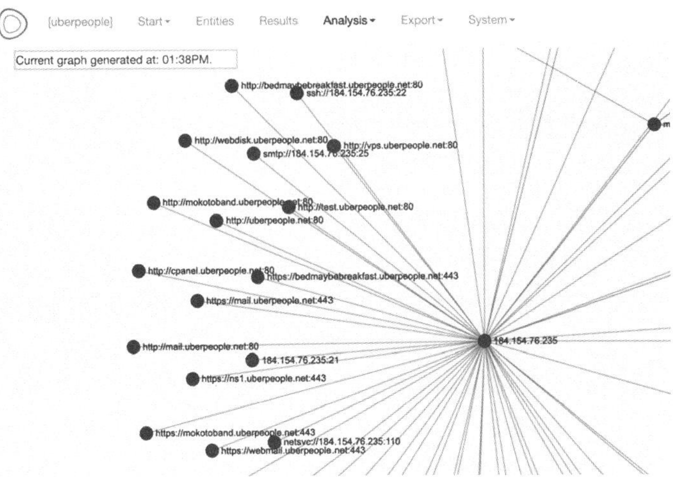

图 5.27　Intrigue.io 生成的关系图表

图 5.27 中的每个节点都是可单击的，因此，可以在此页面中快速访问任意实体并执行进一步的查找。图 5.28 所示为子域名 bedmaybebreakfast.uberpeople.net 的简介。

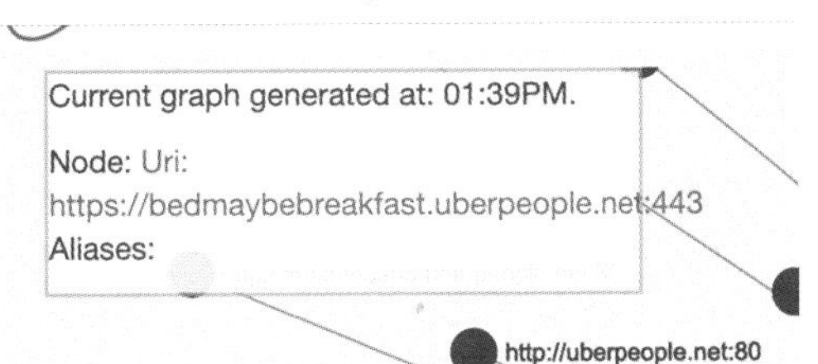

图 5.28　关系图表节点的简要信息介绍

单击该子域名实体，将进入实体详细信息页面，如图 5.29 所示。

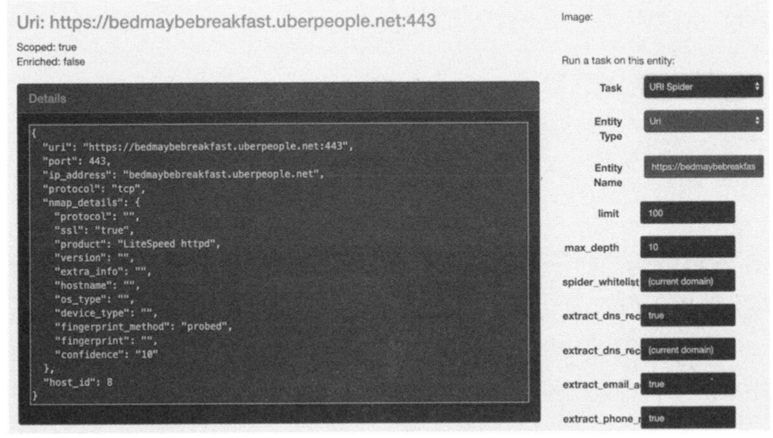

图 5.29　单击关系图表节点后进入的详细信息页面

此页面将显示有关特定实体的所有信息，还允许运行其他任务，例如，执行完整的URL爬取和元数据提取（将在第12章介绍）等。

现在已经较全面地了解了Intrigue的功能。下面继续讨论本章的第三个也是最后一个工具——Recon-NG。

5.4 Recon-NG

Recon-NG是使用最广泛的开源情报/侦察搜集工具之一。它结合了本章前两个工具的许多类似功能，但它是纯粹基于命令行的——没有图形界面可用。

Recon-NG与Metasploit非常相似，必须手动加载和运行要使用的每个模块。Recon-NG工具带有许多内置的、按类别组织的模块，它们都有各自的功能。

Recon-NG不像其他工具那么“自动化”，但它的各项功能方面非常完备。由于它是基于命令行的，所以，调查者必须告诉Recon-NG想让它做什么，它的每个模块都有自己的一组命令和选项，用户需要手动处理运行结果。

目前，Recon-NG的76个调查模块允许对个人、公司、网站、社交媒体资料、主机、DNS、IP地址等执行不同类型的搜索。

使用如下命令即可运行Recon-NG：

```
root@OSINT: ./recon-ng
```

启动应用程序后，会看到一个Metasploit风格的页面，如图5.30所示。

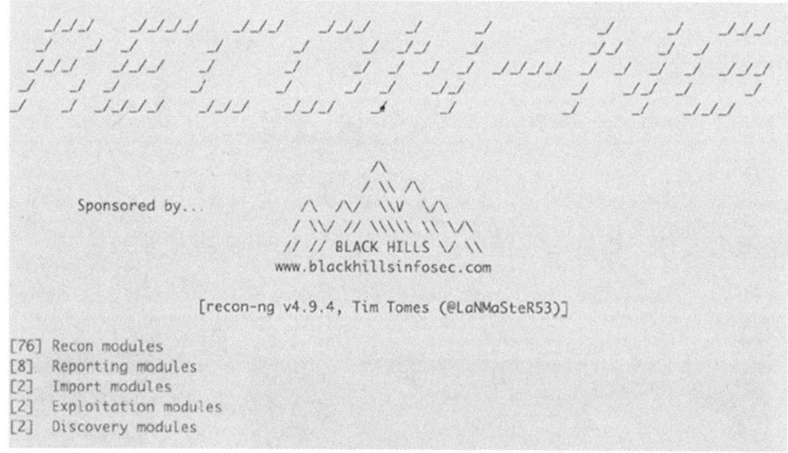

图5.30　Recon-NG的启动界面

Recon-NG在等待用户的下一步指令。如果不确定要使用哪个模块，可以输入use并按Tab键获取类似以下内容的功能枚举列表：

```
[recon-ng][OSINT] > use
discovery/info_disclosure/cache_snoop
discovery/info_disclosure/interesting_files
exploitation/injection/command_injector
```

```
exploitation/injection/xpath_bruter
import/csv_file
import/list
recon/companies-contacts/bing_linkedin_cache
recon/companies-contacts/jigsaw/point_usage
recon/companies-contacts/jigsaw/purchase_contact
recon/domains-vulnerabilities/punkspider
recon/domains-vulnerabilities/xssed
recon/domains-vulnerabilities/xssposed
recon/hosts-hosts/bing_ip
recon/hosts-hosts/ipinfodb
recon/hosts-hosts/ipstack
recon/hosts-hosts/resolve
recon/hosts-hosts/ssltools
recon/hosts-hosts/reverse_resolve
recon/hosts-domains/migrate_hosts
recon/hosts-domains/migrate_
recon/companies-contacts/jigsaw/search_contacts
recon/companies-multi/github_miner
recon/companies-multi/whois_miner
recon/contacts-contacts/mailtester
recon/contacts-contacts/mangle
recon/contacts-contacts/unmangle
recon/contacts-credentials/hibp_breach
recon/contacts-credentials/hibp_paste
recon/contacts-domains/migrate_contacts
recon/contacts-profiles/fullcontact
recon/credentials-credentials/adobe
recon/credentials-credentials/bozocrack
recon/credentials-credentials/hashes_org
recon/domains-contacts/metacrawler
recon/domains-contacts/pgp_search
recon/domains-contacts/whois_pocs
recon/domains-credentials/pwnedlist/account_creds
recon/domains-credentials/pwnedlist/api_usage
recon/domains-credentials/pwnedlist/domain_creds
recon/domains-credentials/pwnedlist/domain_ispwned
recon/domains-credentials/pwnedlist/leak_lookup
recon/domains-credentials/pwnedlist/leaks_dump
recon/domains-domains/brute_suffix
recon/domains-hosts/bing_domain_api
recon/domains-hosts/bing_domain_web
```

```
recon/domains-hosts/brute_hosts
recon/domains-hosts/builtwith
recon/domains-hosts/certificate_transparency
recon/domains-hosts/google_site_web
recon/domains-hosts/hackertarget
recon/domains-hosts/mx_spf_ip
recon/domains-hosts/netcraft
recon/domains-hosts/shodan_hostname
recon/domains-hosts/ssl_san
recon/domains-hosts/threatcrowd
recon/domains-vulnerabilities/ghdb
recon/locations-locations/geocode
recon/locations-locations/reverse_geocode
recon/locations-pushpins/flickr
recon/locations-pushpins/picasa
recon/locations-pushpins/shodan
recon/locations-pushpins/twitter
recon/locations-pushpins/youtube
recon/netblocks-companies/whois_orgs
recon/netblocks-hosts/reverse_resolve
recon/netblocks-hosts/shodan_net
recon/netblocks-hosts/virustotal
recon/netblocks-ports/census_2012
recon/netblocks-ports/censysio
recon/ports-hosts/migrate_ports
recon/profiles-contacts/dev_diver
recon/profiles-contacts/github_users
recon/profiles-profiles/namechk
recon/profiles-profiles/profiler
recon/profiles-profiles/twitter_mentioned
recon/profiles-repositories/github_repos
recon/repositories-profiles/github_commits
recon/repositories-vulnerabilities/gists_search
recon/repositories-vulnerabilities/github_dorks
reporting/csv
```

可供选择的可用模块的数量可能非常庞大，特别是对于新用户来说。下面从一个基本示例开始，使用 add domain 命令将几个目标域添加到 Recon-NG，代码如下：

```
[recon-ng][OSINT] > add domains www.uberpeople.net
[recon-ng][OSINT] > add domains www.dualxcrypt.com
```

将条目添加到 Recon-NG 数据库后，可以通过输入 show 并按 Tab 键快速查看存储在本地数据库中的内容，代码如下：

```
[recon-ng][OSINT] > show
```

```
banner        dashboard leaks        options      repositories
companies     domains   locations    ports        schema
contacts      hosts     modules      profiles     vulnerabilities
credentials keys        netblocks    pushpins     workspaces
```

Recon-NG 列举了可以显示的类型列表。由于刚刚添加了一些域名，所以，输入 show domains 命令可以看到它们，代码如下：

```
[recon-ng][OSINT] > show domains
+------------------------------------------+
| rowid     |       domain        | module        |
+------------------------------------------+
| 1         | www.uberpeople.net | user_defined |
| 2         | www.dualxcrypt.com | user_defined |
+------------------------------------------+
[*] 2 rows returned
[recon-ng][OSINT] >
```

1. 模块搜索

搜索模块有两种方法，刚才介绍的输入 use 并按 Tab 键的方法将显示所有可用的模块。如果不想浏览整个列表，可以输入 search 和一个字符串，例如，想查看有哪些模块可用于解析域名，代码如下：

```
[recon-ng][OSINT] > search resolve [*] Searching for 'resolve'...
Recon
-----
  recon/hosts-hosts/resolve
  recon/hosts-hosts/reverse_resolve
  recon/netblocks-hosts/reverse_resolve
```

在对目标启动任何类型的扫描之前，最好养成为 Recon-NG 提供有关目标尽可能多的信息的习惯。这样做可能会从不同的（和意想不到的）模块中获得结果。

由于对 DualXCrypt 这个域名知之甚少，我们希望通过查找公司名称得到一些另外的结果。要添加公司名称，可使用如下代码来执行这一任务：

```
[recon-ng][OSINT] > add companies DualXCrypt na
```

2. 使用模块

由于我们知道域名，所以，可以通过执行简单的解析搜索来开始调查，它是执行 DNS 解析搜索的一种简短方式，用于返回域名的名称服务器。

从 hosts-hosts/resolve 模块开始，代码如下：

```
[recon-ng][OSINT] > use recon/hosts-hosts/resolve
```

可以通过 show options 命令显示该模块的选项，代码如下：

```
[recon-ng][OSINT][resolve] > show options
```

```
Name        Current Value     Required     Description
------      -------------     --------     -----------
SOURCE      default           yes          source of input
```

该模块要求设置输入源（即扫描的目标地址）。使用 set source 命令将它设置为 uberpeople.net，代码如下：

```
[recon-ng][OSINT][resolve] > set source uberpeople.net SOURCE => uberpeople.net
```

现在所需的源信息已经设置，可以通过输入 run 命令来开始扫描，代码如下：

```
[recon-ng][OSINT][resolve] > run
[*] uberpeople.net => 184.154.76.235
```

这是一个非常简单的搜索，它返回了源域名的 IP 地址。如果有一个感兴趣的 IP 地址，并想查看是否有任何域名与该 IP 地址相关联，可以尝试从该 IP 地址运行反向解析。下面的命令对此非常有用：

```
[recon-ng][OSINT][resolve] > use recon/hosts-hosts/reverse_resolve
[recon-ng][OSINT][reverse_resolve] > set SOURCE 184.154.76.235
SOURCE => 184.154.76.235
[recon-ng][OSINT][reverse_resolve] > run
[*] [host] vps.uberpeople.net (184.154.76.235)
-------
SUMMARY
-------
[*] 1 total (1 new) hosts found.
```

每次在 Recon-NG 中找到一个新的实体时，它都会将其自动添加到工作数据库中。为了验证这一点，可以通过输入 show hosts 查看新发现的主机，代码如下：

```
[recon-ng][OSINT][reverse_resolve] > show hosts
+--------------------------------------------------------------------------+
| rowid | host | ip | region | country | latitude | longitude | module    |
+--------------------------------------------------------------------------+
| 1         | vps.uberpeople.net | 184.154.76.235 | | | | |reverse_resolve|
+--------------------------------------------------------------------------+
[*] 1 rows returned
```

数据库中的信息现在可用于运行其他扫描任务。下面看看是否可以使用 virustotal 模块在主机数据库中找到任何新的信息。

virustotal 模块将使用 VirusTotal.com 的域名信息数据库来查找 Recon-NG hosts 表中包含的所有域名的信息，本例中只针对 vps.uberpeople.net。如果发现任何新信息，Recon-NG 将自动更新 hosts 表，代码如下：

```
virustotal [recon-ng][OSINT][virustotal] > run
--------------
184.154.76.235
--------------
[*][host] bedmaybebreakfast.com (184.154.76.235)
[*][host] bedmaybebreakfast.uberpeople.net (184.154.76.235)
```

```
[*] [host] beeplam.co (184.154.76.235)
[*][host] livewithanyone.com (184.154.76.235)
[*][host] mokotoband.uberpeople.net (184.154.76.235)
[*][host] ns1.uberpeople.net (184.154.76.235)
[*][host] ns2.uberpeople.net (184.154.76.235)
[*][host] uberpeople.net (184.154.76.235)
[*][host] www.bedmaybebreakfast.com (184.154.76.235)
[*][host] www.bedmaybebreakfast.uberpeople.net (184.154.76.235)
[*][host] www.mokotoband.uberpeople.net (184.154.76.235)
[*][host] www.uberpeople.net (184.154.76.235)
---------------
185.165.169.124
---------------
[*] [host] dualxcrypt.com (185.165.169.124)
-------
SUMMARY
-------
[*] 13 total (12 new) hosts found.
```

最终发现了 12 个新主机。

为了不遗漏，使用 hackertarget 模块检查结果，看看是否有额外发现，代码如下：

```
[recon-ng][OSINT] > use recon/domains-hosts/hackertarget
[recon-ng][OSINT][hackertarget] > run
--------------
DUALXCRYPT.COM
--------------
[*][host] dualxcrypt.com (185.165.169.124)
[*][host] www.dualxcrypt.com (35.228.80.43)
-------
SUMMARY
-------
[*] 10 total (2 new) hosts found.
```

虽然看起来没什么用，但这一发现其实非常重要。经过仔细对比，可以知道目标主机对 www 和非 www 的 URL 使用不同的 IP 地址。这提醒我们在输入主机信息时应同时输入 www.domain.com 和 domain.com。

有了新的 IP 地址信息，重新运行 virustotal 模块，看看结果是否发生了变化，代码如下：

```
[recon-ng][OSINT] > use recon/hosts-hosts/virustotal
[recon-ng][OSINT][virustotal] > run
---------------
185.165.169.124
---------------
[*][host] dualxcrypt.com (185.165.169.124)
------------
```

```
35.228.80.43
------------
[*][host] blog.dualxcrypt.com (35.228.80.43)
[*][host] blogs.dualxcrypt.com (35.228.80.43)
[*][host] dualxcrypt.com (35.228.80.43)
[*][host] lieareyl.com (35.228.80.43)
[*][host] my-vidar.com (35.228.80.43)
[*][host] new.my-vidar.com (35.228.80.43)
[*][host] old-vidar.com (35.228.80.43)
[*][host] resources.old-vidar.com (35.228.80.43)
[*][host] secretdomain912.com (35.228.80.43)
[*][host] www.lieareyl.com (35.228.80.43)
[*][host] www.my-vidar.com (35.228.80.43)
[*][host] www.old-vidar.com (35.228.80.43)
[*][host] www.secretdomain912.com (35.228.80.43)
-------
SUMMARY
-------
[*] 26 total (13 new) hosts found.
```

结果发现了很多与目标 IP 地址相关的域名，我们将在下一章进一步研究。现在继续寻找与目标网络相关的信息。

3. 利用 Shodan 搜索端口

Shodan 是一个“忍者型”工具，因为我们可以在不直接接触目标的情况下查找网络开放端口，这简直是完全隐身的。

要查看可用的 Shodan 模块，可输入 search shodan 命令以返回模块列表，代码如下：

```
[recon-ng][OSINT][hackertarget] > search shodan
[*] Searching for 'shodan'...

Recon
-----
   recon/domains-hosts/shodan_hostname
   recon/hosts-ports/shodan_ip
   recon/locations-pushpins/shodan
   recon/netblocks-hosts/shodan_net
```

有 4 个可用的 Shodan 模块。要想按 IP 地址搜索，可以使用 shodan_ip 模块，代码如下：

```
[recon-ng][OSINT] > use recon/hosts-ports/shodan_ip
[recon-ng][OSINT][shodan_hostname] > run
------------------
WWW.UBERPEOPLE.NET
------------------
```

```
[*] Searching Shodan API for: hostname:www.uberpeople.net
--------------
UBERPEOPLE.NET
--------------
[*]Searching Shodan API for: hostname:uberpeople.net
[*][port] 184.154.76.235 (993/<blank>) - vps.uberpeople.net
[*][host] vps.uberpeople.net (184.154.76.235)
--------------
DUALXCRYPT.COM
--------------
[*] Searching Shodan API for: hostname:dualxcrypt.com
-------
SUMMARY
-------
[*] 1 total (0 new) hosts found. [*] 1 total (1 new) ports found.
```

我们找到了一个新的开放端口。

可以更进一步，搜索一系列 IP 地址。与之前的 Shodan 模块针对单个 IP 地址搜索主机不同，shodan_net 模块将针对整个网段（即 IP 地址范围）搜索主机。

较大的组织通常拥有整个 IP 地址块，因此，如果要对这类组织执行侦察，那么运行该类型的搜索可能更有用。

shodan_net 的另一个有用的场景是查看同一 ISP 托管的其他域名。例如，恶意 ISP 通常会托管多个恶意站点，因此，存放被盗信用卡号码的站点很有可能会与其他类似站点互为 IP 地址上的近邻。了解这些网站有可能为调查工作提供额外的背景或线索。

使用 shodan_net 模块并设置目标网段，代码如下：

```
[recon-ng][default] > load recon/netblocks-hosts/shodan_net
[recon-ng][default][shodan_net] > set SOURCE 184.154.76.235/24 SOURCE => 184.154.76.235
[recon-ng][default][shodan_net] > run
```

正如所预想的那样，扫描整个/24 子网会返回许多不相关的结果。除非有充分的理由，否则不建议运行此类扫描。记住，发现的任何内容都将自动添加到 Recon-NG 数据库中，因此，随机扫描 IP 地址将增加毫无价值的结果，并增加未来的扫描时间。

5.5 小结

本章介绍了 3 种主要的信息侦察和发现工具：SpiderFoot、Intrigue.io 和 Recon-NG。这些工具本质上是相似的，但每个工具都包含自己的“秘诀”，能够在之前结果的基础上进行更深入的发现和搜集。SpiderFoot 和 Intrigue.io 将自动完成这一过程，而 Recon-NG 只支持手动方式。

两类工具各有优势。使用手动方法搜集信息的优点是可以对返回至应用程序的内容进行控制，使得未来的搜索针对性更强；完全自动化的工具在某种程度上更节省时间，但也可能产生数百（甚至数千）个不需要的结果，需要调查者进行费时费力的核实。不过至少，自动化工具可以主动检查通常有可能忽视的环节和目标，带来令人意想不到的有用结果，从而在搜集信息时节省大量时间。

当然，这一切都取决于个人喜好，以及使用工具和信息的倾向和方式。

接下来的几章侧重于从网站和 Web 应用程序中发现和搜集信息。

第二部分　网络探索

这一部分包括：

第 6 章：网站信息搜集

第 7 章：目录搜索

第 8 章：搜索引擎高级功能

第 9 章：Whois

第 10 章：证书透明度与互联网档案

第 11 章：域名工具 IRIS

本部分将涵盖诸如指纹识别和搜集目标网站上的基本信息等主题，并拓展至更复杂的网络场景，例如，尝试蛮力遍历网站上的文件夹以查找有价值的信息。

本部分还将涵盖诸如利用高级搜索技术（Dorking）来发现网站上的隐藏信息，并将使用 Whois、证书透明度日志、Wayback Machine（archive.org）时光机和 IRIS 域名工具等手段进行域名归属查询。

备注：寻找域名所有者的过程一定不会一帆风顺。目前新的 GDPR 和隐私法规等行动都在使这一过程变得更加困难。特别是在寻找威胁行为者时更是如此，他们会想方设法隐藏自己。尽管调查者的领域或目标不同，但归因的过程本质上就是尝试访问正确的历史数据——而这些信息通常不免费。在与威胁行为者打交道时，要找到真正的域名所有者，通常需要在由别名、假域名和马甲账户构成的迷宫中寻找正确方向。而一旦使用了正确的历史数据，需要跟踪的信息通常就会重复出现。很多时候，答案就在那里。

第6章 网站信息搜集

搜集网络情报的下一步是检查网站本身，对网站进行指纹识别是进一步调查的首要步骤。在需要对目标甚至整个组织执行攻击面发现操作时，可以通过一些被动侦察手段获得大量信息。我们的旅程就从这里开始。

警告

需要注意的是，尽管我们将要介绍的许多工具都包含蛮力破解选项，但这些都超出了本书讨论的范围。如果你正在寻找一个功能强大的且可以同时进行漏洞利用测试的网络侦察工具，那么建议查看 Sn1per（https://github.com/1N3/Sn1per）。这里不介绍它，因为它的大部分优点都在于出色的漏洞利用能力，这超出了本书讨论的范围。Sn1per 集成的 Nikto、WPScan 和其他工具都很有用。如果需要能够入侵目标的工具，那么 Sn1per 绝对值得一试。

6.1 BuiltWith

对于网络调查而言，了解目标 Web 应用程序站点上使用了哪些技术很有必要，而 Builtwith.com 正是一个好的开始。BuiltWith 起初是技术信息识别和销售支持工具，它允许技术销售人员识别网站或Web应用程序上使用的构建模块，从而针对性地开展推销活动。碰巧的是，它也非常适合对网站及 Web 应用程序开展网络调查工作。

可以直接在 Builtwith.com 首页发起搜索，或者注册 API 密钥来了解更多详细信息。免费版本的 API 密钥允许每月进行 10 次搜索。

通过 BuiltWith 查看 www.vinnytroia.com 的结果如图 6.1 所示。

查看“Detailed Technology Profile”（详细技术档案）选项卡，可以了解在网站上正在运行和曾经运行过的软件和技术种类。可以使用 BuiltWith 来构建攻击策略，如寻找插件或应用程序漏洞。

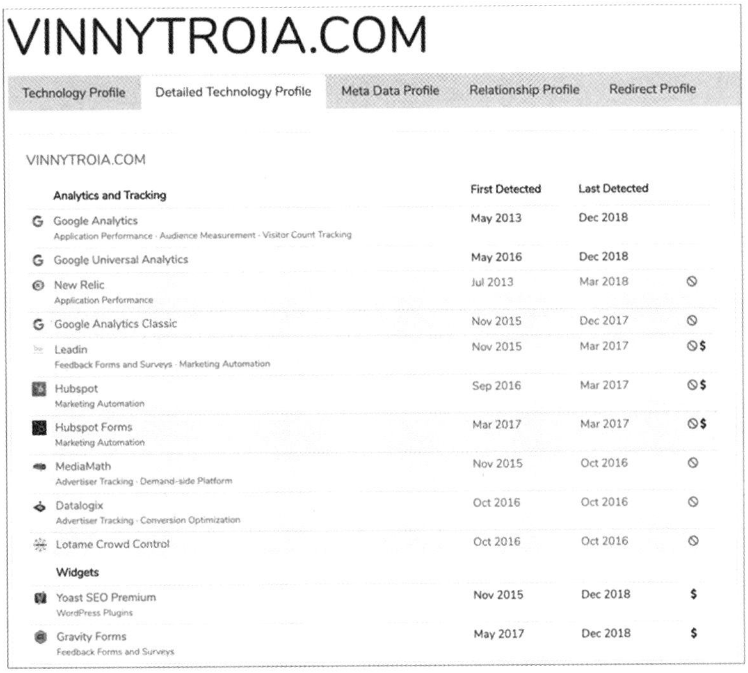

VINNYTROIA.COM

Technology Profile | Detailed Technology Profile | Meta Data Profile | Relationship Profile | Redirect Profile

VINNYTROIA.COM

Analytics and Tracking	First Detected	Last Detected	
Google Analytics Application Performance · Audience Measurement · Visitor Count Tracking	May 2013	Dec 2018	
Google Universal Analytics	May 2016	Dec 2018	
New Relic Application Performance	Jul 2013	Mar 2018	⊘
Google Analytics Classic	Nov 2015	Dec 2017	⊘
Leadin Feedback Forms and Surveys · Marketing Automation	Nov 2015	Mar 2017	⊘$
Hubspot Marketing Automation	Sep 2016	Mar 2017	⊘$
Hubspot Forms Marketing Automation	Mar 2017	Mar 2017	⊘$
MediaMath Advertiser Tracking · Demand-side Platform	Nov 2015	Oct 2016	⊘
Datalogix Advertiser Tracking · Conversion Optimization	Oct 2016	Oct 2016	⊘
Lotame Crowd Control	Oct 2016	Oct 2016	⊘
Widgets			
Yoast SEO Premium WordPress Plugins	Nov 2015	Dec 2018	$
Gravity Forms Feedback Forms and Surveys	May 2017	Dec 2018	$

图 6.1　通过 BuiltWith 查看 www.vinnytroia.com 的结果

1. 使用 Google Analytics Tracker 识别常见网站

切换到“Relationship Profile”（关系资料）选项卡，可以看到此站点上正在使用的 Google Analytics ID。通过 Google Analytics 跟踪它来找到相关的网站或子域。人们通常会使用同一个 Google 账户来分析跟踪多个网站设置，这个 ID 可以提供关于其他域的线索。“Relationship Profile”选项卡将显示网站使用过的标签的历史记录，如图 6.2 所示。

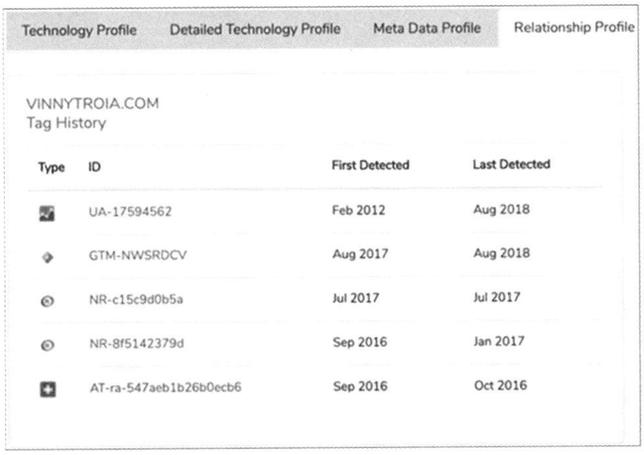

Technology Profile | Detailed Technology Profile | Meta Data Profile | Relationship Profile

VINNYTROIA.COM
Tag History

Type	ID	First Detected	Last Detected
	UA-17594562	Feb 2012	Aug 2018
	GTM-NWSRDCV	Aug 2017	Aug 2018
	NR-c15c9d0b5a	Jul 2017	Jul 2017
	NR-8f5142379d	Sep 2016	Jan 2017
	AT-ra-547aeb1b26b0ecb6	Sep 2016	Oct 2016

图 6.2　BuiltWith 的“Relationship Profile”选项卡

进一步查看作者网站的 Google Analytics ID，图 6.3 所示为与作者的网站共享 Google Analytics ID 的网站。

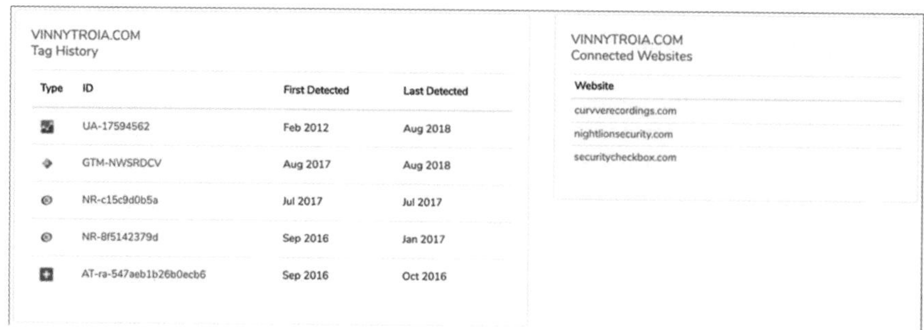

图 6.3 与作者的网站共享 Google Analytics ID 的网站

2. IP 地址访问历史和相关网站

BuiltWith 的另一个功能是能够查看特定的 IP 地址正在被哪些域名使用，或曾经被哪些域名使用过。威胁行为者或组织在管理自己的服务器时，很可能会回收用过的 IP 地址并再次利用，如果调查者正在寻找其踪迹，这将是了解他们拥有其他域名的最好方法。

图 6.4 所示为与 www.vinnytroia.com 关联的 IP 地址的历史记录。

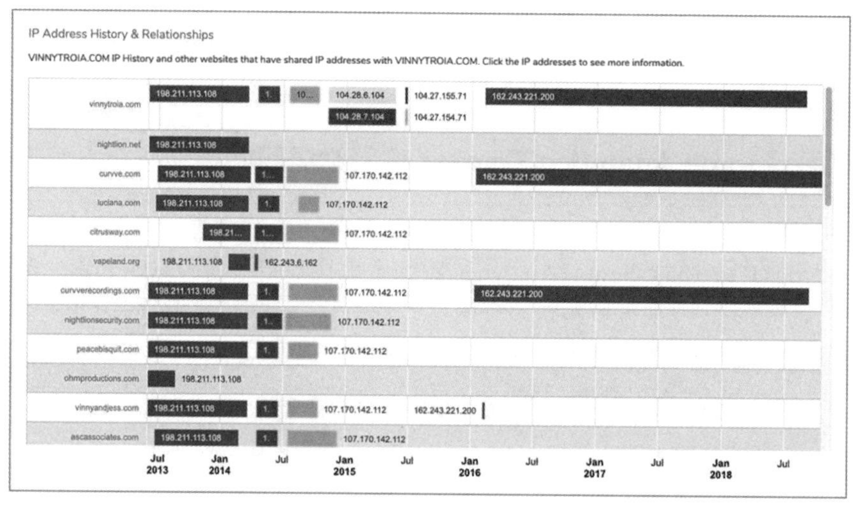

图 6.4 与 www.vinnytroia.com 关联的 IP 地址的历史记录

这些示例都是使用免费版本的 BuiltWith.com 显示的，它还有一个高级版本，更适合生成与技术销售相关的线索信息。

6.2 Webapp 信息搜集器（WIG）

WIG（Webapp Information Gatherer）是一种网络应用程序信息搜集工具。大多数网站或 Web 应用程序都使用内容管理系统（CMS），因此，WIG 是快速识别目标正在使用的 CMS 的最好方法。

WIG 的网址是 https://github.com/jekyc/wig。

大多数现代网站都基于 CMS 系统构建，因此，确定目标网站上正在使用的是哪一类 CMS 对于确定接下来的调查方向相当重要。

WIG 的可选参数列举如下。

- -l：列表操作。
- -a：在找到首个 CMS 系统后继续搜索。
- -u：指定用户代理。
- -N：不加载响应缓存。
- -w：指定输出文件。

在个人网站 vinnytroia.com 上运行一个无参数的简单 WIG 脚本，代码如下。

```
python3 wig.py vinnytroia.com
```

Web 浏览器在连接到网站时会在 HTTP 标头中写入一个 user-agent，即用户代理字段，这使网站能够识别用户浏览器的类型。每类浏览器都有自己独特的 user-agent，这也是 Web 应用程序防火墙通过解析请求来阻止端口扫描的一种判断依据。WIG 和其他优秀扫描工具具备的重要特性是能够掩盖调查者的 user-agent。WIG 还支持使用-l 参数一次扫描多个站点。

```
______________________________SITE INFO ______________________________
IP                  Title
192.241.180.214     Vinny Troia
______________________________VERSION ______________________________
Name                Versions                                    Type
WordPress           5.0.2                                       CMS
Apache              2.4.10 | 2.4.11 | 2.4.12 |2.4.5 | 2.4.6     Platform
nginx               2.4.9                                       Platform
PHP                 7.1.25                                      Platform
______________________________INTERESTING ______________________________
URL                 Note                                        Type
/wp-login.php       Wordpress login page                        Interesting
/login/             Login Page                                  Interesting
/readme.html        Readme file                                 Interesting
/robots.txt         robots.txt index                            Interesting
/test/              Test directory                              Interesting
/test.php           Test file                                   Interesting
Time: 9.2 sec Urls: 748    Fingerprints: 40401
```

通过结果可以快速得知我个人网站的一些状态，其中值得注意的包括 WordPress 登录页面 URL，一个/test/文件夹和一个 test.php 文件。

备注

在运行此扫描之前，我不知道网站上还遗留了 test.php。事实上，我甚至不记得曾经创建过它。这正是"一枚钉子毁了一条船"的例证。希望这个例子能说明企业组织和 CISO 开展针对自己网站的安全测试的重要性。

在我曾工作过的一些组织的网络中就存在这种"被遗忘的服务器"。因为用户疏忽、工作更替、领导换届等原因，组织越大，这些事情就越有可能被遗忘。如果管理员忘记或根本不知道某些服务器的存在，那么这些"流浪服务器"就不会被纳入诸如补丁更新、管理员密码定期重置等安全操作的范围内，导致产生额外的攻击风险。

如果能够同时扫描多个站点，为什么还要一个个地扫描呢？

大型组织的管理员有可能对他们的网络中正在运行哪些 Web 应用程序不完全知情，因此 WIG 是在给定环境中快速识别所有内容的最好方法。

在下一个示例中，已将 5 个不同的站点写入 targets.txt（也可以在文件中输入任意数量的站点，注意每行写一个）中。我们将使用 WIG 扫描这些网站，同时更改 user-agent 并将所有结果输出到 results.txt 中。以下代码会告诉 wig.py 针对 target.txt 中的所有目标，使用特定的浏览器 user-agent 执行扫描，并将所有内容输出到 results.txt 中。

```
python3 wig.py -l targets.txt -u "Mozilla/5.0 (Android 4.4; Mobile; \ rv:41.0)
Gecko/41.0 Firefox/41.0" -N -w results.txt
```

由于该命令的输出是 JSON 文件，因此，如果未能捕获命令行输出文本，则必须将 JSON 解析为 Excel 或其他格式文件来读取结果。

```
wig - WebApp Information Gatherer


Scanning https://www.pepsi.com...
_____________________________ SITE INFO _______________________________________
IP                  Title
23.63.197.180       Pepsi.com


_____________________________ VERSION _______________________________________
Name                Versions                              Type
Apache                                                    Platform


_____________________________ SUBDOMAINS _______________________________________
Name                          Page Title             IP
https://cms.pepsi.com:443     Pepsi.com              18.222.154.81



Time: 29.0 sec      Urls: 72                     Fingerprints: 40401
Scanning https://www.nightlionsecurity.com...
_____________________________ SITE INFO _______________________________________
IP                  Title
```

```
192.241.180.214     Cyber Security Firm: Penetration Testing, Risk Assessments

_____________________________ VERSION ______________________________________
Name                Versions                                    Type
WordPress           4.1.2 | 4.1.3 | 4.1.4 | 4.1.5 | 4.2 | 4.2.1 | 4.2.2
nginx                                                           Platform
PHP                 7.1.25                                      Platform

___________________________INTERESTING ___________________________________
URL                 Note                                        Type
/readme.html        Readme file                                 Interesting


_________________________VULNERABILITIES _________________________________
Affected            #Vulns                                              Link
WordPress 4.2.1 1
                    http://cvedetails.com/version/184019
WordPress 4.2.2 2
                    http://cvedetails.com/version/185073
Time: 16.3 sec      Urls: 240
Fingerprints: 40401

Scanning https://www.comodo.com...
____________________________SITE INFO _______________________________________
IP                  Title
104.16.21.160       Comodo | Global Leader in Cyber Security
104.16.20.160
104.16.18.160
104.16.22.160
104.16.19.160

_____________________________ VERSION ______________________________________
Name                Versions                                    Type
cloudflare                                                      Platform

____________________________ SUBDOMAINS_____________________________________
Name                           Page Title                  IP
http://m.comodo.com:80         Mobile Antivirus Comodo     91.199.212.187
https://m.comodo.com:443       Mobile Antivirus            91.199.212.187
http://blog.comodo.com:80      Comodo News and Internet    178.255.86.141
https://blog.comodo.com:443    Comodo News and Internet    178.255.86.141
```

```
________________________________ INTERESTING ____________________________________
URL                  Note                                    Type
/robots.txt          robots.txt index                        Interesting
/login/              Login Page                              Interesting

Time: 49.1 sec       Urls: 716                       Fingerprints: 40401

Scanning http://whitepacket.com...
_________________________________ SITE INFO ________________________________________
IP                   Title
104.24.119.111       WhitePacket | Home 104.24.118.111

___________________________________VERSION _________________________________________
Name                 Versions                                          Type
WordPress            4.8.8                                             CMS
cloudflare           Platform
Apache               2.2.11 | 2.2.12 | 2.2.13 | 2.2.14 | 2.2.15 Platform
                     2.2.18 | 2.2.19 | 2.2.20 | 2.2.21 | 2.2.22 | 2.2.23
                     2.2.25 | 2.2.26 | 2.2.27 | 2.2.28 | 2.2.29 | 2.3.0 |
                     2.3.10 | 2.3.11 | 2.3.12 | 2.3.13 | 2.3.14 | 2.3.15 |
                     2.3.2 | 2.3.3 | 2.3.4 | 2.3.5 | 2.3.6 | 2.3.7 | 2.3.8
                     2.3.9 | 2.4.0 | 2.4.1 | 2.4.2 | 2.4.3
PHP                  5.4.45-0+deb7u12                                  Platform

_________________________________INTERESTING _________________________________________
URL                  Note                                    Type
/robots.txt          robots.txt index                        Interesting
/readme.html         Readme file                             Interesting
/login/              Login Page                              Interesting

___________________________________TOOLS _____________________________________________
Name                 Link                                              Software
wpscan               https://github.com/wpscanteam/wpscan              WordPress
CMSmap               https://github.com/Dionach/CMSmap                 WordPress

Time: 189.7 sec Urls: 410                            Fingerprints: 40401
```

现在,我们已经掌握了 WIG 的基础知识,可以继续使用更高级的 CMS 检测和发现工具。

6.3 CMSMap

CMSMap 是一个开源 Python 扫描程序,可以自动检测主流内容管理系统(CMS)中的安全漏洞。CMSMap 与 WIG 相似，虽然这两种工具都能够检测和识别 CMS 系统，但是 CMSMap 更先进，并带有附加功能。

备注

CMSMap 的下载地址为 https://github.com/Dionach/CMSmap。

除了相似的部分，CMSMap 还比 WIG 先进得多，它支持许多不同的选项和参数。除检测 Web 应用程序使用的 CMS 外，CMSMap 还可以枚举站点插件，进行蛮力登录和破解密码哈希值。CMSMap 中使用了官方 ExploitDB 存储库，下载地址为 https://github.com/offensive-security/exploitdb.git。

一些可用的 CMSMap 参数列举如下：

```
-f W/J/D/M, --force W/J/D/M
force scan (W)ordpress, (J)oomla or (D)rupal or (M)oodle
-F, --fullscan      full scan using large plugin lists.
-t , --threads      number of threads (Default 5)
-a , --agent        set custom user-agent
-H , --header       add custom header (e.g. 'Authorization: Basic ')
-i , --input        scan multiple targets listed in a given file
-o , --output       save output in a file
-E, --noedb enumerate plugins without searching exploits
-c, --nocleanurls   disable clean urls for Drupal only
-s, --nosslcheck    don't validate the server's certificate
-d, --dictattack    run low intense dictionary attack during scan
Brute-Force:
-u , --usr  username or username file
-p , --psw  password or password file
-x, --noxmlrpc      brute-forcing WordPress without XML-RPC
Post Exploitation:
-k , --crack        password hashes file
(Require hashcat installed. For WordPress and Joomla only)
-w , --wordlist     wordlist file
Others:
-v, --verbose       verbose mode (Default false)
-h, --help  show this help message and exit
-D, --default       run CMSmap with default options
-U , --update       use (C)MSmap, (P)lugins or (PC) for both
```

1. 运行单一站点扫描

从扫描基于 Drupal CMS 构建的网站开始，要查找这类站点，可以访问 www.builtwith.com，然后搜索“Drupal”。

从结果中随机选择一个目标进行测试扫描，如受欢迎的薪资公司 PayChex.com。然而，它很可能部署了 Web 应用程序防火墙（WAF），大多数 WAF 都会阻止 CMS 应用程序的扫描请求。解决这个问题的方法是，指定一个自定义浏览器 user-agent，这将使 WAF 认为扫描请求来自用户的 Web 浏览器。

CMSMap 的-a 参数将允许指定自定义 user-agent，代码如下：

```
root@OSINT:/opt/CMSmap: python3 cmsmap.py -s -a \
"Mozilla/5.0 (Android 4.4; Mobile; rv:41.0) Gecko/41.0 Firefox/41.0" \
https://www.paychex.com
[-]Date &amp; Time: 01/01/2019 15:48:12
[I]Threads: 5
[-]Target: https://www.paychex.com (104.17.169.11)
[I]Server: cloudflare
[L]X-Generator: Drupal 8 (https://www.drupal.org)
[L]X-Frame-Options: Not Enforced
[L]Robots.txt Found: https://www.paychex.com/robots.txt
[I]CMS Detection: Drupal
[I]Drupal Theme: custom
[M]EDB-ID: 29019 "Zikula CMS 1.3.5 - Multiple Vulnerabilities"
[M]EDB-ID: 41564 "Drupal 7.x Module Services - Remote Code Execution"
[-]Enumerating Drupal Usernames via "Views" Module...
[-]Enumerating Drupal Usernames via "/user/"...
[-]Drupal Default Files:
[-]Drupal is likely to have a large number of default files
[-]Would you like to list them all? Y
[results truncated]
[-] Search Drupal Modules ...
[I] content
[I] Checking for Directory Listing Enabled ... [-] Completed in: 0:01:22
```

2. 以批处理模式扫描多个站点

与使用 WIG 时所做的类似，CMSMap 也可以对目标文件中包含的多个站点进行扫描。如果需要这样做，那么可以使用-i 开关，后面紧跟目标域的文件名。以下示例将使用 targets.txt 作为输入文件名，指定 output.txt 为输出文件名，并使用自定义 user-agent，代码如下：

```
root@OSINT:/opt/CMSmap: python3 cmsmap -i targets.txt -o output.txt \ -a "Mozilla/5.0
(Android 4.4; Mobile; rv:41.0) Gecko/41.0 Firefox/41.0"
```

CMSMap 批量扫描功能令人不愉快的地方是，如果其中一个站点未检测到 CMS，那么脚本会停下来，不会自动开始扫描下一个站点。因此，必须强制 CMS 识别结果为特定类型，或者干脆一次只扫描一个站点。以下输出显示了站点检测失败时返回的信息：

```
[-] Date & Time: 01/01/2019 20:45:12
[L]        Robots.txt Found: http://www.nightlionsecurity.com/robots.txt
[ERROR] CMS detection failed :(
[ERROR] Use -f to force CMSmap to scan (W)ordpress, (J)oomla or (D)rupal
```

3. 检测漏洞

CMSMap 的一个令人喜爱的功能是能够检测目标站点中的漏洞。以下输出节选自使用之前的参数扫描的结果。由于发现了漏洞，所以我们不得不略去网站的名称，而该工具的强大功能却不言而喻。

```
[I]Threads: 5
[-]Target: http://www.fakebank.com (52.37.170.23)
[M]Website Not in HTTPS: http://www.fakebank.com
[I]Server: Apache/2.4.10 (Debian)
[L]X-Frame-Options: Not Enforced
[I]Strict-Transport-Security: Not Enforced
[I]X-Content-Security-Policy: Not Enforced
[I]X-Content-Type-Options: Not Enforced
[L]Robots.txt Found: http://www.fakebank.com/robots.txt
[I]CMS Detection: WordPress
[I]Wordpress Version: 4.8.8
[M]EDB-ID: 44949 "WordPress Core < 4.9.6 - (Authenticated) Arbitrary File Deletion"
[I]Wordpress Theme: Avada
[M]EDB-ID: 34511 "Mulitple WordPress Themes - 'admin-ajax.php?img' Arbitrary File Download"
[-]WordPress usernames identified:
[M][omitted]
[M][omitted]
[M][omitted]
[M][omitted]
[M][omitted]
[M][omitted]
[M][omitted]
[M][omitted]
[M][omitted]
[M]XML-RPC services are enabled
[M]Website vulnerable to XML-RPC Brute-Force Vulnerability
[I]Autocomplete Off Not Found: http://www.fakebank.com/wp-login.php
[-]Default WordPress Files:
[I]http://www.fakebank.com/license.txt
[I]http://www.fakebank.com/readme.html [-] Searching Wordpress Plugins ...
[I]google-analytics-for-wordpress v6.2.6
[I]revslider
[I]akismet
[M]EDB-ID: 37826 "WordPress 3.4.2 - Multiple Path Disclosure Vulnerabilities"
[M]EDB-ID: 37902 "WordPress Plugin Akismet - Multiple Cross-Site Scripting
```

```
Vulnerabilities"
     [I]fusion-core
     [I]fusion-builder
     [I]feed
     [M]EDB-ID: 38624 "WordPress Plugin WP Feed - 'nid' SQL Injection"
     [I]Checking for Directory Listing Enabled ... Checking for Directory Listing
Enabled ...
     [-]Date & Time: 01/01/2019 21:00:26
     [-]Completed in: 0:04:58
```

除了检测漏洞，CMSMap 还可以枚举站点上正在使用的 CMS 主题或插件，甚至可以使用给定的用户名和密码文件来蛮力破解 CMS 系统。它是一个非常强大的中间件工具——虽然拥有足够的功能，但不会过于复杂和难用。

6.4 WPScan

WPScan 是一个用于 WordPress 的黑盒信息搜集工具和漏洞扫描器。WPScan 是迄今为止市场上最好的工具，并已成为漏洞扫描领域的“NMAP”。

备注

WPScan 的下载地址为 https://wpscan.org。

你可能在想，既然 CMSMap 已经能够扫描 WordPress，为什么还需要另外的工具？答案是，工具的选择取决于你想要获得的结果深度和全面程度。CMSMap 侧重于识别多种类型的 CMS 系统，而 WPScan 专注于为 WordPress CMS 系统提供高级扫描功能。

尽管使用其他工具可以实现扫描和搜索 CMS 系统的基本功能，能满足调查者最终需求的 80%，但如果重点是扫描或测试 WordPress 网站，那么最好使用 WPScan。

虽然 WPScan 中可用的参数数量可能令人望而生畏，但此工具的真正价值在于：调查者可以通过完全不被察觉的方式使用它。面对现代 WAF 时，避免被检测到可能很困难，而 WPScan 允许使用代理并具有内置的隐身模式，因此，可以在每个请求上实现代理轮换。

以下是一些重要的参数：

```
-v, --verbose                       Verbose mode
-o, --output FILE                   Output to FILE
-f, --format FORMAT                 Output results in specified format
--detection-mode MODE               Default: mixed Available choices: mixed,
                                    passive, aggressive
--user-agent, --ua VALUE
--random-user-agent, --rua          Use a random user-agent for each scan
--http-auth login:password
-t, --max-threads VALUE             Max threads to use
```

```
--throttle MilliSeconds            MS to wait between each web request
        --request-timeout SECONDS  The request timeout in seconds
        --connect-timeout SECONDS  The connection timeout in seconds
        --disable-tls-checks       Disables SSL/TLS verification
        --proxy protocol://IP:port
        --proxy-auth login:password
        --cookie-string COOKIE     Cookie string to use in requests
        --cookie-jar FILE-PATH     File to read and write cookies Default:
                                   /tmp/wpscan/cookie_jar.txt
        --force                    Assume WordPress is running
        --wp-content-dir           Manually set the wp-contents directory
        --wp-plugins-dir
        -e, --enumerate [OPTS]     Enumeration Process - includes ability to
                                   enumerate vulnerable plugins, all plugins,
                                   themes, Timthumbs, config backups, database
                                   exports, user ids, media ids, and all
        -P, --passwords FILE-PATH  Passwords to use during attack
        -U, --usernames LIST       Usernames to use during password attack
        --multicall-max-passwords  Maximum number of passwords to send by request
                                   with XMLRPC multicall
        --password-attack ATTACK   Force the supplied attack to be used rather
                                   than automatically determining one
        --stealthy                 Force stealth/passive mode
```

WPScan 是开箱即用的，它将自动识别站点上所有正在运行的插件，检查这些插件的漏洞，并查找配置的备份等重要文件。

对我的个人站点运行 WPScan，在除 URL 外不带任何其他参数的情况下，已经可以看到 WPScan 与其他工具相比，产生的输出存在相当大的差异。以下是结果的精简版：

```
root@OSINT:/opt/wpscan: wpscan --url http://www.vinnytroia.com
         __          _______   _____
         \ \        / /  __ \ / ____|
          \ \  /\  / /| |__) | (___   ___  __ _ _ __ ®
           \ \/  \/ / |  ___/ \___ \ / __|/ _` | '_ \
            \  /\  /  | |     ____) | (__| (_| | | | |
             \/  \/   |_|    |_____/ \___|\__,_|_| |_|

         WordPress Security Scanner by the WPScan Team
                         Version 3.4.2
           Sponsored by Sucuri - https://sucuri.net
       @_WPScan_, @ethicalhack3r, @erwan_lr, @_FireFart_
[+]URL: http://www.vinnytroia.com/
[+]Started: Thu Jan  3 07:55:46 2019
Interesting Finding(s):
[+] http://www.vinnytroia.com/
| Interesting Entries:
|-Server: nginx
```

```
|-X-Powered-By: PHP/7.1.25, PleskLin
|-Access-Control-Allow-Origin: *
|-Access-Control-Allow-Credentials: true
|-Access-Control-Allow-Headers: Content-Type,Accept
|-Access-Control-Allow-Methods: GET, POST, OPTIONS, PUT, DELETE
|Found By: Headers (Passive Detection)
|Confidence: 100%
[+]http://www.vinnytroia.com/robots.txt
|Found By: Robots Txt (Aggressive Detection)
|Confidence: 100%
[+]http://www.vinnytroia.com/xmlrpc.php
|Found By: Direct Access (Aggressive Detection)
|Confidence: 100%
[+]http://www.vinnytroia.com/readme.html
|Found By: Direct Access (Aggressive Detection)
|Confidence: 100%
[+] WordPress version 5.0.2 identified (Latest, released on 2018-12-19).
|Detected By: Rss Generator (Passive Detection)
|- http://www.vinnytroia.com/feed/,
[+]WordPress theme in use: jupiter-child
|Location: http://www.vinnytroia.com/wp-content/themes/jupiter-child/
|Style URL: http://www.vinnytroia.com/wp-content/themes/jupiter-child/style.css?
ver=5.0.2
|Style Name: Jupiter Child Theme
|Style URI: http://themeforest.net/user/artbees
|Description: Child theme for the Jupiter theme...
|Author: Your name here
[+] Enumerating All Plugins [+] Checking Plugin Versions
[i]Plugin(s) Identified: [+] contact-form-7
[+]google-analytics-for-wordpress [+] google-analytics-premium
[+]gravityforms
|Location: http://www.vinnytroia.com/wp-content/plugins/gravityforms/
|Detected By: Urls In Homepage (Passive Detection)
|Version: 2.4.4 (100% confidence) [+] js_composer
[+]js_composer_theme
|Location: http://www.vinnytroia.com/wp-content/plugins/...
[+] kiwi-logo-carousel
| Location: http://www.vinnytroia.com/wp-content/plugins/...
[+]masterslider
|Location: http://www.vinnytroia.com/wp-content/plugins/masterslider/
[+]rdv-youtube-playlist-video-player
|Location: http://www.vinnytroia.com/wp-content/plugins/...
[+]tubepress_pro_5_1_5
```

```
|Location: http://www.vinnytroia.com/wp-content/plugins/...
|
| Detected By: Urls In Homepage (Passive Detection)
|
| The version could not be determined.
[+]wordpress-seo
|Location: http://www.vinnytroia.com/wp-content/plugins/wordpress-seo/
|Latest Version: 9.3 (up to date)
|Last Updated: 2018-12-18T09:25:00.000Z
[+]wp-super-cache
|Location: http://www.vinnytroia.com/wp-content/plugins/...
|Latest Version: 1.6.4 (up to date)
|Last Updated: 2018-12-20T09:36:00.000Z
[+]Enumerating Config Backups
Checking Config Backups - Time: 00:00:03
[i]No Config Backups Found.
[+] Finished: Thu Jan 3 07:55:59 2019 [+] Requests Done: 92
[+] Cached Requests: 5 [+] Data Sent: 18.989 KB
[+] Data Received: 2.482 MB [+] Memory used: 67.148 MB [+] Elapsed time: 00:00:13
```

我的网站的测试结果很无聊。除了尝试过蛮力破解登录名/密码，WPScan 还没有检测到任何漏洞，也没有基于检测结果的行动建议。从网络调查的角度看，得到的结果并没有什么值得注意的地方（这都归功于我一直在更新网站，并专门给服务器打了补丁）。让我们尝试一些更难的情况。

应对 WAF 或者无 WordPress 的结果提示

如果对我的公司网站 www.NightLionSecurity.com 运行相同的扫描，会得到不同的结果，代码如下：

```
root@OSINT:/opt/wpscan: wpscan --url http://www.nightlionsecurity.com
Scan Aborted: The remote website is up, but does not seem to be running WordPress.
```

通常情况下，看到/wp-admin/文件夹（如 http://www.nightlionsecurity.com/wp-admin）就可以判断网站正在运行 WordPress。

如果确定该站点正在运行 WordPress，仍然得到这样的结果，则该站点可能存在 WAF 需要绕过——NightLion 的网站就是这种情况。也可以采取一些措施来处理这种情况。

可以尝试的第一件事是修改参数以使用随机用户代理。还可以使用--force 开关来手动验证 WordPress 是否在目标站点上运行，代码如下：

```
root@OSINT:/opt/wpscan: wpscan --url http://www.nightlionsecurity.com \
--random-user-agent --force
[+] URL: http://www.nightlionsecurity.com/
[+] Effective URL: https://www.nightlionsecurity.com/
[+] Started: Thu Jan 3 02:35:16 2019
Interesting Finding(s):
```

```
[+] https://www.nightlionsecurity.com/
| Interesting Entries:
|- Server: nginx
|- X-Powered-By: PHP/7.1.25, PleskLin
|- Access-Control-Allow-Origin: cdn.nightlionsecurity.com
|Found By: Headers (Passive Detection)
|Confidence: 100%
[i] The WordPress version could not be detected.
```

虽然结果没多大用处，但这是向正确的方向做出的努力。在理想情况下，会看到结果中包括用户名和插件枚举、检查时的遗留文件和站点漏洞等内容。

我通常会使用参数组合来尝试能否找到易受攻击的插件或用户账户。

--stealthy 参数结合了几种不同的设置来使扫描过程的“噪声”尽可能降低，包括使用随机的用户代理，增加探测过程的时间间隔，以及采取不那么富有攻击性的插件检测方法来实现“隐身模式”。

下一步是使用-proxy 开关，即通过代理并使用不同的 IP 地址发送每个请求。

最后，通过使用--enumerate u 来确保枚举站点用户名。在默认扫描中通常这一选项是开启的，但在隐身模式下会被跳过。

警告

WPScan 不具备轮换 IP 地址的功能。不要指望它（或任何其他工具）提供这种高级功能。调查者可以使用名为 Storm Proxies 的付费代理服务，它会在每次请求时自动轮换 IP 地址，流程如下：

① WPScan 需要一个代理 IP 地址。

② Storm Proxies 提供了一个 IP 地址，将其用作 WPScan 的代理地址。

③ 对于向该 IP 地址发出的每个请求，Storm Proxies 都会通过不同的地址进行转发。

最后得到的代码如下：

```
root@OSINT:/opt/wpscan: wpscan --url http://www.nightlionsecurity.com \--stealthy
--force -proxy 'socks5://127.0.0.1:9050' --enumerate u
```

这一新的扫描请求将产生以下输出：

```
[+]URL: https://www.nightlionsecurity.com/
[+]Started: Thu Jan  3 04:30:13 2019
Interesting Finding(s):
[+]https://www.nightlionsecurity.com/
|Interesting Entries:
|-Server: nginx
|-X-Powered-By: PHP/7.1.25, PleskLin
|-Access-Control-Allow-Origin: cdn.nightlionsecurity.com
|Found By: Headers (Passive Detection)
|Confidence: 100%
```

```
[i]User(s) Identified: [+]Vinny
|Detected By: Rss Generator (Passive Detection)
|Confirmed By: Rss Generator (Aggressive Detection)
[+]BlogAdmin
|Detected By: Rss Generator (Passive Detection)
|Confirmed By: Rss Generator (Aggressive Detection)
[+]Editor
|Detected By: Rss Generator (Passive Detection)
|Confirmed By: Rss Generator (Aggressive Detection)
[+]Requests Done: 16 [+]Cached Requests: 63
[+]Data Sent: 3.992 KB
[+]Data Received: 1.437 MB
[i]Config Backup(s) Identified:
[+]http://www.nightlionsecurity.com.com/wp-config.bak
| Detected By: Direct Access (Aggressive Detection)
```

结果显示：我们取得了一定的进展，通过不同的参数获取了站点用户名列表（而在前几个示例中无法做到这一点）。

我们还找到了一个配置的备份文件，这是一个巨大的发现。wp-config 备份文件通常包含数据库用户名和密码。因此，如果找到了备份文件，则意味着“中了大奖”。众所周知，管理员有时会遗留备份文件，因此一定要仔细检查。

备注

为了这次扫描，我在站点中专门添加了备份文件以便它可以被检测到。现在我又把它删除了（而且它从未真正存在过）。

下一步是识别和查找 WordPress 插件中的漏洞。之后，我们将使用通用密码列表来尝试强制登录。

要查找易受攻击的插件，可以用 WPScan 在不使用--stealthy 参数的情况下重新执行之前命令（在本例中，使用轮换代理服务可以欺骗我的 WAF）。要枚举站点上的插件、用户名、主题、数据库备份和其他所有内容，可以使用--enumerate ap 或--enumerate all。

我的网站上运行的插件不多，所以在本节的末尾，对 ManageWP.com（面向网络管理员的 WordPress 管理系统）运行扫描，代码如下：

```
root@OSINT:/opt/wpscan: wpscan --url http://www.managewp.com --force --random-user-agent --enumerate all

 __          _______   _____
 \ \        / /  __ \ / ____|
  \ \  /\  / /| |__) | (___   ___  __ _ _ __ ®
   \ \/  \/ / |  ___/ \___ \ / __|/ _` | '_ \
    \  /\  /  | |     ____) | (__| (_| | | | |
     \/  \/   |_|    |_____/ \___|\__,_|_| |_|
```

```
                WordPress Security Scanner by the WPScan Team
                               Version 3.4.2
                Sponsored by Sucuri - https://sucuri.net
            @_WPScan_, @ethicalhack3r, @erwan_lr, @_FireFart_
[+]URL: https://managewp.com/
[+]Started: Thu Jan 3 04:45:21 2019 Interesting Finding(s):
[+]https://managewp.com/
|Interesting Entry: Server: nginx
|Found By: Headers (Passive Detection)
|Confidence: 100%
[+]https://managewp.com/robots.txt
|Found By: Robots Txt (Aggressive Detection)
|Confidence: 100%
[+] WordPress version 4.9.8 identified (Insecure, released on 2018-08-02)
| [!] 7 vulnerabilities identified:
|
|[!] Title: [Excluded from Publishing]
|Fixed in: 5.0.1
|References:|
|[!] Title: [Excluded from Publishing]
|Fixed in: 5.0.1
|References: [Results Truncated]
[i]Plugin(s) Identified:
[+]contact-form-7
|
|Detected By: Urls In Homepage (Passive Detection)
|[!] X vulnerability identified:
[+]mailchimp-for-wp
[+]wordpress-seo
[!]The version is out of date, the latest version is 9.3
|Detected By: Comment (Passive Detection)
|
|[!] X vulnerability identified: [Results Truncated]
[i] No Config Backups Found.
```

结果显示：发现了多个易受攻击的 WordPress 插件。既然已经确定了目标站点上的漏洞，那么下一步将取决于调查者想干什么了。

备注

出于法律原因，实际的漏洞列表已被删除。

如果你已得到入侵检查该站点的授权，那么可以尝试查阅 exploitdb 以找到有效的利用手段，或者尝试使用 Sn1per 之类的工具（本章开头已进行了讨论）。在许多情况下，只需向网站所有者报告详细信息就足够了。在越过了“收集信息”这条红线并惹上麻烦之前，请确保你获得了适当的允许权限。

6.5 小结

本章介绍了一些可用于对目标网站进行指纹识别和技术组件识别的工具。由于大多数网站都运行 CMS（内容管理系统）应用程序，所以能够找到站点使用 CMS 的类型信息，以及平台上是否存在任何遗留的配置文件或漏洞是至关重要的。遗留文件可能是导致重要信息泄露，或者威胁行为者行踪暴露的主要原因。

第7章 目录搜索

在调查网站信息时，为了得到隐藏的（被遗忘的）“宝藏”，最好的方法是随机化搜索目录。在尝试过后，你会惊讶于人们在这些目录中遗留了这么多信息，如 Webshell、PhPMyAdmin 页面、具有目录浏览权限的文件夹、具有完全读写权限的文件夹和私人文件等。通过蛮力破解或数据分析爬取都可以实现目录搜索，我们将分别进行介绍。

7.1 Dirhunt

Dirhunt 是一种网络爬虫，用于搜索、分析网站和应用程序目录及文件夹。Dirhunt 并不是真正的破解器，它不是通过蛮力来查找文件夹的。相反，Dirhunt 会基于包括 Google 和 VirusTotal 在内的多个数据源来查找有意义的文件或文件夹。Dirhunt 还将检测 404 错误以最大限度地减少结果中的误报数量。

备注

Dirhunt 的下载地址为 https://github.com/Nekmo/dirhunt。

Dirhunt 的运行参数如下：

```
-t, --threads INTEGER               Number of threads to use
-x, --exclude-flags TEXT            Exclude results with these flags
-i, --include-flags TEXT            Only include results with these flags
-e, --interesting-extensions TEXT Look for files with the following extensions
-f, --interesting-files TEXT        The files with these names are interesting
--stdout-flags TEXT                 Return only in stdout the urls of these
--progress-enabled / --progress-disabled
--timeout INTEGER
--max-depth INTEGER                 Maximum links to follow
--not-follow-subdomains             Subdomains will be ignored
--exclude-sources TEXT              Exclude source engines: robots, virustotal,
                                    google
-p, --proxies TEXT                  Set one or more proxies to alternate
```

```
-d, --delay FLOAT                Delay between requests
--not-allow-redirects            Redirectors will not be followed
--limit INTEGER                  Max number of pages processed to search
```

不带任何参数，在佛罗里达州酒精和药物滥用协会（FADAA）网站上测试 Dirhunt，代码如下：

```
root@INTEL:/opt/dirhunt: dirhunt https://www.fadaa.org/
[301]https://fadaa.org/ (Redirect)
        Redirect to: https://www.fadaa.org/?
[403]http://fadaa.org/global_inc/ (Generic)
        Index file found: index.php
[301]http://fadaa.org/ (Redirect)
        Redirect to: https://www.fadaa.org/?
[301]http://fadaa.org/global_engine/ (Redirect)
        Redirect to: https://www.fadaa.org/global_engine/Default.asp?
[301]http://www.fadaa.org/global_inc/%2A.css (Redirect)
        Redirect to: https://www.fadaa.org/404.aspx?404; http://www.fadaa.org:
80/global_inc/*.css
[301]http://www.fadaa.org/global_inc/%2A.js (Redirect)
        Redirect to: https://www.fadaa.org/404.aspx?404; http://www.fadaa.org:80/
global_inc/*.js
[301] http://www.fadaa.org/ (Redirect)
        Redirect to: https://www.fadaa.org/default.aspx
[403]http://www.fadaa.org/global_inc/ (Generic)
        Index file found: index.php
[200]https://www.fadaa.org/ (Generic)
[404]https://www.fadaa.org/404.aspx (Not Found)
[200]https://www.fadaa.org/default.aspx (Generic)
[302]https://www.fadaa.org/global_engine/Default.asp (Redirect)
        Redirect to: https://www.fadaa.org/global_engine/Default.asp
[302] http://www.fadaa.org/global_engine/ (Redirect)
        Redirect to: http://www.fadaa.org/global_engine/
[302]https://www.fadaa.org/global_engine/ (Redirect)
        Redirect to: https://www.fadaa.org/global_engine/
[302]https://www.fadaa.org/page/SAMHSA_Treatment (Redirect)
        Redirect to: https://findtreatment.samhsa.gov/
[200]https://www.fadaa.org/staff/ (Generic)
        Index file found: index.php
[200]https://www.fadaa.org/news/ (Generic)
        Index file found: index.php
[404]https://www.fadaa.org/page/ (Not Found)
        Index file found: index.php
[200]https://www.fadaa.org/page/resource_links (Generic)
        Index file found: index.php
```

```
[200]https://www.fadaa.org/networking/ (Generic)
[200]https://www.fadaa.org/page/AOE2017 (Generic)
        Index file found: index.php
[200]https://www.fadaa.org/page/Membership (Generic)
        Index file found: index.php
[200]https://www.fadaa.org/search/ (Generic)
[302]https://www.fadaa.org/general/ (Redirect)
        Redirect to: https://www.fadaa.org/general/
[200]https://www.fadaa.org/login.aspx (Generic)
[302]https://www.fadaa.org/general/register_start.asp (Redirect)
        Redirect to: https://www.fadaa.org/general/register_start.asp
[404]https://www.fadaa.org/graphics/  (Not Found) (FAKE 404)
        Index file found: index.php
[403]https://www.fadaa.org/global_inc/ (Generic)
[403]https://www.fadaa.org/global_inc/site_templates/js/ (Generic)
[403]https://www.training.fadaa.org/css/ (Generic)
[200]https://www.fadaa.org/page/Healthcare_Division (Generic)
        Index file found: index.php
[200]https://www.fadaa.org/page/BusinessDivision (Generic)
        Index file found: index.php
[403]https://www.fadaa.org/global_inc/site_templates/ (Generic)
[200]https://www.fadaa.org/page/Boards (Generic)
        Index file found: index.php
[302]https://www.fadaa.org/page/Become_a_Member (Redirect)
        Redirect to: http://fadaa.site-ym.com/?page=Login
[200]https://www.fadaa.org/page/Housing_Recovery  (Generic)  Index  file  found:
index.php
@ Finished after 11 seconds
No interesting files detected \_(")_/
```

在执行扫描后，可以根据运行的结果来调整调查策略。调查者极有可能会发现内容管理系统（CMS），因为它们在大多数网站中应用非常普遍。CMS 的发现意味着该系统中存在相应漏洞，从而能够为威胁行为者建立攻击优势。

通过进一步调整 Dirhunt 的参数，可以将搜索行为设置为关注（或不关注）特定文件、文件类型、子域名等。使用-e 开关查找压缩文件扩展名（如.php、.zip 或.sh）通常可以找到本应删除的文件，代码如下：

```
dirhunt http://domain.com -e php,zip,sh
```

另外一些文件也是我们关注的重点，如被遗忘的剩余配置文件、备份和日志文件等。要查找特定文件，可使用-f 开关，代码如下：

```
dirhunt http://domain.com -f access_log,error_log
```

在查找时还可以指定字典文件，以下代码将基于给定的文件列表搜索：

```
dirhunt http://domain.com -f /var/files/dictfile.txt
```

7.2 Wfuzz

Wfuzz 本质上是一种基于网络模糊测试的蛮力破解工具，它历史悠久，并且可能是在 Web 应用程序蛮力破解领域最知名、最有用的工具之一。

模糊测试是一种通过使用自动化工具向应用程序发送随机内容的数据来查找软件错误的方法。在用于网络调查目的时，我们不会通过 Wfuzz 发送随机产生的数据，但会让它将合法的单词和短语发送到网络服务器上，用于寻找隐藏的或私人的文件和文件夹。Wfuzz 的下载地址为 https://github.com/xmendez/wfuzz。

Wfuzz 的参数如下：

```
Options:
    -h  : This help
    --help                          :Advanced help
    --version                       :Wfuzz version details
    -e <type>                       :encoders/payloads/iterators/
                                      printers/scripts
    -c                              :Output with colors
    -v                              :Verbose information.
    --interact                      :This allows you to interact with the program.
    -p addr                         :Use Proxy in format ip:port:type. Where type
                                      could be SOCKS4,SOCKS5 or HTTP if omitted.
    -t N                            :Specify number of concurrent connections (10
                                      default)
    -s N                            :Specify  time  delay  between  requests  (0
                                      default)
    -R depth                        :Recursive path discovery depth
    -L, --follow                    :Follow HTTP redirections
    -u url                          :Specify a URL for the request.
    -z payload                      :Specify a payload - type,parameters, encoder.
    -w wordlist                     :Specify a wordlist file (alias for
    -z file,wordlist).
    -V alltype                      :All  parameters  bruteforcing  (allvars  and
                                      allpost).
    -X method                       :Specify an HTTP method for the request
    -b cookie                       :Specify a cookie for the requests
    -d postdata                     :Use post data (ex: "id=FUZZ&catalogue=1")
    -H header                       :Use header (ex:"Cookie:id=1312321&user=FUZZ")
    --basic/ntlm/digest auth        :in format "user:pass" or "FUZZ:FUZZ" or "domain\
                                     FUZ2Z:FUZZ"
```

Wfuzz 的可选参数提供了几乎无限制的配置组合方式，可以使用它们来对 Web 应用程序进行“模糊测试”，也可以用于在目标域名上查找 Web 目录。

Wfuzz 的工作原理是基于目标 URL 和单词列进行动态搜索，尝试将单词列表中的单词插入 URL 中需要“模糊测试”的位置。

我们通过一个简单的示例来演示通过单词列表对域名路径进行蛮力搜索。使用第 2 章中讨论过的 SecLists 数据库中的 big.txt 词表作为示例单词列表，同时使用--hc 标签来隐藏所有 404 响应，代码如下：

```
root@OSINT:wfuzz -c -z file,/opt/SecLists/Discovery/Web-Content/big.txt --hc 404
http://www.biz-up.at/FUZZ
```

备注

如果网站设置了自动 URL 重定向，由于 Wfuzz 判断每个文件夹都是有效的，那么输出将被 URL 列表和 302 响应代码淹没。如果开始看到很多 301 或 302 响应代码，则该站点可能存在自定义的 404 页面，或者在每个页面上都设置了错误重定向。在任何情况下，如果想隐藏除有效的 202 响应外的任何内容，那么可以使用以下代码：--hc 404,301,302。

输出如下所示：

```
===================================================================
ID        Response   Lines     Word        Chars        Payload
===================================================================
000010:   C=403        9 L       24 W        216 Ch      ".bashrc"
000015:   C=403        9 L       24 W        218 Ch      ".htaccess"
000016:   C=403        9 L       24 W        218 Ch      ".htpasswd"
000026:   C=200      551 L     3234 W      66939 Ch      "0"
000919:   C=403        9 L       24 W        218 Ch      "ChangeLog"
000965:   C=403        9 L       24 W        216 Ch      "LICENSE"
000974:   C=404      352 L     2504 W      53514 Ch      "MANIFEST.MF"
001012:   C=403        9 L       24 W        215 Ch      "README"
001015:   C=403        9 L       24 W        215 Ch      "Readme"
001053:   C=403        9 L       24 W        213 Ch      "TODO"
001058:   C=403        9 L       24 W        218 Ch      "Thumbs.db"
001414:   C=403        9 L       24 W        213 Ch      "_src"
001631:   C=404      352 L     2504 W      53514 Ch      "access.1"
001629:   C=404      352 L     2504 W      53514 Ch      "access-log.1"
001634:   C=404      352 L     2504 W      53514 Ch      "access_log.1"
001058:   C=403        9 L       24 W        218 Ch      "typo3temp"
```

代码 200 表示页面加载成功。如果页面的网址看起来比较吸引人，那么最好再深入探索一下。另外，代码 403 错误很值得注意，因为据此可以判断文件存在，只是无法访问。随着调查向前推进，我们就能知道需要寻找什么类型的文件，以及假设能够获得访问权限，我们将从何处构建攻击向量等信息。

基于发现的内容定制模糊测试策略，可以在特定的路径方向上迭代运行 2～3 层深度。

例如，扫描的最后一行检测到文件夹“typo3temp”。Typo3 是一种流行但不是很知名的 CMS。尽管无权访问文件夹“typo3temp”，但我们知道它就在那里，并且该文件夹中很可能存在可访问的文件。

有时查看网站的源代码会非常有用，其中遗留的文本或注释数量令人惊讶。快速浏览一下代码，就会发现文件夹“typo3temp”仍在使用，应该进一步探索：

```
    <link rel="stylesheet" type="text/css" href="https://www.biz-up.at/typo3temp/
assets/compressed/d42b6e1bdf
    -bf2d65d4a223e2f396e31c35d56d6ffc.css">
    <link  rel="stylesheet"  type="text/css"  href="https://www.biz-up.at/typo3temp/
assets/compressed/flexslider
    -a747cd663059c9546a6391e1d6f1a9e0.css">
```

要使用 Wfuzz 在网站内探索不同的路径，可以运行以下命令：

```
    wfuzz -c -z file,/opt/SecLists/Discovery/Web-Content/big.txt --hc 404,301,302
http://www.biz-up.at/typo3temp/FUZZ
```

专家提示：ALEX HEID

即使是最谨慎的网络犯罪分子，也会犯错误。Wfuzz 自带两个很出色的词表，当运行时会首先查找目录名称，然后查找 PHP、.zip、.tgz、.txt、.sql 文件。Wfuzz 附带的单词表“big.txt”能够找到大部分有用的东西。

我经常找到像 1.sql 或 Abc.sql 这样的文件。急于创建快速备份文件的人会将它们命名为简短的文件，而 Wfuzz 会迅速找到这些文件。我就以这种方式找到了整个暗网站点的源代码。我还将寻找“c99”这一常见的 webshell 程序，因为我比黑客们更喜欢用它而不是 Cpanel 或 Plesk 之类的东西。

7.3 Photon

Photon 是一个开源情报爬取和数据提取引擎。虽然它非常复杂，却是用于广维搜索的绝佳工具。Photon 的 GitHub 页面称它是“为开源情报设计的令人难以置信的快速爬虫”。Photon 的下载地址为 https://github.com/s0md3v/Photon。Photon 的用途包括在网站上搜索新奇的页面/难以找到的页面/外部链接/损坏的链接、创建克隆网站、确定网站的历史变化轨迹等。

互联网上有数百个网络爬虫可用，其中许多虽然功能强大但价格昂贵。Photon 很棒，因为它很有用，而且是开源的。

在开源情报方面，Photon 可以轻松地从网站中提取不同的目标信息，包括员工信息（如姓名和电子邮件地址）、联系人信息、相关社交媒体网站信息、文档，以及其他潜在的公司隐藏信息，如密钥和云存储凭证等。

在一次典型的网站抓取过程中，Photon 可以提取以下类型的信息：

- URL（域内和域外）。

- 基于参数的 URL。
- 电子邮件、社交媒体账户、存储桶。
- 文件（pdf、doc、xls、csv 等）。
- 密钥（API、身份验证等）。
- 匹配自定义正则表达式模式的字符串。
- 子域名和 DNS 相关数据。
- 回溯/互联网存档。

Photon 还具有内置插件，可以从 Wayback Machine（Internet Archive 时光机）和 DNS Dumpster（用于 DNS 相关信息）等第三方服务中获取内容。Photon 还有一个 clone 参数，允许保留整个站点的本地副本。

Photon 的运行参数如下：

```
-u --url                    root url
-l --level                  levels to crawl
-t --threads                number of threads
-d --delay                  delay between requests
-c --cookie                 cookie
-r --regex                  regex pattern
-s --seeds                  additional seed urls
-e --export                 export formatted result
-o --output                 specify output directory
-v --verbose                verbose output
--clone                     make a copy of the site
--keys                      extract secret keys
--exclude                   exclude urls by regex
--stdout                    print a variable to stdout
--timeout                   http requests timeout
--ninja                     ninja mode
--update                    update photon
--dns                       enumerate subdomains & dns data
--only-urls                 only extract urls
--wayback                   Use URLs from archive.org as seeds
--user-agent                specify user-agent(s)
```

爬取网站

要执行简单的网站爬取，可以在 Photon 中使用-u 开关并输入 URL，代码如下：

```
python photon.py -u "http://www.vinnytroia.com"
```

图 7.1 所示为使用 Photon 爬取作者个人网站的结果。

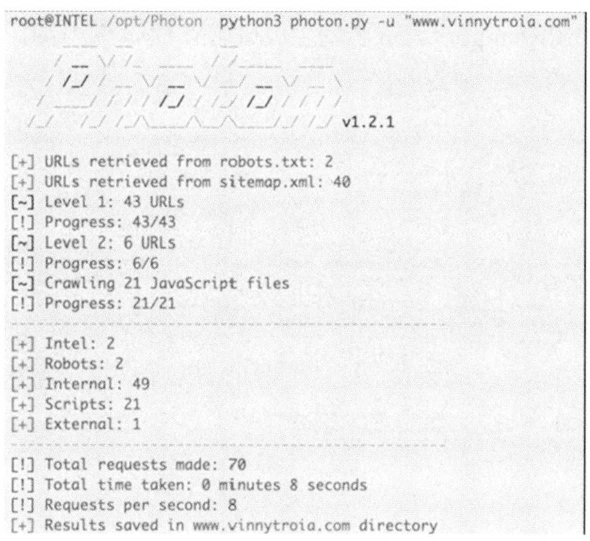

```
root@INTEL /opt/Photon  python3 photon.py -u "www.vinnytroia.com"
v1.2.1

[+] URLs retrieved from robots.txt: 2
[+] URLs retrieved from sitemap.xml: 40
[~] Level 1: 43 URLs
[!] Progress: 43/43
[~] Level 2: 6 URLs
[!] Progress: 6/6
[~] Crawling 21 JavaScript files
[!] Progress: 21/21
--------------------------------------------------
[+] Intel: 2
[+] Robots: 2
[+] Internal: 49
[+] Scripts: 21
[+] External: 1
--------------------------------------------------
[!] Total requests made: 70
[!] Total time taken: 0 minutes 8 seconds
[!] Requests per second: 8
[+] Results saved in www.vinnytroia.com directory
```

图 7.1　使用 Photon 爬取作者个人网站的结果

输出结果包括从目标网站检测到的 URL 列表。

--clone 参数将获取这些 URL，执行站点的完整抓取并保存每个页面，代码如下：

```
python photon.py -u "http://www.vinnytroia.com" --clone
```

对于大公司、博客和留言板等复杂的站点，可以修改扫描的深度和并发线程的数量。-t 开关允许指定线程，-d 开关指定深度（允许多少级的页面嵌套），代码如下：

```
python photon.py -u "http://www.site.com" -t 5 -d 5
```

Photon 的另一个非常有用的特性是，能够使用--dns 开关自动爬取 DNS 和相关子域名，从而通过一条命令就能根据目标站点的结构完整地捕获所有子域名，代码如下：

```
python photon.py -u "http://www.ethereum.org" --dns
```

使用 Photon 爬取 Ethereum.org 的结果如图 7.2 所示。

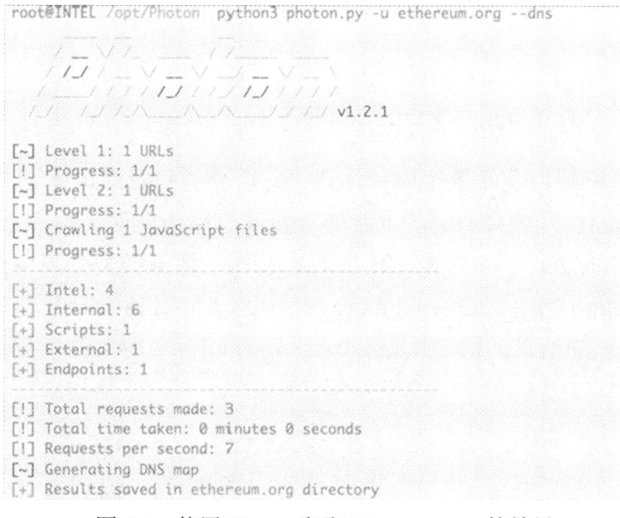

```
root@INTEL /opt/Photon  python3 photon.py -u ethereum.org --dns
v1.2.1

[~] Level 1: 1 URLs
[!] Progress: 1/1
[~] Level 2: 1 URLs
[!] Progress: 1/1
[~] Crawling 1 JavaScript files
[!] Progress: 1/1
--------------------------------------------------
[+] Intel: 4
[+] Internal: 6
[+] Scripts: 1
[+] External: 1
[+] Endpoints: 1
--------------------------------------------------
[!] Total requests made: 3
[!] Total time taken: 0 minutes 0 seconds
[!] Requests per second: 7
[~] Generating DNS map
[+] Results saved in ethereum.org directory
```

图 7.2　使用 Photon 爬取 Ethereum.org 的结果

Photon 将使用 DNSDumpster.com 自动生成域名的 DNS 映射图，如图 7.3 所示。

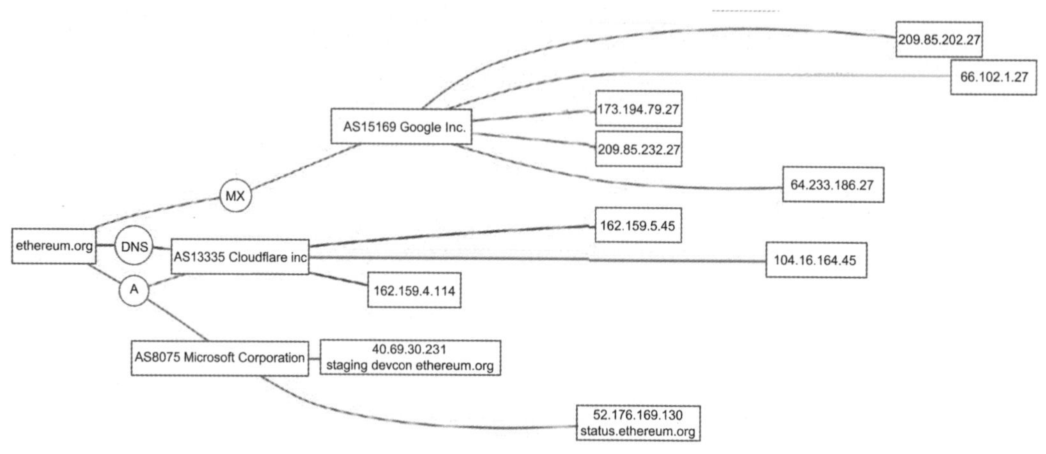

图 7.3　使用 DNSDumpster.com 生成的 DNS 映射图

 备注

Photon 还支持使用--wayback 开关从 Wayback（Internet Archive 时光机）中访问或爬取档案。第 8 章将详细讨论 Wayback 和 Internet 档案。

7.4 Intrigue.io

第 5 章讨论了一种自动攻击面发现工具——Intrigue.io，但它其实是“一站式”类型的工具，其功能远不止网络发现。

 备注

Intrigue 的下载地址是 https://github.com/intrigueio/intrigue-core。

Intrigue 的爬虫模块令人印象深刻，并且只需很少的配置即可运行。使用 Intrigue 界面启动针对 Ethereum.org 的网站爬虫，看看能否发现有用的东西。

图 7.4 所示为 Intrigue.io 的任务新建界面。首先从任务类型列表中选择 URI Spider 并将实体名称更改为 http://www. ethereum.org，然后单击“Run Task”按钮开始扫描。

片刻后将显示扫描结果。图 7.5 所示为 Intrigue.io 显示的实体扫描摘要。

 备注

我是一个非常“视觉主义”的人，我面临的一项最大挑战就是，如何有效组织找到的所有信息。我喜欢使用 Intrigue 的原因之一也是它为许多命令行工具提供了图形界面，并将这些信息排列在一个漂亮而整洁的区域中。

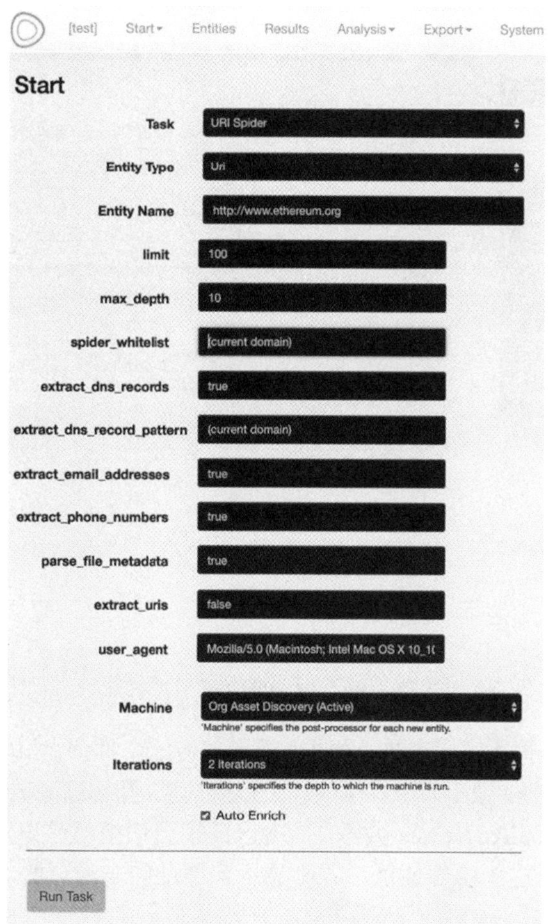

图 7.4　Intrigue.io 的任务新建界面

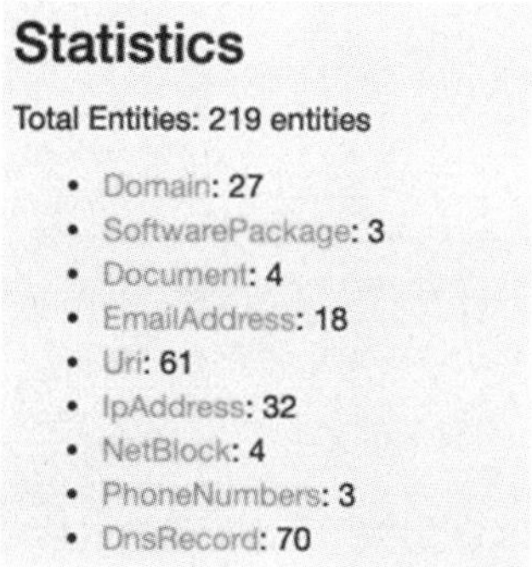

Statistics

Total Entities: 219 entities

- Domain: 27
- SoftwarePackage: 3
- Document: 4
- EmailAddress: 18
- Uri: 61
- IpAddress: 32
- NetBlock: 4
- PhoneNumbers: 3
- DnsRecord: 70

图 7.5　Intrigue.io 显示的实体扫描摘要

现在查看统计数据列表，Intrigue 从目标站点搜集了很多有用的信息，如相关域名、电子邮件地址、电话号码等，甚至还包括发现的文档。

Intrigue.io 的 GUI 还允许对实体页面显示的结果进行简便的过滤以快速定位正在寻找的信息，如图 7.6 所示。

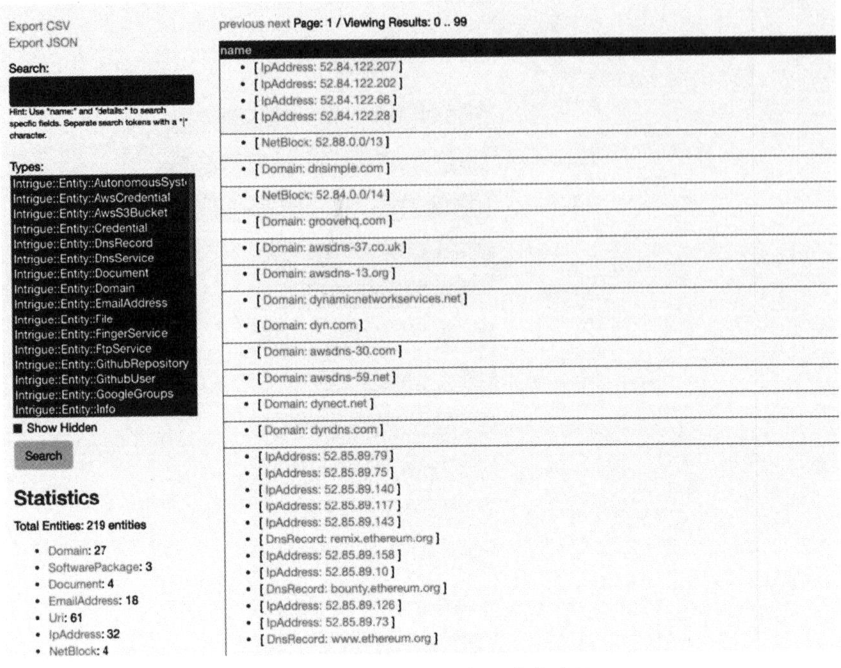

图 7.6　Intrigue.io 的结果过滤功能

列表过滤是快速获得所需内容的一种非常简单的方法。本例中虽然只有 219 个实体，但设想一下，如果是对发现的数十万个实体执行大规模扫描，那么过滤实体的能力将非常有用。

下面探索一下 EmailAddresses 实体。单击该链接会切换至已识别的电子邮件列表，如图 7.7 所示。左侧显示电子邮件地址，右侧显示该地址的来源页面。

previous next **Page: 1 / Viewing Results: 0 .. 99**

name	details
• [EmailAddress: press@ethereum.org]	• https://ethereum.org/
• [EmailAddress: donate@ethereum.org]	• https://ethereum.org/donate
• [EmailAddress: info@ethereum.org]	• https://blog.ethereum.org/
• [EmailAddress: brand@ethereum.org]	• https://ethereum.org/images/logos/Ethereum_Visual_Identity_1.0.0.pdf
• [EmailAddress: notices@ethereum.org]	• https://ethereum.org/privacy-policy
• [EmailAddress: support@ethereum.org]	• https://ethereum.org/privacy-policy
• [EmailAddress: gavin@ethcore.io]	• http://gavwood.com/Paper.pdf
• [EmailAddress: sompo@cs.huji.ac.il]	• https://eprint.iacr.org/2013/881.pdf
• [EmailAddress: avivz@cs.huji.ac.il]	• https://eprint.iacr.org/2013/881.pdf
• [EmailAddress: geth-ci@ethereum.org]	• https://geth.ethereum.org/downloads/
• [EmailAddress: fjl@ethereum.org]	• https://geth.ethereum.org/downloads/
• [EmailAddress: jeffrey@ethereum.org]	• https://geth.ethereum.org/downloads/
• [EmailAddress: martin.swende@ethereum.org]	• https://geth.ethereum.org/downloads/
• [EmailAddress: nick@ethereum.org]	• https://geth.ethereum.org/downloads/
• [EmailAddress: peter@ethereum.org]	• https://geth.ethereum.org/downloads/
• [EmailAddress: viktor@ethereum.org]	• https://geth.ethereum.org/downloads/
• [EmailAddress: bounty@ethereum.org]	• https://bounty.ethereum.org/
• [EmailAddress: n@r.nl]	• https://ethereum.org/images/assets/1900/Ethereum-homestead-background-39.jpg

previous next

图 7.7　针对 EmailAddresses 实体的探索结果

发现的电子邮件地址可能是能够找到的最有价值的信息之一。虽然找到的公司电子邮件地址可能没多少用，因为有许多营销网站专门销售这些电子邮件信息，但是在调查威胁行为者时，找到一个新的电子邮件地址绝对是重大发现，它将提供一个新的起点来揭开威胁行为者的真相。

通过查看 URL 信息可以看到下载文件夹、子域名和文件，简单来说就是一系列可以（并且应该）进一步探索的新信息路径。

7.5　小结

本章的重点是在整个网站中搜索隐藏文件夹来找到网站中的宝藏，这一工作是通过网络模糊测试工具检查数千种变体名称（即蛮力破解）来找到工作目录，或通过抓取目标站点并根据代码中嵌入的内容来识别可用链接来实现的。下一章将重点介绍通过搜索引擎高级功能（即“dork”）来查找隐藏的网站数据的方法。

第8章 搜索引擎高级功能

“dork”可以指代任何搜索引擎的高级搜索表达式，用于以更加可控的方式在互联网上查找公开信息。虽然其大部分是通用的，但本书将以 Google 的搜索表达式作为示例。

“dorking”是指使用与特定响应代码相关的常见“错误短语”来进行搜索的过程，该响应代码由编程语言生成。换句话说，它们是用于在网站中查找隐藏（通常是错误配置）数据的查询语句。Google dork 查询通常可用于查找以下信息：

- Web 应用程序中的 XSS、SQLi 和其他基于参数的漏洞。
- 来自网站的机密信息，如用户名、密码和其他形式的 PII（个人可识别信息）。
- 在线购物信息，如客户数据、订单、信用卡号、交易号等。
- 打印机、摄像机、物联网等类型的设备信息。

可以在 Exploit-DB（前身是 Google Hacking Database）上找到详尽且定期更新的 dork 列表，网址为 https://www.exploit-db.com/google-hacking-database。

专家技巧：ALEX HEID

Google 一直在限制使用 dork 运算符能够搜索到的内容，现在能找到的内容没有以前多了。

使用“site:”运算符将使 Google 只显示域名内的搜索结果。Bing 和 DuckDuckGo 也有类似的操作，Bing 可以通过搜索 IP 地址来做到这一点——这也被称为“廉价的被动 DNS”，它也是查看该 IP 地址上托管的所有内容（域名、文档等）的快速方法。

在许多情况下，为了绕过 Google 过滤器，可以使用 Google API 来执行搜索。

8.1 重要的高级搜索功能

即便不是为了从事安全调查或黑客活动，用户就算只了解一点点搜索引擎 dork 的基本知识也会成为日常生活中的珍贵技巧和有效帮助。这项技能不仅可以提高搜索结果的质量，还有助于缓解无法在网上找到所需内容时的焦虑。

本节将重点介绍应该学习和记住的最重要的搜索运算符。

1. 减号

减号（–）可以从搜索结果中过滤掉特定术语，从而减少无用的产品营销和垃圾页面。

这种技术在正确使用的情况下非常有用，它将有助于过滤掉导致查询结果过多的相似但无用的搜索结果。

减号运算符的使用方法如下：输入搜索词，后面跟上减号和不想在结果中出现的任何术语。

2. 引号

与减号搜索修饰符相反，将搜索词写在引号中可以使结果与需要查找的文本精确匹配。例如，搜索 NSA Hacker 将返回带有 NSA 和 Hacker 字样的结果（无视顺序和出现位置），但搜索“NSA Hacker”将只返回包含该词组的结果。

3. site

“site:”搜索运算符仅返回指定网站上的搜索结果。这是最有用的 dork，可以让调查者将搜索重点放在目标公司或组织上。

例如，要将搜索查询限制为单个网站，可以输入以下内容：site: domain.com。当运行此查询时，Google 将返回仅与 domain.com 网站相关的信息。借助此运算符，可以搜索特定域名中的任何内容。下面以 fakebank.com 为例，尝试在其中搜索有用的东西。

如果想快速查看 fakebank.com 是否包括任何 Excel 文件（扩展名为 XLS），那么在搜索引擎中输入以下内容：

```
xls site:fakebank.com
```

专家技巧：ALEX HEID

为了寻找可攻击的入口，可以从 Sublist3r 之类的子域名枚举工具开始，通过公共数据库和单词表来查找目标域名的子域名，之后使用 Google Dorking 和 site: 运算符来进一步搜索可能被 Sublist3r 遗漏的内容。

4. intitle

使用“intitle:”运算符将告诉 Google 仅显示在 HTML 标题中包含指定搜索词的那些页面。以下搜索词将返回标题中包含百事可乐的所有网站：

```
intitle:pepsi
```

一旦知道了某些通用页面使用的标题类型，此运算符将非常有用。例如，以下搜索将显示带有实时视频流的 AXIS 网络摄像机的页面：

```
intitle:"Live View / - AXIS"
```

搜索 AXIS 相机的另一种等价方法是使用 intitle 运算符组合，只需列举重要的关键字：

```
intitle:"live view" intitle:axis
```

图 8.1 所示为 Google intitle 运算符示例查询结果。

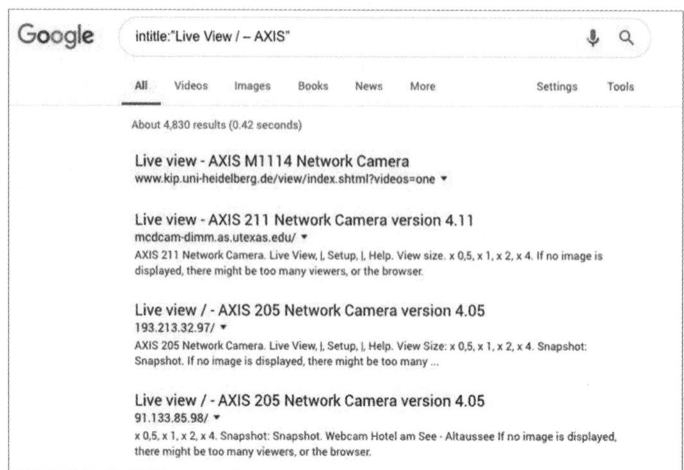

图 8.1　Google intitle 运算符示例查询结果

5. allintitle

“allintitle:”运算符用于简化“intitle:”查询，这种情况下 Google 只会显示所有关键词都包含在标题中的页面搜索结果。例如，下面的搜索将返回标题中包含“axis”、“live”和“view”三个单词的页面：

```
allintitle:axis live view
```

要查看两类运算符的差异，可将图 8.1 与图 8.2 所示的结果进行比较。

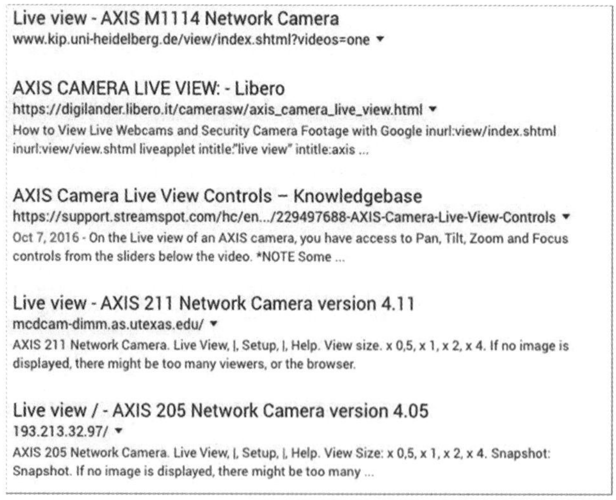

图 8.2　使用 allintitle 得到的查询结果

6. filetype

“filetype:”运算符是一个很有用的搜索修饰语，用于查找可能被遗漏的特定类型的文件，如 XLS、DOC 或 CSV 等。例如，有可能幸运地找到被丢弃的预算 XLS 文件。

要在特定站点上搜索预算 XLS 文件，可使用以下查询：

```
Budget filetype:xls site:sitename.com
```

查找备份文件是调查中非常重要的一部分。人们会草率地留下这种以 .bak 结尾的文件，用于查找的代码如下：

```
filetype:bak
```

7. inurl

“inurl:” 运算符将返回带有关键词的 URL 搜索结果，它们包括域名、路径甚至文件名。回顾之前查找备份文件的示例，可以进一步使用 inurl 搜索来查找密码备份文件：

```
filetype:bak inurl:passwd
```

图 8.3 所示为使用 inurl 查找 passwd 关键字的搜索结果。

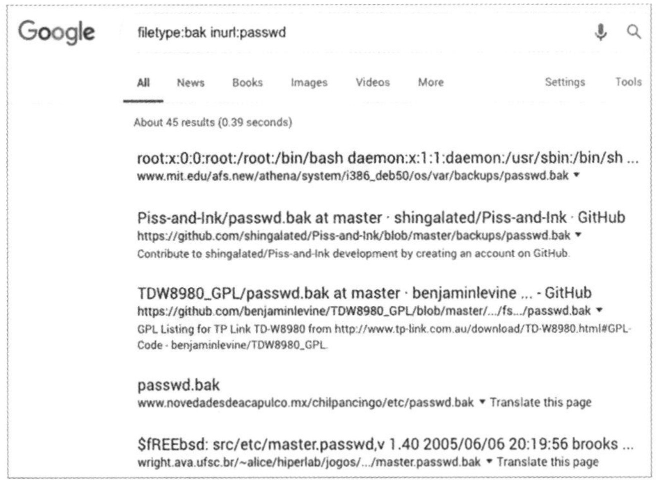

图 8.3　使用 inurl 查找 passwd 关键字的搜索结果

寻找实时网络摄像头的代码如下：

```
inurl:"webcam.html"
```

图 8.4 所示为使用 inurl 查找 confidential 关键字的搜索结果，它可以查找名称中带有“confidential”（机密）字样的 Excel（XLS）文件，代码如下：

```
filetype:xls inurl:confidential
```

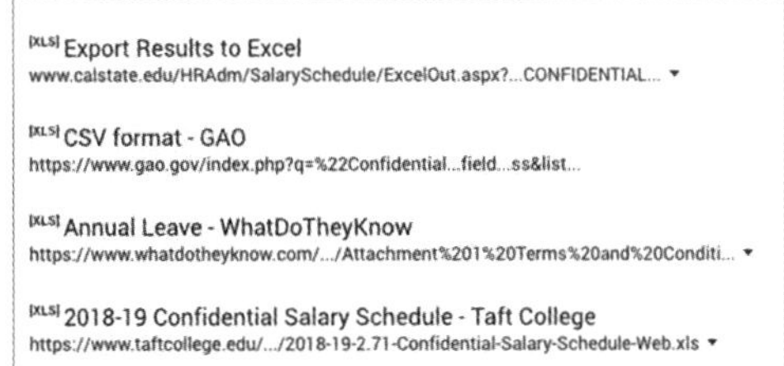

图 8.4　使用 inurl 查找 confidential 关键字的搜索结果

注意，不要忘记端口号。如果想寻找活动的 Plesk 控制面板，可试试如下搜索：

```
inurl:8443 plesk
```

图 8.5 所示为使用 inurl 查找 Plesk 面板的搜索结果。

Plesk Onyx 17.5.3
https://h.media.illinois.edu:8443/ ▾
Plesk Mobile. For a better experience, we recommend you to install the Plesk Mobile application. Install Now No, thanks. Plesk Onyx 17.5.3. Username.

Plesk Onyx 17.5.3
https://istanbulmorini.com:8443/login_up.php?success_redirect...com%3A8443%2F
Plesk Onyx 17.5.3. Username. Password. Interface language. Default, ENGLISH (United States), العربية. Forgot your password? Log in.

图 8.5　使用 inurl 查找 Plesk 面板的搜索结果

8. cache

“cache:”运算符是一个重要的运算符，因为它可以在 Google 的缓存中搜索页面。由于页面和站点经常更新，有时可能需要查找已删除的页面或文件，代码如下：

```
Cache:domain.com search term
```

搜索 Google 档案和 Wayback（archive.org）将在第 10 章中更详细地讨论。

9. allinurl

与“allintitle:”类似，“allinurl:”运算符会将结果限制为 URL，且它们必须包含搜索查询中指定的所有关键词。例如，allinurl: foo bar private 将返回 URL 中包含“foo”、“bar”和“private”的结果。需要注意的是，“allinurl:”将忽略标点符号，因此“allinurl:foo/bar”将忽略“/”并且只返回 URL 中带有“foo”和“bar”的结果。

10. filename

“filename:”与“allinurl:”运算符非常相似，但它更难命中结果。如果用于寻找类似 wp-config.bak 的特定配置备份文件，它将会很有用。

11. intext

“intext:”运算符仅在网页文本中搜索特定单词。这似乎很难得到结果，但也不要遗漏它。该运算符可用于在页面中查找想要的任何文本，如电子邮件地址、全名、PII（个人可识别信息），甚至是管理员登录屏幕中的关键字。

可以使用“intext:”运算符搜索活动的 Plesk 管理面板，代码如下：

```
allintext:Interface language intitle:"Plesk"
```

图 8.6 所示为 intext 操作符的搜索结果。

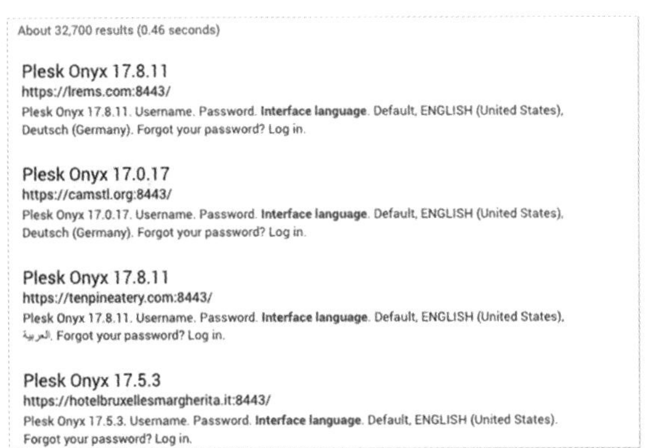

图 8.6　intext 操作符的搜索结果

12. 高级搜索运算符实战

现在，把刚刚学到的知识应用到 DualxCrypt.org 示例上来。鉴于之前的大多数调查行为都未返回结果，也许使用 dorking 技术能够找到一两条有价值的信息。

有时最基本的搜索可以产生最有用的结果。为了说明这一点，通过"intext:"运算符搜索文本中包含 DualxCrypt.org 的网站，代码如下：

```
intext:dualxcrypt.org
```

图 8.7 所示为 Google intext 搜索结果页面。

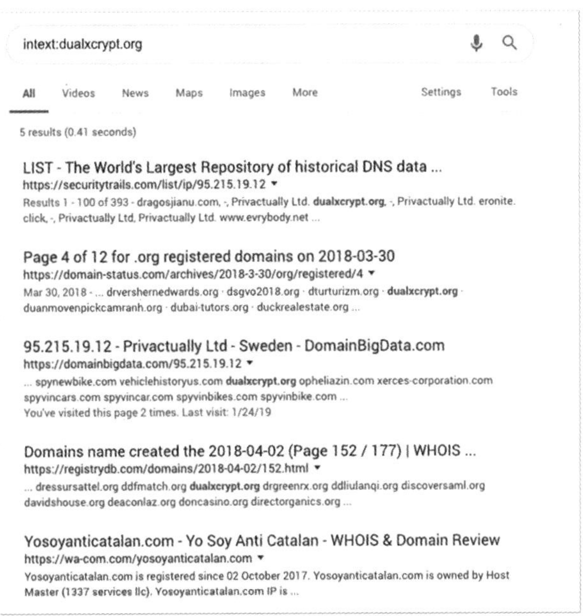

图 8.7　Google intext 搜索结果页面

之所以在第 5 章首次介绍 DualXCrypt.org 时，知道该域名，是因为它在暗网（Dark Web）黑客论坛 KickAss 上被提及。尽管该网站明确声明它隶属于 KickAss，但网站管理员（用户名：NSA）坚持认为 DualXCrypt 不是由他或他的团队构建的。

单击第三个链接，进入 domainbigdata.com 界面。从图 8.8 中可以看到，IP 托管在 Cypher-Net 上。虽然我们进入了死胡同，但这个名字仍然是一个不容忽视的惊人巧合。

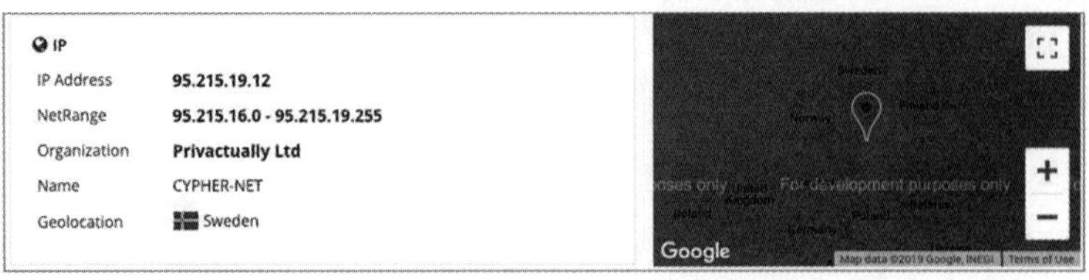

图 8.8 domainbigdata.com 的 IP 托管信息查询

使用与这个 IP 相同地址的其他域名列表如图 8.9 所示。

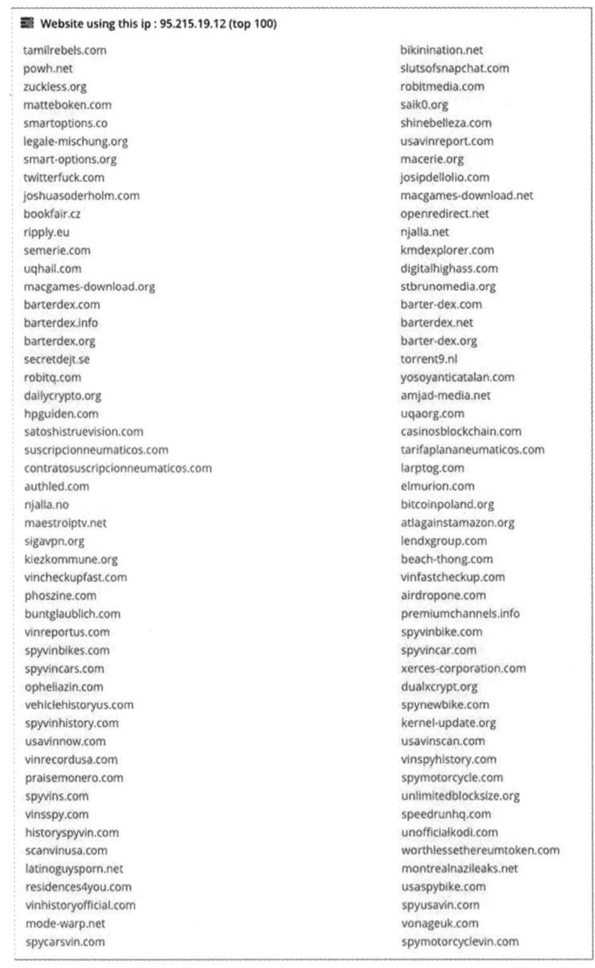

Website using this ip : 95.215.19.12 (top 100)

tamilrebels.com	bikinination.net
powh.net	slutsofsnapchat.com
zuckless.org	robitmedia.com
matteboken.com	saik0.org
smartoptions.co	shinebelleza.com
legale-mischung.org	usavinreport.com
smart-options.org	macerie.org
twitterfuck.com	josipdellolio.com
joshuasoderholm.com	macgames-download.net
bookfair.cz	openredirect.net
ripply.eu	njalla.net
semerie.com	kmdexplorer.com
uqhail.com	digitalhighass.com
macgames-download.org	stbrunomedia.org
barterdex.com	barter-dex.com
barterdex.info	barterdex.net
barterdex.org	barter-dex.org
secretdejt.se	torrent9.nl
robitq.com	yosoyanticatalan.com
dailycrypto.org	amjad-media.net
hpguiden.com	uqaorg.com
satoshistruevision.com	casinosblockchain.com
suscripcionneumaticos.com	tarifaplananeumaticos.com
contratosuscripcionneumaticos.com	larptog.com
authled.com	elmurion.com
njalla.no	bitcoinpoland.org
maestroiptv.net	atlagainstamazon.org
sigavpn.org	lendxgroup.com
kiezkommune.org	beach-thong.com
vincheckupfast.com	vinfastcheckup.com
phoszine.com	airdropone.com
buntglaublich.com	premiumchannels.info
vinreportus.com	spyvinbike.com
spyvinbikes.com	spyvincar.com
spyvincars.com	xerces-corporation.com
opheliazin.com	dualxcrypt.org
vehiclehistoryus.com	spynewbike.com
spyvinhistory.com	kernel-update.org
usavinnow.com	usavinscan.com
vinrecordusa.com	vinspyhistory.com
praisemonero.com	spymotorcycle.com
spyvins.com	unlimitedblocksize.org
vinsspy.com	speedrunhq.com
historyspyvin.com	unofficialkodi.com
scanvinusa.com	worthlessethereumtoken.com
latinoguysporn.net	montrealnazileaks.net
residences4you.com	usaspybike.com
vinhistoryofficial.com	spyusavin.com
mode-warp.net	vonageuk.com
spycarsvin.com	spymotorcyclevin.com

图 8.9 基于相同 IP 地址的其他域名列表

备注

不能忽视恶意威胁行为者在同一 IP 地址上运行多个其他恶意或非法域名的可能性。图 8.9 所示的结果为开展行为归因提供了很多信息，但其中的一些可能会浪费大量时间。

互联网提供了如此多的信息，很容易使调查者陷入永无止境的无用琐碎细节中。在这冗长的列表中，也许只有其中一项能够帮助我们找到威胁行为者的真实身份。

然而在本示例中，它们都不相关。在对 IP 地址进行了一些研究后，我们发现它和 Cypher-Net 都属于一个完全匿名的域名注册公司 Njalla.io。

Njalla.io 也提供匿名网络托管服务，这就解释了为什么这么多恶意网站都在使用该 IP 地址。

13. 不要忘记 Bing 和雅虎

虽然谷歌很棒，但它不是唯一的搜索引擎。Bing 通常会显示谷歌隐藏的搜索结果，雅虎也同样重要。每个站点都有自己的搜索算法，如果将搜索调查限制在单一搜索引擎上，那么可能会错过重要的信息。本章讨论的 dork 能在 Google、Bing 和 Yahoo 中工作。

应当在所有搜索引擎中运行搜索查询，因此需要考虑使用自动化工具在多个搜索引擎中运行 dork。

8.2 自动化高级搜索工具

将 dork 用于网站漏洞自动搜索或开源情报发现过程，不是很好吗？

这正是 Inurlbr 的初衷。

1. Inurlbr

Inurlbr 是很好的自动化 dork 搜索工具，它将自动跨多个搜索引擎（不仅是谷歌）搜索特定 dork 表达式，如图 8.10 所示。Inurlbr 的主要作用是快速找到可利用的站点，但也可以将其用于其他目的，如搜索 TOR、Shodan Exploits、Wikileaks 等。Inurlbr 的下载地址为 https://github.com/googleinurl/SCANNER-INURLBR。

要使用 Inurlbr，需要在 dork 中写明需要查找的信息，它将返回所有命中的网站。这在搜索带有诸如 c99 shell 这类特定漏洞利用程序的站点时非常有用。

Inurlbr 也是一个可利用漏洞的查找器，但本书不会讨论（我们不能公布仍然存在的漏洞）。Inurlbr 的一些很酷的功能如下：

- HTTP 标头和用户代理字符串自定义。
- 随机代理循环。
- 电子邮件和 URL 提取。
- 漏洞验证。
- SQLi、LFI 注入漏洞。
- 根据特定字符串模式（即正则表达式）搜索页面。

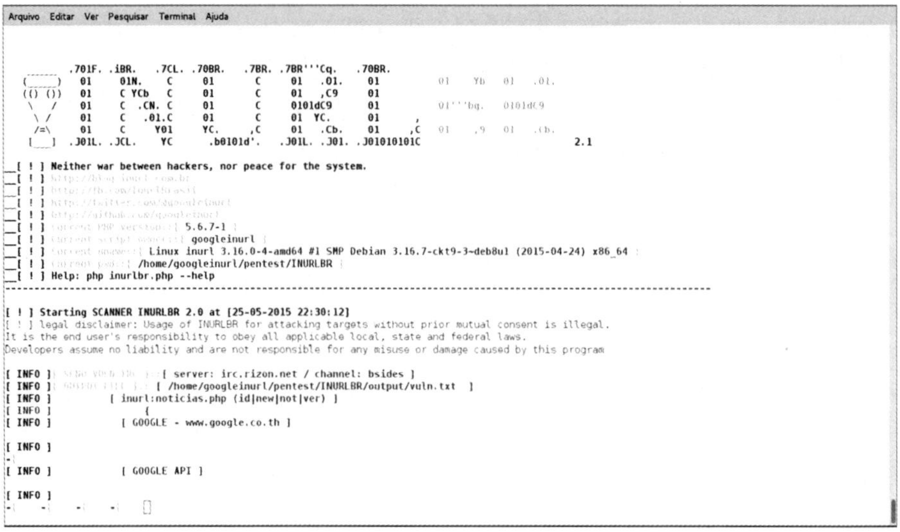

图 8.10　Inurlbr 的启动界面

Inurlbr 的可用选项和参数非常详尽，以下代码展示了其关键参数，大概只列出了实际参数数量的一半，因此，请务必使用--help 选项查看完整列表。

```
    -q  Choose which search engine you want through [1...24] / [e1..6]]: [options]:
            1      - GOOGLE / (CSE) GENERIC RANDOM / API
            2      - BING
            3      - YAHOO BR
            4      - ASK
            5      - HAO123 BR
            6      - GOOGLE (API)
            7      - LYCOS
            8      - UOL BR
            9      - YAHOO US
            10     - SAPO
            11     - DMOZ
            12     - GIGABLAST
            13     - NEVER
            14     - BAIDU BR
            15     - YANDEX
            16     - ZOO
            17     - HOTBOT
            18     - ZHONGSOU
            19     - HKSEARCH
            20     - EZILION
            21     - SOGOU
            22     - DUCK DUCK GO
            23     - BOOROW
```

```
        24    - GOOGLE(CSE) GENERIC RANDOM
----------------------------------------
SPECIAL MOTORS
----------------------------------------
        e1    -TOR FIND
        e2    -ELEPHANT
        e3    -TORSEARCH
        e4    -WIKILEAKS
        e5    -OTN
        e6    -EXPLOITS SHODAN
----------------------------------------

all - All search engines / not special motors

--proxy            Choose which proxy you want to use through the search engine:
--proxy-file       Set font file to randomize your proxy to each search engine.
--time-proxy       Set the time how often the proxy will be exchanged.
--tor-random       Enables the TOR function, each usage links an unique IP.
-t                 Choose the validation type:
--dork             Defines which dork the search engine will use.
--dork-file        Set font file with your search dorks.
-a                 Specify the string that will be used on the search script:
-m                 Enable the search for emails on the urls specified.
-u                 Enables the search for URL lists on the url specified.
--save-as          Save results in a certain place.
--user-agent       Define the user agent used in its request against the target.
--regexp           Using regular expression to validate his research
--replace          Replace values in the target URL.
--cms-check        Enable simple check if the url / target is using CMS.
--sall             Saves all urls found by the scanner.
--ifcode           Valid results based on your return http code.
--delay            Delay between research processes.
--command-all      Use this commmand to specify a single command to EVERY URL
                   found.
```

2. 使用 Inurlbr

Inurlbr 是一个黑帽工具，可用于扫描易于利用的漏洞，但这并不意味着它没有合法用途。

小技巧

如果你是一名想创业或试图获取更多安全经验的从业人员，可以使用此工具来测试易受攻击的企业或组织，在识别出漏洞后就可以立刻通知他们。如果在此过程中他们对你的工作印象深刻，那么就会雇用你来帮助保护他们的系统。

在此之前你必须告诉他们漏洞的详细信息，并关闭它，否则他们可能会将这种行为视为一种勒索。

Inurlbr 是基于 PHP 的，它的运行方式可能与其他 Python 脚本略有不同。要确保已设置好 PHP 环境。下面用一个简单的 dork，仅通过 Bing 来搜索在线 AXIS 网络摄像头，代码如下：

```
php inurlbr.php --dork 'inurl:view/index.shtml' -q 2 -s save.txt
```

Inurlbr 搜索在线 AXIS 网络摄像头的运行结果如图 8.11 所示。

```
__[ ! ] Neither war between hackers, nor peace for the system.
__[ ! ] http://blog.inurl.com.br
__[ ! ] http://fb.com/InurlBrasil
__[ ! ] http://twitter.com/@googleinurl
__[ ! ] http://github.com/googleinurl
__[ ! ] Current PHP version::[ 7.0.32-0ubuntu0.16.04.1 ]
__[ ! ] Current script owner::[ root ]
__[ ! ] Current uname::[ Linux INTEL 4.4.0-139-generic #165-Ubuntu SMP Wed Oct 24 10:58:50 UTC 2018 x86_64 ]
__[ ! ] Current pwd::[ /opt/SCANNER-INURLBR ]
__[ ! ] Help: php inurlbr.php --help
------------------------------------------------------------------------------------------------------------

[ ! ] Starting SCANNER INURLBR 2.1 at [30-01-2019 10:27:07]
[ ! ] legal disclaimer: Usage of INURLBR for attacking targets without prior mutual consent is illegal.
It is the end user's responsibility to obey all applicable local, state and federal laws.
Developers assume no liability and are not responsible for any misuse or damage caused by this program

[ INFO ][ OUTPUT FILE ]:: [ /opt/SCANNER-INURLBR/output/save.txt ]
[ INFO ][ DORK ]::[ inurl:view/index.shtml ]
[ INFO ][ SEARCHING ]:: {
[ INFO ][ ENGINE ]::[ BING ]

[ INFO ][ SEARCHING ]::
-[:::]-[:::]-[:::]-[:::]-[:::]-[:::]-[:::]-[:::]-[:::]-[:::]-[:::]-[:::]-[:::]-[:::]-[:::]-[:::]-[:::]-[:::]-[:::]-[:::]

[ INFO ][ TOTAL FOUND VALUES ]:: [ 164 ]


 _[ - ]::--------------------------------------------------------------------------------------------------
|_[ + ] [ 0 / 164 ]-[10:27:13] [ - ]
|_[ + ] Target:: [ http://www.onlinewebcameras.com/inurl-view-index-shtml-live-webcams/ ]
|_[ + ] Exploit::
|_[ + ] Information Server:: HTTP/1.1 301 Moved Permanently, Server: Microsoft-IIS/8.5  X-Powered-By: PHP/7.1.1, IP:104.193.175.87:80
|_[ + ] More details::  / -  / , ISP:
|_[ + ] Found:: UNIDENTIFIED
```

图 8.11　Inurlbr 搜索在线 AXIS 网络摄像头的运行结果

只用 Bing 就得到了 164 个结果。如果想将搜索扩展到 Bing 以外的范围，那么可使用 -q all 命令。

当深入研究 dork 搜索时，肯定会遇到用于确认访问请求是否由人类发起的图形验证码（CAPTCHA）。不过这一检查可以尝试通过轮换代理来规避。

如果正在寻找可用的 dork 搜索，那么不要忘记之前提到的漏洞利用数据库（https://www.exploit-db.com）。

--proxy 参数允许指定要使用的代理。--proxy-file 将允许基于文件内容替换代理。可以使用--time-proxy 定义的时间间隔来轮换代理。

以下 dork 用于搜索管理类门户面板：

```
php inurlbr.php --dork 'inurl:admin intitle:login' -q all --proxy-file proxy.txt
--time-proxy 1s -s save.txt
```

它将调用所有搜索引擎，使用 proxy.txt 中列出的代理，同时每 1 秒都轮换代理。

Inurlbr 的真正强大之处在于，它能够测试和验证 LFI 和 SQLi 漏洞。这超出了本书的范围，如果对寻找漏洞感兴趣，那么可以进一步了解这个工具。

8.3 小结

本章重点介绍了使用高级搜索引擎查询（即 dork）来查找可能隐藏的信息。这种过程也可用于查找网站中的漏洞，甚至可以查找遗留的文件和子域名。本章明确了应该记住且每天使用的 dork 基本技巧。

下一章将重点介绍域名调查的利器——Whois。

第9章 Whois

接下来的两章将涵盖3个特定主题：Whois、证书透明度和互联网档案（又名Wayback Machine）。同时也将使用3个工具为武器库赋予强大的调查能力。本章重点关注Whois数据的作用。

本章将介绍Whois的背景信息，即它是什么、为什么它很重要，还将介绍Whois数据的不同服务提供商，以及可用于查询和发现历史Whois记录的多种技术。

9.1 Whois简介

如果调查者可以访问到Whois数据，那么就能发现其中将包含大量有关域所有者的有用属性信息。

Whois协议用于查询存储Internet资源（包括域名和IP地址）的各种公开数据库。Whois源自早期在ARPANET NICNAME服务器中使用的Name/Finger协议，这些服务器是互联网的前身——ARPANET的组成部分。

人们可以使用Whois协议查询遍布全球的Whois服务器网络，以获取有关数十亿网站背后域名的任何信息（它们统称为Whois数据）。有大量服务及工具可用于查询Whois记录，这些记录通常包含有关域名的注册人、管理员、技术和计费联系人的信息。

近年来，在域名注册过程中可以通过付费来保护注册人的隐私，使得调查域名的真正所有者变得困难。随着欧盟在2018年《通用数据保护条例》（GDPR）的实施，网络事件调查归因的难度更加凸显：GDPR出台后不久，互联网名称与数字地址分配机构（ICANN）就投票批准了一项临时规范，该规范使与域名相关的大多数个人信息不向公众开放，但允许某些获得ICANN认证的主体查看关于Whois的一个更有限的数据集。

备注

本章将真正体会到“一分钱一分货”这句话的含义。如果所有工具和信息都是完全免费的，那么开源情报搜集将会无比轻松并成果丰硕，但实际情况并不总是如此。调查者可能在花费数小时（或数天）的时间来查看晦涩难懂的海量数据之后，才能找到那些最有效和最有价值的信息。免费还是收费？这是两种不同的方式，你付出的代价将以金钱或者时间来支付。

在 Whois 服务中，最好的数据总是来自那些拥有最长历史档案的数据源。通常情况下，较新的域名将以隐私方式进行注册——特别是那些由网络犯罪分子/威胁行为者购买的域名。这意味着 Whois 查询将很快进入“死胡同”。

多年前注册的较旧的、名称晦涩的域名可能未考虑这项隐私保护预防措施。调查者在回溯时才会明白，这种类型的 Whois 历史数据几乎从来都不是免费的“午餐”。

1. Whois 数据的用途

调查期间查找 Whois 数据可能出于多种原因。最常见的是需要搜集有关涉及欺诈或其他犯罪活动域名的相关信息与最新信息。Whois 可以成为跟踪网络犯罪分子的主要数据来源，特别是在他们重复使用域名注册信息时。

Whois 数据还可用于以下目的：

- 查询注册人的联系方式。
- 查找相互关联的域名、电子邮件和实际地址。
- 追踪空壳公司的身份。
- 研究组织和个人之间的联系。
- 识别域名背后的各方力量。
- 检查名称的存在或可用性（如查找垃圾邮件地址）。

备注

通常情况下，跟踪的目标决不会因为担心未来某天可能成为调查员的猎物，而去深思熟虑地规划每一步的行动。意思是，罪犯一开始并不是罪犯，他们最初的冒险可能从合法（半合法）的行为开始，并最终成走向非法。这意味着在他们还不“那么谨慎”的时期，会留下更多线索指引着调查前进。

攻击者可能拥有一两个专门用于注册域名的电子邮件地址。一旦发现这些电子邮件，通常可以一次性找到他们的所有域名。

2. Whois 历史信息

针对域名搜索 Whois 信息时的关键一步是历史数据的访问。如前所述，该域名也许并非始终处于隐私保护状态，有可能它在注册之后的一小段时间是公开的，但随后切换到隐私状态。在这种情况下，了解真实信息的唯一方法是使用可靠的 Whois 搜索服务。

排名前两位的 Whois 搜索服务是 Whoisology.com 和 DomainTools。

3. 搜索相似域名

在查找 Whois 详细信息之前，需要得到目标域名。可以针对已知域名进行调查，也可以通过查询找到新的目标来扩大调查范围。

1）Namedroppers.com

Namedroppers 是一个域名搜索引擎。它可能是最好的免费工具之一，因为它支持使用通配符搜索查询，这意味着只要域名的任何部分与关键词匹配，都将视为结果并返回。

例如，搜索“vinny”，可能会显示包含单词 Vinny 的任何域名组合，如下：

- Vinny.com。
- Vinny1.io。
- MyCousinVinny.movie。
- VinnyWeGetIt.org。

这个功能很重要。就像之前所提到的，永远不要低估威胁行为者的虚荣心（也可能是缺乏安全意识），尤其是在他们刚刚开展恶意活动的时候，操作安全对他们而言只是一个花哨的概念。

Namedroppers 的搜索能力非常广泛，还具有快速查找与组织相关的域名（包括恶意竞争者或网络钓鱼域名）的额外好处。

Namedroppers 将显示已注册的域名和所有搜索结果的 Whois 信息。它虽然是一项付费服务，但前 50 个结果是免费的。这听起来可能不够，但足以让我们掌握大致的信息。如果在某项调查中需要得到更多的结果信息，花费也不是很贵。

图 9.1 所示为 Namedroppers.com 的初始搜索窗口。执行搜索很容易，只需在框中输入待搜索的关键词。

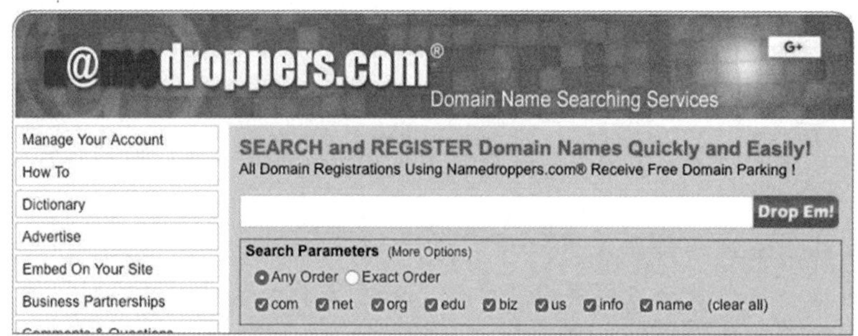

图 9.1　Namedroppers.com 的初始搜索窗口

搜索 USBank 可以得到超过 1000 条记录，如图 9.2 所示。虽然该服务不适用于深入调查，但它在用于查找网络钓鱼的潜在攻击域名方面是一个很好的工具。

2）搜索多个关键词

可以输入多个关键词（如“银行”和“美国”）来执行域名搜索匹配。选择“Any Order”单选按钮，将忽视关键词的顺序，返回与关键词相关的结果；选择“Exact Order”单选按钮，将按照输入关键词的严格顺序进行筛选并返回结果，如图 9.3 所示。

为了说明这一点，选择“Any Order”单选按钮，然后搜索“america bank”，返回的结果如图 9.4 所示。

Registered Domain Names

Matched **over 1,000** domain names out of **170,709,443** active records!

1. [WHOIS] usbank.biz
2. [WHOIS] usbank.com
3. [WHOIS] usbank.info
4. [WHOIS] usbank.net
5. [WHOIS] usbank.org
6. [WHOIS] usbank.us
7. [WHOIS] 1usbank.com
8. [WHOIS] 1800usbank.com
9. [WHOIS] 1stusbank.com
10. [WHOIS] 1stusbank.info
11. [WHOIS] 1stusbank.net
12. [WHOIS] 1stusbank.org
13. [WHOIS] 2usbank.com
14. [WHOIS] 4usbank.com
15. [WHOIS] 50plusbank.com
16. [WHOIS] ausbank.com
17. [WHOIS] ausbank.net
18. [WHOIS] ausbank.org
19. [WHOIS] abacusbank.com
20. [WHOIS] abacusbank.info
21. [WHOIS] abakusbank.biz
22. [WHOIS] abakusbank.com
23. [WHOIS] abakusbank.info
24. [WHOIS] abakusbank.net
25. [WHOIS] abakusbank.org
26. [WHOIS] abakusbank.us
27. [WHOIS] abplusbank.com
28. [WHOIS] abplusbank.info
29. [WHOIS] abplusbank.net
30. [WHOIS] abplusbank.org
31. [WHOIS] accessusbank.com
32. [WHOIS] actiusbank.com
33. [WHOIS] active-busbank.com
34. [WHOIS] aengusbank.com
35. [WHOIS] airbusbank.com
36. [WHOIS] airbusbank.net
37. [WHOIS] akusbank.com
38. [WHOIS] al-andalusbank.biz
39. [WHOIS] al-andalusbank.com
40. [WHOIS] al-andalusbank.org
41. [WHOIS] alandalusbank.biz
42. [WHOIS] alandalusbank.com
43. [WHOIS] alandalusbank.org
44. [WHOIS] alandalousbank.biz
45. [WHOIS] alandalousbank.com
46. [WHOIS] alandalousbank.org
47. [WHOIS] alerts-usbank.com
48. [WHOIS] aliusbank.com
49. [WHOIS] aliusbank.info
50. [WHOIS] aliusbank.net

图 9.2　搜索 USBank 得到的类似域名搜索结果

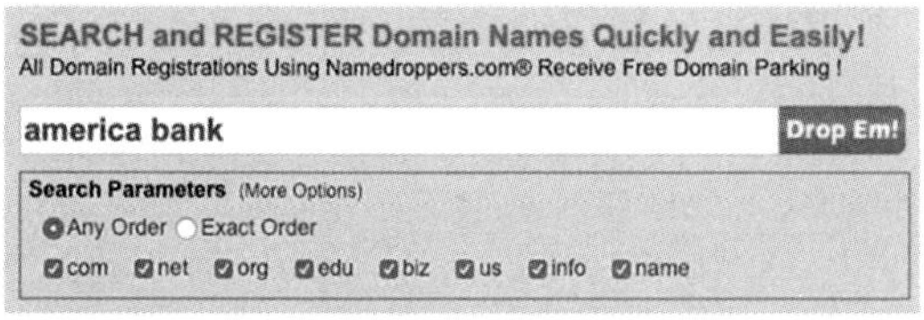

SEARCH and REGISTER Domain Names Quickly and Easily!
All Domain Registrations Using Namedroppers.com® Receive Free Domain Parking !
america bank　Drop Em!
Search Parameters (More Options)
Any Order　Exact Order
com　net　org　edu　biz　us　info　name

图 9.3　以“任意顺序”搜索多个关键字窗口

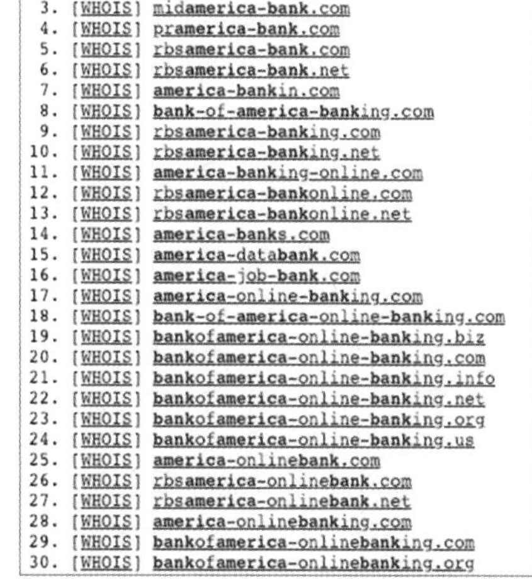

1. [WHOIS] bankofamericabankofamerica.com
2. [WHOIS] america-bank.com
3. [WHOIS] midamerica-bank.com
4. [WHOIS] pramerica-bank.com
5. [WHOIS] rbsamerica-bank.com
6. [WHOIS] rbsamerica-bank.net
7. [WHOIS] america-bankin.com
8. [WHOIS] bank-of-america-banking.com
9. [WHOIS] rbsamerica-banking.com
10. [WHOIS] rbsamerica-banking.net
11. [WHOIS] america-banking-online.com
12. [WHOIS] rbsamerica-bankonline.com
13. [WHOIS] rbsamerica-bankonline.net
14. [WHOIS] america-banks.com
15. [WHOIS] america-databank.com
16. [WHOIS] america-job-bank.com
17. [WHOIS] america-online-banking.com
18. [WHOIS] bank-of-america-online-banking.com
19. [WHOIS] bankofamerica-online-banking.biz
20. [WHOIS] bankofamerica-online-banking.com
21. [WHOIS] bankofamerica-online-banking.info
22. [WHOIS] bankofamerica-online-banking.net
23. [WHOIS] bankofamerica-online-banking.org
24. [WHOIS] bankofamerica-online-banking.us
25. [WHOIS] america-onlinebank.com
26. [WHOIS] rbsamerica-onlinebank.com
27. [WHOIS] rbsamerica-onlinebank.net
28. [WHOIS] america-onlinebanking.com
29. [WHOIS] bankofamerica-onlinebanking.com
30. [WHOIS] bankofamerica-onlinebanking.org

图 9.4　以“任意顺序”搜索的返回结果

当使用“Exact Order”选项运行相同的搜索时，可以看到结果有明显的不同，如图 9.5 所示。

在后面的结果中，可以看到搜索词的顺序被保留了，因此，使用“Exact Order”将显著影响结果数量。得到的结果有助于描绘出潜在网络钓鱼网站、竞争对手和打算窃取 IP 地址的恶意网站的概要图。

```
 1. [WHOIS] 1bankofamerica.com
 2. [WHOIS] 2bankofamerica.com
 3. [WHOIS] 420bankofamerica.com
 4. [WHOIS] aaabankofamerica.com
 5. [WHOIS] abankamerica.com
 6. [WHOIS] abankofamerica.com
 7. [WHOIS] aboutbankofamerica.biz
 8. [WHOIS] aboutbankofamerica.info
 9. [WHOIS] aboutbankofamerica.us
10. [WHOIS] abuseatbankofamerica.com
11. [WHOIS] abusebankofamerica.com
12. [WHOIS] adminbankofamerica.com
13. [WHOIS] affinitybankofamerica.com
14. [WHOIS] airportbankamerica.com
15. [WHOIS] albankofamerica.com
16. [WHOIS] alert-bankofamerica.com
17. [WHOIS] alerts-bankofamerica.com
18. [WHOIS] allstatebankofamerica.com
19. [WHOIS] altcoinbankamerica.com
20. [WHOIS] altcoinbankofamerica.com
21. [WHOIS] aluminumcanbankofamerica.com
22. [WHOIS] anti-bankofamerica.biz
23. [WHOIS] anti-bankofamerica.info
24. [WHOIS] anti-bankofamerica.us
25. [WHOIS] antibankofamerica.com
26. [WHOIS] autobankamerica.com
27. [WHOIS] babankkofamerica.com
28. [WHOIS] babankofamerica.com
29. [WHOIS] badbankofamerica.com
30. [WHOIS] banbankofamerica.com
```

图 9.5　多个关键字搜索的返回结果（使用 Exact Order）

3）高级搜索

NameDroppers.com 允许通过设置高级搜索参数来筛选搜索结果，如图 9.6 所示。

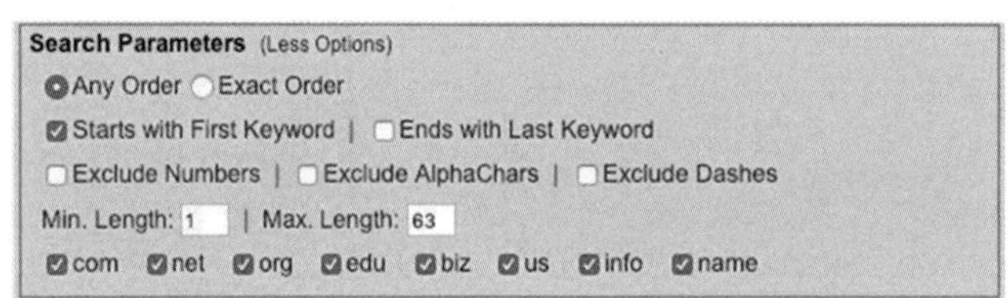

图 9.6　NameDroppcrs.com 搜索参数的设置

使用高级搜索选项时，选择“Starts with First Keyword”复选框将只显示以搜索词开头的域名。选择“Ends with Last Keyword”复选框将只显示以搜索词结尾的域名，如图 9.7 所示。

高级搜索还可以排除数字、破折号和字母等字符，设置最小和最大长度，仅显示基于域名扩展的搜索等。

4）寻找威胁行为者

下面介绍针对威胁行为者的另类调查方法。威胁行为者在行为的萌芽期可能怀抱着成为世界上最伟大和最广为人知的黑客的梦想，他们的虚荣心（或得到认同的渴望）将是后续一个章节讨论的主题。

调查目标有可能已经用他们的黑客名注册了域名（如 zerocool.com）。搜索目标的黑客名并查看类似的域名是否已被注册，通常是个好办法。

用黑客名“Cyper”进行测试，结果如图 9.8 所示。

```
1. [WHOIS] bankofamerica.biz
2. [WHOIS] bankofamerica.com
3. [WHOIS] bankofamerica.info
4. [WHOIS] bankofamerica.net
5. [WHOIS] bankofamerica.org
6. [WHOIS] bankofamerica.us
7. [WHOIS] bankofamericabankofamerica.com
8. [WHOIS] bankofamerica-ag.com
9. [WHOIS] bankofamerica-alerts.com
10. [WHOIS] bankofamerica-application.com
11. [WHOIS] bankofamerica-associate.com
12. [WHOIS] bankofamerica-bacontinuum.com
13. [WHOIS] bankofamerica-berlin.com
14. [WHOIS] bankofamerica-billing.com
15. [WHOIS] bankofamerica-bofa.com
16. [WHOIS] bankofamerica-business24-7.com
17. [WHOIS] bankofamerica-cards.com
18. [WHOIS] bankofamerica-com.com
19. [WHOIS] bankofamerica-com-activate.com
20. [WHOIS] bankofamerica-com-update-2015.com
21. [WHOIS] bankofamerica-comfund.biz
22. [WHOIS] bankofamerica-comfund.com
23. [WHOIS] bankofamerica-comfund.info
24. [WHOIS] bankofamerica-comfund.us
25. [WHOIS] bankofamerica-coms.info
26. [WHOIS] bankofamerica-confirm.com
27. [WHOIS] bankofamerica-confirm.info
28. [WHOIS] bankofamerica-confirm.net
29. [WHOIS] bankofamerica-confirm.org
30. [WHOIS] bankofamerica-continuum.com
```

图 9.7　使用高级搜索选项的搜索结果

```
Matched 717 domain names out of 170,709,443 active records!

1. [WHOIS] cyper.com
2. [WHOIS] cyper.net
3. [WHOIS] cyper.org
4. [WHOIS] cyper.us
5. [WHOIS] blockcyper.com
6. [WHOIS] hardcorecyper.com
7. [WHOIS] lustyhardcorecyper.com
8. [WHOIS] lustylatincyper.com
9. [WHOIS] persianascyper.com
10. [WHOIS] scyper.com
11. [WHOIS] shopcyper.com
12. [WHOIS] threadcyper.com
13. [WHOIS] ventanascyper.com
14. [WHOIS] cyper-demo.com
15. [WHOIS] cyper-digital.com
16. [WHOIS] cyper-digital.info
17. [WHOIS] cyper-digital.net
18. [WHOIS] cyper-german.com
19. [WHOIS] cyper-hip.net
20. [WHOIS] cyper-hr.com
21. [WHOIS] cyper-hub.net
22. [WHOIS] cyper-meal.com
23. [WHOIS] cyper-monday.com
24. [WHOIS] cyper-sa.com
25. [WHOIS] cyper-space.com
26. [WHOIS] cyper-stuhl.com
27. [WHOIS] cyper-wp.com
28. [WHOIS] cyper78.net
29. [WHOIS] cypera.com
30. [WHOIS] kucypera.com
```

图 9.8　使用“Cyper”进行域名测试得到的结果

有很多潜在的域名值得我们去探索。单击每个域名前面的“Whois”按钮，将跳转到 GoDaddy 站点以执行 Whois 查找。

虽然这些信息可能没什么用，但最好每次都将相似域名作为首要搜索选项。根据调查目标的不同，有时简单的搜索就足够了。域名通常会启用隐私，调查者将会看到如下内容：

```
Admin Name: Registration Private
Admin Organization: Domains By Proxy, LLC
Admin Street: DomainsByProxy.com
```

这是在标准 Whois 搜索中可能会看到的响应类型。绝大多数个人域名都启用了隐私保护，如果属于威胁行为者的域名没有启用隐私，那么我反倒会非常惊讶。

9.2　Whoisology

Whoisology（网址为 www.whoisology.com）是一个专注于网络犯罪调查、企业情报和法律研究的域名所有者档案库。简单来说，Whoisology 提供有关域名注册历史详细信息的服务。

图 9.9 所示为 Whoisology 的搜索起始页面。

让我们从调查 TheDarkOverlord.com 的所有者开始。尽管找到有用信息的可能性很小，但仍然值得尝试。图 9.10 所示为 Whoisology 针对 TheDarkOverlord.com 的域名搜索结果。

More Than **Reverse Whois** Lookups

***Deep Connections** Between Domain Names & Their Owners*

Domain, Email, or Keyword | Search Whoisology

Expanded Advanced Keyword Bulk

图 9.9 Whoisology 的搜索起始页面

thedarkoverlord.com

This is Whoisology's most current historical whois lookup for the domain name thedarkoverlord.com. Click any of the records below (address, phone, email, etc) to perform a reverse lookup.

Admin Contact

The Admin Contact is the person or organization who controls the domain.

Name	Admin Email: Select Contact Domain Holder link at https://www.godaddy.com/whois/results.aspx?domain=THEDARKOVERLORD.COM (1) Changes: +0 ccTLD: 0
Org.	-
Email	-
Street	-
Street 2	-
City	-
Region	-
Zip / Post	-
Country	UNITED STATES (66,437,810) Changes: +17,481,649 ccTLD: 949,140

Other Details

These are technical details & related, connected to the domain.

Registrar Name	GoDaddy.com, LLC(53,874,367) Changes: +5,497,244 ccTLD: 1,069,642
Created Date	2009-03-11(17,701) Changes: +936 ccTLD: 7,047
Whois Servers	whois.godaddy.com(55,166,630) Changes: +4,328,362 ccTLD: 1,269,870
Updated Date	2013-08-13(791) Changes: -1,021 ccTLD: 567
Expires Date	2019-03-11(371,511) Changes: +23,016 ccTLD: 97,622
Name Servers	NS1.KNOWNHOST.COM(36) Changes: +1 ccTLD: 1 NS2.KNOWNHOST.COM(33) Changes: +2 ccTLD: 1
Archive Date	2018-10-30

图 9.10 Whoisology 针对 TheDarkOverlord.com 的域名搜索结果

当前的 Whois 数据显示域名受到保护，这就是提供历史 Whois 信息的网站的魅力所在，它可以使调查追溯到几年之前，从而帮助还原域名所有者的归属情况。图 9.11 所示为 TheDarkOverlord.com 域名可用的历史选项。

Historic Whois Lookups
December 2018*
September 2018
June 2018
March 2018
September 2017
June 2017
March 2017
December 2016
September 2016
June 2016
April 2016
December 2015
August 2015
April 2015
December 2014
August 2014
April 2014
December 2013
August 2013
April 2013
December 2012
* Indicates the archive you are currently viewing

图 9.11 TheDarkOverlord.com 域名可用的历史选项

在 2016 年的结果中，可以立即找到域名所有者，如图 9.12 所示。

Admin Contact

The Admin Contact is the person or organization who controls the domain.

Name	RANDY BENCE (1) Changes: +0 ccTLD: 0
Org.	-
Email	rtb_126@yahoo.com (1) Changes: +0 ccTLD: 0
Street	1443 Winterberry Drive (1) Changes: +0 ccTLD: 0
Street 2	-
City	Murfreesboro (20,539) Changes: +238 ccTLD: 5
Region	Tennessee (521,138) Changes: +4,345 ccTLD: 174
Zip / Post	37130 (5,930) Changes: -66 ccTLD: 20
Country	UNITED STATES (80,130,594) Changes: +78,398,390 ccTLD: 949,140
Phone	9012171768 (1) Changes: +0 ccTLD: 0

图 9.12　从 TheDarkOverlord.com 搜索结果某个快照中还原的信息

备注

重要提示：我们并不认为 www.thedarkoverlord.com 与实际的黑客组织有任何关系，只是以它为例。

为了说明服务之间的差异，针对安全研究员网站 WhitePacket.com 再次执行 Whois 查询。图 9.13 所示为首次查询结果。

Registrant Contact

The Registrant Contact is the person or organization who legally owns the domain.

Name	Whois Agent (1,368,172) Changes: +136,347 ccTLD: 724
Org.	Domain Protection Services, Inc. (851,296) Changes: +210,091 ccTLD: 22,622
Email	-
Street	PO Box 1769 (615,113) Changes: +74,995 ccTLD: 712
Street 2	-
City	Denver (5,153,219) Changes: +515,793 ccTLD: 789
Region	CO (5,670,454) Changes: +677,329 ccTLD: 38,891
Zip / Post	80201 (615,402) Changes: +74,963 ccTLD: 518
Country	UNITED STATES (79,652,200) Changes: +12,618,758 ccTLD: 6,029,326
Phone	17208009072 (615,032) Changes: +75,008 ccTLD: 713
Fax	17209758725 (615,025) Changes: +75,006 ccTLD: 700

Connected Domains

No data available for comparison.

图 9.13　针对 WhitePacket.com 的 Whois 首次查询结果

查询结果受到保护，并且没有与之相关的域名。这对于 Whois 的简单查询来说是可以预料的，因为我们并未访问历史数据。使用 Whoisology，可以使用“Historic Whois Lookups”菜单对过去进行追溯。

从图 9.14 所示的历史记录结果可以看到，Whois 记录可以追溯到 2012 年 12 月，稍后我们将深入挖掘这些历史数据。从目前来看，在历史归因方面调查者还是有不少办法的。

Historic Whois Lookups

December 2018*	September 2018
June 2018	March 2018
December 2017	September 2017
June 2017	March 2017
December 2016	September 2016
June 2016	April 2016
December 2015	August 2013
April 2013	December 2012

* Indicates the archive you are currently viewing

图 9.14 历史记录查询结果

1. 高级域名搜索

Whoisology 有一个类似于 Namedroppers.com 的高级搜索功能，可以在其中搜索域名中包含的任何子字符串。

调查者可以使用这一高级搜索功能，使用“多个过滤器筛选海量数据”来找到“位于上亿个干草堆中的数字针头”。

对“cyper”执行快速高级搜索，会返回一系列可供进一步调查的结果，如图 9.15 所示。

Archive: December 2018
Must Contain - Anywhere - cyper

policyperformance.com	cyper-meal.top	stacyperaltaz-boy.com
policyperiscope.com	mercyperformance.com	macyperf.com
lucyperedatv.com	bellcypertseale.com	slateagencypermitting.com
lucyperes.com	cypermilftown.com	privacyperiod.com
residencypermits.com	cypertspace.com	lucyperry.com
residencypersonalstatements.com	cypernfastigheter.com	darcyperkins.com
scyper.com	cyperformingarts.com	webagencyperugia.com
cypercom.work	cyperol.com	cyperslaw.com
ucyper.men	askcypert.com	cyperis.com
agencyperiscope.com	mitnordcypern.com	legacypersonnel.com
billcypertformayor.com	persistencyperformancett.com	legacyperformancecoaching.com
cyperpt.org	pharmacyperu.com	councilwomankeelcyperez.com
cyper.org	stacyperaltafilms.com	cryptocurrencyperformance.com
cyperusmedia.org	stacyperry.com	macropolicyperspectives.com
digitalagencyperth.org	stacyperman.com	juicylucyperfume.com

1 2 3 4 5 6 7 8 9 > Download Results

图 9.15 针对“cyper”的高级搜索执行结果

备注

不幸的是，这些域名都没有用。我们在这里使用“cyper”作为威胁行为者的搜索参数来保持与前文的一致性，同时这也再次印证了并非每个搜索或工具都会产生有用的结果。如果每次搜索都能让我们发现有用信息，这种情形在现实中发生的可能性有多大？在这个例子中，我们可以根据得到的域名判断它们将会有什么用处。

2. 物有所值？当然

Whoisology 是一项出色的服务，它为访问多年以前的域名历史提供了一种经济实惠的选择。Whoisology 还能够与之前讨论的许多工具（如 Intrigue.io、SpiderFoot 等）通过丰富的 API 进行连接。如果正在寻找经济实惠的域名查询服务（如不想支付月租），或希望获取能够与现有工具轻松集成以最快得到结果的方法，Whoisology 可能是较好的选择。它以“计件”方式工作，每份域名报告收费 5 美元，调查者可以只购买需要的部分而无须按月支付。同时，这在使用 Intrigue 等工具时非常便捷——可以根据需要购买及使用。

9.3 DomainTools

在愿意付费的情形下，DomainTools（DT）可以成为域名服务的“一站式”商店。常言道，伟大的工具可以成为人们的“第三只手臂”，DT 就是其中之一。如果要对本书中讨论的工具按重要性和必要性进行排序，DomainTools 绝对可以进入前 3 名。

1. 域名搜索

DomainTools 提供了基于多种关键字域名搜索的增强版本。此外，它会提示该域名是否已注册。图 9.16 所示为 DomainTools 域名搜索的初始屏幕。

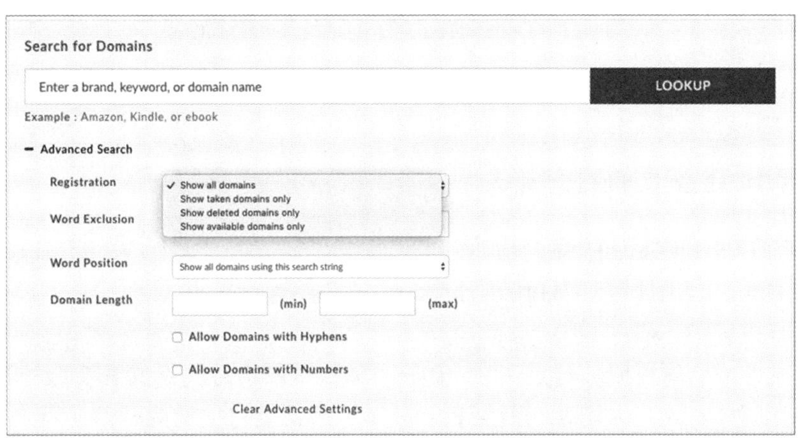

图 9.16 DomainTools 的初始屏幕

2. 批量 Whois

批量 Whois 解析功能可以通过文本窗口输入域名列表，随后自动生成并下载包含关于这些域名带有 Whois 解析记录的 CSV 文件。一次最多可以输入 2000 个域名，并且可以进行连续的迭代查询，直至达到每月的查询限制额度。

3. 反向 IP 地址查找

拥有一个反向 IP 地址查找工具非常重要，这可以节省去其他地方调查的时间。在这方面，DomainTools 的历史记录可以实现使用其他工具无法达到的效果。例如，查找 192.241.180.214，如图 9.17 所示。

图 9.17　DomainTools 的 IP 地址反向查找界面

从图 9.18 所示的结果中看到，有数个域名在该 IP 地址上处于活动状态。这在调查威胁行为者时是一个巨大的发现，因为威胁行为者很有可能在同一服务器/IP 地址上托管多个站点。

Reverse IP Lookup Results – 6 domains hosted on IP address 192.241.180.214

Download 6 results as .CSV

	Domain	View Whois Record	Screenshots
1.	curvve.com		
2.	curvve.net		
3.	curvverecordings.com		
4.	nightlion.net		
5.	nightlionsecurity.com		
6.	vinnytroia.com		

图 9.18　DomainTools 的 IP 地址反向查找结果

单击“View Whois Record”选项以查看该账户的 Whois 记录。

4. 用 Whois 记录来提升能力

为了说明 DomainTools 的强大功能，可以用它来研究安全同行 WhitePacket 网站。图 9.19 所示为 DomainTools 针对 WhitePacket.com 的初始查询结果。

图中有几点值得一提：

（1）网站的域名解析服务器是 Cloudflare。如果试图追踪网站的真实服务器，可能会走入巨大的死胡同。因为人们（和网络犯罪分子）通常会将他们的网站隐藏在 Cloudflare 的 DNS 后面。我们将在下一章中研究解决此问题的方法。

（2）DomainTools 拥有该域名自 2006 年以来的 67 次域名 Whois 历史更新档案，而 Whoisology 仅可追溯到 2012 年。

（3）在过去的 15 年中，有 34 个独立 IP 地址与该域名相关联。在调查进行过程中，为了跟踪 IP 地址的实际位置，找到域名托管服务提供商或服务器很重要。

图 9.20 所示为信息快照与扩展搜索，DomainTools 页面提供了扩展搜索的途径，我们可以通过单击界面右侧的倒三角按钮，进行更加深入的调查。

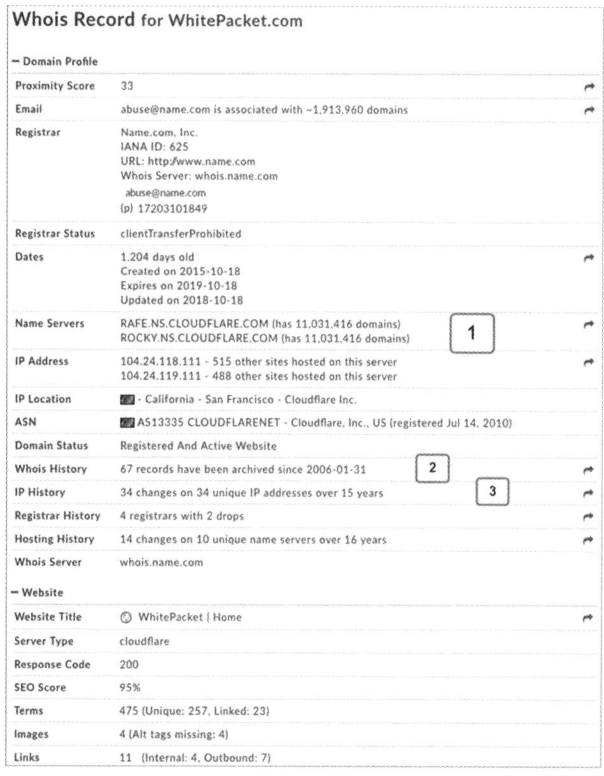

图 9.19　DomainTools 针对 WhitePacket.com 的初始查询结果

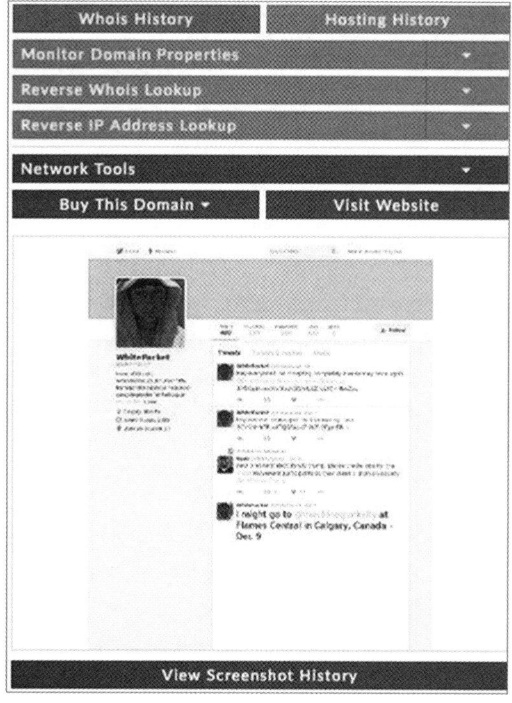

图 9.20　信息快照与扩展搜索

另外，可以看到 DomainTools 提供了域名相关网站的历史截图。当通过 Whois 历史档案跟踪不同的域名所有者时，这一点非常有用。不同的域名拥有者会建立不同的网站，而不同的网站会提供不同的线索。

这可以节省大量时间，因为不必在 Wayback/Archive.org 中费力进行调查了。

5. Whois 历史记录

查看 WhitePacket.com 的 Whois 历史记录，通过图 9.21 中显示的小眼睛标记可以看到域名的注册信息于 2015 年 10 月 18 日变为隐私状态。这就是域名历史数据对于调查而言具有非凡意义的原因：域名在变为隐私状态之前，其注册所有者归属信息可能为调查者带来巨大的发现，接下来所需的工作就是尽可能向前回溯以尝试确定域名的所有者。当然，如果回溯失败了，也可以使用其他策略来识别网站所有者。

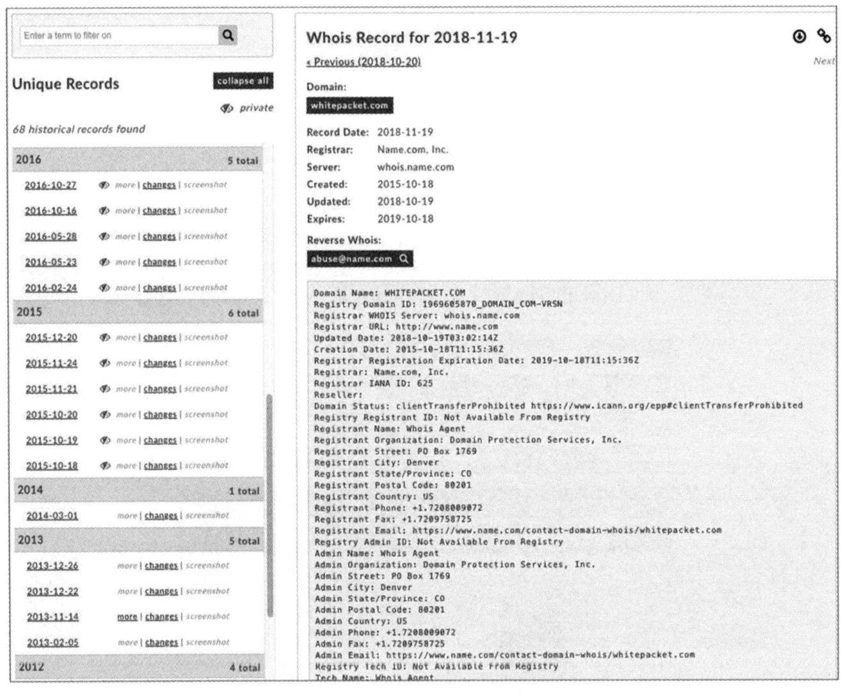

图 9.21 DomainTools 的 Whois 历史记录查询结果

6. 截图的力量

假设只对 2005 年左右 WhitePacket.com 的域名信息感兴趣，在此案例中可以通过 DomainTools 找到当年的注册信息，在域名状态成为隐私保护之后，我们就无能为力了。

这就是为什么查看站点的历史数据是值得的，因为你永远不知道会在档案中找到什么样的线索。DomainTools 可以提供站点屏幕截图，因此无须进行任何更多的挖掘。一图胜千言，页面的右下角显示了 2005 年 6 月 9 日网站所有者的名字和姓氏信息，如图 9.22 所示。

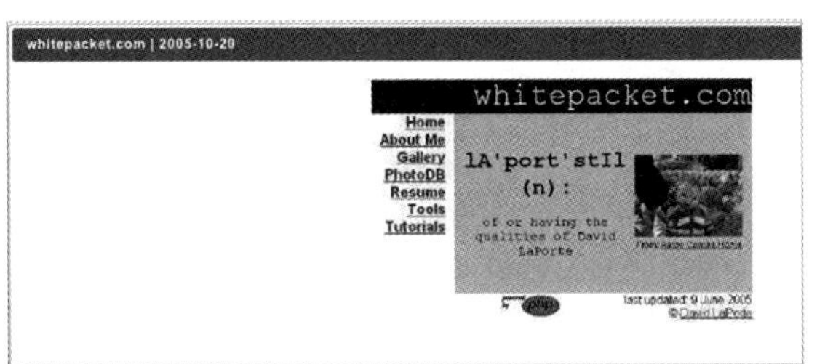

图 9.22　2005 年 6 月 9 日 WhitePacket.com 站点的屏幕截图

这就是为什么互联网时光机（Archive.org）是调查的关键工具（我们将在下一章更深入地介绍）。

7. 深入了解 Whois 历史记录

上一节的截图是一个非常走运的例子，一般情况下调查者很难找到如此明显的答案——网站所有者的名字就直接写在上面。通过回顾域名的历史 Whois 数据，可以获得很多非常有用的信息。下面继续探索 WhitePacket.com 来了解原因。

在前面的示例中，我们看到大多数 Whois 记录都被隐私保护策略阻止，如图 9.23 所示。

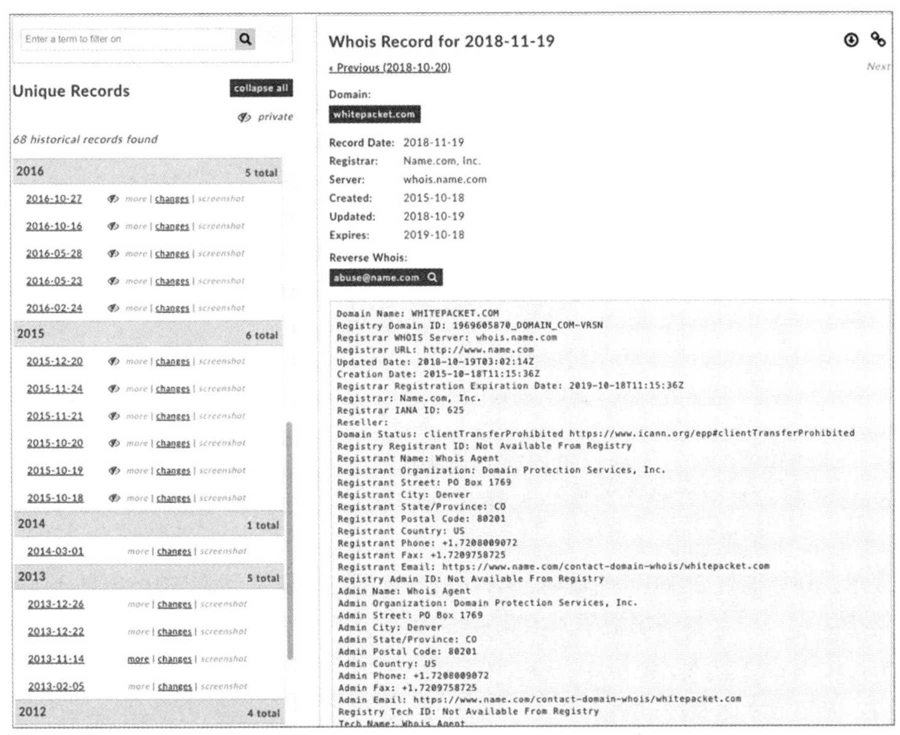

图 9.23　在 Whois 历史记录查询结果中，多数记录都处于隐私保护状态

查看历史列表，可以看到该域名最后一次公开的注册数据是在 2014 年 3 月 1 日提供的，如图 9.24 所示。

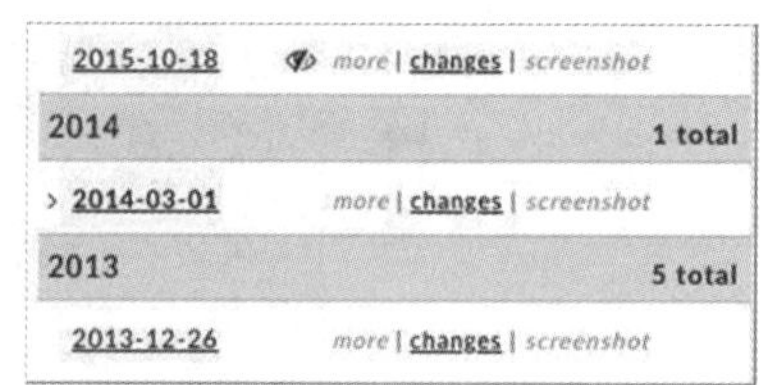

图 9.24　回溯 WhitePacket.com 的域名注册公开数据

备注

示例中的所有姓名、地址、电话号码和电子邮件都已做了处理。如果你在家中尝试，得到的结果可能会有所不同。

从图 9.24 中可以看到，域名从 2014 年 3 月 1 日公开信息到 2015 年 10 月 18 日进行隐私保护之间存在巨大的时间差（一年多）。这表明域名所有权可能发生了变化，原因是之前的所有权已经失效（即域名过期）。这是可以（并且应该）确认的。

点击 2014 年的域名查询结果。图 9.25 所示为 2014 年 WhitePacket.com 的所有者信息，该域名归英国伦敦韦斯特伯里法院 178 号的 Johnny Framperson 所有。

```
Domain Name: WHITEPACKET.COM
Registry Domain ID:
Registrar WHOIS Server: whois.freeparking.co.uk
Registrar URL:
Updated Date: 05-Feb-2014
Creation Date: 25-Dec-2011
Registrar Registration Expiration Date: 25-Dec-2013
Registrar: Freeparking Domain Registrars Inc
Registrar IANA ID: 837
Registrar Abuse Contact Email:
Registrar Abuse Contact Phone:
Domain Status: REDEMPTIONPERIOD
Registry Registrant ID: DI_20004243
Registrant Name: Domain Contact (428946)
Registrant Organization: Johnny Framperson
Registrant Street: 178 Westbury Court
Registrant City: London
Registrant State/Province: England
Registrant Postal Code: EH16 6RU
Registrant Country: GB
Registrant Phone: +44.3456789123
Registrant Phone Ext:
Registrant Fax:
Registrant Fax Ext:
Registrant Email: johnnyboy@fakemail.com
Registry Admin ID: DI_20004244
```

图 9.25　2014 年 WhitePacket.com 的所有者信息

查看“Domain Status”字段，可以看到该域处于“REDEMPTIONPERIOD”状态，这表明 Johnny 希望该域名在这个时间点过期，同时也说明 WhitePacket.com 的当前所有者可能与 2014 年的所有者不同。

从技术上讲，也许 2014 年的域名所有者会让域名过期，之后在 2015 年通过隐私保护方法重新购买它，但这种情况似乎不太可能发生。

其实，让域名过期然后使用隐私保护再次购买的情况也不罕见。也许这个威胁行为者非常聪明，他知道未来将要把域名用于恶意目的，同时预料到域名会受到执法部门的网络调查。虽然这种情况同样不大可能发生，但也说不清楚。

8. 反向 Whois

现在有几条可以追溯到 2014 年的关于 WhitePacket.com 所有者的新信息，这就是反向

Whois 搜索可以发挥作用的地方。反向 Whois 搜索引擎允许通过搜索人的姓名、公司电话号码、实际地址或电子邮件地址来查找相关域名（这就是反向的含义）。搜索结果是一个域名列表，这些域名在其 Whois 记录中的某处包含了搜索词。图 9.26 所示为 DomainTools 的反向 Whois 搜索框。

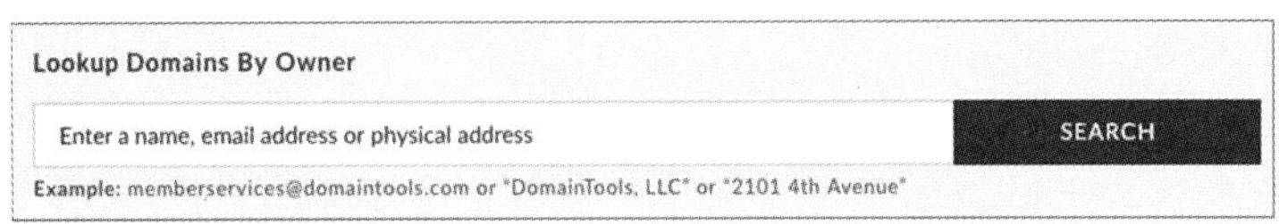

图 9.26　DomainTools 的反向 Whois 搜索框

看看能否找到新目标 Johnny Framperson 拥有的任何其他域名。图 9.27 所示为在“所有单词”选项中包含 Johnny 和 Framperson 的 DomainTools 的反向 Whois 查询结果。

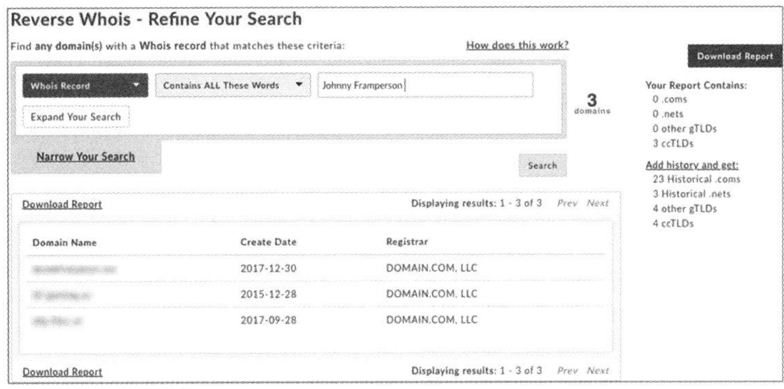

图 9.27　DomainTools 的反向 Whois 查询结果

结果返回了 3 个域名（这里做了模糊处理），这些域名也归 Framperson 所有。查询的结果显示了此人拥有的与搜索词匹配的所有活跃域名。

注意图 9.27 右边的“Add history and get”链接，将显示此人曾经拥有的所有域名。图 9.28 所示为单击该链接后得到的新结果。

Whois Record　Contains ALL These Words　Johnny Framperson　37 domains

Expand Your Search

Narrow Your Search　Search

Download Report　Displaying results: 1 - 37 of 37　Prev　Next

Domain Name	Create Date	Registrar
[illegible]	2005-12-01	webfusion ltd.
[illegible]	2005-12-01	webfusion ltd.
[illegible]	2003-07-22	123-REG LIMITED
[illegible]	2010-03-03	fastdomain inc. (r1455-lror)
[illegible]	2010-04-14	enom, inc.
[illegible]	2014-07-10	DOMAIN.COM, LLC
[illegible]	2017-12-30	DOMAIN.COM, LLC
[illegible]	2017-05-09	22NET, INC
[illegible]	2015-12-28	DOMAIN.COM, LLC
[illegible]	2005-10-27	TUCOWS, INC
[illegible]	2017-09-28	DOMAIN.COM, LLC

图 9.28　在扩展历史记录后查询得到的新结果

我们找到了此人以前拥有的 37 个域名，这意味着得到了更多线索，可以开启新的支线调查了。我们希望调查者保持良好的笔记和跟踪记录，同时将在下一章进一步研究其中的一些领域。

9. 交叉核对所有信息

对调查信息进行事无巨细的记录需要遵守严格的规范，同时运用有效的信息组织方法。如果正在调查威胁行为者，那么这种坚持将所有线索记录并高效存储在系统中的工作方式将很快得到回报。

大多数威胁行为者都有多个别名和角色。调查者在开始研究特定的别名时，很可能会忘记在其他地方找到的有用线索，而一个好的文档系统将解决这个难题。

搜索 Johnny Framperson 的名字时，发现了他目前拥有或曾经拥有的 37 个其他域名。威胁行为者很少使用自己的名字，但他们很有可能会重复使用如地址、电话号码或电子邮件地址等信息。图 9.29 所示为 DomainTools 反向 Whois 搜索 Johnny Framperson 的电子邮件地址 johnnyboy@iMadeThisUp.com 的结果。

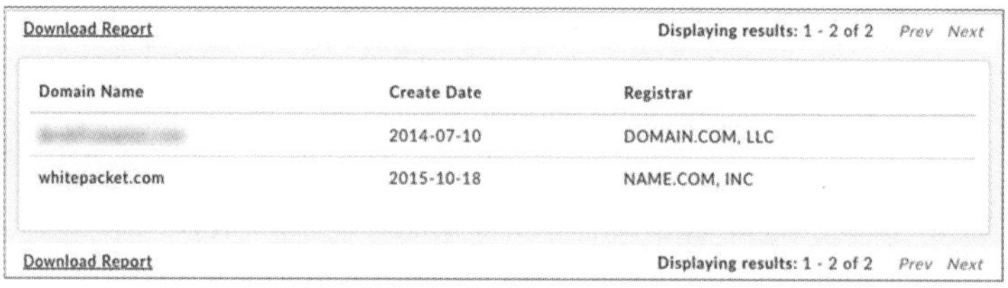

Download Report　　Displaying results: 1 - 2 of 2　Prev　Next

Domain Name	Create Date	Registrar
[illegible]	2014-07-10	DOMAIN.COM, LLC
whitepacket.com	2015-10-18	NAME.COM, INC

Download Report　　Displaying results: 1 - 2 of 2　Prev　Next

图 9.29　DomainTools 的反向 Whois 搜索结果

DomainTools 的反向 Whois 搜索得到的结果数量从 37 个下降到 2 个。由此得出，我们的目标使用了不同的电子邮件地址进行域名注册。作为正常调查的一部分，我们需要查看每个其他域名以找到注册时使用的电子邮件地址，接着获取、记录它们并执行更多搜索，同时，避免错过任何通过已发现电子邮件地址注册的域名。整个过程很快就会变成一个巨大的迷宫。

备注

这是思维导图工具真正派上用场的时候。如果你没有用于标记和扩展这些不同的调查路径的有效方法，建议你安装一个。有许多现成的思维导图工具可供选择，如 Mindnode 是 Mac 用户的绝佳工具；如果你更喜欢在线应用程序，那么 Coggle.it 或 Lucidchart 都不错；在 OneNote 中写下相关的内容也是一个好办法。

不幸的是，就算用到了这些方法，可能还会丢失信息或忽略重要线索。为了避免调查中途因缺少必要数据，而被迫折返并重新开展研究带来的痛苦，应养成从一开始就正确记录事物并对所有内容截图的习惯（这是我不得不反复学习的）。

回到调查中，我们在 WhitePacket.com 的注册详细信息中获得了 178 Westbury Court 这个邮寄地址，对它运行反向 Whois 搜索得到图 9.30 所示的结果。

我们发现了一个在之前调查中没有出现过的新域名。现在明白 Whois 的工作方式了吗？虽然这种调查需要交叉检查多个事实和数据点，但确实能够获得回报。

更重要的是，我们能够感受到搜索 Whois 历史档案的强大力量。下一章将进一步深入探讨这个主题。

Download Report　　Displaying results: 1 - 3 of 3　Prev　Next

Domain Name	Create Date	Registrar
[illegible]	2014-07-10	DOMAIN.COM, LLC
taxiacademy.com	2014-08-15	DYNADOT LLC,DYNADOT, LLC
whitepacket.com	2015-10-18	NAME.COM, INC

Download Report　　Displaying results: 1 - 3 of 3　Prev　Next

图 9.30　DomainTools 的反向地址搜索结果

9.4　小结

本章介绍了 Whois 搜索的基础知识，包括可用于识别域名所有权的免费和高级服务，它们的服务能力各不相同。目前，在查询历史 Whois 数据方面没有好用的免费工具或解决方案，调查者可能得花钱才能找到有价值的信息，而且要搜索的日期越久远，服务的成本就越高。

本章还介绍了如何使用这些工具执行反向 Whois 查询，这些查询可以找到与域名所有权相关的其他线索，最终有可能使调查者获得完整的归属信息。例如，Whoisology.com 是一款出色的低成本历史域名搜索工具，每份报告仅需 5 美元。DomainTools 以更高的溢价提供更优质的服务，它也具有更好和更完整的历史记录。

下一章将通过 Wayback Machine（时光机工具）等互联网档案和证书透明度日志来识别域名所有者。

第10章 证书透明度与互联网档案

本章将介绍两个主要主题：证书透明度和互联网档案（如 Wayback Machine 和搜索引擎缓存）。我们将研究如何通过 Whois 数据和检索网站历史副本的能力，来进一步调查网站所有者。

10.1 证书透明度

证书透明度（Certificate Transparency，CT）是 Google 主导的开源项目，旨在对证书颁发机构颁发的 TLS/SSL 服务器证书进行审计和监控。CT 的设计目标是降低被盗或伪造的 SSL 证书被黑客用于冒充合法网站带来的安全威胁（如中间人攻击或网络钓鱼攻击）。

在证书透明度项目推出之前，当用户访问带有虚假 SSL 证书的网站时，在用户浏览器看来该网站是“正常的”，即无法确定 SSL 证书是否有效（或由权威机构生成）。

在荷兰证书颁发机构（DigiNotar）遭到入侵的著名案例中，黑客能够通过他们的系统生成伪造的 SSL 证书，这些证书被用来冒充包括 Gmail 和 Facebook 在内的许多网站。由于网络钓鱼站点看起来是合法的，所以可以成功实现中间人攻击，使用户信息被黑客窃取和监视。

备注

当黑客能够拦截受害者与其目标网站之间的流量时，就会发生中间人攻击。如果黑客在当地的咖啡店设置了一个虚假的 WiFi 热点并且使用“免费 WiFi”等名称，人们会像往常一样连接它（有时是自动连接），而不会意识到它属于攻击者。当他们与网站通信时，所有流量都将经过黑客的 WiFi 接入点。理论上黑客可以读取流量中的任意内容，这意味着能够窃取信用卡信息、个人详细信息、密码等。

在上面的案例中，因为证书颁发机构信誉良好，所以 Web 浏览器认为证书没有任何问题：用户认为他们正在访问真实网站，但实际上他们是被“钓鱼”了。为了缓解这种威胁，谷歌在 2015 年建立了 CT 项目。从那时起，四大浏览器（Chrome、Firefox、Opera 和 Safari）都要求网站提供带有签名证书时间戳（SCT）的证书，证明该证书已经被及时、合法更新。如果尝试访问的网站没有 SCT，浏览器就会警告它可能不安全。

1. 和数字调查有什么关系？

由于 CT 项目可以使证书公开可见，所以任何有兴趣了解特定域名的人都可以在浏览器中打开它并查看证书信息。证书中的信息包括所有者的相关信息（通常是个人或组织），因此，访问证书的任何人不仅可以验证证书的所有者，还可以查看使用相同证书的其他站点。

考虑到使用通用证书（允许使用单个证书验证所有的子域名）或跨多站点共享证书这两种方法都在被广泛使用，因此，证书成为调查站点存在性的非常重要的方法。

前面章节中讨论的许多工具均内置集成了 CT 来查找子域名和相关域名，如果愿意可以试试它们。本章的剩余部分将介绍专门用于搜索 CT 日志的工具。

2. 使用 CTFR 进行侦察

CTFR 是一个开源命令行工具，允许通过访问证书透明度日志来识别特定域名下的子域名。CTFR 的下载地址为 https://github.com/UnaPibaGeek/ctfr。

CTFR 通过读取公共证书透明度日志来检查目标站点使用的所有者 SSL 证书，进而查看哪些子域也在使用相同的 SSL 证书。

使用 CTFR 查找相关子域非常简单，只需执行 Python 文件并添加目标域名。以 Facebook.com 为例，代码如下：

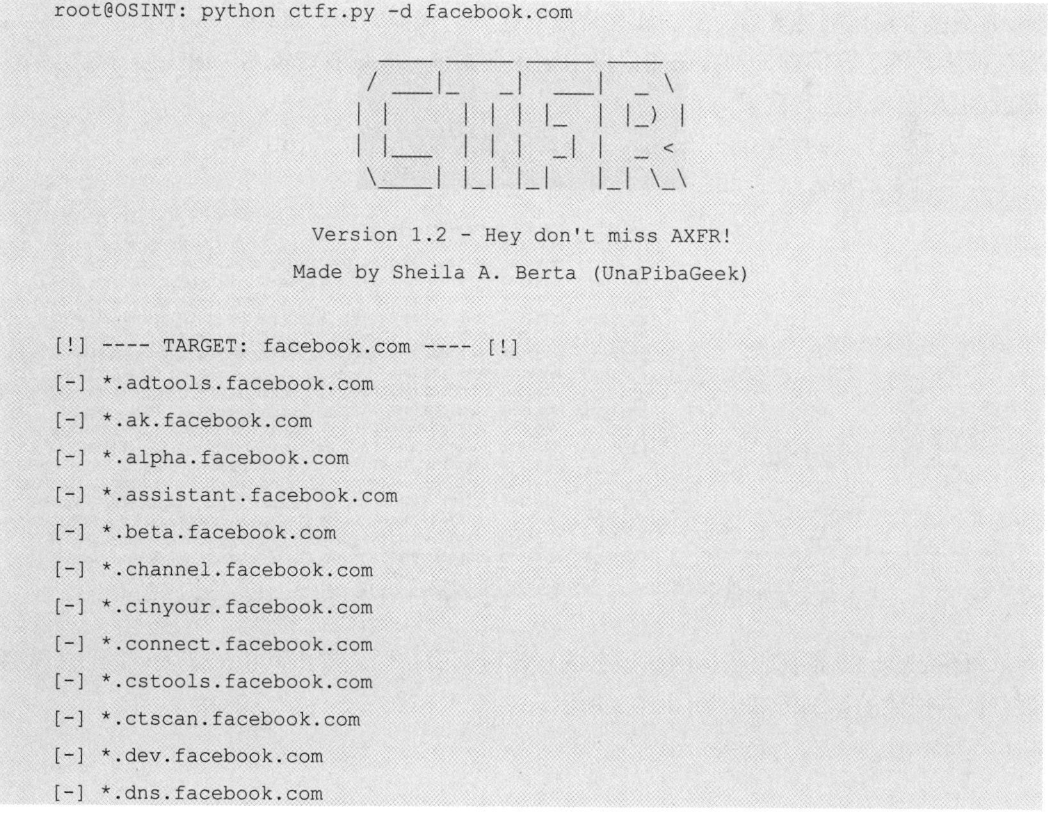

```
root@OSINT: python ctfr.py -d facebook.com

          ____ _____ _____ ____
         / ___|_   _|  ___|  _ \
        | |     | | | |_  | |_) |
        | |___  | | |  _| |  _ <
         \____| |_| |_|   |_| \_\

     Version 1.2 - Hey don't miss AXFR!
    Made by Sheila A. Berta (UnaPibaGeek)

[!] ---- TARGET: facebook.com ---- [!]
[-] *.adtools.facebook.com
[-] *.ak.facebook.com
[-] *.alpha.facebook.com
[-] *.assistant.facebook.com
[-] *.beta.facebook.com
[-] *.channel.facebook.com
[-] *.cinyour.facebook.com
[-] *.connect.facebook.com
[-] *.cstools.facebook.com
[-] *.ctscan.facebook.com
[-] *.dev.facebook.com
[-] *.dns.facebook.com
```

```
[-] *.extern.facebook.com
[-] *.extools.facebook.com
[-] *.facebook.com
[-] *.fb.alpha.facebook.com
[-] *.fb.beta.facebook.com
[-] *.fb.m.alpha.facebook.com
[-] *.fb.m.beta.facebook.com
[remaining 200+ subdomains truncated]
[!]  Done. Have a nice day! ;).
```

一次简单的扫描就能确定 200 多个与 Facebook 相关的子域名。

这只是情报获取过程的第一步。要想将扫描结果保存到文件中，代码如下：

```
root@OSINT: python ctfr.py -d facebook.com -o subdomains.txt
```

CT 提供了一种无须蛮力破解或爬取网站内容就能够搜索子域名的新方法。它完全是隐形的，需要做的仅仅是查看域名的证书透明度日志，就能够知道哪些子域名共享其 SSL 证书。

3. crt.sh

由 Sectigo 开发的 crt.sh（www.crt.sh）是一个证书透明日志搜索引擎。每当新 SSL 证书颁发后，通常在几个小时内 crt.sh 搜索引擎就会更新与之相关的证书透明度日志。通过 crt.sh 不仅可以搜到有效的证书，还允许查看无效、被撤销或已过期的证书。

搜索功能非常简单，只需在搜索框中输入搜索词，就可以对域名、通用名称、组织名称或 SHA 哈希值进行搜索。

要查看我个人网站的证书日志，只需输入我的域名，如图 10.1 所示。

证书日志的搜索结果如图 10.2 所示。

图 10.1 crt.sh 搜索证书日志

crt.sh ID	Logged At ⇧	Not Before	Not After	Issu
1173587075	2019-02-03	2019-02-03	2019-05-04	C=US, O=Let's Encrypt, CN=Let's Encrypt Authority X3
1167310269	2019-02-03	2019-02-03	2019-05-04	C=US, O=Let's Encrypt, CN=Let's Encrypt Authority X3
1004501604	2018-12-05	2018-12-05	2019-03-05	C=US, O=Let's Encrypt, CN=Let's Encrypt Authority X3
1004501033	2018-12-05	2018-12-05	2019-03-05	C=US, O=Let's Encrypt, CN=Let's Encrypt Authority X3
830463037	2018-10-06	2018-10-06	2019-01-04	C=US, O=Let's Encrypt, CN=Let's Encrypt Authority X3
830538627	2018-10-06	2018-10-06	2019-01-04	C=US, O=Let's Encrypt, CN=Let's Encrypt Authority X3
830218563	2018-10-06	2018-10-06	2019-01-04	C=US, O=Let's Encrypt, CN=Let's Encrypt Authority X3
830218452	2018-10-06	2018-10-06	2019-01-04	C=US, O=Let's Encrypt, CN=Let's Encrypt Authority X3
830218025	2018-10-06	2018-10-06	2019-01-04	C=US, O=Let's Encrypt, CN=Let's Encrypt Authority X3
830249334	2018-10-06	2018-10-06	2019-01-04	C=US, O=Let's Encrypt, CN=Let's Encrypt Authority X3
826981964	2018-10-06	2018-10-06	2019-01-04	C=US, O=Let's Encrypt, CN=Let's Encrypt Authority X3
826976273	2018-10-06	2018-10-06	2019-01-04	C=US, O=Let's Encrypt, CN=Let's Encrypt Authority X3
11762189	2015-12-31	2015-12-30	2016-07-03	C=GB, ST=Greater Manchester, L=Salford, O=COMODO CA L
10901189	2015-11-26	2015-11-24	2016-05-07	C=GB, ST=Greater Manchester, L=Salford, O=COMODO CA L
10704875	2015-11-15	2015-11-13	2016-05-07	C=GB, ST=Greater Manchester, L=Salford, O=COMODO CA L
10418131	2015-10-31	2015-10-29	2016-04-24	C=GB, ST=Greater Manchester, L=Salford, O=COMODO CA L
10399742	2015-10-30	2015-10-29	2016-04-24	C=GB, ST=Greater Manchester, L=Salford, O=COMODO CA L
10237720	2015-10-20	2015-10-18	2015-12-30	C=GB, ST=Greater Manchester, L=Salford, O=COMODO CA L

图 10.2 证书日志的搜索结果

每条 crt.sh ID 都代表目标网站证书的一次时间戳快照。单击其中一条 crt.sh ID，就会展开证书快照的详细信息，如图 10.3 所示。

crt.sh ID	10901189
Summary	Leaf certificate

Certificate Transparency

Timestamp	Entry #	Log Operator	Log URL
2015-11-26 16:54:58 UTC	10021915	Google	https://ct.googleapis.com/aviator
2015-11-26 21:53:19 UTC	10783032	Google	https://ct.googleapis.com/pilot
2015-11-28 09:40:03 UTC	8108514	Google	https://ct.googleapis.com/rocketeer
2017-04-29 03:22:12 UTC	7131970	Let's Encrypt	https://clicky.ct.letsencrypt.org

Revocation

Report a problem with this certificate to the CA

Mechanism	Provider	Status	Revocation Date	Last Observed in CRL	Last Checked (Error)
OCSP	The CA	Check	?	n/a	?
CRL	The CA	Not Revoked	n/a	n/a	2019-02-11 04:52:42 UTC
CRLSet/Blacklist	Google	Not Revoked	n/a	n/a	n/a
disallowedcert.stl	Microsoft	Not Revoked	n/a	n/a	n/a
OneCRL	Mozilla	Not Revoked	n/a	n/a	n/a

SHA-256(Certificate)	41FB09C5BEBCD0EC3B6EB690D10F0A61E27141FE9814C6D42DBFA31E9B02C15C
SHA-1(Certificate)	FD7CB1FB8CEBC7695A7C944F978F322A747A37B8

Certificate | ASN.1

Hide metadata

Run cablint

Run x509lint

Run zlint

Download Certificate: PEM

```
Certificate:
    Data:
        Version: 3 (0x2)
        Serial Number:
            48:82:38:81:e9:9a:17:dd:ef:85:d0:a0:9b:2d:3f:85
    Signature Algorithm: ecdsa-with-SHA256
        Issuer: (CA ID: 1582)
            commonName                = COMODO ECC Domain Validation Secure Server CA 2
            organizationName          = COMODO CA Limited
            localityName              = Salford
            stateOrProvinceName       = Greater Manchester
            countryName               = GB
        Validity
            Not Before: Nov 24 00:00:00 2015 GMT
            Not After : May  7 23:59:59 2016 GMT
        Subject:
            commonName                = sni68313.cloudflaressl.com
            organizationalUnitName    = PositiveSSL Multi-Domain
            organizationalUnitName    = Domain Control Validated
        Subject Public Key Info:
            Public Key Algorithm: id-ecPublicKey
                Public-Key: (256 bit)
                pub:
                    04:9e:77:88:44:70:12:3d:44:42:17:7e:6a:d8:51:
```

图 10.3　crt.sh 显示证书的详细信息

4. CT 实战：绕过 Cloudflare

如果调查者正在寻找关于域名所有者的线索，但 Whois 历史数据无法提供任何帮助，应该怎么办？

重温一下 WhitePacket 的例子。域名 www.whitepacket.com 从 2015 年启用隐私保护（大概是在目前的域名所有者获得所有权之时）。虽然在这种情况下历史 Whois 数据帮不上忙，但在查看信息时我们发现域的 DNS 正在使用 Cloudflare。

Cloudflare 的 DNS 使用了一种机制来掩盖服务器的真实 IP 地址，这使得调查变得极其困难。在调查中我喜欢 Cloudflare 的一点是它提供共享的 SSL 证书服务，用户可以将其用于账户中的所有域。

猜猜我要怎么做？使用 www.crt.sh，查询 WhitePacket.com 的证书透明度日志，结果如图 10.4 所示。

Certificates

crt.sh ID	Logged At ⇧	Not Before	Not After	Issuer Name
1156176397	2019-01-29	2019-01-29	2019-08-07	C=GB, ST=Greater Manchester, L=Salford, O=COMODO CA Limited, CN=COMODO ECC Domain Validation Secure Server CA 2
1156175635	2019-01-29	2019-01-29	2019-08-07	C=GB, ST=Greater Manchester, L=Salford, O=COMODO CA Limited, CN=COMODO ECC Domain Validation Secure Server CA 2
1150013489	2019-01-28	2019-01-28	2019-08-06	C=GB, ST=Greater Manchester, L=Salford, O=COMODO CA Limited, CN=COMODO ECC Domain Validation Secure Server CA 2
1150013428	2019-01-28	2019-01-28	2019-08-06	C=GB, ST=Greater Manchester, L=Salford, O=COMODO CA Limited, CN=COMODO ECC Domain Validation Secure Server CA 2
1042699302	2018-12-19	2018-12-19	2019-06-27	C=GB, ST=Greater Manchester, L=Salford, O=COMODO CA Limited, CN=COMODO ECC Domain Validation Secure Server CA 2
1042698603	2018-12-19	2018-12-19	2019-06-27	C=GB, ST=Greater Manchester, L=Salford, O=COMODO CA Limited, CN=COMODO ECC Domain Validation Secure Server CA 2
959052596	2018-11-19	2018-11-19	2019-05-28	C=GB, ST=Greater Manchester, L=Salford, O=COMODO CA Limited, CN=COMODO ECC Domain Validation Secure Server CA 2
959052215	2018-11-19	2018-11-19	2019-05-28	C=GB, ST=Greater Manchester, L=Salford, O=COMODO CA Limited, CN=COMODO ECC Domain Validation Secure Server CA 2
907562447	2018-10-31	2018-10-31	2019-05-09	C=GB, ST=Greater Manchester, L=Salford, O=COMODO CA Limited, CN=COMODO ECC Domain Validation Secure Server CA 2

图 10.4　针对 WhitePacket.com 的证书透明度日志查询

单击其中一个 crt.sh ID，将显示与其他条目类似的信息。向下滚动到“Subject Alternative Name”（主题备用名称）部分，可以看到不同之处，代码如下：

```
Certificate:
        Data:
            Version: 3 (0x2) Serial Number:
            83:23:1a:8d:16:53:53:8d:5f:73:a9:92:a0:3e:bf:8c
        Signature Algorithm: ecdsa-with-SHA256
            Issuer: (CA ID: 1582)
commonName= COMODO ECC Domain Validation Secure Server CA 2
organizationName  = COMODO CA Limited
localityName      = Salford
stateOrProvinceName = Greater Manchester
countryName       = GB

[results truncated]

Authority Information Access:
CA Issuers -URI:http://crt.comodoca4.com/COMODOECCDomainValidationSecureServerCA2.crt

        X509v3 Subject Alternative Name:
            DNS:sni230260.cloudflaressl.com
            DNS:*.4origines.com DNS:*.agilerioseguros.com.br
            DNS:*.ardyssv.gq
            DNS:*.ayrescorretora.com.br
            DNS:*.bleudecode.com
            DNS:*.bolnichnye-listi.com
            DNS:*.booksport1.cf
            DNS:*.cabinetpaintingrefinishing.com
            DNS:*.colombia-sexo.tk
            DNS:*.donji-vakuf.tk
            DNS:*.ebooksfree911.cf
            DNS:*.galileiaseguros.com.br
            DNS:*.girlsmakeup.tk
            DNS:*.guessmantra.ga
            DNS:*.homespaces.com
            DNS:*.instapics.bid
            DNS:*.instapics.party
            DNS:*.jand.tk
            DNS:*.meettabernacle.com
            DNS:*.memoriaseguros.com.br
            DNS:*.mindbendingbeats.ca
            DNS:*.naysathseguros.com.br
            DNS:*.og.money
            DNS:*.originsgranite.com
```

```
                DNS:*.palwalonline.in
                DNS:*.peterkomorowski.com
                DNS:*.phpturtle.com
                DNS:*.reenuu.com
                DNS:*.satanism.ca
                DNS:*.seguros6k.com.br
                DNS:*.spravka-moscow177.ru
                DNS:*.tagbook-s.cf
                DNS:*.toolzdepot.com
                DNS:*.whitepacket.com
```

有大量与 WhitePacket.com 共享相同 SSL 证书的域名。在理想情况下，这一操作可以显示出所有属于相同 Cloudflare 账户的域名。这并不意味着它们都是同一个所有者，只是他们都共享了同一个 Cloudflare 账户。

来自 Cloudflare 的备注

就使用证书寻找相关域名所有者的问题，我联系了 Cloudflare 调查团队的某个人。这是他们的回应："在绝大多数情况下，完全不相关的域名会以"打包"方式共享 TLS SNI 证书。"

注意，与其他开源情报方法一样，证书是可以用来在漫无目的的网络调查中获得更多线索的另一种技术。在该测试用例中，所获得的信息被证明是有效的。然而，Cloudflare 指出情况并不总是如此。

在 Cloudflare 看来，这些域名可能是不相关的。作者在与域名所有者的谈话中得知，其中有一些域名是准确的。为了彻底说明问题，我们将尝试更多的目标。

以一个流行的俄罗斯黑客论坛为目标查找证书透明度日志，结果显示该论坛也使用 Cloudflare，如图 10.5 所示。

crt.sh ID	Logged At ⇧	Not Before	Not After	Issuer Name
947978131	2018-11-15	2018-11-12	2019-11-12	C=US, ST=CA, L=San Francisco, O="CloudFlare, Inc.", CN=CloudFlare Inc ECC CA-2
940732002	2018-11-12	2018-11-12	2019-11-12	C=US, ST=CA, L=San Francisco, O="CloudFlare, Inc.", CN=CloudFlare Inc ECC CA-2
870351310	2018-10-17	2018-10-17	2019-04-25	C=GB, ST=Greater Manchester, L=Salford, O=COMODO CA Limited, CN=COMODO RSA Domain Validation Secure Server CA 2
870351269	2018-10-17	2018-10-17	2019-04-25	C=GB, ST=Greater Manchester, L=Salford, O=COMODO CA Limited, CN=COMODO ECC Domain Validation Secure Server CA 2
870350535	2018-10-17	2018-10-17	2019-04-25	C=GB, ST=Greater Manchester, L=Salford, O=COMODO CA Limited, CN=COMODO ECC Domain Validation Secure Server CA 2
870350538	2018-10-17	2018-10-17	2019-04-25	C=GB, ST=Greater Manchester, L=Salford, O=COMODO CA Limited, CN=COMODO RSA Domain Validation Secure Server CA 2
870349440	2018-10-17	2018-10-17	2019-04-25	C=GB, ST=Greater Manchester, L=Salford, O=COMODO CA Limited, CN=COMODO Domain Validation Legacy Server CA 2
870349463	2018-10-17	2018-10-17	2019-04-25	C=GB, ST=Greater Manchester, L=Salford, O=COMODO CA Limited, CN=COMODO Domain Validation Legacy Server CA 2
652333850	2018-08-18	2018-08-18	2019-02-24	C=GB, ST=Greater Manchester, L=Salford, O=COMODO CA Limited, CN=COMODO ECC Domain Validation Secure Server CA 2
652333597	2018-08-18	2018-08-18	2019-02-24	C=GB, ST=Greater Manchester, L=Salford, O=COMODO CA Limited, CN=COMODO ECC Domain Validation Secure Server CA 2
608774228	2018-07-23	2018-07-21	2020-07-20	C=US, O=DigiCert Inc, OU=www.digicert.com, CN=GeoTrust RSA CA 2018
608578897	2018-07-21	2018-07-21	2020-07-20	C=US, O=DigiCert Inc, OU=www.digicert.com, CN=GeoTrust RSA CA 2018
351550165	2018-03-10	2018-03-10	2018-09-16	C=GB, ST=Greater Manchester, L=Salford, O=COMODO CA Limited, CN=COMODO ECC Domain Validation Secure Server CA 2
319881684	2018-02-02	2014-10-15	2015-10-16	C=BE, O=GlobalSign nv-sa, CN=GlobalSign Organization Validation CA - G2
284327456	2017-12-21	2017-12-19	2019-01-18	C=US, O=DigiCert Inc, OU=www.digicert.com, CN=RapidSSL RSA CA 2018

图 10.5　针对俄罗斯黑客论坛的证书透明度日志查找结果

查看 crt.sh ID 11915608，可以看到如下结果：

```
Certificate:
        Data:
             Version: 3 (0x2)
             Serial Number:40:7f:98:9b:8d:ef:73:2f:81:4c:a1:ef:ff:dc:28:c3
        Signature Algorithm: ecdsa-with-SHA256
```

```
                   Issuer: (CA ID: 1582)
commonName         =COMODO ECC Domain Validation Secure Server CA 2
organizationName   =COMODO CA Limited
localityName       =Salford
stateOrProvinceName=Greater Manchester
countryName = GB
            Validity
                   Not Before: Oct 21 00:00:00 2015 GMT
                   Not After : Oct 20 23:59:59 2016 GMT
            Subject:
                   commonName                = sni309783.cloudflaressl.com
                   organizationalUnitName    = PositiveSSL Multi-Domain
                   organizationalUnitName    = Domain Control Validated

[...]

X509v3 Subject Alternative Name:
                   DNS:sni309783.cloudflaressl.com
                   DNS:*.exploit.in
                   DNS:exploit.in
```

虽然他们使用 Cloudflare，但似乎没有其他站点使用相同的 SSL 证书。

按照 Cloudflare 的说法，我多次运行 crt.sh 得到的域名有可能完全不相关。我的域名恰好就是这种情况。

在 crt.sh 中查找 vinnytroia.com，会得到以下结果：

```
X509v3 Subject Alternative Name:
DNS:sni68313.cloudflaressl.com
DNS:*.alwatansport.ps
DNS:*.alwatanvoice.com.ps
DNS:*.alwatanvoice.net.ps
DNS:*.alwatanvoice.org.ps
DNS:*.hospitalshub.com
DNS:*.jenanmag.com
DNS:*.larhonda.review
DNS:*.pincodehub.com
DNS:*.ramallahnet.com
DNS:*.thepointatpentagoncityapts.com
DNS:*.vinnytroia.com
DNS:*.wholiesmore.org
DNS:alwatansport.ps
DNS:alwatanvoice.com.ps
DNS:alwatanvoice.net.ps
DNS:alwatanvoice.org.ps
```

```
DNS:hospitalshub.com
DNS:jenanmag.com
DNS:larhonda.review
DNS:pincodehub.com
DNS:ramallahnet.com
DNS:thepointatpentagoncityapts.com
DNS:vinnytroia.com
DNS:wholiesmore.org
```

事实证明，Cloudflare 的观点是准确的。除了我的网站 vinnytroia.com，其他的域名都不属于我。再次重申，如果打算使用此方法寻找线索，请注意结果可能并不总是准确的。

5. CloudFlair（脚本）and Censys

Cloudflare 的作用是在网站与用户之间充当中间人，从而保护网站所有者免受各种类型的网络攻击。理论上攻击者无法直接找到并操作网站，但网站所有者通过 Cloudflare.com 的保护层可以访问到站点（这一保护层可以掩盖服务器的真实 IP 地址）。由于原始 IP 地址不可见，所以这一特性对组织安全而言是有用的，但同时也使针对站点的调查变得更加困难。

当然，这一结论是在假设服务器配置正确的情况下才成立的，但现实往往不是这样。另外，也许服务器当前配置正确，但以前却不是。

与 crt.sh 类似，Censys.io 可用于搜索证书透明度日志以查找当前或以前在网络上暴露的服务器。

证书除了可以用于查找相关域名，还可以用于搜索关联的 IP 地址。如果这些 IP 地址不属于 Cloudflare 网络，那么我们推测它们应当属于目标域名。为了自动化这个过程，可以使用一个叫作 CloudFlair（为了不与 Cloudflare 公司混淆，将其简称为 CF）的 Python 工具。CF 用于自动查找源地址被暴露的服务器，这些服务器由于配置错误而未能将访问请求限制为来自 Cloudflare.com 的 IP 地址段。

此工具的下载地址为 https://github.com/christophetd/CloudFlair。

可以使用 CF 来跟踪 Codepen.io 的真实服务器，代码如下：

```
root@OSINT: python cloudflair.py codepen.io
[*] Retrieving Cloudflare IP ranges from https://www.cloudflare.com/ips-v4
[*] The target appears to be behind CloudFlare.
[*] Looking for certificates matching "codepen.io" using Censys
[*] 13 certificates matching "codepen.io" found.
[*] Looking for IPv4 hosts presenting these certificates...
[*] 3 IPv4 hosts presenting a certificate issued to "codepen.io" were found.
          - 52.27.19.56
          - 54.201.58.131
          - 52.10.104.25
[*] Testing candidate origin servers
[*] Retrieving target homepage at https://codepen.io
```

```
[*] "https://codepen.io" redirected to "https://codepen.io/"
            - 52.27.19.56
            - 54.201.58.131
            - 52.10.104.25
[*] Found 1 likely origin servers of codepen.io!
- 52.27.19.56 (HTML content is 96% structurally similar to codepen.io)
```

以上返回的信息正是我们想要的。

在结束本节之前，是否还记得我一直在说的：不要仅依赖一种工具，而应当要使用多种工具和技术进行测试。为了进一步说明我的观点，看看使用 CF 搜索 WhitePacket.com 时会发生什么，代码如下：

```
root@OSINT: cloudflair.py whitepacket.com
[*] Retrieving Cloudflare IP ranges from https://www.cloudflare.com/ips-v4
[*] The target appears to be behind CloudFlare.
[*] Looking for certificates matching "whitepacket.com" using Censys
[*] 0 certificates matching "whitepacket.com" found.
Exiting.
```

结果中没有发现证书，但是 crt.sh 的运行结果表明 WhitePacket.com 拥有多个证书。Censys.io 是一个非常好的付费工具，但不要过分依赖单一来源，否则调查者可能会错过一些东西。

6. Wayback 和搜索引擎档案

Wayback（或称 Wayback Machine）是互联网的数字档案库。Wayback（Archive.org）允许查看网站在特定历史日期的状态。

对于为什么查看互联网资源的历史状态是寻找线索的重要方式，本书中已做了反复说明，这里主要关注自动化搜索网站历史的方法。如图 10.6 所示，在 Wayback Machine 中搜索 www.whitepacket.com 时，结果显示 2013—2018 年都有存档数据。

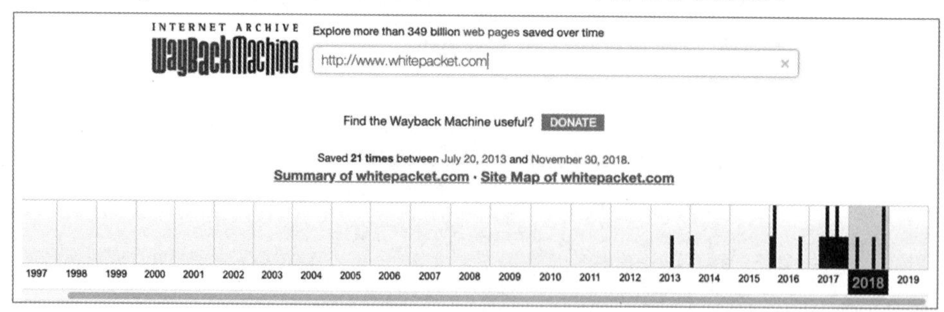

图 10.6　Wayback Machine 的启动页面

要进一步探索这些档案，可选择年份，然后单击快照日期。图 10.7 所示为 www.whitepacket.com 的历史存档情况列表，日历上的圆圈表示包含网站快照的日期，要查看在那一天创建的网站存档，可单击圆圈。

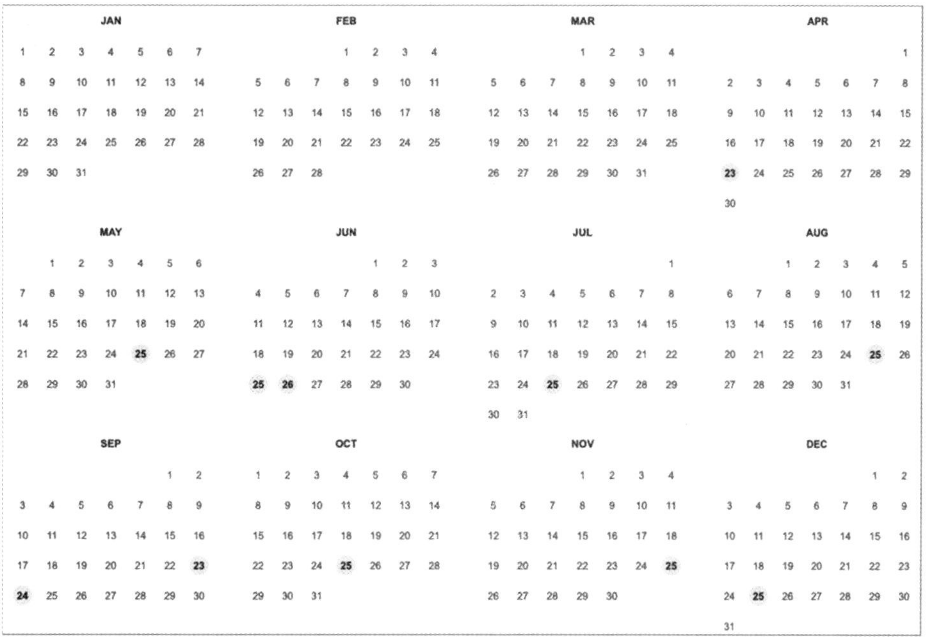

图 10.7　www.whitepacket.com 的历史存档情况列表

2017 年，WhitePacket 将其域名链接到一个 Twitter 账户：www.twitter.com/whitepacket。目前，Twitter 账户已被删除，幸运的是我们可以使用 Google 缓存查看。

有时，谷歌会在其标准搜索结果中提供网站的缓存版本。要访问该版本，可单击搜索结果旁边的倒三角按钮（▼），然后选择“Cached”选项。在 Google 中输入“site: twitter.com/whitepacket”，查找 WhitePacket 的 Twitter 页面的缓存版本，结果如图 10.8 所示。

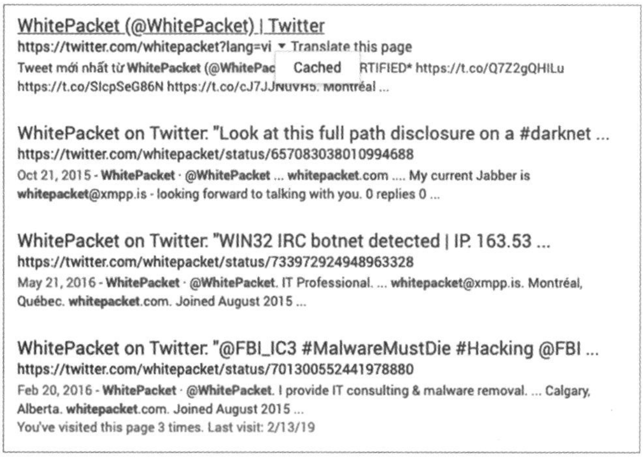

图 10.8　使用 site 操作符执行 Google 搜索得到的结果

搜索结果中只有一条可以查看网站的缓存副本，其中列出了几条推文，单击推文会出现“page not found”（找不到页面），因为该页面已被删除。

在 Bing 中搜索 WhitePacket 的 Twitter 页面，如图 10.9 所示。

Tweets with replies by WhitePacket (@WhitePacket) | Twitter
https://twitter.com/WhitePacket
Only confirmed followers have ac[Cached]WhitePacket 's Tweets and complete profile. Click the "Follow" button to send a follow request. C[...]llow" button to send a follow request. New to Twitter?

Twitter - Official Site
https://twitter.com
By embedding Twitter content in your website or app, you are agreeing to the Twitter Developer Agreement and Developer Policy. Preview. Close. Why you're seeing this ad. Close. Log in to Twitter.
Log In · Search · Sign Up · realDonaldTrump · Twitter Moments · Help Center

WhitePacket | Home
whitepacket.com
Located in Calgary, WhitePacket provides professional Pentesting, Malware Removal, and more. I have the knowledge to secure your organization. ... FOLLOW ME ON TWITTER. Extremely in depth penetration testing, intensely awesome malware removal, super simple consulting. I'm highly flexible with a lot of prior whitehat experience. WhitePacket ...

WhitePacket | LinkedIn
https://www.linkedin.com/company/whitepacket
Twitter Keep up with WhitePacket See more information about WhitePacket, find and apply to jobs that match your skills, and connect with people to advance your career.

ZIB-Trojan/README.md at master · whitepacket/ZIB-Trojan ...
https://github.com/whitepacket/ZIB-Trojan/blob/master/README.md
WhitePacket Legal The Open Tor Botnet is for legal, research purposes only. Please don't use this for malicious purposes. This was released out of good will for the benifit of others. This bot may contain a small amount of stolen code. Features ZIB is an IRC-based, Bitcoin-funded bot network that runs under Tor for anonymity.

图 10.9　在 Bing 中搜索 WhitePacket 的 Twitter 页面

在 Bing 的结果中 Twitter 页面的缓存副本与 Google 中的相同，页面最后一个结果——WhitePacket 在 GitHub 上提交的开源 TOR 僵尸网络代码，这个网页也有缓存副本。

浏览该页面会显示一个电子邮件地址、Jabber ID 和一个 BTC 地址，我们将它们都添加到搜索词列表中。

7. CachedView.com

图 10.10 所示为 CachedView.com 的启动页面。CachedView.com 是一个能够轻松搜索网页在 Google 缓存、Archive.org 和 Coral Cache 中历史存档的工具。它仅仅是为同时访问多个缓存站点提供了功能集成，其返回的结果和单独访问各网站的结果一致。

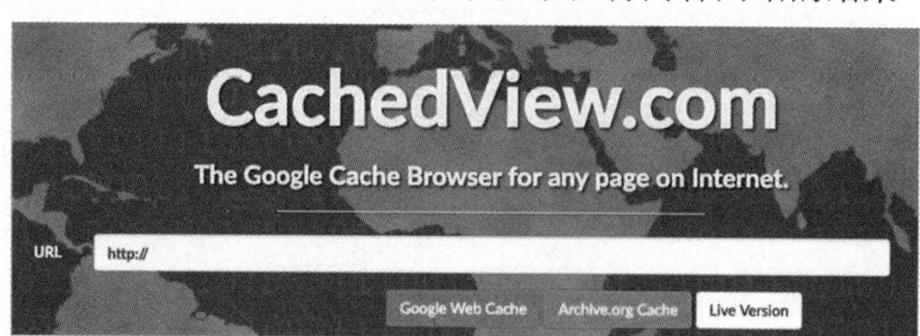

图 10.10　CachedView.com 的启动页面

8. Wayback Machine Scraper

Wayback Machine（www.archive.org）是一个庞大的信息源。在处理大型网站时，需要筛选的信息量会很大。

进行这种调查的最好方法是从 Wayback Machine 抓取网站的所有缓存副本，然后在本地筛选数据。可以使用不同的工具来抓取数据，如 enum_wayback，这项工作要归功于 Rob Fuller（又名 Mubix），目前，它已被 Metasploit 集成。

专家技巧：Rob Fuller

我不擅长对 Web 应用程序进行渗透测试，我不清楚它们是做什么的及如何被过滤的。现在几乎所有的东西都是 Web 应用，入侵它们并不是非常顺手。了解应用程序如何在后端工作，找到需要作为目标的网站及 URI 有点像猜谜游戏。因此，必须弄清楚需要在哪里登录才能到达控制台或运维面板。除非进行了正确的编码，所有能够进入控制台或运维面板的 URI 都存在漏洞，使得攻击者可以从那里直接访问网络资源。

Wayback Machine 记录网站的不同状态。如果它存储了已废弃网站内容的快照，或者在网站开放的短暂时刻对其进行了快照，这对于了解应用程序的工作方式或它的历史都非常有益。

enum_wayback 脚本用于查找一系列你可能不清楚的 URI，例如，曾经存在但现在已经消失的 URI。该脚本并不仅仅照搬 Web 应用程序的所有功能，它还会爬取内容。

假设某一年网站上存在一个自定义版本的 Drupal，第二年又安装了一个自定义版本的 WordPress，你将获得 Drupal 和 WordPress 的所有 URL 或 URI。站点可能因 Java 环境文件遗留、未正确设置的路由或者其他一些未考虑周全的细节而留下安全隐患。Wayback 不仅能够发现它们，而且能识别本不应该被访问到的开放内容。

以 Bob 的网上商店为例，如果 Bob 的网上商店已经存在 15 年，而他们直到 10 年前才开始考虑安全性，那么那些被索引和编目的早期 URI 可能仍然存在于网站中并且是有效的，同时也更加安全。然而事实上是，只有其中 80%的 URI 比以前更安全，但哪怕存在一个不安全的资源，也会被调查者盯上并以此为起点开始工作。enum_wayback 通过提供更多可供查看的页面资源来帮助调查者找到它们。

使用它真的很简单，需要做的只是将它指向一个特定的主机名或域名，它会向 Wayback 请求数据。所有返回的结果都经过解析，十分漂亮整洁。这也使其加载到 Burp 变得非常容易。

1）enum_wayback

enum_wayback 是一个 Ruby 脚本，也是当前 Metasploit 框架的一部分。由于本书主要关注调查和开源情报，所以不会深入探究 Metasploit。对于那些没有使用过 Metasploit（或者可能不知道它是什么）的人来说，Metasploit 是进行渗透测试时的主要工具之一，它内置了数百个（或者上千个）漏洞利用和可定制模块，因而成为任何渗透测试人员的必备品。

对于熟悉 Metasploit 的人，可以按如下方式启动 enum_wayback：

```
msf > use auxiliary/scanner/http/enum_wayback
```

要查看可用选项列表，可以输入如下代码：

```
msf auxiliary(scanner/http/enum_wayback) > options
Module options (auxiliary/scanner/http/enum_wayback):
Name        Current Setting    Required Description
```

```
----          ---------------    -------- -----------
DOMAIN                 yes    Domain to request URLS for
OUTFILE                no Where to output the list for use
```

2）使用 Photon 来抓取 Wayback

许多基于命令行的工具可用于抓取 Wayback 档案，第 9 章中介绍过的工具 Photon 就是其中之一。Photon Wayback 抓取工具将以站点的所有可用 URL 作为“种子”（需要调查抓取的 URL 列表），以爬虫方式访问 Wayback 上可用的站点历史内容，并返回格式良好的列表。很多网站（或论坛）无须身份验证即可查看其帖子，一些黑客论坛也是如此。这意味着他们的内容将被抓取并缓存，古老的俄罗斯黑客论坛 Bezlica.top 就是其中之一。

之所以提及这个论坛，是因为它是 TDO 首次发布其医疗数据销售的论坛之一。图 10.11 所示为 Bezlica.top 论坛中医疗数据出售的原始帖子截图。

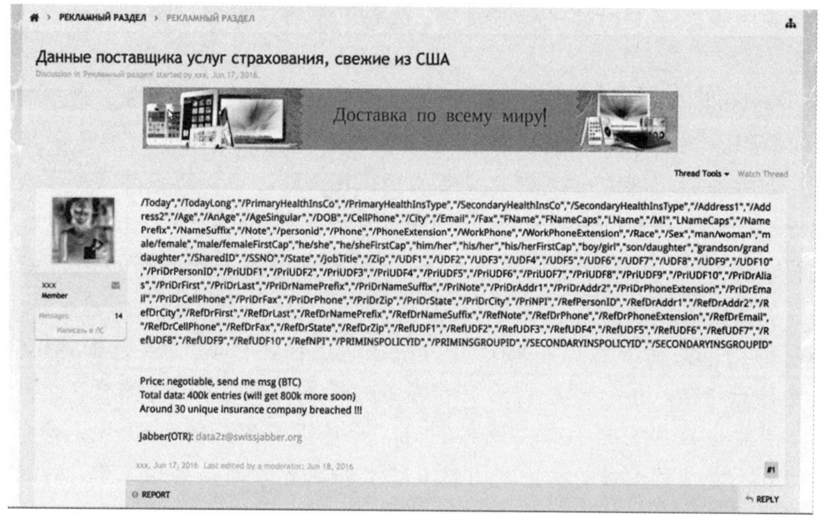

图 10.11　Bezlica.top 论坛中医疗数据出售的原始帖子截图

这些论坛数据的索引和历史存档对于未来的调查非常有用。这个例子恰好能够说明这一点，既然 Bezlica.top 目前已经无法访问，如果想搜索该用户的更多帖子怎么办？幸运的是，该网站的帖子是公开的并已被 Wayback 抓取，我们可以用 Photon 来获取它们。

要运行 Photon 的 Wayback 引擎，可使用--wayback 开关。

在运行前还可以更改扫描的深度，如果目标网站存在许多级别的嵌套页面（就像论坛那样）时，这一设置会很有用，效果如下：

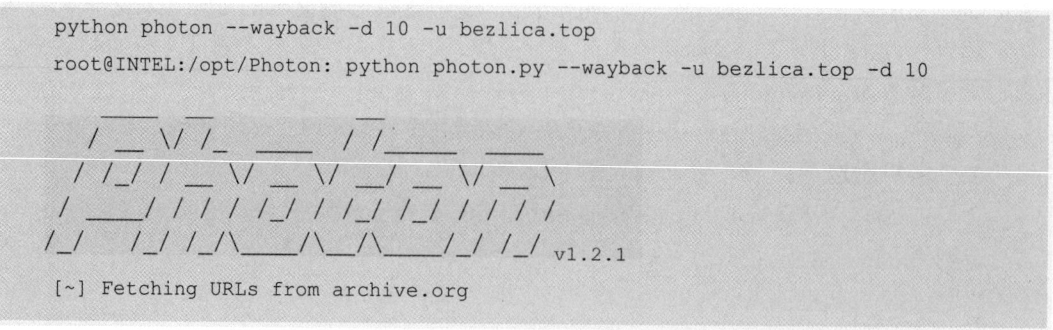

```
python photon --wayback -d 10 -u bezlica.top
root@INTEL:/opt/Photon: python photon.py --wayback -u bezlica.top -d 10

     ____  __          __
    / __ \/ /_  ____  / /_____  ____
   / /_/ / __ \/ __ \/ __/ __ \/ __ \
  / ____/ / / / /_/ / /_/ /_/ / / / /
 /_/   /_/ /_/\____/\__/\____/_/ /_/ v1.2.1

[~] Fetching URLs from archive.org
```

```
[+] Retrieved -1 URLs from archive.org
[+] URLs retrieved from robots.txt: 1
[~] Level 1: 2 URLs
[!] Progress: 2/2
[~] Level 2: 3 URLs
!] Progress: 3/3
[~] Crawling 4 JavaScript files
[!] Progress: 4/4
--------------------------------------------------
[+] Intel: 3
[+] Robots: 1
[+] Internal: 5
[+] Scripts: 4
[+] External: 3
--------------------------------------------------
[!] Total requests made: 9
[!] Total time taken: 0 minutes 52 seconds
[!] Requests per second: 0
[+] Results saved in bezlica.top directory
```

9. 使用 Archive.org 搜索 URL

许多爬虫工具要求提供目标 URL 的详细列表，但构建这类列表是一项艰巨的挑战，特别是当调查目标是拥有数百万帖子的论坛时。事实证明，可以使用特定的 URL 下载 Archive.org 缓存的全部页面列表。

以下 URL 将列出站点的每个缓存副本及其日期：https://web.archive.org/cdx/search?url=domain.com。可将其中的 domain.com 替换为真实调查目标。

在浏览器中输入 https://web.archive.org/cdx/search?url=bezlica.top，会得到以下结果：

```
top,bezlica)/ 20160911021317 http://bezlica.top:80/
text/html 200 7TMNRLBP5VIJEXO7K6RCZXPJTULOV5PO 11844
top,bezlica)/ 20160914070721 http://bezlica.top
text/html 200 OHXJUAIWGKOH66WENAYCIG45PRYCHCCE 12492
top,bezlica)/ 20161016030541 http://bezlica.top:80/
text/html 200 26YUBAWKSVXQJYXTHOBOLCPOTCJ3PH5C 10878
top,bezlica)/ 20161208235225 http://www.bezlica.top:80/
text/html 200 BU2WMW7ZLZNL5VC6H6RLZVJCAEQUK2PH 11276
top,bezlica)/ 20161216210357 http://bezlica.top:80/
text/html 200 6GJ5JTHKFEGGJEGHK35V7XUQ4BALB4RC 10166
top,bezlica)/ 20170428055547 http://bezlica.top:80/
text/html 200 IJ6FUIV6CDPKDFOJDSFKWRVS37ORQHQ3 18429
top,bezlica)/ 20170509213741 http://bezlica.top:80/
text/html 200 55CY2ONBUCCJTKCOQH4DR2EOL2Z3OJA5 23358
```

```
top,bezlica)/ 20170520210324 http://bezlica.top:80/
text/html 200 7E3KPSJSOESAMJIX73Q6QGBOD3DFT734 21599
top,bezlica)/ 20170609030411 http://bezlica.top:80/
text/html 200 4QB2Y33ZP5HMM53EEAFSUV7YZO6AOX74 23576
top,bezlica)/ 20170611034742 http://bezlica.top:80/
text/html 200 JJE3IVA44G7P5YHIVR26HWSUS6BZDV7M 20182
top,bezlica)/ 20170630193537 http://bezlica.top:80/
text/html 200 NITYMLKCZ5XFDAPJWDCTHIQL2CJLOLIU 20882
top,bezlica)/ 20170712011807 http://bezlica.top:80/
text/html 200 4UBXAEQ2AWT5CL4USMJQXLWQEDOZI357 21177
top,bezlica)/ 20170724230545 http://bezlica.top:80/
text/html 200 PTPCXTUMBAUGRUKAGNXU7FDHRRKCKPKW 20240
top,bezlica)/ 20180104141200 http://bezlica.top:80/
text/html 200 6KQI5ILW4WE2EXH54ZRI6DWBNN5TR2H6 19138
top,bezlica)/ 20180307003146 http://bezlica.top:80/
text/html 200 7DJMCBRJBRLPMEZRLKFETZVPTCORNQBZ 18959
top,bezlica)/ 20180508100733 http://bezlica.top:80/
text/html 200 6POLETZBHK23AA7RRYRLHZUD3VPGAAX2 19171
top,bezlica)/ 20180609005028 http://bezlica.top:80/
text/html 200 UVFKHSNQK5R4OIUDZFL3XGYXB7WJXZST 19178
top,bezlica)/ 20180706234035 http://bezlica.top:80/
text/html 301 R4P57LSX7D3PMJ4CTPAJ3FU3VPVFIVF5 360
top,bezlica)/ 20180811090133 http://bezlica.top
text/html 301 Q4XK7WZCBMFO7HSN7SMGOAX7KLKFT6MT 497
top,bezlica)/20180904112205 http://bezlica.top
/warc/revisit-Q4XK7WZCBMFO7HSN7SMGOAX7KLKFT6MT 457
top,bezlica)/20181112133152 http://bezlica.top
warc/revisit-Q4XK7WZCBMFO7HSN7SMGOAX7KLKFT6MT 458
top,bezlica)/20181127220905 https://bezlica.top
/warc/revisit-Q4XK7WZCBMFO7HSN7SMGOAX7KLKFT6MT 455
```

在每行的开头会看到 URL（top、bezlica），然后是每次抓取的日期和时间（如 2018 年 11 月 27 日）。

这些信息将被保存并输入到网络爬虫工具（如 Photon）中，网站的每个副本随后会被抓取以获得尽可能多的历史信息。

将“*&collapse=digest”添加到 URL 字符串中可以进一步扩展 URL 查询，显示由 Wayback 缓存的每个特定于站点的 URL，代码如下：

```
https://web.archive.org/cdx/search?url=domain.com*&collapse=digest
```

查看此 URL，可以看到为域名缓存的每个页面的完整列表。

扩大搜索范围，并再次查看 Bezlica.top，可以得到数百个结果：

```
https://web.archive.org/cdx/search?url=bezlica.top*&collapse=digest
top,bezlica)/threads/nuzhen-ship-telefona.30788/reply?quote=182018
20170504095614 http://bezlica.top:80/threads/nuzhen-ship-telefona.30788/
```

```
  reply?quote=182018 text/html 200 6ULJU6ZH7ZM2ZGG6HNWHSDFWXEC7QAAU 9611
top,bezlica)/threads/nuzhen-ship-telefona.30788/reply?quote=195845
20170504101949 http://bezlica.top:80/threads/nuzhen-ship-telefona.30788/
reply?quote=195845 text/html 200 AAKCFAPVFPA6HVSVY2S72XTK6DPBWD4U 9639
top,bezlica)/threads/nuzhen-ship-telefona.30788/reply?quote=196094
20170425161906
top,bezlica)/threads/nuzhna-rabota.12142 20170425002556
  http://www.bezlica.top:80/threads/nuzhna-rabota.12142
text/html 301 3I42H3S6NNFQ2MSVX7XZKYAYSCX5QBYJ 428
top,bezlica)/threads/nuzhna-rabota.12142 20170425002556
  http://www.bezlica.top:80/threads/nuzhna-rabota.12142/
text/html 200 75PDTP3FGKT5AYHH5CT3WHF3DWW5GR43 11297
top,bezlica)/threads/nuzhno-fake-id.62868 20170425020755
  http://bezlica.top:80/threads/nuzhno-fake-id.62868
text/html 301 3I42H3S6NNFQ2MSVX7XZKYAYSCX5QBYJ 424
top,bezlica)/threads/nuzhno-fake-id.62868 20170425020755
  http://bezlica.top:80/threads/nuzhno-fake-id.62868/
text/html 200 73Y7JISNW7AXJDXTEB2GRCKC7OUGKPQO 8630
top,bezlica)/threads/nuzhny-sellery.90646 20170710104915
  http://bezlica.top:80/threads/nuzhny-sellery.90646
text/html 301 3I42H3S6NNFQ2MSVX7XZKYAYSCX5QBYJ 405
top,bezlica)/threads/nuzhny-sellery.90646 20170710104915
  http://bezlica.top:80/threads/nuzhny-sellery.90646/
text/html 200 4UTAHZPB5YVNTS5MSKJJ2JJ4FXACULRU 9200
top,bezlica)/threads/nuzhny-sellery.90646 20170712001847
  http://bezlica.top:80/threads/nuzhny-sellery.90646/
text/html 200 PIVOCNJCPNWRDOC2XFHVKUZPNNDNI4EG 9204
top,bezlica)/threads/obnal-vcc.22482 20170425023630
http://bezlica.top:80/threads/obnal-vcc.22482
text/html 301 3I42H3S6NNFQ2MSVX7XZKYAYSCX5QBYJ 423
top,bezlica)/threads/obnalichu-vashi-zvonki-s-chego-ugodno. 90587 20170722053208
http://bezlica.top:80/threads/obnalichu-vashi-zvonki-s-chego-ugodno.90587
text/html 301 3I42H3S6NNFQ2MSVX7XZKYAYSCX5QBYJ 547
top,bezlica)/threads/obnalichu-vashi-zvonki-s-chego-ugodno.90587 20170722053208
  http://bezlica.top:80/threads/obnalichu-vashi-zvonki-s-chego-ugodno.90587/
text/html 200 DHB3ECDNAZZJTZKTSZ4X6C7U4MKIWQMN 10902
top,bezlica)/threads/obnalichu-vashi-zvonki-s-chego-ugodno.90587 20170723200538
  http://bezlica.top:80/threads/obnalichu-vashi-zvonki- s-chego-ugodno.90587/
text/html 200 MB77HKZM7MH5YENQLZLLH4LKWF36TA5Q 11025
```

这样一个巨大的 blob 文件尽管难以阅读，但我们可以在其中找到缓存中的页面完整 URL 和缓存日期。为什么这很重要？因为比起下载所有缓存页面并在海量数据中搜索“管理面板”，仅通过 URL 列表就能找到它不是更容易一些吗？

现在，我们有了整个站点页面缓存的“地图”，可以在缓存页面列表中快速搜索特定关键字，如“admin”“panel”等。

作为站点管理者，如果想对搜索引擎隐藏某个 URL，需要做的就是更新其网站上的 robots.txt 文件。在站点地图中没有找到管理面板，并不意味着该面板在任何时候都不存在。该页面可能仍然在那里，只是被隐藏或重命名了。使用此方法，可以快速发现曾经可能存在但已被删除的页面。

10.2 小结

本章重点介绍了使用证书透明度和 Internet 档案（如搜索引擎缓存和 Wayback Machine）进一步调查网站和域名所有权的技术。证书透明度提供了一种通过查找共享 SSL 证书找到相关网站（和网站所有者）的方法。缓存的搜索页面和 Internet 档案（如 Wayback Machine）通过查看页面的历史信息来挖掘网站上曾经存在的数据。

下一章将重点介绍 DomainTools 中的 IRIS，它是在对域名历史和网站历史信息进行研究调查中最重要的工具。

第11章 域名工具 IRIS

如果问我调查 TDO 黑客组织过程中最有用的工具，我的选择一定是 IRIS。

IRIS 是当前市场上最全面和最优越的域名注册历史搜索工具之一。作为一个完备的威胁情报和调查平台，IRIS 通过域名注册和被动 DNS 数据为威胁行为者调查提供上下文信息。

IRIS 是一个付费工具。虽然我已经尽我所能试图寻找与它类似的开源工具，但对在本章中将要使用的功能而言，目前还没有免费工具能够做到这一点。

IRIS 拥有我所见过的最全面的域名注册历史数据库。

11.1 IRIS 的基础知识

本节以我的个人网站为例介绍 IRIS 的主要基础知识。在随后的章节中，我们将对 IRIS 与其他技术的结合进行更深入的研究。IRIS 本身是一个功能强大的工具，当它与其他工具和技术结合时，就会变得更加强大，特别是当需要将已获取的信息整合到目标信息矩阵（将在本书的第四部分开始构建）时，这一优点更加明显。

IRIS 支持搜索任意数量的字段，包括域名、个人姓名、电子邮件地址、物理地址、IP 地址、SSL 哈希值、DNS 服务器及构成 Whois 记录的任何其他信息，如图 11.1 所示。

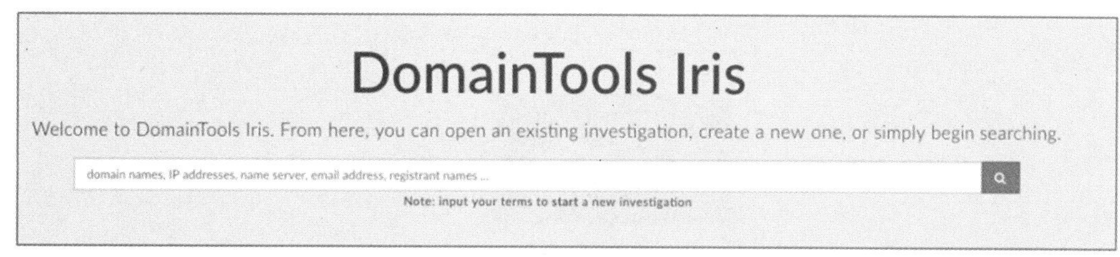

图 11.1 IRIS 搜索栏

在 IRIS 搜索栏中输入我的个人网站“vinnytroia.com”开始调查。搜索结果将显示在 IRIS 的中轴引擎（Pivot Engine）界面中，如图 11.2 所示。

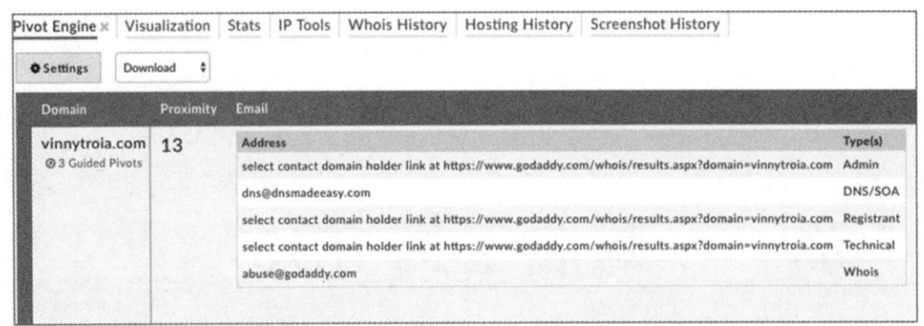

图 11.2　IRIS 的 Pivot Engine 界面

IRIS Pivot Engine 是开展威胁调查的基础。当搜索一个新条目时，Pivot Engine 将高亮显示域名 Whois 数据中可进一步搜索的路径，这些路径被称为 Pivots。每次沿着路径向前调查一步，其实都是在重新确定新的 Pivot。Pivot Engine 显示的数据非常多，共有 20 列，如图 11.2 所示，可以对任意数量的可搜索关键词高亮显示，包括（但不限于）以下字段：

- 电子邮件。
- 域名。
- 注册人。
- 组织机构。
- 状态。
- 创建/截止日期。
- 谷歌分析。
- MX 或 SPF 值记录。
- SSL 证书哈希值、来源或国家。

11.2　定向 Pivot 搜索

定向 Pivot 搜索旨在帮助用户识别潜在的、有价值的搜索点（Pivot Point）。默认情况下，IRIS 对被 500 个域名（这一阈值可以调整）的搜索点进行突出显示。当鼠标指针移至“3 Guided Pivots”上时，IRIS 将提示有哪些搜索点可以进一步搜索，如图 11.3 所示。

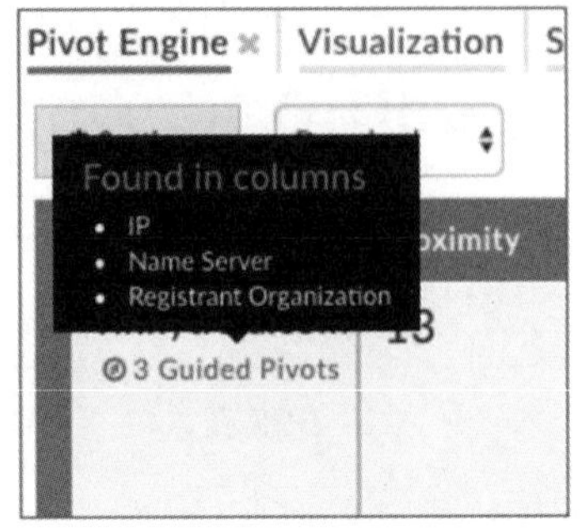

图 11.3　鼠标指针移至“3 Guided Pivots”上时弹出的搜索点提示

1. 配置

Pivot Engine 的配置方法如下：单击“Settings”按钮，打开配置面板。在这里可以更改 Pivot Engine 显示的表标题，以及在 Pivot Engine 表中显示的信息顺序。另外，还可以配置 Guided Pivot 的灵敏度，如图 11.4 所示。

IRIS 突出显示被 500 个以内不同域名（或匹配域名）共享的搜索点。虽然 500 这个数值很高，但这一数值可以在配置面板中设置。如果将该数字降低到 10，就意味着搜索点只有在被 10 个以内的不同域名共享时，才会在 Guided Pivots 中突出显示。

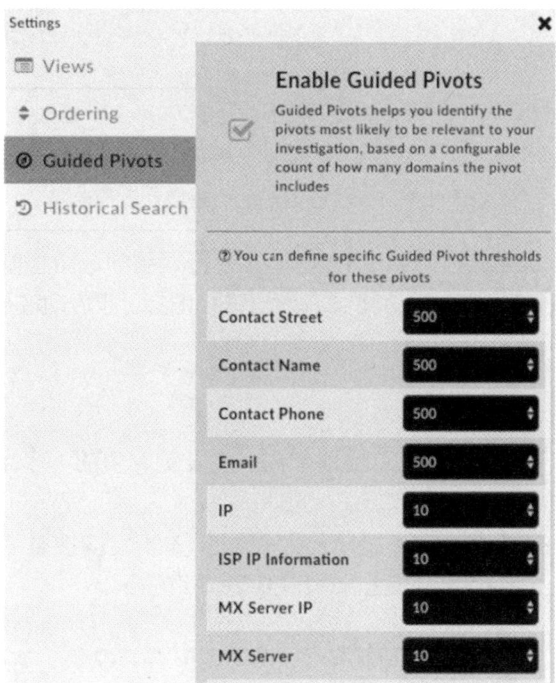

图 11.4　IRIS 的“Guided Pivots”配置选项

当搜索 IP 地址时，降低阈值是一个非常有用的设置，它可以快速定位相对“专用”的 IP 地址。例如，如果发现一个 IP 地址只被少数几个域名使用，那么这些域名很有可能由同一个人拥有或操作。

2. 历史搜索设置

最后一个选项是历史搜索设置——Historical Search。默认情况下，IRIS 仅在当前有效的记录中搜索关键词。这意味着如果搜索 Vinny Troia，不会找到一个 5 年前注册的且已被出售的域名。如图 11.5 所示，勾选“Enable Historical Search”复选框，可以使那些比较老的历史数据也包含在结果中。

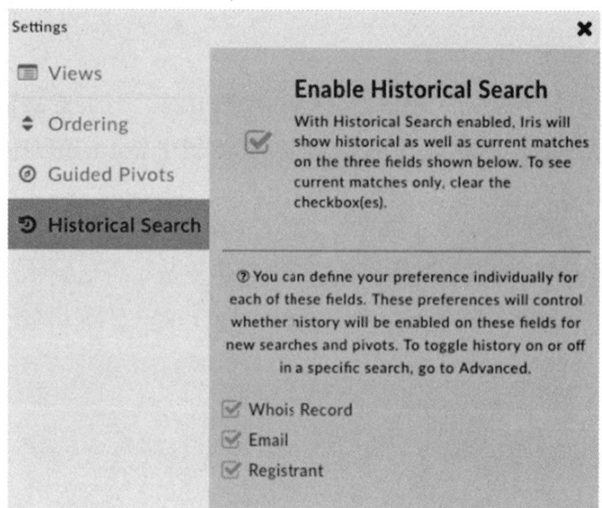

图 11.5　Pivot Engine 的历史搜索设置选项

当启用 Historical Search 时，结果列表中 IRIS 搜索到的域名将以“active”（活动）或“inactive”（非活动）进行标识：活动域显示为超链接图标，非活动域显示为破碎状的图标。

3. Pivot

每次听到“pivot”这个词，我总是联想到《老友记》中的一个场景，罗斯想把沙发搬上楼梯，但他一直在喊“pivot！！”。

在图 11.6 中，可以看到 Pivot 引擎已经找到了 3 个定向搜索点——IP、Name Server（名称服务器）和 Registrant Organization（注册管理组织）。

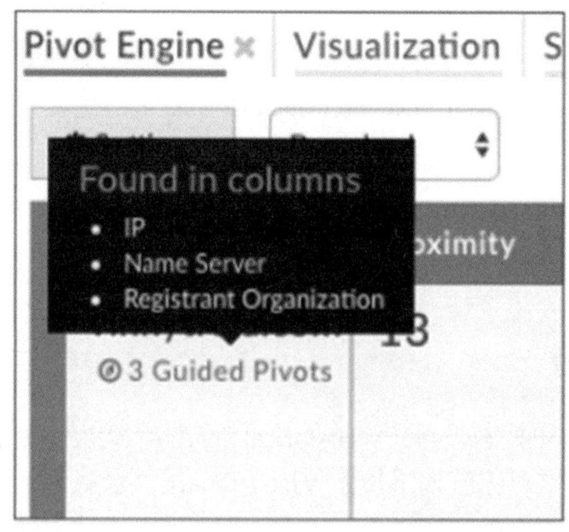

图 11.6　Pivot 引擎提供的 3 个定向搜索点

查看“Pivot Engine”的列表，有一个 IP 地址被高亮显示为潜在搜索点，如图 11.7 所示。

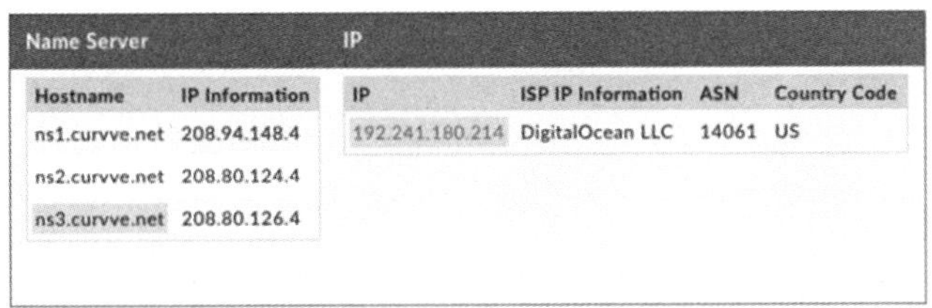

图 11.7　“Pivot Engine”列表中高亮显示的 IP 地址

可以从这里开展新一轮的调查。右击 IP 地址，在弹出的快捷菜单中选择“Expand Search”命令，弹出如图 11.8 所示的对话框。

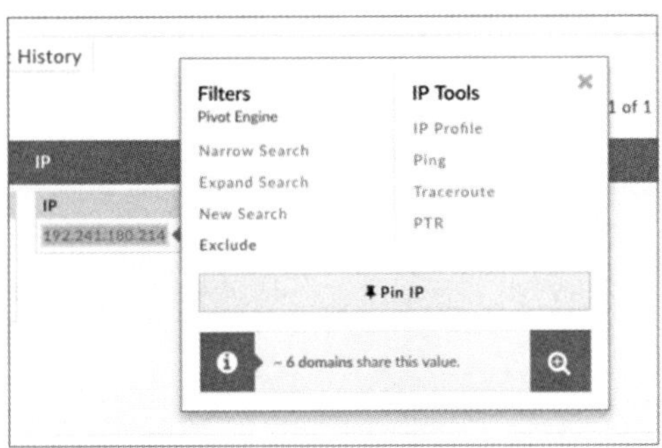

图 11.8　右击 IP 地址弹出的快捷菜单

这时，“Pivot Engine”界面切换为当前正在使用（或曾经使用）指定 IP 地址的域名，如图 11.9 所示。

可以看到结果反馈出的很多域名都属于我。这并不奇怪。但是当我们开始通过这种方法来识别实际威胁行为者拥有的域名时，结果将会变得有趣起来。

一般来说，域名托管在唯一（非共享）IP 地址上的情况非常少见，我们将继续调查其他搜索点。

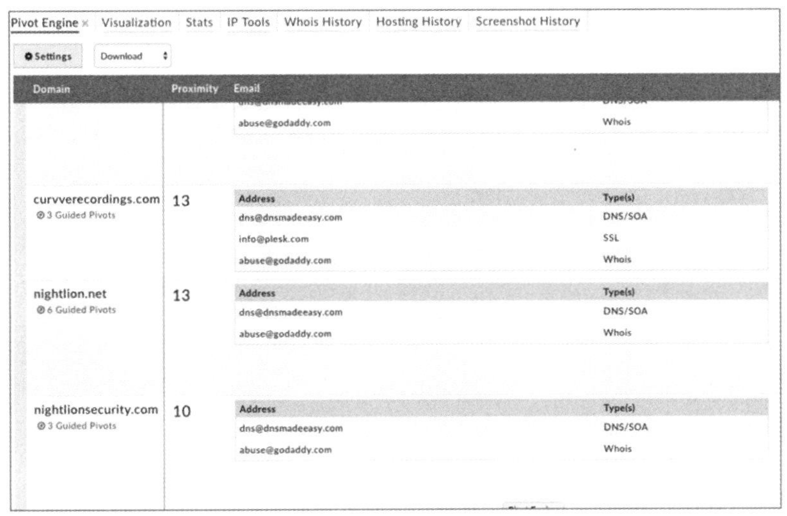

图 11.9　“Pivot Engine”界面切换为当前 IP 地址对应的域名

4. 基于 SSL 证书 Hash 值搜索

利用 SSL 证书对域名进行分类是一种很好的方法，通常可以找到一些域名间的关联信息。在第 9 章，我们介绍了通过 SSL Hash 值或主题名找到相关域名的方法。IRIS 集成了这一功能，允许调查人员根据共享的 SSL 证书信息对目标进行跟踪。

查看我的个人域名 vinnytroia.com 和我公司的域名 nightlionsecurity.com，如图 11.10 所示，可以看到两个 SSL 证书有明显差异。

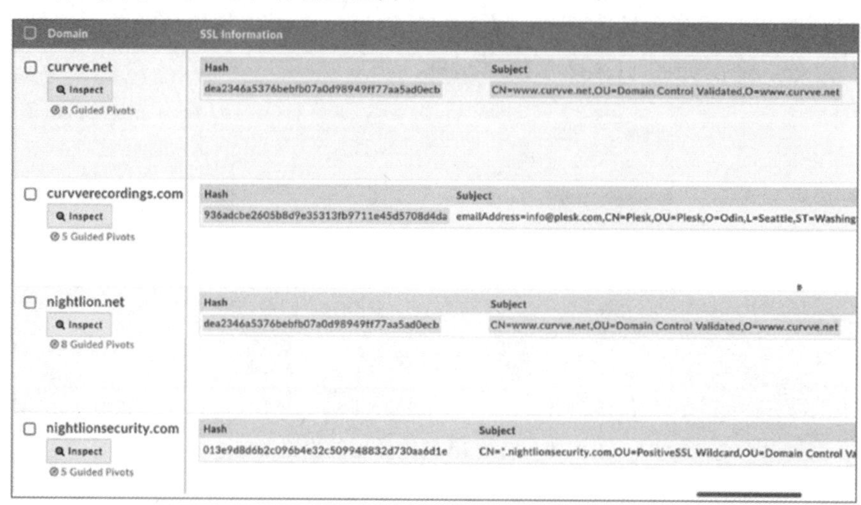

图 11.10　vinnytroia.com 和 nightlionsecurity.com 的 SSL 证书差异

其中两个域名的 SSL Hash 值和主题名完全相同。NightLionSecurity.com 的 Hash 值或主题名则是唯一的，这也是它们没有被突出显示的原因。

为了调查其中一个高亮的 SSL Hash 值搜索点，右击它，在弹出的快捷菜单中选择“Expand Search”命令，将 SSL Hash 值对应的域名加入调查目标库中，如图 11.11 所示。

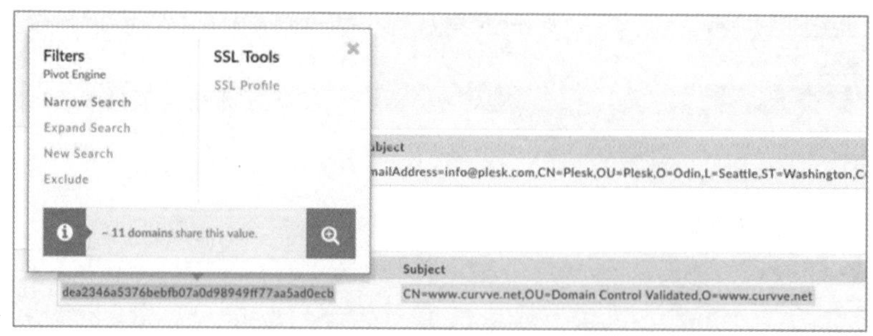

图 11.11　右击 SSL Hash 值弹出的快捷菜单

还可以选择“New Search”“Narrow Search”命令，让它显示拥有相同 SSL Hash 值的站点。到目前为止，示例中均使用了“Expand Search”命令以增加匹配项的数量。

图 11.12 所示为对我的私有 Web 服务器进行 SSL Hash 扩展搜索的结果。

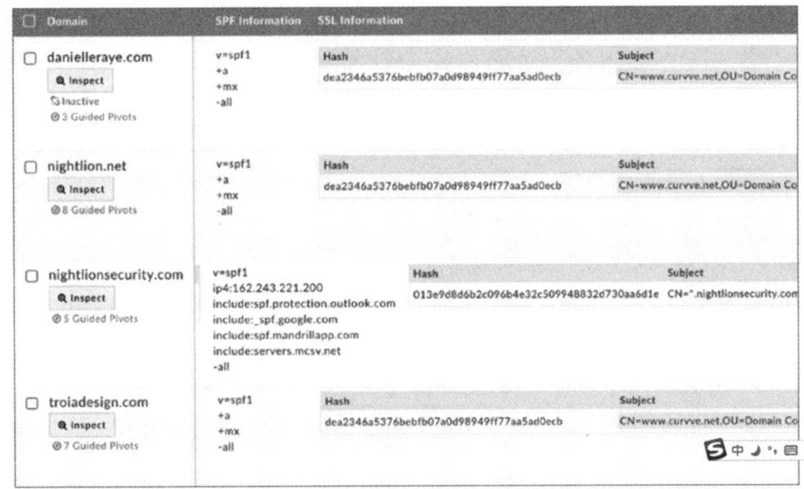

图 11.12　对作者的私有 Web 服务器进行 SSL Hash 扩展搜索的结果

对选定 SSL Hash 值进行扩展搜索后再次查看，发现相比之前的列表至少多了 3 个新站点。

每次发现新线索时，都应该把它添加到思维导图、Excel 表格或其他可以轻松查阅和参考的文档中。当我们在信息的迷宫中走得越深，就会发现越多的信息，但同时也会忘记和丢失潜在的关键信息。我们需要一种方法来记录和跟踪过程中找到的所有线索（将在第 16 章中详细介绍）。

IRIS 有自己的方法来跟踪调查轨迹，它在每个搜索点提供了“notes”功能，在这里可以记录你正在做什么、为什么会选择当前的搜索方式，以及其他任何你想留下的信息。它的目的就是让你在未来的某一时刻能够回忆起当初为什么会止步于此。图 11.13 所示为 IRIS 的注释窗口。

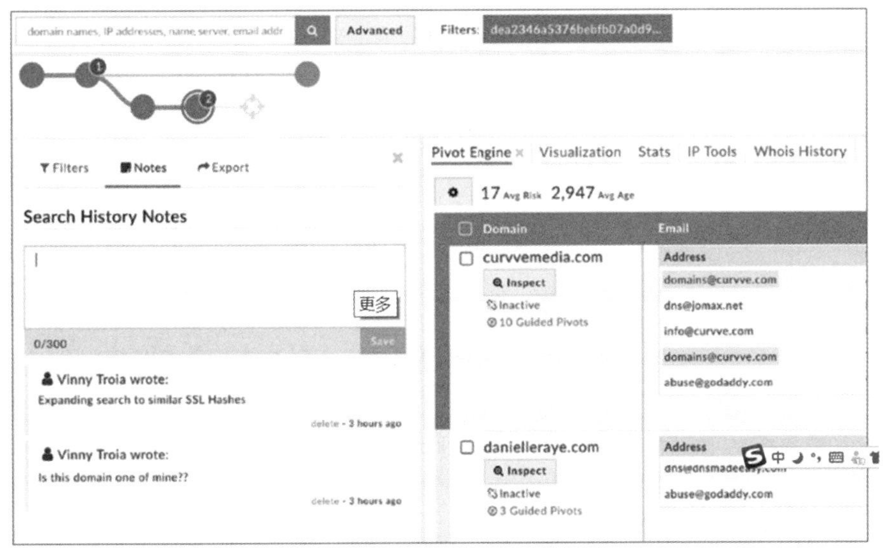

图 11.13　IRIS 的注释窗口

5. Whois 历史

在完成对 SSL 证书和相关域名的分析后，下一个合乎逻辑的步骤就是查找所有新域名目标的 Whois 历史信息。通过查找相似注册信息我们已经有所收获，通过搜索共享 SSL 证书，我们又获得了更多信息。

IRIS 的 Whois“Historical Records”（历史记录）选项卡提供了非常完整的域名注册历史记录。除了 IRIS，我还没有发现哪个工具可以像 DomainTools 一样追溯近 20 年来的域名注册数据。图 11.14 所示为对我个人域名 vinnytroia.com 执行的 Whois 历史记录搜索结果。

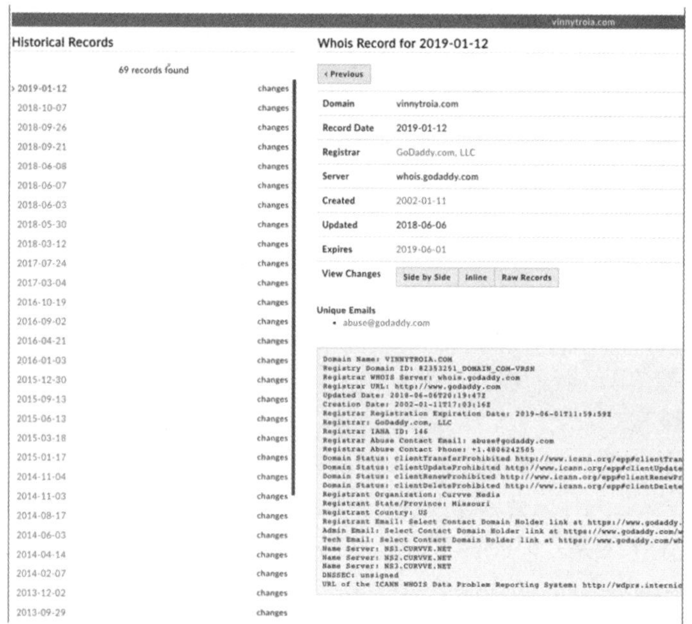

图 11.14 针对 vinnytroia.com 的 Whois 历史记录搜索结果

我的域名 Whois 历史信息是按日期组织的，它可以追溯到 2003 年之前。好奇的读者可以从 2003 年的结果中看到我在纽约的旧公寓地址，如图 11.15 所示。

说明

这项功能非常强大，尤其是当人们认识到大多数威胁行为者的操作安全（OPSEC）观念并没有想象中那么强大，他们也可能在某一时刻掉链子。

这个道理是亘古不变的：一旦我们追溯得足够远和足够深，总会在某个地方发现威胁行为者由于太过年轻和天真，在无意识的情况下留下的或多或少的痕迹。虚荣心始终是黑帽群体的主要特性：他们迫切希望世界知道他们的成就。这正是发生在威胁行为者 Cyper 身上的事情（下一章会有更多关于他的内容）。

通常，虚荣心会导致威胁行为者出现一些失误或错误行为，这就是为什么 IRIS 是武器库中最强大的工具之一。

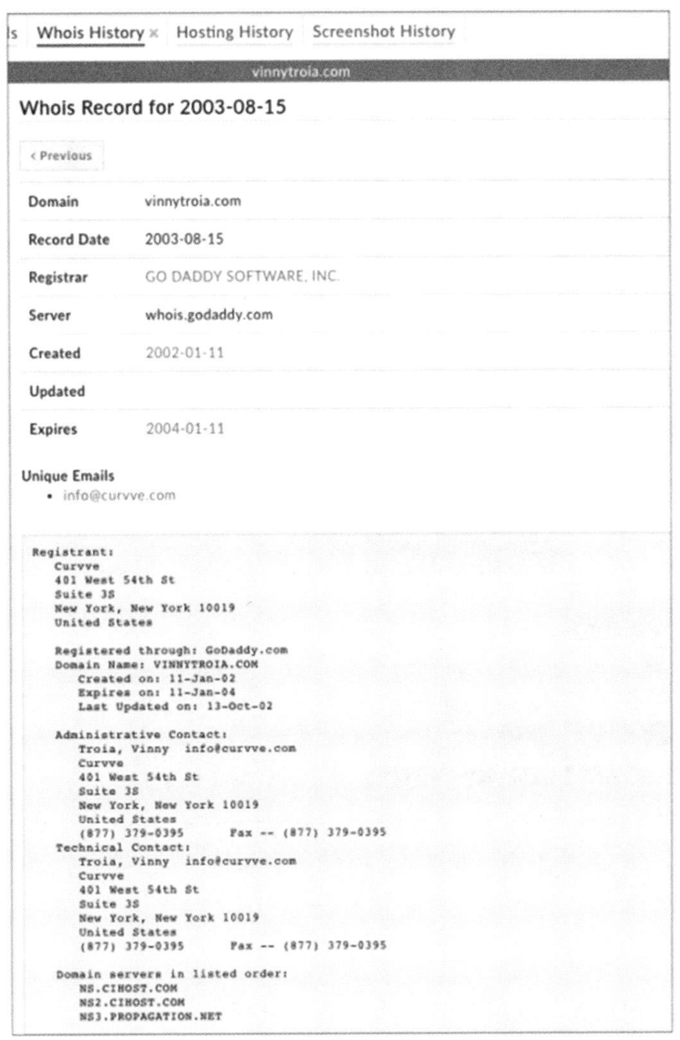

图 11.15　vinnytroia.com 在 2003 年的 Whois 历史记录

6. 截图历史

我发现 IRIS 的截图历史功能特别有用，这意味着我不必为了一点点新发现就在 WaybackMachine（时光机档案网站）中翻来翻去。当然，DomainTools 有时也可能会忘记对某次站点变更进行截图，这就需要手动进行确认和验证（这也是为了确保没有错过任何东西）。

在 IRIS 中查看我站点的截图历史，如图 11.16 所示，最早可以看到 2004 年的快照，我很肯定我的第一个网站出现的时间比那更早。但这个例子也说明，Wayback 极有可能拥有 IRIS 所没有的额外信息。

如果想知道这为什么很重要，请继续阅读。本章的结尾将展示一个活生生的例子：调查者如何把所有这些信息联系在一起，形成更重要的结论。

图 11.16　作者的个人网站在 IRIS 中的历史截图

7. 托管历史

IRIS 的托管历史功能可以根据 IP 地址所在位置提供关于域名所有者的更多线索。威胁行为者有时将子域名指向他们的家庭 IP 地址，这不足为奇。无论怎样，知道网站的托管位置都是一个重要的信息。但如果网站托管在 Amazon、Azure 或其他大型的服务提供商里，除非我们能将它与其他数据关联起来，否则，这个线索可能意味着走进死胡同。

图 11.17 所示为我个人网站的“Hosting History”（托管历史）选项卡，显示了在操作前后 IP 地址的变化情况。如果有人决定将域名托管在私有服务器上（比如家里），这项功能将非常有用。

图 11.17 显示了我的网站自 2003 年以来使用过的所有 IP 地址。在调查中可以查看每个 IP 地址，看看是否有其他恶意或可疑网站与这些 IP 地址有关。

这是一个非常耗时的过程，可以使用本章前面提到的 IRIS 的注释功能。IRIS 的注释功能可以应用在任何搜索点和搜索行为中，这为在调查中回溯并理解“如何”或“为何”要研究某些特定的信息提供了很大的帮助。

我们无法预测某项信息（如 IP 地址）是否会在后续调查中重现，因此，请确保使用一种便于搜索的方式记录现有结果。

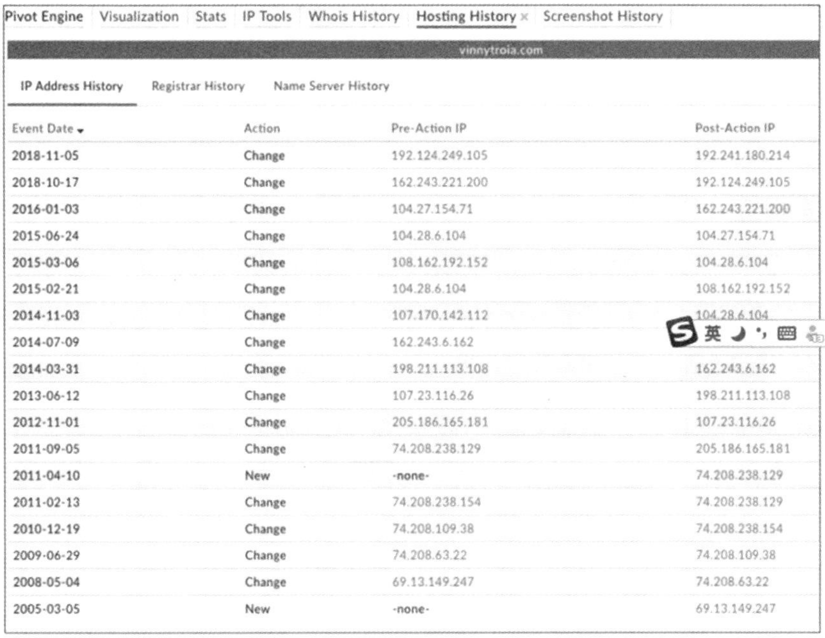

Pivot Engine　Visualization　Stats　IP Tools　Whois History　Hosting History ×　Screenshot History

vinnytroia.com

IP Address History　Registrar History　Name Server History

Event Date ▾	Action	Pre-Action IP	Post-Action IP
2018-11-05	Change	192.124.249.105	192.241.180.214
2018-10-17	Change	162.243.221.200	192.124.249.105
2016-01-03	Change	104.27.154.71	162.243.221.200
2015-06-24	Change	104.28.6.104	104.27.154.71
2015-03-06	Change	108.162.192.152	104.28.6.104
2015-02-21	Change	104.28.6.104	108.162.192.152
2014-11-03	Change	107.170.142.112	104.28.6.104
2014-07-09	Change	162.243.6.162	[illegible]
2014-03-31	Change	198.211.113.108	162.243.6.162
2013-06-12	Change	107.23.116.26	198.211.113.108
2012-11-01	Change	205.186.165.181	107.23.116.26
2011-09-05	Change	74.208.238.129	205.186.165.181
2011-04-10	New	-none-	74.208.238.129
2011-02-13	Change	74.208.238.154	74.208.238.129
2010-12-19	Change	74.208.109.38	74.208.238.154
2009-06-29	Change	74.208.63.22	74.208.109.38
2008-05-04	Change	69.13.149.247	74.208.63.22
2005-03-05	New	-none-	69.13.149.247

图 11.17　IRIS 的托管历史选项卡

IRIS 的注释功能可以帮助人们跟踪每一个搜索步骤，注释包含了大量信息。令人惊奇的是所有注释都是可以导出的，调查者可以将注释导出为一个完整的大文件并在将来引用。

11.3　信息融合

在第 9 章调查过 WhitePacket.com 的域名注册数据，其所有者信息在 2014—2015 年是失效状态（域名过期）。图 11.18 所示为 WhitePacket.com 的域名注册历史（当域名注册数据受到隐私保护时，旁边会显示一个眼睛图标）。

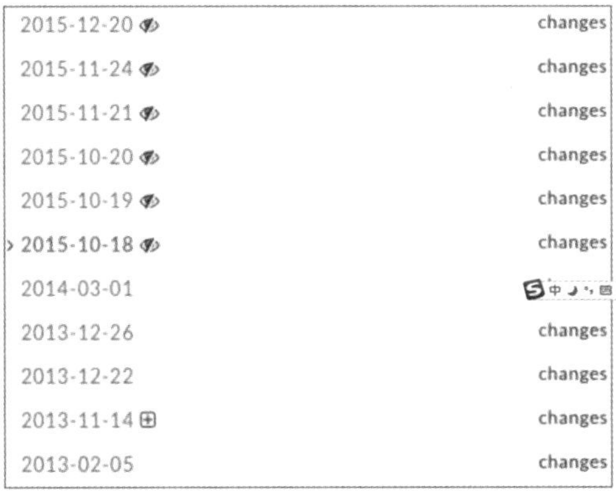

Date	
2015-12-20	changes
2015-11-24	changes
2015-11-21	changes
2015-10-20	changes
2015-10-19	changes
› 2015-10-18	changes
2014-03-01	
2013-12-26	changes
2013-12-22	changes
2013-11-14 ⊞	changes
2013-02-05	changes

图 11.18　WhitePacket.com 的域名注册历史

我们无法确认这些域名所有者是不是同一个人，暂且假定不是。为了核实，我们要从历史域名数据中检查是否能找到关于所有者的任何有用线索。图 11.19 所示为这个域名在 2016 年 12 月 10 日的历史截图。

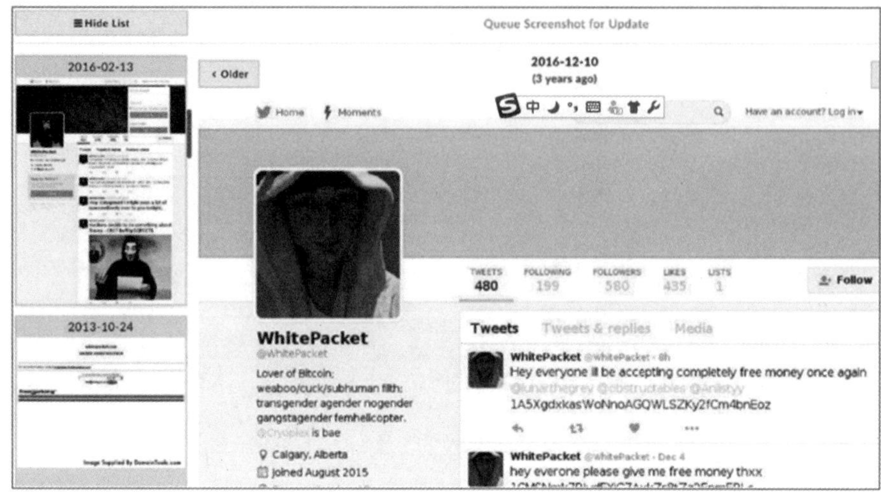

图 11.19　WhitePacket.com 域名在 2016 年 12 月 10 日的历史截图

在“Screenshot History”选项卡中可以明显看到域名在 2013 年和 2016 年（当时域名看起来重新定向到了 Twitter）的区别。现在看看在 archive.org 上针对这个域名会找到什么，图 11.20 所示为 archive.org（在第 10 章中讨论过）关于此站点存档的时间线。

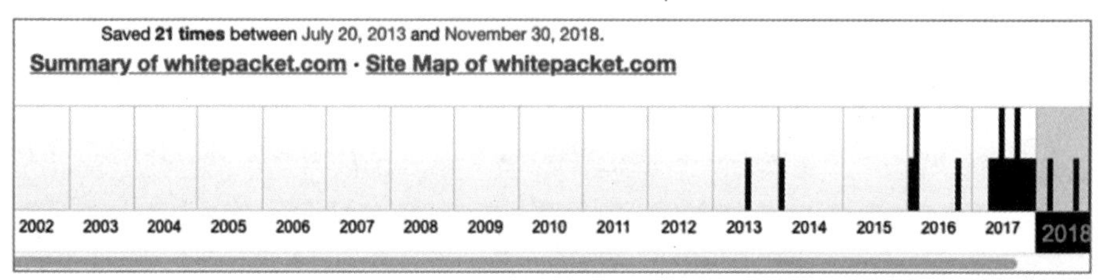

图 11.20　WhitePacket.com 在 archive.org 中存档的时间线

从图 11.20 中可以看到，archive.org 拥有站点在 2013 年 7 月 20 日至 2018 年 11 月 30 日的 21 张界面截图。有趣的是，IRIS 可以追溯到更早之前，但 Wayback 有更多的数据（这也是再次说明不要依赖单一来源搜集信息的例证）。

2015 年的站点没什么值得注意的。继续调查，2016 年的一个存档页面提供了大量有用信息，包括图 11.21 所示的证词。

I rarely write testimonials, but Mr. Meunier (WhitePacket) is one of the exceptions. Some months ago we got a warning from an XSSposed report about a potential threat on one of our websites. With a big concern from upper management and IT security, we were trying to patch the hole as quick as we could. I was testing my luck and contacted WhitePacket directly as he was the original white-hat hacker who found the bug, surprisingly enough, he did respond! Thanks, WhitePacket (Christopher Meunier) for giving us the clear explanation and the valuable advice, we had the patch in a matter of just a few hours. I'm not in the position of representing my organization but from the bottom of my heart, I again thank Mr. Meunier for his hard work, rich knowledge, and the good heart of being a white-hat hacker.

图 11.21　2016 年从 WhitePacket.com 快照中获取的证词

除了证词，图 11.22 还显示了其他关联信息。

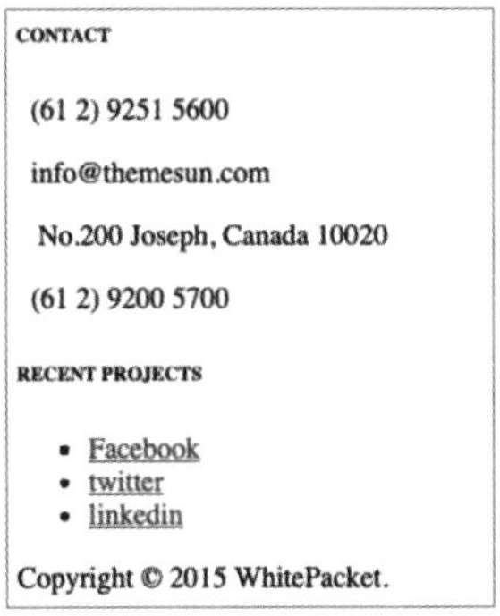

CONTACT

(61 2) 9251 5600

info@themesun.com

No.200 Joseph, Canada 10020

(61 2) 9200 5700

RECENT PROJECTS

- Facebook
- twitter
- linkedin

Copyright © 2015 WhitePacket.

图 11.22　2016 年从 WhitePacket.com 快照中获取的其他联系信息

页面上列出了两个电话号码、一个物理地址、一个与其他域名有关的电子邮件地址和 3 个社交媒体页面。现在有 7 条新的信息需要进一步研究。

重要提示：不要止步于此

大多数人一旦得到新的信息，就会立即开始挖掘新的线索。在这一点上，我建议先克制一下。找到新线索固然令人兴奋，但这样做很可能意味着会忘记完成手头正在进行的 archive.org 检索任务（或其他任何调查活动）。虽然对新信息的调查可以发现更多的线索（在这种情况下肯定会有）。但如果马上退出正在开展的研究转而去调查新的线索，有可能错过本来可以发现的重要信息。也就是说，应当试着克制一下想去做新事情的冲动，直到当前的任务完成为止。现在多花一点时间，未来就可能得到更大的回报。

在后续的站点历史快照中，对电子邮件地址和电话号码进行了更新，如图 11.23 所示。

CONTACT

+1 (888) WPACKET

chris@whitepacket.com

图 11.23　经过更新的电子邮件地址和电话号码

等到所有网站快照信息查看完毕，就可以回去研究新线索了。前面介绍了 WhitePacket.com 的SSL 证书信息与其他46个域名相关联。我们不能肯定所有的域名都属于同一个所有者，唯一能做的事情就是核实。在快速浏览所有的研究成果后，发现如下两个域名：

- MindBendingBeats.ca。
- Anonimo.ninja。

MindBendingBeats.ca 是一个使用比特币交易的双耳节拍音乐商店，也许我们能在它的档案信息中找到加密钱包地址。为了加速调查，可以使用 Photon 或另一个有效的工具 Wayback-Machine-scraper 下载 Wayback Machine（archive.org）缓存的所有页面。下面的代码显示了使用 Wayback-Machine-scraper 完成这项任务的输出结果。

```
2019-02-26 08: 18: 33 [scrapy.core.engine] INFO:  Spider opened
2019-02-26 08: 18: 33 [scrapy.extensions.logstats] INFO:  Crawled 0 pages
```

```
(at 0 pages/min), scraped 0 items (at 0 items/min)
2019-02-26 08: 18: 37 [scrapy.core.engine] INFO: Closing spider (finished)
2019-02-26 08: 18: 37 [scrapy.statscollectors] INFO: Dumping Scrapy stats:
{'downloader/request_bytes': 6021,
'downloader/request_count': 17,
'downloader/request_method_count/GET': 17,
'downloader/response_bytes': 72542,
'downloader/response_count': 17,
'downloader/response_status_count/200': 17,
'dupefilter/filtered': 32,
'finish_reason': 'finished',
'finish_time': datetime.datetime(2019, 2, 26, 8, 18, 37, 320617),
'log_count/INFO': 7,
'memusage/max': 50098176,
'memusage/startup': 50098176,
'offsite/domains': 8,
'offsite/filtered': 40,
'request_depth_max': 1,
'response_received_count': 14,
'scheduler/dequeued': 26,
'scheduler/dequeued/memory': 26,
'scheduler/enqueued': 26,
'scheduler/enqueued/memory': 26,
'start_time': datetime.datetime(2019, 2, 26, 8, 18, 33, 470619)}
2019-02-26 08: 18: 37 [scrapy.core.engine] INFO: Spider closed (finished)
```

Wayback-machine-scraper 返回了 8 个缓存页面，它们既不包含比特币钱包地址，也没有其他有价值的东西。接下来，看看 Anonimo.ninja。

查看 archive.org 上的记录，可以从图 11.24 中发现域名的所有者是相同的，因为它关联了我们之前见过的 Twitter 页面（@WhitePacket）。

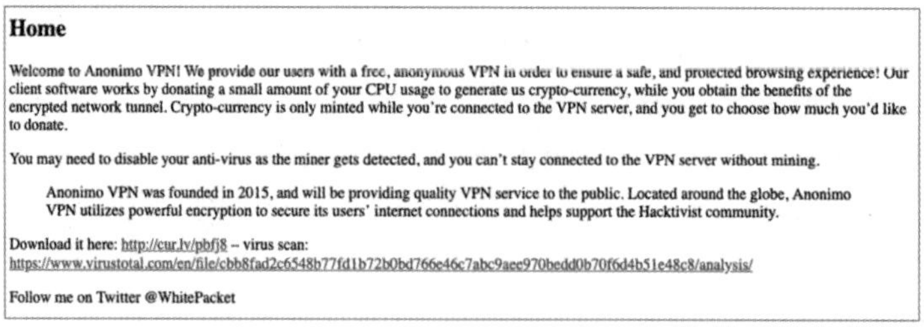

Home

Welcome to Anonimo VPN! We provide our users with a free, anonymous VPN in order to ensure a safe, and protected browsing experience! Our client software works by donating a small amount of your CPU usage to generate us crypto-currency, while you obtain the benefits of the encrypted network tunnel. Crypto-currency is only minted while you're connected to the VPN server, and you get to choose how much you'd like to donate.

You may need to disable your anti-virus as the miner gets detected, and you can't stay connected to the VPN server without mining.

> Anonimo VPN was founded in 2015, and will be providing quality VPN service to the public. Located around the globe, Anonimo VPN utilizes powerful encryption to secure its users' internet connections and helps support the Hacktivist community.

Download it here: http://cur.lv/pbfj8 -- virus scan:
https://www.virustotal.com/en/file/cbb8fad2c6548b77fd1b72b0bd766e46c7abc9aee970bedd0b70f6d4b51e48c8/analysis/

Follow me on Twitter @WhitePacket

图 11.24　MindBendingBeats.ca 网站快照中包含的所有者信息

现在，我们知道了所有者是同一人，再来看看网站快照中有没有其他有用的信息。经过浏览发现 Anonimo.ninja 是一个 VPN 客户端，它同时也是比特币挖矿程序。Anonimo VPN.exe 的下载链接无效，但幸运的是下面的 Virustotal 链接仍然有效。图 11.25 所示为 Anonimo VPN.exe 客户端在 Virustotal 上的信息记录。

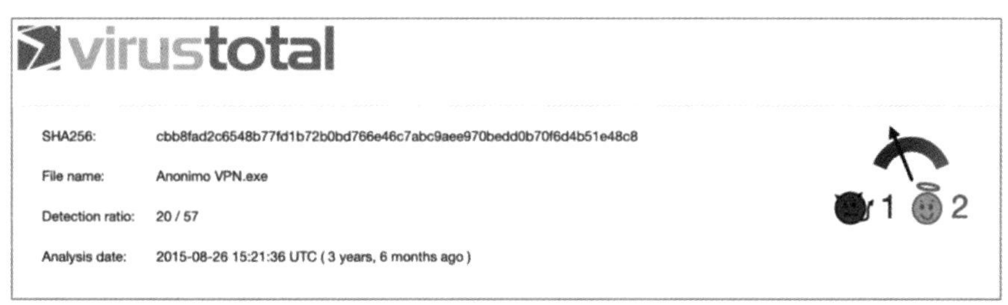

图 11.25　Anonimo VPN.exe 客户端在 Virustotal 上的信息记录

如图 11.26 所示，这个文件的 Virustotal 注释看起来可疑。

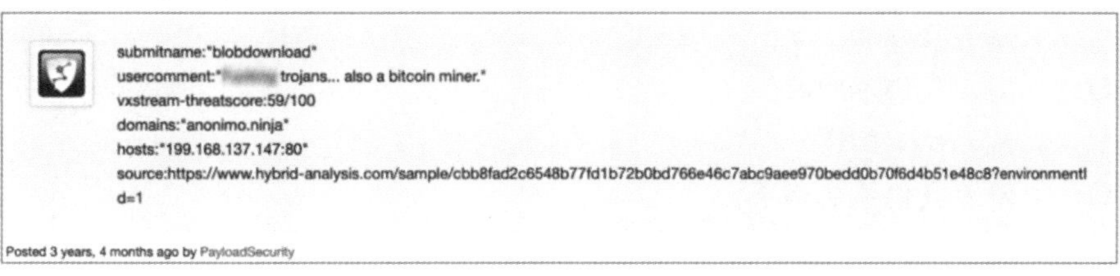

图 11.26　Virustotal 对 Anonimo VPN.exe 客户端的注释信息

从评论来看，这个 VPN 软件实际上是一个比特币挖矿程序（我们已经从网站的描述中得知）。好消息是这个签名给我们留下了一个 Cloudflare 之外的 IP 地址：199.168.137.147。在 Virustotal 中搜索该 IP 地址可以得到图 11.27 所示的所有者信息。

199.168.137.147

As Owner	VolumeDrive
ASN	46664
Country	US

Click to select

图 11.27　Virustotal 显示的 IP 地址所有者信息

经过搜索，可以知道 ASN（和主机）都属于 VolumeDrive（www.volumedrive.com）。虽然目前针对这些信息还无法开展进一步行动，但需注意的是它们以后可能会出现。

上述示例是众多可能的搜索路径中的一条，其中揭示了相当重要的信息，但我直到很久以后才意识到。当查看 WhitePacket.com 的历史记录时，有一张 2016 年的 Twitter 页面截图。图 11.28 所示为该截图的放大版本。

直到我写这本书的最后几章时，才意识到这个发现非常微妙。为了构建足以说明这条信息重要性的场景，下面给出 TDO 与 VT（Vinny Troia，也就是我）的一次对话的摘录。

TDO：　我们根本不是兄弟，伙计。

VT：　瞧，你在邮件里都说我们是朋友。

TDO：　今晚你很幸运。

VT：　但是，好吧，我理解。我没有冒犯的意思，从现在开始我会保持专业的态度。

TDO：　我坐在这里把 TB 级的数据转移到一个新的服务器，我很无聊，所以你才有机会幸运地与我交流。

TDO:　是的，花点时间表示尊敬吧，你这个笨蛋。
TDO:　滚开。你的酒呢?
VT:　我明天晚上会出去，我会在回家的路上买些啤酒，我们下次再聊。
TDO:　你真是个笨蛋。
TDO:　我是这里唯一一个吸食毒品的人。
TDO:　你的网站太臭。
TDO:　它每天都被黑。
TDO:　你这个笨蛋。（You dumb cuck）
VT:　对了，顺便说一下，
VT:　谁是 Argon?
TDO:　不，我们不回答。
VT:　因为你不知道?
TDO:　因为我们不会回答。

图 11.28　2016 年 WhitePacket.com 站点的历史截图

注意到什么了吗?

回到针对 WhitePacket 的调查，他个人推特页面上的描述是“……比特币爱好者：weaboo/cuck/subhuman filth”。这里最重要的词是 cuck。

```
2: 07 A M TDO You dumb cuck.
```

我通过私聊、论坛等渠道与不同的威胁行为者交流了数千小时。我从来没有听到（或看到）有人用“cuck”这个词。

我不是律师，所以我不能说这个发现在法庭上会有多大的意义。然而，我知道执法机构常用的一种技巧是寻找语言行为中的共性特征，例如，使用独特的单词和反复出现的语法错误（例如，their vs. there）。

结合所有其他证据，我怀疑 cuck 这个单词非常关键。

11.4　小结

本章介绍了 IRIS 功能的深度和广度。之所以选择 IRIS，是因为它是一个强大的工具，能够在调查过程中提供巨大的价值。如果没有使用这个工具，我将无法发现这么多线索，拼凑出这么多历史域名所有者信息。

本章强调了 IRIS 的一些关键特性，介绍了如何通过这些特性来发现域名所有者。其提供的信息非常强大，调查者可以自主决定是否需要使用这类高级工具。

下一章将开始本书第三部分，我们将通过调查文件元数据来“挖掘黄金”。

第三部分　挖掘高价值信息

这一部分包括：

第 12 章：文件元数据

第 13 章：藏宝之处

第 14 章：可公开访问的数据存储

本部分将侧重介绍在一些不寻常的地方搜索数据。我们将在第三部分开始挖掘高价值信息（“黄金”），我们的研究主要放在工具和技术上，它们可以帮助人们从互联网上那些经常被忽视的角落里发现有用（通常是隐藏的）的信息。

第12章 文件元数据

文件元数据是指存储在文件中的用于描述文件特征的信息。这些元数据通常是不可见的，它提供了其所在文件的支持信息。

文件元数据包括文档名称、创建软件、创建者或组织名称、创建计算机名称、首次创建时期和时间、修改日期和时间等信息。

除了基本的元数据信息，文件元数据信息会随着创建文件的软件，以及不同的文件类型而产生差异。文件保存了多少元数据，主要取决于创建文件所使用的软件。

当遇到一些未删除元数据信息的文件时，事情就会变得非常有意思。这些文件（尤其是照片）中的元数据可能包含非常敏感的信息。

例如，2016 年有一桩丑闻，涉及明星裸照泄露。这些照片是从受害者的个人账户中窃取并泄露到网上的。经过分析，照片中的元数据包含非常具体的可识别信息，如相机（或手机）类型、镜头设置、照片拍摄的日期和时间、地理位置等。

这类信息在某些情况下可以提供大量的犯罪证据。通过上网搜索，能够发现过去的新闻报道，以及犯罪者在社交媒体账户上发布的照片。得益于这些文件元数据，执法部门最终对犯罪者实施了逮捕。

这只是一个例子，请记住所有文件中都保留了某种元数据信息。本章将介绍能够从不同文件类型中查找和提取元数据的工具。

12.1 Exiftool

Exiftool 是一个可单独使用的命令行工具，用于读取、写入和编辑文件元数据。Exiftool 支持的元数据格式包括 EXIF、GPS、ID3、XMP、GeoTIFF，适用于大多数数码相机（包括佳能、富士、柯达、尼康等）。Exiftool 除了支持以上元数据格式，还可以从几乎所有已知的文件类型中读取元数据信息，包括但不限于 PDF、文档、电子表格、图像、音频文件和视频文件。

Exiftool 的下载地址为 https：//www.sno.phy.queensu.ca/~phil/exiftool。

为了展示 Exiftool 的能力，我使用了来自 Ianaré Sévi 的 GitHub 数据库的示例图像来进行元数据检索（地址为 https://github.com/ianare/exif-samples）。

Exiftool 非常简单，没有太多选项。运行该工具需要输入待分析文件的名称，代码如下：

```
exiftool Canon_40D.jpg

ExifTool Version Number                         :  11.33
File Name                                       : DSCN0027.jpg
File Size                                       :  154 kB
File Modification Date/Time                     : 2019: 04: 04 04: 57: 47-05: 00
File Access Date/Time                           : 2019: 04: 04 04: 57: 47-05: 00
File Inode Change Date/Time                     :  2019: 04: 04 04: 57: 47-05: 00
File Permissions :  rw-r--r--File Type          :  JPEG
File Type Extension                             :  jpg
MIME Type                                       :  image/jpeg
Exif Byte Order                                 :  Little-endian (Intel,  II)
Image Description                               :
Make                                            :  NIKON
Camera Model Name                               :  COOLPIX P6000
Orientation                                     :  Horizontal (normal)
X Resolution                                    :  300
Y Resolution                                    :  300
Resolution Unit                                 :  inches
Software                                        :  Nikon Transfer 1.1 W
Modify Date                                     :  2008: 11: 01 21: 15: 09
Exif Version                                    :  0220
Date/Time Original                              :  2008: 10: 22 16: 44: 01
Create Date                                     :  2008: 10: 22 16: 44: 01
Subject Distance Range                          :  Unknown
[...truncated...]
GPS Latitude Ref                                :  North
GPS Longitude Ref                               :  East
GPS Altitude Ref                                :  Above Sea Level
GPS Time Stamp                                  :  14: 42: 29.03
GPS Satellites                                  :  05
GPS Img Direction Ref                           :  Unknown ()
GPS Map Datum                                   :  WGS-84
GPS Date Stamp                                  :  2008: 10: 23
Compression                                     :  JPEG (old-style)
Thumbnail Offset                                :  4560
Thumbnail Length                                :  5803
Image Width                                     :  640
Image Height                                    :  480
```

```
Encoding Process                    : Baseline DCT, Huffman coding
Bits Per Sample                     : 8
Color Components                    : 3
Y Cb Cr Sub Sampling                : YCbCr4: 2: 2 (2 1)
XMP Toolkit                         : Public XMP Toolkit Core 3.5
Rating Percent                      : 0
Aperture                            : 4.1
GPS Date/Time                       : 2008: 10: 23 14: 42: 29.03Z
GPS Latitude                        : 43 deg 28' 6.39" N
GPS Longitude                       : 11 deg 52' 53.45" E
GPS Position                        : 43 deg 28' 6.39" N, 11 deg 52' 53.45" E
Image Size                          : 640x480
Megapixels                          : 0.307
Scale Factor To 35 mm Equivalen     : 4.7
Shutter Speed                       : 1/148
Thumbnail Image                     : (Binary data 5803 bytes, use -b option
                                       to extract)
Circle Of Confusion                 : 0.006 mm
Field Of View                       : 65.5 deg
Focal Length                        : 6.0 mm (35 mm equivalent: 28.0 mm)
Hyperfocal Distance                 : 1.36 m
Light Value                         : 11.9
```

在调查过程中找到这样一份完整的文件似乎很难，但现实是可能的，因为大多数罪犯要么不懂技术，要么认为自己是不可战胜的。警方根据文件元数据中记录的信息开展调查，进而实施逮捕的事例很多，因此，搜集信息时不要把这种可能性排除在外。

12.2 Metagoofil

Metagoofil 是一个信息搜集工具，它可以从 Web 服务器公开的文件中提取元数据。Exiftool 擅长从已有的文件中读取元数据，Metagoofil 则通过搜索文件来获得关于目标的更多信息。

Metagoofil 通过在谷歌上执行 dork 搜索来查找可能包含有用元数据的文档。它可以将文档保存至本地，并从主流的文件格式（包括但不限于 Word、Excel、PDF 等）中远程提取元数据。

Metagoofil 能够从文档中提取的元数据包括名称、电子邮件地址、共享资源和服务器名称等（这只是它支持提取的元数据列表中的一部分）。

Metagoofil 的下载地址为 https：//github.com/laramies/metagoofil，可选参数列举如下。

-d：搜索域名。

-t：下载的文件类型（pdf、doc、xls、ppt、odp、ods、docx、xlsx、pptx）。

-l：搜索结果限制（默认为 200）。

-h：处理目录中的文档（使用“yes”进行本地分析）。

-n：下载文件数量限制。

-o：工作目录（保存下载文件的位置）。

- f：输出文件。

运行 Metagoofil 很容易，在命令的后面加上-d 和要搜索的域名即可，代码如下：

```
python metagoofil.py -d apple.com
```

在运行搜索命令之前，调查者通常需要设置工作目录（以便 Metagoofil 保存它找到的所有文件的副本），并创建一个输出文件（为了直观地看到结果）。Metagoofil 还需要指定待查找的文件类型，否则它无法运行。我们将搜寻结果的限制减少为 100，并将下载文件的限制设为 100。用这些参数对 Busey Bank 网站进行搜索，代码如下：

```
python metagoofil.py -d busey.com -t doc，pdf，xls，docx，xls，xlsx -l 100 -n 100 -
o docs -f results.txt
```

Metagoofil 完成搜索后，可以打开 HTML 文件来查看结果。下载的数据可能包括用户名、软件版本、电子邮件、服务器和路径、文件及文件的元数据等。元数据包括文件所有者及它们在执行命令机器上的文件路径，代码如下：

```
*****************************************************
*                                                   *
      /\/\   ___| |_ __ _  __ _  ___   ___  / _(_) |
*    /    \ / _ \ __/ _` |/ _` |/ _ \ / _ \| |_| | | *
*   / /\/\ \  __/ || (_| | (_| | (_) | (_) |  _| | | *
*   \/    \/\___|\__\__,_|\__, |\___/ \___/|_| |_|_| *
                          |___/
*                                                   *
* Metagoofil Ver 2.2                                *
* Christian Martorella                              *
* Edge-Security.com                                 *
* cmartorella_at_edge-security.com                  *
*****************************************************
['pdf']
[-] Starting online search...
[-] Searching for pdf files， with a limit of 10
Searching 100 results...
Results： 106 files found
Starting to download 100 of them：
----------------------------------------
[1/10] /webhp?hl=en
[2/10] https： //www.microsoft.com/buxtoncollection/a/pdf/
ebookman_manual.pdf
[3/10] http： //go.microsoft.com/fwlink/p/%3Flinkid%3D528467
[4/10] http： //nds1.webapps.microsoft.com/phones/files/guides/
Nokia_302_UG_es.pdf
```

```
[5/10] http: //nds1.webapps.microsoft.com/phones/files/guides/
Nokia_100_UG_en.pdf
[6/10] http: //nds1.webapps.microsoft.com/phones/files/guides/
6310i_usersguide_hu.pdf
[7/10] http: //nds1.webapps.microsoft.com/phones/files/guides/
Nokia_6020_UG_es.pdf
[8/10] http: //nds1.webapps.microsoft.com/phones/files/guides/
Nokia_100_UG_nl.pdf
[9/10] http: //nds1.webapps.microsoft.com/phones/files/guides/
Nokia_1616_1800_UG_fr.pdf
[10/10] http: //nds1.webapps.microsoft.com/phones/files/guides/
Nokia_6555_UG_nl.pdf
Processing
[+] List of users found:
----------------------------------------
Mode
[+] List of software found:
----------------------------------------
Acrobat Distiller 8.1.0 (Windows)
AH Formatter V5.3 R1 (5,3,2011, 0425) for Windows
Acrobat Distiller 4.05 for Windows
FrameMaker+SGML 5.5. 6p145
Acrobat Distiller 5.0.5 (Windows)
FrameMaker 6.0
[+] List of paths and servers found:
----------------------------------------
[+] List of e-mails found:
Acrobat Distiller 5.0.5 (Windows)
FrameMaker 6.0
Acrobat Distiller 5.0.5 (Windows)
FrameMaker 6.0
```

12.3 Recon-NG 元数据模块

Recon-NG 是一个带有多个内置模块的手动调查工具，旨在帮助人们从文件和文档中快速查找和提取有用的元数据。

1. Metacrawler

Recon-NG 的 Metacrawler 模块能够搜索与给定域名相关的文件，然后从它们中提取相关的元数据。在 Recon-NG 中使用 Metacrawler 模块的代码如下：

```
use recon/domains-contacts/metacrawler
```

图 12.1 所示为 Metacrawler 模块信息，可以通过输入 show info 命令进行查看。

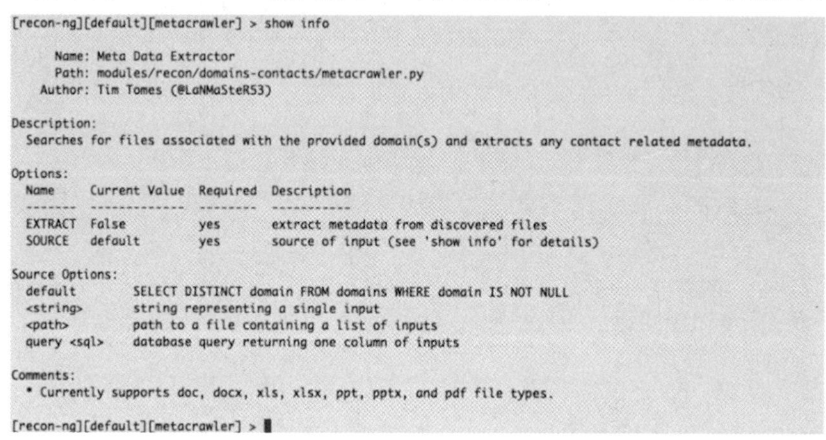

```
[recon-ng][default][metacrawler] > show info

      Name: Meta Data Extractor
      Path: modules/recon/domains-contacts/metacrawler.py
    Author: Tim Tomes (@LaNMaSteR53)

Description:
  Searches for files associated with the provided domain(s) and extracts any contact related metadata.

Options:
  Name     Current Value  Required  Description
  -------  -------------  --------  -----------
  EXTRACT  False          yes       extract metadata from discovered files
  SOURCE   default        yes       source of input (see 'show info' for details)

Source Options:
  default        SELECT DISTINCT domain FROM domains WHERE domain IS NOT NULL
  <string>       string representing a single input
  <path>         path to a file containing a list of inputs
  query <sql>    database query returning one column of inputs

Comments:
  * Currently supports doc, docx, xls, xlsx, ppt, pptx, and pdf file types.

[recon-ng][default][metacrawler] >
```

图 12.1　查看 Metacrawler 模块信息

Metacrawler 模块还有一个 EXTRACT 选项，可以从发现的文件中提取元数据。如果将此选项设置为 False，则该模块将把文件搜索中找到的关联信息在界面上显示，但不会提取并保存这些结果。

图 12.2 所示为针对 Apple.com 执行 Metacrawler 的结果。

```
[recon-ng][default][metacrawler] > set source apple.com
SOURCE => apple.com
[recon-ng][default][metacrawler] > run

---------
APPLE.COM
---------
[*] Searching Google for: site:apple.com filetype:pdf OR filetype:docx OR filetype:xlsx OR filetype:pptx OR filetype:doc OR filetype:xls OR filetype:ppt
[*] http://www.apple.com/certificateauthority/WWDR_CPS/
[*] https://www.apple.com/certificateauthority/Apple_Timestamp_CPS/
[*] https://developer.apple.com/softwarelicensing/files/audio_units_logo_lic.pdf
[*] https://developer.apple.com/softwarelicensing/files/mac_logo_license_agreement.pdf
[*] https://developer.apple.com/softwarelicensing/files/opencl_logo_agreement.pdf
[*] https://manuals.info.apple.com/en_US/8602GeoPortWelcome.PDF
[*] https://www.apple.com/dlf/APPLECOMPUTERINSCTOI.pdf
[*] https://www.apple.com/privacy/parentaldisclosureconsent.pdf
[*] https://developer.apple.com/softwarelicensing/agreements/pdf/bonjour4wincore.pdf
[*] https://developer.apple.com/softwarelicensing/agreements/pdf/imovie_logo_agreement.pdf
[*] http://images.apple.com/jp/server/pdfs/NetBoot_TB_050516.pdf
[*] http://images.apple.com/support/products/pdf/applecare_techsuppt_t_and_c_11182003.pdf
[*] http://images.apple.com/jp/server/pdfs/WebHost_TB.pdf
[*] http://images.apple.com/jp/server/pdfs/MailSvcs_TB.pdf
[*] http://images.apple.com/jp/server/pdfs/MacOSXSvr_TO_J_060901.pdf
[*] http://images.apple.com/jp/server/pdfs/Print_Services_TB_v10.4.pdf
[*] http://images.apple.com/support/security/guides/docs/Panther_Security_Config.pdf
[*] http://images.apple.com/support/security/guides/docs/Panther_Server_Security_Config.pdf
[*] https://www.apple.com/accessibility/pdf/imovie_v10_mac_VPAT.pdf
[*] https://itunesconnect.apple.com/docs/iTunesConnect_PublisherUserGuide.pdf
[*] https://www.apple.com/accessibility/pdf/Thunderbolt_Display_VPAT.pdf
[*] https://www.apple.com/itunesnews/docs/FAQ_Music_Signup.pdf
[*] https://beta.apple.com/agreements/AppleBetaPrgrmAgmt_20170605.pdf
[*] https://developer.apple.com/bonjour/printing-specification/
[*] https://www.apple.com/environment/pdf/Apple_Facilities_Report_2008.pdf
[*] https://itunesconnect.apple.com/docs/iTunesConnect_DeveloperGuide_JP.pdf
[*] http://images.apple.com/jp/server/pdfs/Open_Directory_TB_v10.4.pdf
[*] http://salesresources.apple.com/pdf/Ciscocustomerprofile.pdf
```

图 12.2　针对 Apple.com 运行 Metacrawler 的结果

为了将数据存储到 Recon-NG 数据库中，输入以下命令，并将提取设置为 true：

```
[recon-ng][default][metacrawler] > set extract true
[recon-ng][default][metacrawler] > run
```

再次运行 Metacrawler 时，将看到不同的输出结果，其中包括提取的元数据。图 12.3 所示为 Metacrawler 的输出结果示例。

```
[*] https://www.apple.com/environment/pdf/Apple_Facilities_Report_2009.pdf
[*] Title: untitled
[*] Creationdate: D:20090918122416-07'00'
[*] Producer: Acrobat Distiller 7.0 for Macintosh
[*] Moddate: D:20090918122416-07'00'
[*] https://www.apple.com/legal/docs/US_PSPA.pdf
[*] Producer: IndirectObject(72, 0)
[*] Creator: IndirectObject(75, 0)
[*] Author: IndirectObject(73, 0)
[*] Title: IndirectObject(71, 0)
[*] Aapl:Keywords: IndirectObject(78, 0)
[*] Moddate: IndirectObject(76, 0)
[*] Keywords: IndirectObject(77, 0)
[*] Creationdate: IndirectObject(76, 0)
[*] Subject: IndirectObject(74, 0)
[*] https://www.apple.com/accessibility/pdf/iPod_nano_7th_gen_VPAT.pdf
[*] Producer: IndirectObject(48, 0)
[*] Creator: IndirectObject(51, 0)
[*] Author: IndirectObject(49, 0)
[*] Title: IndirectObject(47, 0)
[*] Aapl:Keywords: IndirectObject(54, 0)
[*] Moddate: IndirectObject(52, 0)
[*] Keywords: IndirectObject(53, 0)
[*] Creationdate: IndirectObject(52, 0)
[*] Subject: IndirectObject(50, 0)
[*] https://www.apple.com/environment/pdf/Apple_FY2016_Assurance_Statement.pdf
[*] Producer: Microsoft® Word 2010
[*] Author: BV User
[*] Creator: Microsoft® Word 2010
[*] Moddate: D:20170410080929-07'00'
[*] Title: ASR-TT-06
[*] Creationdate: D:20170410080929-07'00'
[*] Subject: Assurance of Sustainability Reports - Template Assurance Statement (Medium)
[*] https://www.apple.com/newsroom/pdfs/q209data_sum.pdf
[*] Producer: Mac OS X 10.5.6 Quartz PDFContext
[*] Creator: Microsoft Excel
[*] Author: Farnaz Fattahi
[*] Title: 09-04-22 *Data Summary Excel.xls
[*] Aapl:Keywords: [u'']
[*] Moddate: D:20090422163709Z00'00'
[*] Creationdate: D:20090422163709Z00'00'
```

图 12.3　Metacrawler 的输出结果示例

运行后，可在联系人表中找到提取的数据。下面的命令将显示提取的数据：

```
show contact
```

如果 Recon-NG 显示“no data returned”消息，表示 Metacrawler 无法从文件元数据中搜集到任何联系人。

2. interesting_files 模块

interesting_files 是 Recon-NG 内置的查找模块之一。该模块用于“在特定的位置查找感兴趣的文件”。

如果不知道如何在 Recon-NG 中找到 interesting_files，可以通过在 search 后跟模块名称进行搜索，代码如下：

```
search interesting_files
```

要加载模块，输入 use interesting_files 即可。加载完毕后，执行 show info 命令，输出结果如图 12.4 所示。

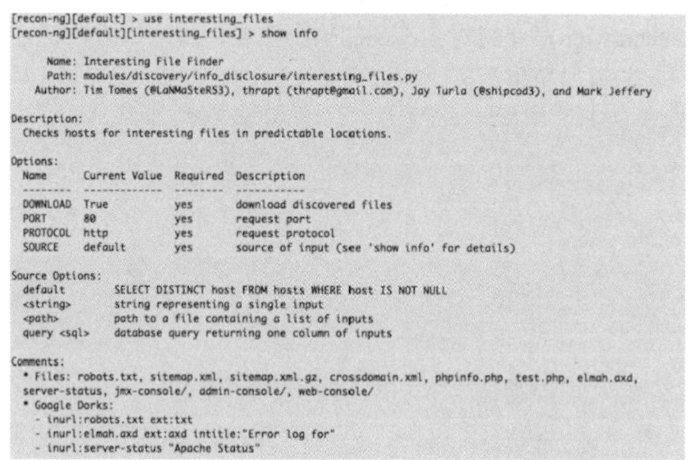

```
[recon-ng][default] > use interesting_files
[recon-ng][default][interesting_files] > show info

      Name: Interesting File Finder
      Path: modules/discovery/info_disclosure/interesting_files.py
    Author: Tim Tomes (@LaNMaSteR53), thrapt (thrapt@gmail.com), Jay Turla (@shipcod3), and Mark Jeffery

Description:
  Checks hosts for interesting files in predictable locations.

Options:
  Name      Current Value  Required  Description
  --------  -------------  --------  -----------
  DOWNLOAD  True           yes       download discovered files
  PORT      80             yes       request port
  PROTOCOL  http           yes       request protocol
  SOURCE    default        yes       source of input (see 'show info' for details)

Source Options:
  default        SELECT DISTINCT host FROM hosts WHERE host IS NOT NULL
  <string>       string representing a single input
  <path>         path to a file containing a list of inputs
  query <sql>    database query returning one column of inputs

Comments:
  * Files: robots.txt, sitemap.xml, sitemap.xml.gz, crossdomain.xml, phpinfo.php, test.php, elmah.axd,
  server-status, jmx-console/, admin-console/, web-console/
  * Google Dorks:
    - inurl:robots.txt ext:txt
    - inurl:elmah.axd ext:axd intitle:"Error log for"
    - inurl:server-status "Apache Status"
```

图 12.4　Recon-NG 加载 interesting_files 模块后的输出结果

模块在运行之前需要从 hosts 表中获取信息。在下面的例子中，将 source 设置为 apple.com，代码如下：

```
set source apple.com
```

图 12.5 所示为对 apple.com 运行该模块后的输出结果。

```
[recon-ng][default][interesting_files] > set source apple.com
SOURCE => apple.com
[recon-ng][default][interesting_files] > run
[*] http://apple.com:80/robots.txt => 200. 'robots.txt' found!
[*] http://apple.com:80/sitemap.xml => 200. 'sitemap.xml' found!
[*] http://apple.com:80/sitemap.xml.gz => 404
[*] http://apple.com:80/crossdomain.xml => 404
[*] http://apple.com:80/phpinfo.php => 301
[*] http://apple.com:80/test.php => 404
[*] http://apple.com:80/elmah.axd => 404
[*] http://apple.com:80/server-status => 404
[*] http://apple.com:80/jmx-console/ => 404
[*] http://apple.com:80/admin-console/ => 404
[*] http://apple.com:80/web-console/ => 404
[*] 2 interesting files found.
[*] ...downloaded to '/root/.recon-ng/workspaces/default/'
```

图 12.5　针对 apple.com 运行 interesting_files 模块的输出结果

我们发现了两个有趣的文件：robots.txt 和 sitemap.xml，其中，robots.txt 文件告诉搜索引擎哪些文件夹应当索引，哪些文件夹可以忽略。

换句话说，如果网站上有不该被外部用户或搜索引擎查看的文件夹，那么这些文件夹就应当被标记在 robots.txt 中。发现不该被查看的文件夹通常是一个好迹象，表明你在正确的轨道上发现了一些有趣的东西，这些文件夹通常都值得探索。

3. Pushpin 模块

Recon-NG 中的 Pushpin 模块可用于查找标记了地理位置或者保存了地理位置元数据的文件。

由于大多数社交媒体和在线网站都有安全保护措施，所以，能够发现嵌入了位置信息的在线图像或文件就像中了彩票一样罕见，只会在非常偶然的情形下才会发生。但对于直接分析手机文件夹这类场景而言，找到这类文件却不是新鲜事。总之，应该多尝试。

Pushpin 模块可以在 Flickr、Shodan、Twitter 和 YouTube 上搜索嵌入了地理位置数据

的多媒体文件。虽然 Pushpin 模块不会告诉你某个多媒体文件是在哪里发布的，但是当你输入一个地址或地理坐标后，Pushpin 将返回该地理位置附近发布的所有的多媒体文件。

由于每个站点都有自己的 Pushpin 模块，所以，需要逐项搜索。

要找到不同的 Pushpin 模块，可以输入以下命令：

```
search pushpin
[recon-ng][default] > search pushpin
[*] Searching for 'pushpin'...
Recon
-----
recon/locations-pushpins/flickr
recon/locations-pushpins/shodan
recon/locations-pushpins/twitter
recon/locations-pushpins/youtube
Reporting
---------
reporting/pushpin
```

每个模块都有自己的参数及描述，可以在加载模块后使用 show info 命令查看。Flickr 模块的参数信息如下：

```
[recon-ng][default] > use flickr
[recon-ng][default][flickr] > show info
Name: Flickr Geolocation Search
Path: modules/recon/locations-pushpins/flickr.py
Author: Tim Tomes (@LaNMaSteR53)
Keys: flickr_api
Description:
Searches Flickr for media in the specified proximity to a location.
Options:
Name               Current Value  Required    Description
------             -------------  --------    -----------
RADIUS             1              yes         radius in kilometers
SOURCE             default        yes         source of input (see 'show info' for
                                              details)
Source Options:
default            SELECT DISTINCT latitude || ', ' || longitude FROM
locations WHERE latitude IS NOT NULL AND longitude IS NOT NULL
<string>           string representing a single input
<path>             path to a file containing a list of inputs
query <sql>        database query returning one column of inputs
Comments:
* Radius must be greater than zero and less than 32 kilometers.
```

从返回的结果可以看到，我们需要提供地址的经纬度坐标及地址字符串来使用 Pushpin 模块。

有很多免费的工具可以做到这一点，如 https://www.mapdevelopers.com/geocode_tool.php。

访问 mapdeveloper 网站并输入想要的地址，它将返回经纬度坐标。

我使用了密苏里州圣路易斯的地址，mapdeveloper.com 返回以下信息：

```
Latitude    38.6337716
Longitude  -90.2416548
```

有了位置坐标，看看在 Pushpin 模块中可以找到什么样的信息。

首先，需要使用 add locations 命令为 Recon-NG 添加圣路易斯的位置坐标，代码如下：

```
[recon-ng][default][geocode] > add locations
latitude (TEXT):   38.6337716
longitude (TEXT):  -90.2416548
street_address (TEXT):
```

下面故事才真正开始。让我们看看在圣路易斯周围，最近是否有人发过推特。执行此搜索需要加载推特的 Pushpin 模块，代码如下：

```
use recon/locations-pushpins/twitter
```

图 12.6 所示为 Pushpin 模块的运行结果。

```
[recon-ng][default] > use recon/locations-pushpins/twitter
[recon-ng][default][twitter] > run

---------------------
38.6337716,-90.2416548
---------------------
[*] Collecting data for an unknown number of tweets...
[*] Latitude: 38.63922358
[*] Longitude: -90.23237935
[*] Media_Url: https://twitter.com/Bethany2185/statuses/1114343913362296833
[*] Message: Friday at the Fox! ✨💗💗 #waitressmusical @ The Fabulous Fox https://t.co/cBZJySqhWm
[*] Profile_Name: Bethany
[*] Profile_Url: https://twitter.com/Bethany2185
[*] Screen_Name: Bethany2185
[*] Source: Twitter
[*] Thumb_Url: https://pbs.twimg.com/profile_images/1110285476261433344/OhQ3Sw6x_normal.jpg
[*] Time: 2019-04-06 01:47:47
[*] -------------------------------------------------
[*] Latitude: 38.63848437
[*] Longitude: -90.25084633
[*] Media_Url: https://twitter.com/Al_BJacobs/statuses/1114331713537110017
[*] Message: #repost Let's be legendary #shoutout queens especially the ones in the Lou.. _daniella_monae_ @Cedes_Babiie
This ha… https://t.co/WRLNhWYX0e
[*] Profile_Name: Albizness
[*] Profile_Url: https://twitter.com/Al_BJacobs
[*] Screen_Name: Al_BJacobs
[*] Source: Twitter
[*] Thumb_Url: https://pbs.twimg.com/profile_images/868497146823278593/IhlHd_aD_normal.jpg
[*] Time: 2019-04-06 00:59:18
[*] -------------------------------------------------
[*] Latitude: 38.63848437
[*] Longitude: -90.25084633
[*] Media_Url: https://twitter.com/Al_BJacobs/statuses/1114330959007047680
[*] Message: POETRY FIX? NEXT SATURDAY #VERBZZZ #VERBZZZAFYERWORK #DJ #DJLIFE #DJLIFESTYLE #OPENMICSTL #OPENMIC SHOUTOUT…
 https://t.co/qEwqdnmrPl
[*] Profile_Name: Albizness
[*] Profile_Url: https://twitter.com/Al_BJacobs
[*] Screen_Name: Al_BJacobs
[*] Source: Twitter
[*] Thumb_Url: https://pbs.twimg.com/profile_images/868497146823278593/IhlHd_aD_normal.jpg
[*] Time: 2019-04-06 00:56:18
[*] -------------------------------------------------
```

图 12.6 Pushpin 模块的运行结果

这一功能非常强大，结果显示了圣路易斯的某个随机地点附近发布的推特列表。如果我们要寻找来自特定目标（如一家公司）的活动，又会发生什么呢?

如果目标是一家公司，我们的目的很可能是通过侦察和搜集信息来获取访问权限或找到特定的员工，从社交媒体开始调查是很好的做法。

Anheuser-Busch 碰巧是圣路易斯最大的公司之一。使用 mapdeveloper 网站，搜索 Anheuser-Busch St. Louis，返回以下坐标：

```
Latitude: 38.62727
Longitude: -90.19789
```

图 12.7 所示为将坐标输入 Recon-NG 中，并重新运行推特 Pushpin 模块后返回的 1200 多条推文中的一小部分。

```
[*] -----------------------------------------------
[*] Latitude: 38.6272
[*] Longitude: -90.1978
[*] Media_Url: https://twitter.com/steph_m29/statuses/1110918911040671747
[*] Message: From tiny baby to big boy pup in only 4 weeks!  @ St. Louis https://t.co/NYnSAjHUnE
[*] Profile_Name: Stephanie Paine
[*] Profile_Url: https://twitter.com/steph_m29
[*] Screen_Name: steph_m29
[*] Source: Twitter
[*] Thumb_Url: https://pbs.twimg.com/profile_images/929907365784276992/OtrfdwX5_normal.jpg
[*] Time: 2019-03-27 14:58:02
[*] -----------------------------------------------
[*] Latitude: 38.6270025
[*] Longitude: -90.1994042
[*] Media_Url: https://twitter.com/tmj_stl_sales/statuses/1110916021886443520
[*] Message: Can you recommend anyone for this job? Account Manager - https://t.co/38sgrPxArX #Stlouis, MO #Sales
[*] Profile_Name: TMJ-STL Sales Jobs
[*] Profile_Url: https://twitter.com/tmj_stl_sales
[*] Screen_Name: tmj_stl_sales
[*] Source: Twitter
[*] Thumb_Url: https://pbs.twimg.com/profile_images/669727751260106752/pIKyQnKI_normal.jpg
[*] Time: 2019-03-27 14:46:34
[*] -----------------------------------------------
[*] Latitude: 38.6270025
[*] Longitude: -90.1994042
[*] Media_Url: https://twitter.com/EnvisionJobs/statuses/1110915434688049152
[*] Message: Can you recommend anyone for this job in St. Louis, MO? https://t.co/XP0kCEFyAe #Engineer #TechLife
[*] Profile_Name: Envision, LLC
[*] Profile_Url: https://twitter.com/EnvisionJobs
[*] Screen_Name: EnvisionJobs
[*] Source: Twitter
[*] Thumb_Url: https://pbs.twimg.com/profile_images/1254848820/EnvisionBuilding_normal.jpg
[*] Time: 2019-03-27 14:44:14
[*] -----------------------------------------------
[*] Latitude: 38.62866202
[*] Longitude: -90.20208457
[*] Media_Url: https://twitter.com/TinaSTL/statuses/1110905208371060736
[*] Message: #Word @ Downtown St. Louis https://t.co/so6JqLmNog
[*] Profile_Name: TinaSTL
[*] Profile_Url: https://twitter.com/TinaSTL
[*] Screen_Name: TinaSTL
[*] Source: Twitter
[*] Thumb_Url: https://pbs.twimg.com/profile_images/989578318067494912/hEB7Q2ZF_normal.jpg
[*] Time: 2019-03-27 14:03:35
[*] -----------------------------------------------
[*] 1428 tweets processed.

-------
SUMMARY
-------
[*] 1280 total (1280 new) pushpins found.
```

图 12.7　输出坐标后 Pushpin 模块的部分运行结果

12.4 Intrigue.io

如果你对一站式开源网络情报扫描/发现/元数据提取工具感兴趣，那么 Intrigue.io 就是你需要的。Intrigue.io 是一个庞大的一体化工具，它能够实现完全自动化的 OSINT 搜集，包括元数据的发现和提取功能。

为了做到这一点，首先使用 URI Spider 模块。单击“Start”按钮，在弹出的对话框中将“Task”设置为“URI Spider”。

在新的任务界面中，将实体名称设置为调查目标名称。Intrigue.io 选项中包括爬虫深度（默认为 10）和最大页面数。在默认配置下，URI Spider 将提取页面内容中的 DNS 记录、电话号码和电子邮件地址等。在提取元数据时，将 Intrigue.io 的 extract_uris 选项设置为 true 非常重要，图 12.8 所示为已设置 extract_uris 选项为 true 的 URI Spider 任务界面。

Intrigue.io 的爬虫系统能够识别数百种文件类型并解析它们的内容和元数据，它支持超过 300 种文件格式，包括常见的 DOC、DOCX 和 PDF，以及一些更奇特的类型，如 application/ogg 和许多视频格式。

在执行任务时，屏幕将切换到结果页面，如图 12.9 所示。页面中将显示已经发现的实体运行列表，同时另一侧的终端窗口还将显示扫描和提取过程的进度。

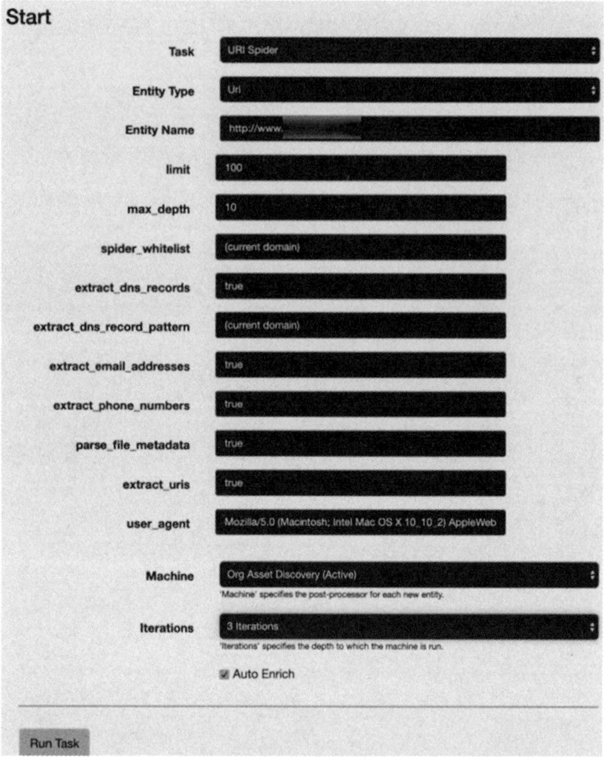

图 12.8 Intrigue.io 的 URI Spider 任务界面

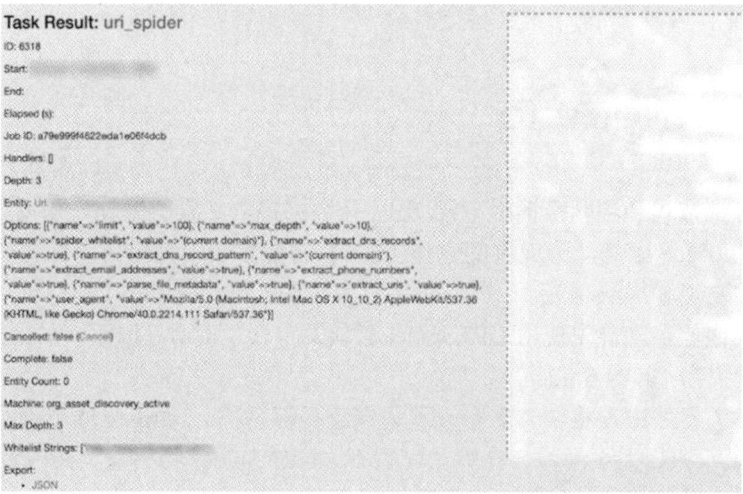

图 12.9 Intrigue.io 的任务执行结果页面

运行终止后，终端窗口将显示“task complete”（任务完成）。要查看扫描结果，可单击主导航栏中的“Entities”（实体）按钮。该页面的统计区域将汇总从文件元数据中发现和提取的所有不同实体，如图 2-10 所示。

图 12.10　不同实体的汇总统计

结果包括 31 个域名、1 个电话号码、5 个名称和两个 Aws S3 存储桶。

Intrigue.io 还会自动尝试访问已经发现的存储桶。单击统计区域中的“Aws S3 Bukcet”链接，可查看该目标的详细信息。图 12.11 所示为存储桶实体列表界面。

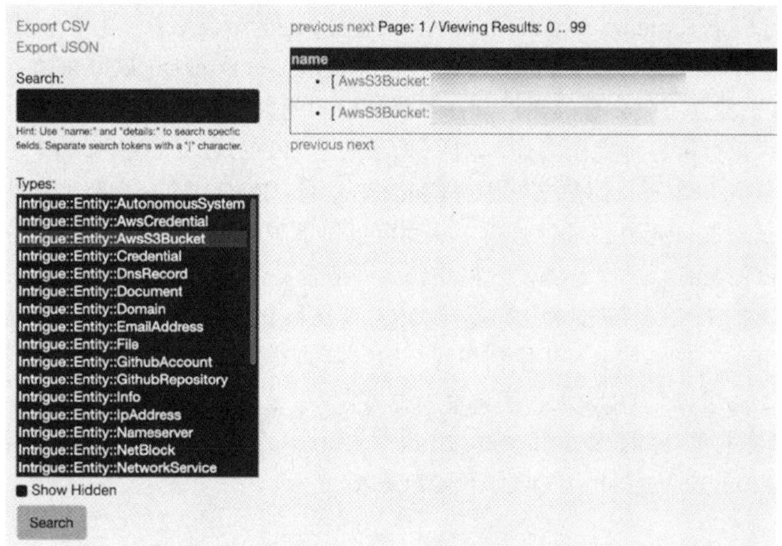

图 12.11　目标 AWS 存储桶实体列表界面

单击想要继续调查的存储桶。图 12.12 显示了其中一个实体的信息，包含从 Aws S3 存储桶中发现和下载的字段列表。

存储桶可能是一个重要的发现。开放的 Aws S3 存储桶是查看和寻找泄露数据的好地方。很多时候它没有得到适当的保护，其拥有者可能对存储桶设置了错误的权限。

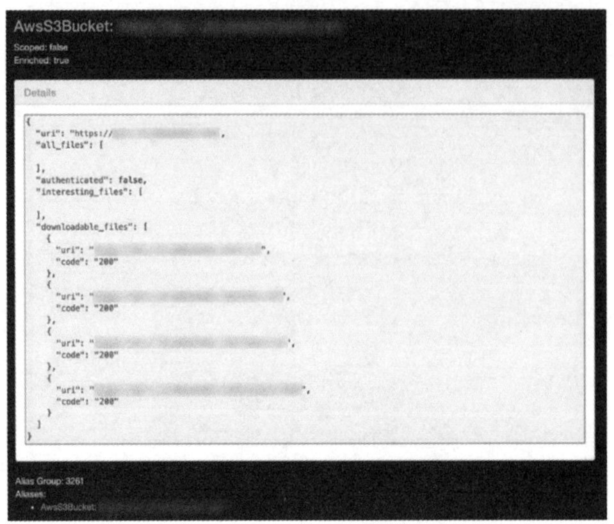

图 12.12 目标 Aws S3 存储桶中的字段列表

12.5 FOCA

FOCA（Fingerprinting Organizations with Collected Archives）是一个开源的图形化Windows侦查和信息搜集工具。FOCA通过谷歌、Bing和DuckDuckGo来执行文档搜索，可以从Web服务器下载公开的文档，并扫描其中的元数据和其他隐藏信息。

FOCA可以分析各种文档格式，包括（但不限于）PDF、DOC、XLS、PPT、JPG、PNG、SVG等。它还可以用于从图形文件中提取EXIF信息。FOCA的一个有用特性是可以在下载文件之前就对文件元数据进行分析，从而可以仅下载包含有用元数据信息的文件。

此外，FOCA有一个服务器发现模块，允许搜索文件和主机中的漏洞。该应用程序还可以使用自带的DNS侦查技术（如反向DNS查找和PTR日志扫描）来自动搜索与主要域名相关的其他主机和域名，并找到在同一地址段的其他相关服务器。为了找到隐藏的子域名，FOCA还可以对DNS进行字典暴力搜索。

FOCA拥有自己的应用市场，用户可以使用第三方插件扩展功能。可以从https://github.com/ElevenPaths/FOCA下载FOCA。

1. 建立项目

启动FOCA的第一步是建立项目。图12.13所示为FOCA的主界面，在“Project name”（项目名称）处输入“Microsoft”，在“Domain website”（目标域名）处输入“microsoft.com”。

FOCA的一个好用的特性是能够自动按域名组织项目。经常分析元数据的研究人员应该能体会到这个功能很强大，因为这种组织方式可以使文件搜集过程变得更有条理。

图 12.13　FOCA 的主界面

在 FOCA 创建项目之后，单击树状列表中的“Metadata”条目，将展开一个空白元数据区域，如图 12.14 所示。FOCA 自动为元数据搜索勾选了所有扩展名类型。在这个界面中，还可以选择“Bing”和“Duck Duck”作为附加搜索引擎来获取除谷歌外的搜索结果。

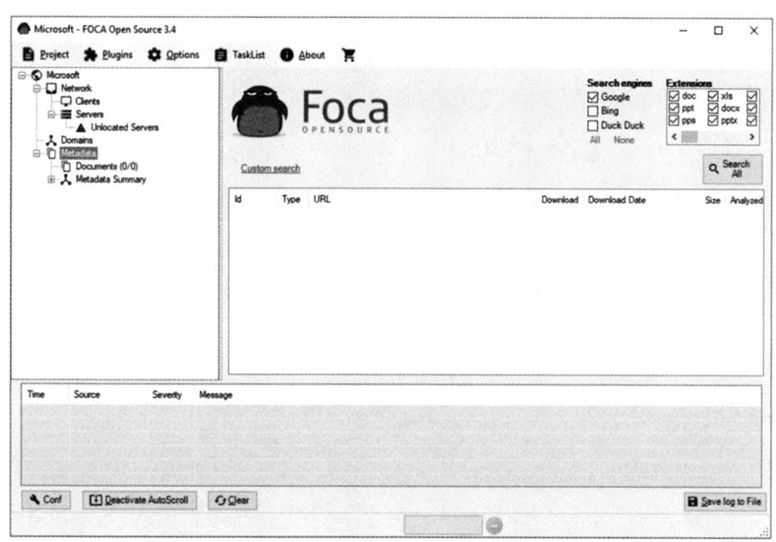

图 12.14　单击条目后展开的空白元数据区域

注意

不要忘记在设置中指定 API 密钥。这种类型的搜索将频繁访问谷歌和其他搜索引擎，从而会被这些搜索引擎注意到并最终弹出验证码（以阻止再次调用）。通过 API 密钥运行谷歌或 Bing 搜索将缓解这些限制。

准备开始扫描时，单击“Search All”按钮，搜索到的文件都将显示在网格区域内。

起初所有文件都会在下载列表的右侧标记为“X”，表示它还没有被下载。右击任何一个文件，将弹出可以执行文件操作的快捷菜单，如图 12.15 所示。

图 12.15　在列表中单击右键弹出的快捷菜单

FOCA 在分析或提取元数据之前，需要先下载文件。未下载的文件将在“Download”下载列中显示为 X。下载完成后，X 变成小黑点，表示文件已成功下载，如图 12.16 所示。

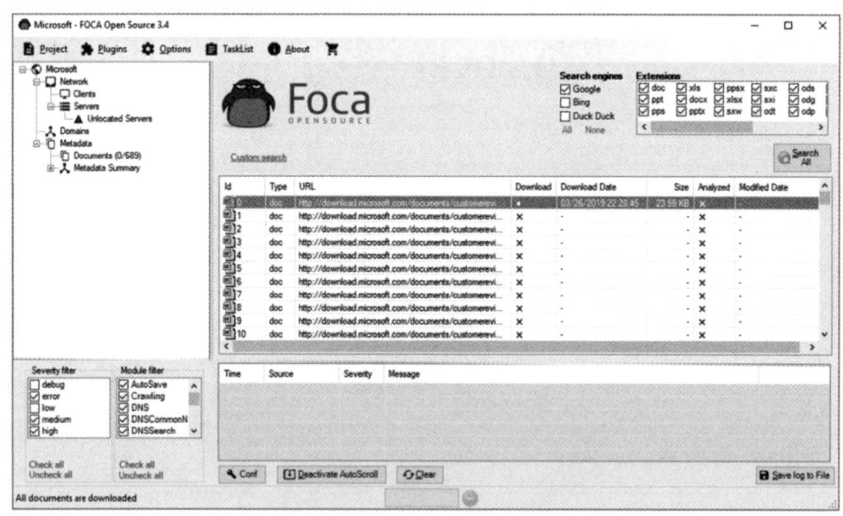

图 12.16　列表中的文件下载状态

2. 提取元数据

下载文件之后，就可以提取其中的元数据。要进行分析，首先选择“Extract Metadata”命令，再选择“Analyze Metadata”命令，参见图 12.15。如果在一个或多个文件中发现元数据，元数据文件夹将相应地更新。

提取的元数据存储在树状列表中。如图 12.17 所示，“Documents”节点下出现了“.doc”子树。当检测到新的文档类型（如 PDF、XLS 等）时，将出现其他子树。可提取的元数据包括用户名、文件夹位置、服务器名、打印机信息、软件标题、电子邮件地址和密码等。

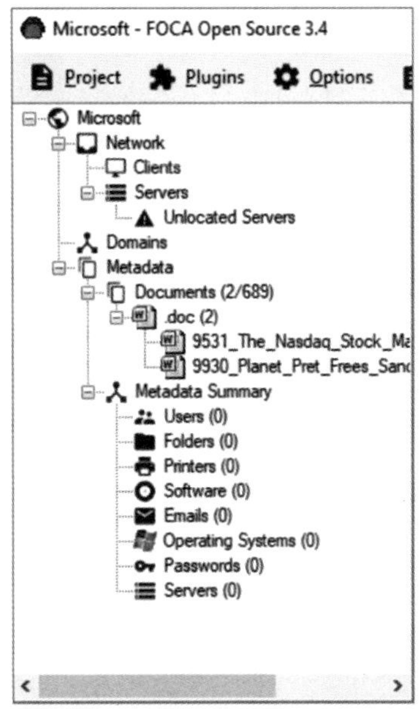

图 12.17　带有 DOC 子树的文档树

FOCA 允许用户将一个文件或包含多个文件的文件夹手动添加到网格列表，再自动提取元数据。还可以从文件中输入 URL 列表，让 FOCA 搜集关于 URL 的信息。

元数据提取完成后，每个文件旁边都会显示数字，表示在其中发现了多少元数据。

这些信息很容易被用来对组织发起针对性攻击。例如，搜集到的名称可以用来推断用户登录名。进一步，可以结合证书网站的查询结果对组织的 Web 登录界面（如 Office 365）进行密码喷洒攻击（Password Spraying）。

在 Microsoft.com 上快速搜索前 100 个文件之后，图 12.18 所示为可提取的不同元数据类型。

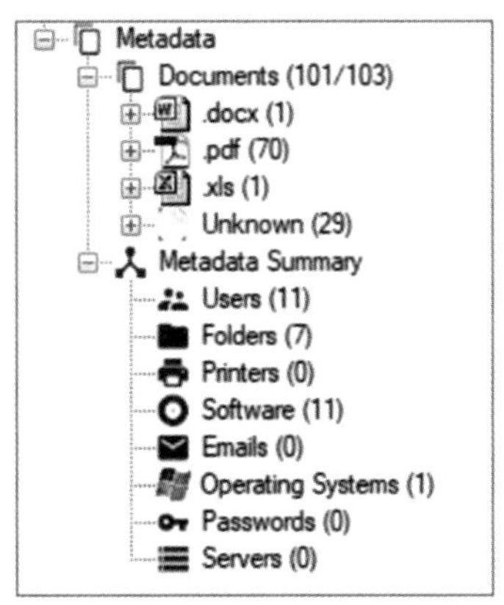

图 12.18　可提取的不同元数据类型

12.6 小结

本章讨论了文档元数据，即隐含于文件中、用于描述该文件内容的信息。同时还讨论了不同的文件类型、文件中可能遗留的敏感信息的类型，以及可用于从公共可访问的文件中自动发现和提取敏感元数据信息的工具。

本章所提及的工具在复杂性和基本特性方面各不相同，也有各自的优缺点。如果需要尽快完成某项搜索任务，那么 Exiftool 和 Metagoofil 是“快速但不够理想”的解决方案；而 FOCA 则是一个纯粹为文件元数据分析而设计的工具，如果我们的任务是确保对元数据进行最彻底的分析，那么可以使用它；Intrigue.io 的分析功能为我们提供了一个较好的折中选择，同时还捆绑了大量其他功能。

下一章，将主要围绕如何寻找潜在的敏感或重要信息进行讨论。

第13章 藏宝之处

本章讲述在一个独特的地方寻找信息的故事，还将揭示威胁行为者 Cyper 身份是如何被发现的。

还有什么比我和 Cyper 在 XMPP 上的私人谈话更合适的开头呢？在这次谈话中，我和 Cyper 交换了一些信息，关于我们如何利用一些模糊线索发现对方。

VT：你怎么知道是我？

Kickass：哈哈，你用的是同样的 macbook。

VT：我不这么认为。这是我两天前才买的 macbook。

VT：全新的 i9 CPU。

Kickass：但你的名字不是全新的。

Kickass：不管怎样，回答问题吧。

Kickass：你怎么认出我的？

VT：先不说你在 Hell/BlackBox 上的语言风格发生变化这件事，当你打开 KA（KickAss 论坛）时，你的新闻机器人有点像 Cypernews。

VT：CYPERCRIME 新闻。

VT：就是这回事。

Kickass：哈哈。

Kickass：你在 KA 上，所以你应该知道 Cyper 也在那里。顺便问一句，我们把你的账号禁用了吗？

VT：我很久没上 KA 了。

Kickass：如果你使用 Jabber，不要对所有账户使用相同的用户图片，有时也要记得更改笔记本电脑的名称。

Cyper 指的是我的 Jabber 客户端的“hostname”（主机名）字段。我当时没有意识到该字段可以自定义。如果留空的话，Mac 操作系统的 Adium 程序（可作为 Jabber 连接器）将使用计算机名称作为主机名。因此，Cyper 知道他是在和我说话，因为我的电脑名称是唯一的，足以识别我的身份。

13.1 Harvester

Harvester 是一个开源的 OSINT 工具，可以从包括百度、Bing、Censys.io、Crt.sh、Dogpile、谷歌、LinkedIn、NetCraft、PGP、ThreatCrowd、Twitter 和 VirusTotal 等在内的广泛数据源搜集公开电子邮件地址、子域、IP 地址和 URL。

Harvester 是迄今为止最好的命令行侦查工具之一，它覆盖了广泛的搜索领域。如果某次搜索没有得到任何结果，那么一定是我们没有正确地使用它。

Harvester 集成了许多技术来查找目标信息，包括字典枚举、DNS 反向查找、主机名 DNS 蛮力攻击、搜索引擎 Dorking 等。

提示

Harvester 是如此通用，使我反复考虑应该把这个工具放在哪一章介绍。本章感觉是最合适的，因为 Harvester 涵盖了前几章中讨论的主题和内容，但我也不想遗漏它所具备的其他一些有用功能。

我使用 Harvester 是为了从搜索引擎上获取有关公司名称和电子邮件地址的公开信息。以下是 Harvester 中可用的参数列表：

```
-h, --help                  show this help message and exit
-d DOMAIN, --domain DOMAIN
                            company name or domain to search
-l LIMIT, --limit LIMIT
                            limit the number of search results, default=500
-S START, --start START
                            start with result number X, default=0
-g, --google-dork           use Google Dorks for Google search
-p PORT_SCAN, --port-scan PORT_SCAN
                            scan the detected hosts and check for Takeovers
                            (21,22,80,443,8080) default=False, params=True
-s, --shodan                use Shodan to query discovered hosts
-v VIRTUAL_HOST, --virtual-host VIRTUAL_HOST
                            verify host name via DNS resolution and search
                            for virtual hosts params=basic, default=False
-e DNS_SERVER, --dns-server DNS_SERVER
                            DNS server to use for lookup
-t DNS_TLD, --dns-tld DNS_TLD
                            perform a DNS TLD expansion discovery,
                            default False
-n DNS_LOOKUP, --dns-lookup DNS_LOOKUP
                            enable DNS server lookup, default=False,
                            params=True
```

```
-c, --dns-brute perform a DNS brute force on the domain
-f FILENAME, --filename FILENAME
                              save the results to an HTML and/or XML file
-b SOURCE, --source SOURCE
                              baidu, bing, bingapi, censys, crtsh, cymon,
                              dnsdumpster, dogpile, duckduckgo, google,
                              google- certificates, hunter, intelx, linkedin,
                              netcraft, securityTrails, threatcrowd, trello,
                              twitter, vhost, virustotal, yahoo, all
-x EXCLUDE, --exclude EXCLUDE
                              exclude options when using all sources
```

1. 运行扫描

搜索引擎通常不喜欢人们爬取数据，因此，Harvester 在不同的请求间插入时间延迟以避免被搜索引擎发现。Harvester 通过限制返回结果的数量来控制请求的数量，这就使结果列表更容易查看。当保存结果时，Harvester 始终输出 HTML 和 XML 格式。

用 Harvester 进行扫描可能有点古怪。

提示

如果在运行扫描时没有输入所需的参数，Harvester 将显示运行扫描结果为 0。

为了让 Harvester 启动扫描，必须使用域（-d）、限制（-l）和源（-b）参数。如果没有使用这 3 个参数，将看到以下结果：

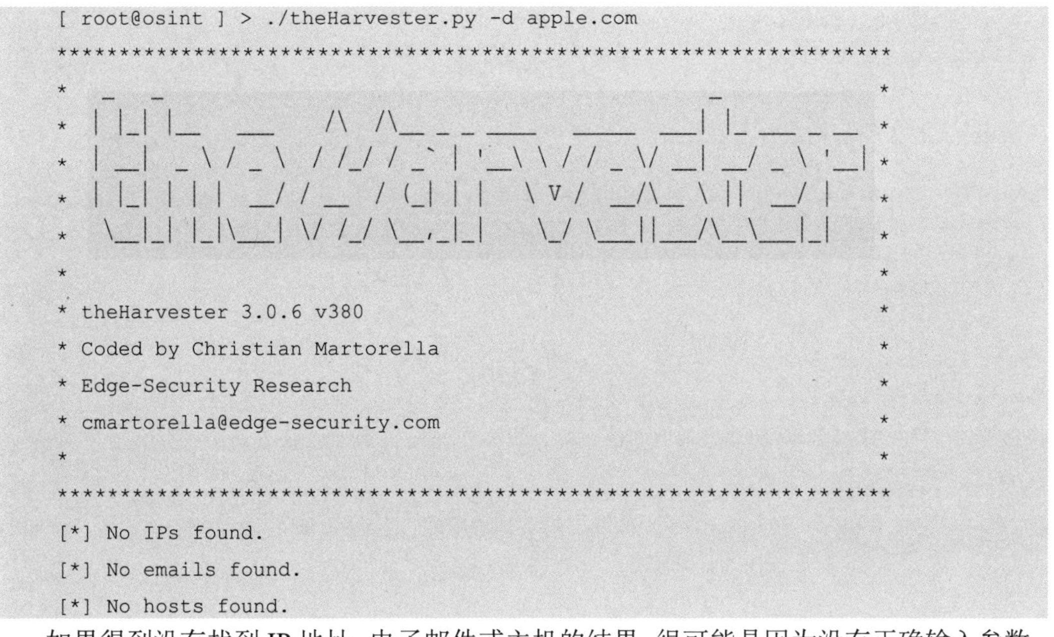

```
[ root@osint ] > ./theHarvester.py -d apple.com
*******************************************************************
*  _   _                                            _             *
* | |_| |__   ___    /\  /\__ _ _ ____   _____  ___| |_ ___ _ __  *
* | __| '_ \ / _ \  / /_/ / _` | '__\ \ / / _ \/ __| __/ _ \ '__| *
* | |_| | | |  __/ / __  / (_| | |   \ V /  __/\__ \ ||  __/ |    *
*  \__|_| |_|\___| \/ /_/ \__,_|_|    \_/ \___||___/\__\___|_|    *
*                                                                 *
* theHarvester 3.0.6 v380                                         *
* Coded by Christian Martorella                                   *
* Edge-Security Research                                          *
* cmartorella@edge-security.com                                   *
*                                                                 *
*******************************************************************
[*] No IPs found.
[*] No emails found.
[*] No hosts found.
```

如果得到没有找到 IP 地址、电子邮件或主机的结果，很可能是因为没有正确输入参数。

参数-d 参数用于指定要搜索的域名或公司名。参数-l 用于限制每个搜索引擎执行搜索次数。参数-b 用于指定源搜索引擎，包括 Censys、crt.sh、谷歌、Bing 或 Yahoo 等。如果不想将搜索限制到特定搜索引擎，则必须输入-b all。

 提示

如果设置了较高的搜索次数限制，请求有可能会暂时被谷歌或其他搜索引擎禁止。默认的搜索次数限制是 500，这意味着 Harvester 将执行 500 次搜索。谷歌每页显示 10 个搜索结果，也就是说 Harvester 会快速浏览 50 页，这足以让谷歌（或其他搜索引擎）发现它是一个爬虫系统并抛出一个验证码或直接进行屏蔽。为了避免这种情况，建议使用代理服务（如 Storm），通过不同的 IP 地址发送每个请求。

我们已经理解了手动指定-d、-b 和-l 参数的重要性，下面开始对 WhitePacket Security（www.whitepacket.com）进行扫描，代码如下：

```
root@osint > ./theHarvester.py -d whitepacket.com-l 100 -b all
*******************************************************************
*                                                                 *
*  _   _                                            _             *
* | |_| |__   ___    /\  /\__ _ _ ____   _____  ___| |_ ___ _ __  *
* | __| '_ \ / _ \  / /_/ / _` | '__\ \ / / _ \/ __| __/ _ \ '__| *
* | |_| | | |  __/ / __  / (_| | |   \ V /  __/\__ \ ||  __/ |    *
*  \__|_| |_|\___| \/ /_/ \__,_|_|    \_/ \___||___/\__\___|_|    *
*                                                                 *
* theHarvester 3.0.6 v380                                         *
* Coded by Christian Martorella                                   *
* Edge-Security Research                                          *
* cmartorella@edge-security.com                                   *
*                                                                 *
*******************************************************************
[*] Target: whitepacket.com
[*] Searching Bing.
[*] Searching Censys.
Searching IP results page 4.
[*] Searching Yahoo.
Searching 100 results.
[*] Searching Baidu.
Searching 100 results.
[*] Searching 谷歌.
Searching 100 results.
[truncated]
Users from Twitter: 3
--------------------
[removed]
```

```
[*] IPs found:  1
--------------------
[removed]
[*] Emails found:  2
-----------------------
[removed]
[*] Hosts found:  5
----------------------
www.whitepacket.com: 104.24.118.111
[removed]
```

对于一次针对小众目标进行的侦查而言，这个结果挺不错的。Harvester 发现了 5 个主机、两个电子邮件地址和 3 个 Twitter 用户。下面对一个更大的目标 Microsoft.com 进行测试。

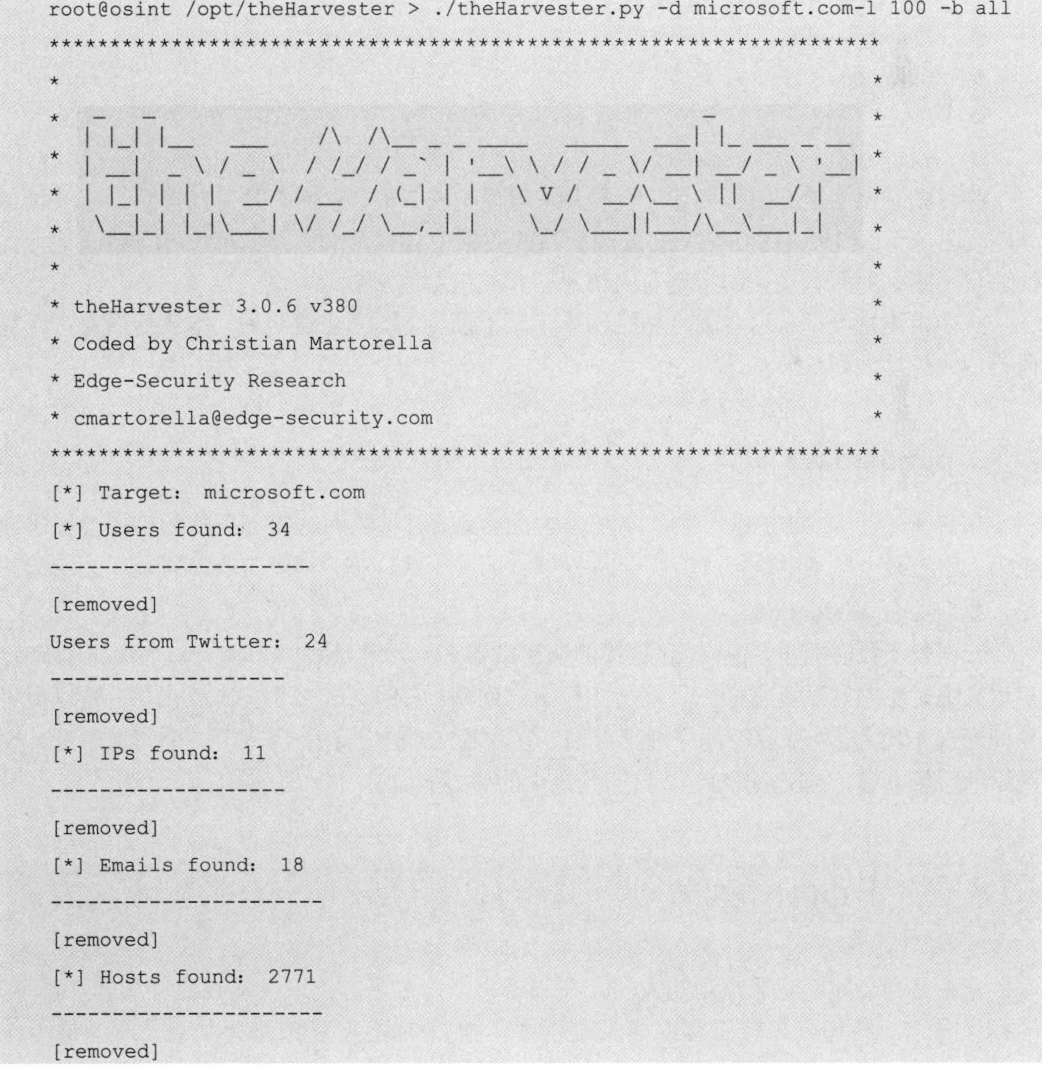

```
root@osint /opt/theHarvester > ./theHarvester.py -d microsoft.com-l 100 -b all
*******************************************************************
*                                                                 *
*  _   _                                            _             *
* | |_| |__   ___    /\  /\__ _ _ ____   _____  ___| |_ ___ _ __  *
* | __|  _ \ / _ \  / /_/ / _` | '__\ \ / / _ \/ __| __/ _ \ '__| *
* | |_| | | |  __/ / __  / (_| | |   \ V /  __/\__ \ ||  __/ |    *
*  \__|_| |_|\___| \/ /_/ \__,_|_|    \_/ \___||___/\__\___|_|    *
*                                                                 *
* theHarvester 3.0.6 v380                                         *
* Coded by Christian Martorella                                   *
* Edge-Security Research                                          *
* cmartorella@edge-security.com                                   *
*******************************************************************
[*] Target:  microsoft.com
[*] Users found:  34
----------------------
[removed]
Users from Twitter:  24
--------------------
[removed]
[*] IPs found:  11
--------------------
[removed]
[*] Emails found:  18
-----------------------
[removed]
[*] Hosts found:  2771
-----------------------
[removed]
```

```
[*] URLs found:  131
https: //trello.com/..[removed]
```

结果令人印象深刻，因为仅使用这一个调查工具就获得了如下信息：2771 个主机、18 个电子邮件地址、34 个用户、24 个 Twitter 账户和 131 个与微软相关的 Trello URL。

选择哪条路径继续探索取决于调查者。但需要确保找到的所有内容都被妥善记录，以便后期方便地引用。

2. 临时粘贴网站

黑客和其他威胁行为者通常会使用一个或多个临时粘贴网站来发布他们的商品样本（如泄露数据中的其中若干条）。在这些网站上通常可以找到大量的目标信息，如数据泄露的样本、威胁行为者的对话消息及关于个人的信息。

4 个流行的临时粘贴网站列举如下：

- Pastebin.com
- 0bin.net
- Doxbin.org
- Justpaste.it

临时粘贴网站被威胁行为者广泛使用。就像论坛一样，它们有时可以提供一些关键信息。问题在于，如果临时粘贴网站发现上传的数据中含有个人识别信息（PII）或其他形式的违反了网站的服务条款的特定私人信息，那么就会将其删除。

许多组织每天都从这些临时粘贴网站上爬取新内容，我也这样做，本章后面将讨论如何方便快捷地做到这一点。

3. psbdmp.ws

如前所述，包含 PII 或其他诱导性信息而违反临时粘贴网站服务条款的帖子会被迅速删除。如果某个帖子中恰好含有需要进行调查的线索或证据，那就有点儿糟糕了。幸运的是，我们还有 psbdmp.ws。

在很长一段时间里，psbdmp 是我的秘密武器之一，它是我所知唯一一个保存了 2015 年以来临时粘贴网站所有帖子完整历史档案的网站。它的 API 对用户非常友好，可以很容易地通过 URL 或外部应用程序进行查询。在我给 DataViper 平台写了一个爬取所有粘贴网站的引擎之前，psbdmp API 是我工具包中的关键工具。

13.2 Forums

论坛是通往地下犯罪市场的大门。在我看来，许多黑客论坛也是威胁行为者“晋升”的高级通道。在每个年轻黑客的成长过程中，他/她都不可避免地会在某一时刻被当作

Skid（年轻而没有经验的黑客，也称脚本小子）。像大多数孩子一样，脚本小子们如果没有三思而后行，经常会在网络中留下可以追溯到他们/她们真实身份的线索。

这就是为什么我认为识别威胁行为者的艺术在于高明地搜集和搜索历史信息。

值得搜索的论坛不只局限于黑客和暗网（TOR）论坛，威胁行为者也会出现在各种各样形式和规模的非黑客论坛上。研究不同的论坛通常可以提供关键的线索，例如，将目标的别名与一个新电子邮件地址关联起来。

在这方面，对我帮助较大的是 BitcoinTalk 论坛。不知道为什么，我过去追踪到的威胁行为者都经常在此出没。我认为，不应该把搜索类别限制在一个特定类型的论坛或网站，应该尽可能扩大搜索范围。

专家提示：克里斯 • 罗伯茨（Chris Roberts）

当我主管实验室时，我构建了自己的爬虫系统（Scraper）。它们会从我们关注的一些目标开始运行，包括临时粘贴网站或者其他 URL……我的意思是，你应该清楚那里能发现什么样的信息。

这就像在说，“好吧，到底哪些信息真的有用?”实际上，从早期的信息回溯到从泄露数据中提取信息，我们利用泄露数据干了不少事情。

其中，你就可以体会到从一片黑暗混沌中提取数据的能力是多么重要。一个 URL 后边可能跟了 10 个、20 个 URL，需要对它们进行快速、高水平的分析，并根据关键词搜索、热力图和其他方法来决定筛选它们的优先级顺序。

随后，数据会被存储和索引，最终形成一个非常庞大的数据项操作环境。我们使用的是 Elasticsearch，因为其他任何一种数据库管理系统（DBMS）都无法在这种环境中正常工作。

要想获得数据，通常只需要试图去理解其他人正在谈论什么。如果一个论坛（什么样的论坛并不重要）里谈论的是黑客、破解或种子，那么我们就应该关注它，它会引导我们走向另一个 URL 或网站。所以，我们从 X、Y、Z 论坛开始，看看是否有与待调查目标相关的账户、用户 ID 或者任何有用的东西。可以直接把它输入数据库，如果搜索机制管用的话，它可能会告诉我们可以使用谁的账户进入论坛或网站。

1. 调查论坛历史

如果调查线索把我们引导至某个论坛，那么论坛历史数据的搜索可能会成为我们面临的真正困难的问题。本书之前的章节介绍了一些高级威胁情报应用程序，但它们无法提供需要的历史数据来帮助继续调查。

许多公司声称它们有数据，但实际上没有。所以，我最终不得不效仿罗伯茨的做法：自己做一个。

我的数据平台名称为 DataViper，它是我能够识别出 The Dark Overlord（TDO）成员的前提。我将在第 17 章和第 18 章更深入地阐述这一过程，现在，还是回到故事中去，解释为什么搜索论坛历史数据如此重要。

我在研究 TDO 时，所有的线索都指向了该组织发源的 Hell 论坛，但不幸的是，该论坛在 2016 年关闭了。找到该论坛的某个用户作为突破口，是整个调查中最麻烦的部分。

经过数月不知疲倦的搜索，我幸运地遇到了一个拥有这些数据的人。他要求匿名，但如果他读到这篇文章，我想让他知道我有多感激，因为他提供的数据已经被证明比我预期的更有用。

在这个例子中，TDO 的所有成员都在 Hell 论坛相遇相聚。通过这些人的帖子和留言，可以看出他们在组织中的层级。

他们似乎都很尊敬一个名叫 Cyper 的人。

在我得到 Hell 论坛数据以前，我已经清楚 Cyper 的其他劣迹。这些数据对我而言是一种很好的肯定，确保我走在正确的轨道上。

在 Hell 论坛关闭后（我认为这是他精心策划的），Cyper 创办了名为 BlackBox 的个人论坛，在其中化名 Ghost。同时他还以 NSA 的名义开设了另一个名为 KickAss 的论坛。

2. 不放过任何线索

专家提示：克里斯·罗伯茨（Chris Roberts）

当想黑进一家能源行业公司时，我们需要持续寻找他们的合作伙伴、供应商和服务商。在某论坛的帖子中，我看到一个工程师正在谈论他遇到的问题。他放了一个文件链接。我打开链接，里面有一份 350 页的文档，包括整个变电站的原理图、电网、架构和所有的 IP 地址。

我在调查时都会这样做。飞机制造就是一个很好的例子，我的意思是波音和空客并没有制造飞机，它是由数百名其他人员共同建造的，就像乐高积木一样。我们要做的就是找到那些感兴趣的目标，从中搜集所有的情报。我就是这么做的。

追踪威胁行为者所用的方法和 Chris 所说的没什么区别。关于 TDO，我们的调查从 0-day 论坛（一个基于 TOR 暗网的黑客论坛）开始，如图 13.1 所示，ze0ring 和 Cyper 正在争论从人事和管理办公室（OPM）窃取的内部数据。

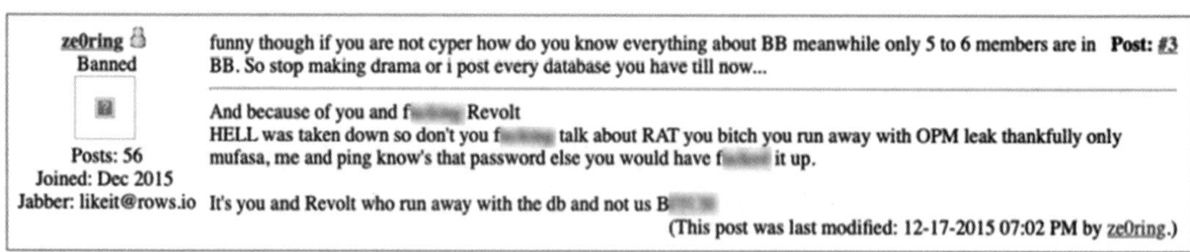

图 13.1 用户 ze0ring 和 Cyper 的争论

ze0ring 很不高兴，因为 Cyper 和 Revolt 带着 OPM 的数据跑了，这件事导致 Hell 论坛关闭（可以在我关于 TDO 的官方报告中阅读细节）。

故事继续，图 13.2 显示的消息中，用户 Photon 表达了对 BlackBox 和 Ghost 的愤怒。

让人感兴趣的是，消息中 imgur.com 和 mega.nz 的链接仍然是有效的。

BlackBox 由一个名为 Ghost 的用户控制。这个帖子中 Photon 提供的关 BlackBox 的截图，帮助我们证实了 Cyper 和 Ghost 实际上是同一个人。

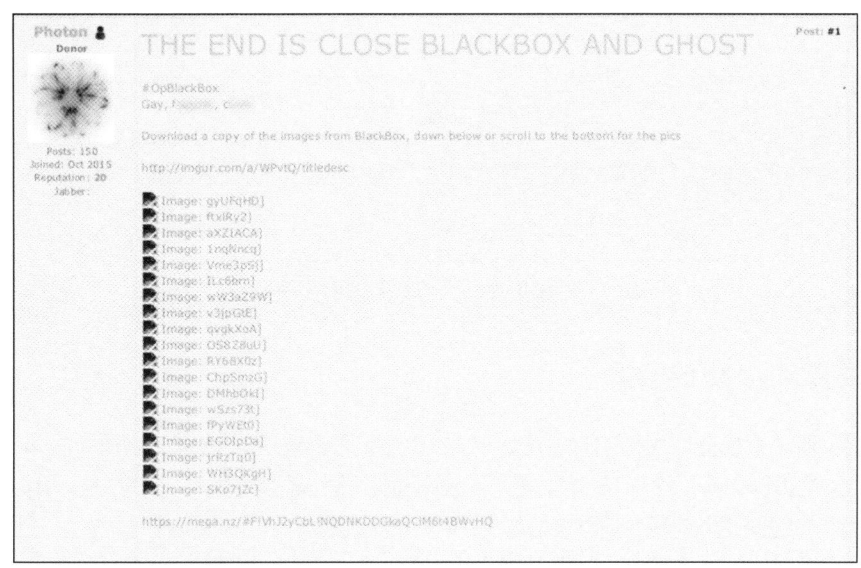

图 13.2　Photon 表达了他对 BlackBox 和 Ghost 的愤怒

如图 13.3 所示，在 BlackBox 论坛的帖子中，Cyper 正在讨论一个已经上传到 JJFox（一家位于英国的雪茄店）的 webshell 程序。

图 13.3　Cyper 正在讨论一个已经上传到 JJFox 的 webshell 程序

几天后，我们可以看到同样的帖子，但现在 Cyper 的用户名已经更改为 Ghost，如图 13.4 所示。当然，这些截图并不是这两个账号为同一个人的确凿证据，但也并不冲突。

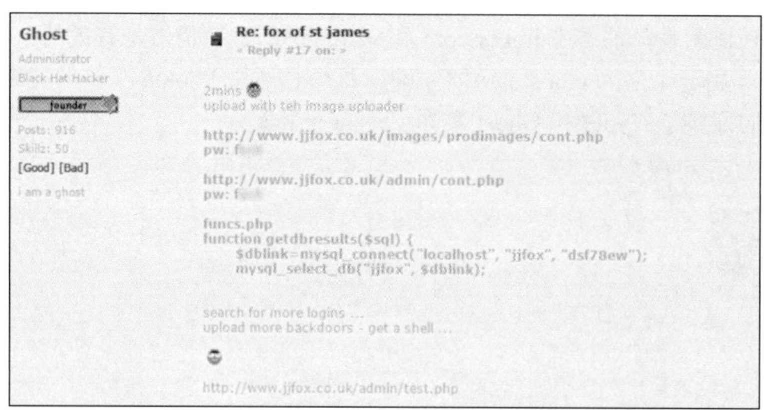

图 13.4　Ghost 几天后发布的同样的帖子

3. 跟踪 Cyper 的身份

我已经知道 Cyper 策划了 Hell 论坛的关闭（在第 2 章中讨论过），所以，现在我能够确定 Cyper 是 BlackBox 论坛的管理者，我对他的身份很感兴趣。不幸的是，BlackBox 是一个非常排外的论坛，想要找到它的数据线索非常困难。

我们总会在最意外的地方发现高价值信息。本书中提到过，我编写了一个名为 DataViper 的应用程序，里面有我收集的证书、被黑的数据库和已被删除的论坛数据。

在为 DataViper 收集历史数据并建立索引的过程中，我发现了一个名为 Galaxy 的 TOR 暗社交媒体网站。

Galaxy v2.0 是很多 Hell 论坛成员（包括 Cyper 和他的追随者）的网络社交聚集地。

在接下来激烈的火拼中，Cyper（又名 CyPeRtRoN）为自己辩护，抗议另外两个人对他设立的新论坛 BlackBox（暗网地址：cyper7cybre7u57.onion）发起的全面攻击。

提示

另一个表明 Cyper 是 BlackBox 管理员的不可忽视的线索——Cyper 这个词就在上面暗网地址的 URL 中。

Arsyntex ：@Unknown 8698 8698，CyPeR 应该知道，她/他是来自 S***box 的代码小子之一，BlackBox（主题名称，非常原始的 x）&你在等我的专业论坛？什么论坛？是私有网络，继续做梦吧，我说的是 Pro，不是 Poor，哈哈。

CyPeRtRoN：哈哈，去看看私有网络和论坛的不同之处吧，Hell 并不是私人网络，而是一个开放的论坛。

Arsyntex：很快就会有一个新的 Hell，只针对专业用户，而不是对迟钝的或无知的人开放，那里不会有人肉搜索或 SQLi s * * *。

CyPeRtRoN：顺便提一下，那个名字对于论坛来说很合适，但我担心你不知道“BlackBox”的名字代表什么。

CyPeRtRoN：你会生气——因为你没法和大黑客玩，只能和周围的代码小子一起玩。

Arsyntex：我知道不同之处，因此我说的是很快会有的“新的 Hell”而不是“重新开放的 Hell”。而且我不像你，我不是代码小子那种低水平的人。http://matrixtxri745dfw.onion/neo/uploads/150724/MATRIXtxri745dfwONION_142610hJl_lol.png，哈哈。

Arsyntex：我生气？！哈哈哈，我一个人“玩”，我的同事都是聪明人，不是白痴。这只是代表我喜欢逗你这种代码小子玩，我是多线程工作的。

CyPeRtRoN：是的，论坛都有规则，你想用这个截图来说明什么？哦，你可能连自己都不知道吧。

CyPeRtRoN：顺便说一下，你既然这么聪明，肯定会追踪 cookie 什么的吧，哈哈。

CyPeRtRoN：小子，你认为你躲在 TOR 后面就很安全了？多想想吧，你访问的不是其他人的服务器，而是我的。你还不够聪明，我拥有 TOR 的不少退出节点[1]，我真希望你没有使用其中的一个。

Arsyntex：你说我在和孩子们“玩”，我再重复一遍，我可以“玩”，哈哈；你的推理能力是如此糟糕，我与同事一同工作并不意味着我不能单独工作。我说我可以“多线程工作”，指的是我可以一边干活，一边和你这样的愚蠢家伙争论。论坛的规则很有趣。“你肯定会追踪 cookie 什么的吧”，这是什么东西？

Arsyntex：现在我很害怕，我想我最好下线躲一躲，哈哈哈。

Sugartime：

匿名服务规则 1：永远不要暴露你真正的 IP 地址。#telnet

cyper7cyb5re7u57.onion 25 Connected to cyper7cyb5re7u57.onion.220 ks355296.kimsufi.comESMTP Exim 4.84 Fri， 24 Jul 2015 xx：xx：xx +0200 #dig **ks355296.kimsufi.com**

91.121.120.49

匿名服务规则 2：为了可以否认，不要用你真正的 IP 地址发言。PORT STATE SERVICE VERSION 113/tcp open ident? #**telnet 91.121.120.49** 113 Connected to 91.121.120.49. 25，25：USERID：UNIX：fail 25，25：ERROR：NO-USER

Arsyntex：哈哈 @CyPeRtRoN

http：//freedomsct2bsqtn.onion/sannucjvkdoymsycrugq/cXsgtnpE.png

我们还是谈论重要价值的线索吧！

Sugartime 的帖子里有很多信息，cybre7u57.onion 是前 BlackBox 论坛的 URL。如果这条消息是准确的，那么 BlackBox 的 IP 地址实际上是公开的，并在 OVH（Kimsufi.com 的母公司）的服务器上，IP 地址是 91.121.120.49。

太棒了！永远不要低估黑客们置对方于死地的能力。一旦产生了不和，脚本小子们通常会互相否认、相互拆台。

这是一个很好的例子，事实上要找到一个 TOR 站点的真正的 IP 地址几乎是不可能的（除非碰巧调查者能够控制退出节点），这类服务器被公开暴露的事实令人惊讶。

这可能是原来的 BlackBox 服务器的实际 IP 地址吗？

---

1 译者注：TOR 的网络结构包括进入节点、中继节点和退出节点，流量在进入节点和退出节点之间是全程加密的，但如果威胁行为者控制了进入节点或退出节点，那么有可能截获并破解访问者的流量。

13.3 代码库

像 GitHub、Bitbucket 和 GitLab 这类的代码库可以给我们提供关键线索，帮助我们以某种方式进入某个组织或者目标。简单说来，开发人员使用 Git 库来上传代码，同时 Git 站点允许浏览历史提交记录，如果知道如何查询，会得到提交人的电子邮件地址。

Git 提交记录中存储了以下类型的信息：

- 私人电子邮件地址。
- 硬编码的应用程序密码（直接写在了提交文件中的密码）。
- AWS 密钥。
- PII 和其他用户数据。
- 用户账户密码。

下面是我与一个已知的威胁行为者 NSFW 的真实对话，关于他如何在公司的 GitHub 页面上发现了 AWS 关键信息。

BTC：我人肉了公司 CTO 及其他人
BTC：一切都被我破解了
BTC：dropbox
BTC：等等
BTC：他们虽然双因子验证
BTC：但是
BTC：n****是最愚蠢的人
BTC：因为
BTC：github 没有双因子验证
BTC：他把双因子验证放在最无用的 Sxxx 上
BTC：而不是 github
BTC：不管怎样
BTC：你
BTC：你从 github 上获得了 AWS 凭证
BTC：然后我就离开
BTC：但
BTC：那儿没有数据
BTC：存储桶上什么也没有
BTC：只有 RDS
BTC：所以我不得不等了很久
BTC：直到他们最终向 AWS 导出了数据

1. SearchCode.com

SearchCode（www.searchcode.com）是一个从 GitHub.com、BitBucket、Google Code、

Gitlab 及其他网站中搜索代码的网站。

大多数黑客都写代码，所以他们很有可能不仅在 GitHub 和 Gitlab 等 Git 网站上有账户，而且还提交了代码。

此外，还有一个毋庸置疑的事实：程序员一般都会复用自己的代码。如果我们碰巧找到了目标对象编写的代码，那么，就需要注意他遗留的错误或有意思的注释。虽然表面上通过拼写错误和重用代码进行归因似乎不太可能，但实际它比想象中更常见、更有用。

提示

还有一个好消息。当威胁行为者首次访问黑客论坛并申请权限时，他们大概率会在申请表单上，提供他们写过的示例代码。如果能找到这些示例代码，对调查而言可能非常有用。

回到 SearchCode.com，虽然它不是太好用，但我还没有找到更好的同类网站。在我看来，这个网站的主要问题是不能搜索完整字符串。

例如，搜索“really long string”将返回与 really、long 或 string 任一匹配的所有结果，这可能导致大量返回结果都是无用的。

但有总比没有好，如果没有找到相关结果，还可以在主流 Git 网站上直接搜索字符串。

2. 搜索代码

SearchCode.com 的界面很简单，在搜索框中输入查询关键字，单击“search”按钮，如图 13.5 所示。

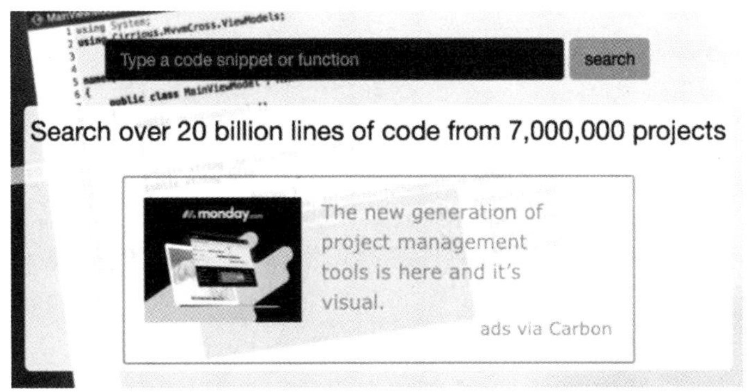

图 13.5　SearchCode.com 主界面

尝试搜索字符串“\x48\x31\xc0\x5e\x68”将产生相当多的结果，这非常有用。但我认为更有用的地方是结果返回窗口的左侧，如图 13.6 所示。

在结果很多的情况下，使用过滤器可以帮助我们进一步优化搜索，这将大大节省时间。选择适当的过滤器，可以快速找到在不同网站、以不同语言编写的代码。

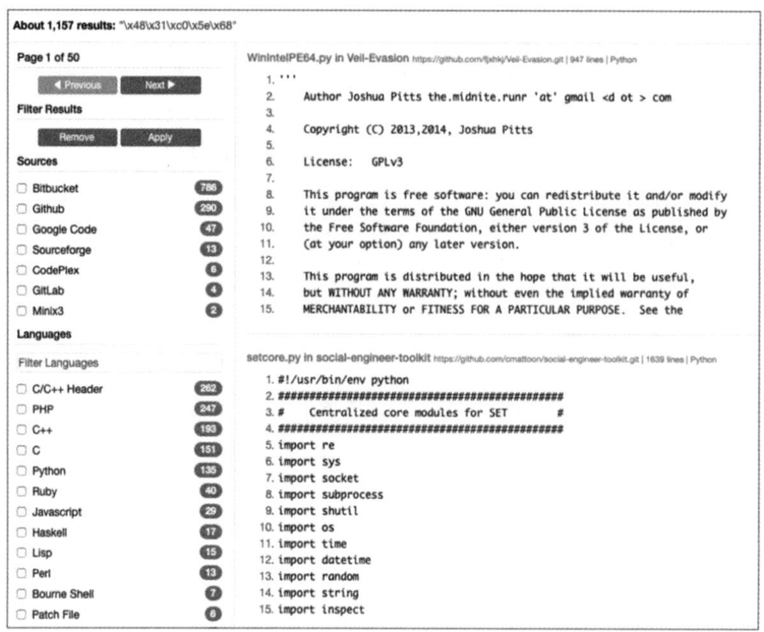

图 13.6　字符串“\x48\x31\xc0\x5e\x68”的搜索结果

3. 假阴性（False Negatives）

需要注意，使用这个网站时可能会得到“假阴性”[1]结果，意思是搜索返回“No results found”，或给出了大量不相关或不正确结果。例如，搜索“c3nt3rx”（这是来自 KickAss 论坛的一个威胁行为者的别名），结果页面显示没有匹配项，如图 13.7 所示。

图 13.7　SearchCode.com 中“c3nt3rx”的搜索结果

当没有找到结果时，Searchcode.com 会提供几个代码网站的快速链接，其中包括 GitHub。单击 GitHub 的链接，把我们直接带到该网站，并通过 URL 查询自动执行相同的搜索。

如图 13.8 所示，在 GitHub 中搜索“c3nt3rx”有 15 个匹配结果。

我们意外地发现，他是 KickAss 框架的主要开发者，这个框架是由一些 KickAss 论坛成员（包括 Cyper）维护的黑客工具包。

这里我想重申的结论是：没有任何工具是完美的，应该总是从多个来源进行搜索，特别是在使用能够从多个网站汇聚结果的搜索工具时，还需要检查原始网站，以确保汇聚后的结果和原始结果是准确一致的。

---

1 “假阴性”最早是医学术语，指由于检测过程出现了错误，导致报告上写的是阴性，但事实上结果是阳性。

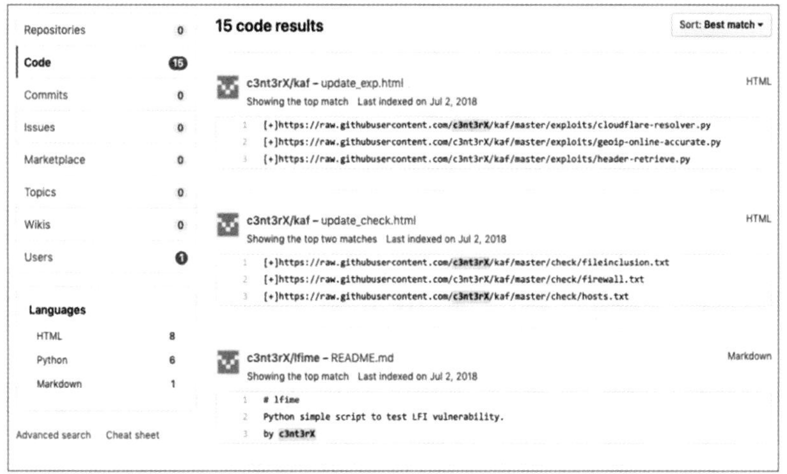

图 13.8　GitHub 中搜索“c3nt3rx”得到的 15 个匹配结果

现在，有了进一步研究 KickAss 框架的新线索，让我们看看是否可以从 GitHub 中得到更多东西。

4. Gitrob

Gitrob 是一个开源工具，用于搜索可能存储在公共 GitHub 库中的敏感文件或有用信息。Gitrob 可以扫描数据库并对敏感或私有的信息进行标记，这对研究人员和开发人员都很有用。

Gitrob 通过克隆公共数据库（指将数据库内容转存至本地）和查看提交历史来运作。它标记出可能敏感的文件并在界面中显示以便进一步分析，结果也可以导出至JSON文件。

在 Gitrob 中再次查找“c3nt3rx”，得到以下结果：

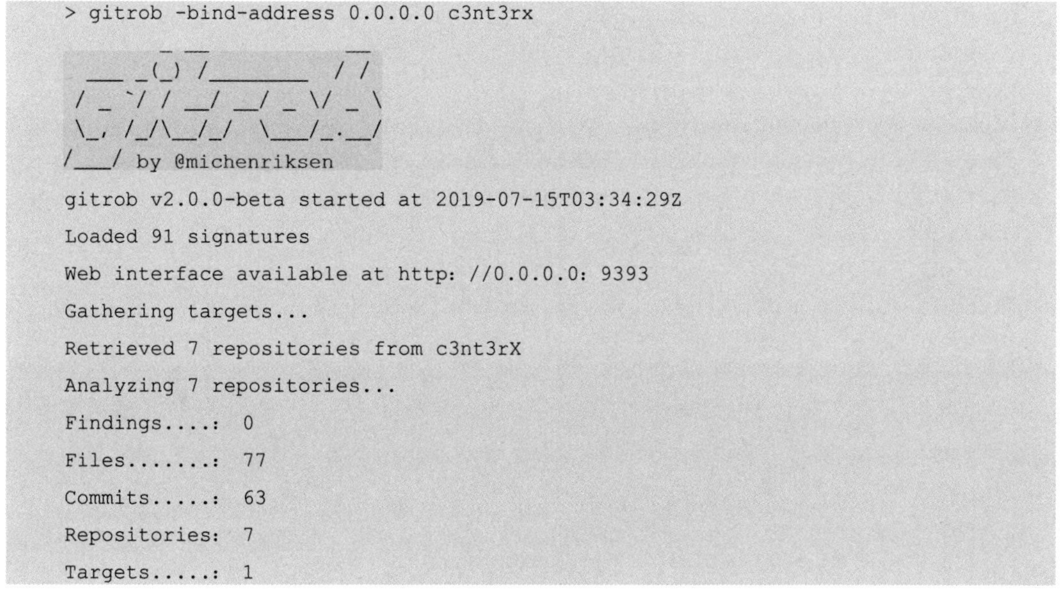

```
> gitrob -bind-address 0.0.0.0 c3nt3rx

         _ __              __
  ___ _(_) /_________  / /
 / _ `/ / __/ __/ _ \/ _ \
 \_, /_/\__/_/  \___/_.__/
/___/ by @michenriksen

gitrob v2.0.0-beta started at 2019-07-15T03:34:29Z
Loaded 91 signatures
Web interface available at http: //0.0.0.0: 9393
Gathering targets...
Retrieved 7 repositories from c3nt3rX
Analyzing 7 repositories...
Findings....: 0
Files.......: 77
Commits.....: 63
Repositories: 7
Targets.....: 1
```

提示

这些结果可能有误导性。即使找到了有 77 个文件和 63 次提交记录，但如果 Gitrob 没有检测到任何有趣的东西（Findings: 0），其 Web 界面将显示没找到结果。

在本例的结果中，没有 Gitrob 认为的有趣的东西，Web 界面也显示没有结果。为了能够说明问题，我们在 michenriksen（Gitrob 的开发人员）的数据库上运行 Gitrob。

```
gitrob -bind-address 0.0.0.0 michenriksen
          _ __          __
   ___ _(_) /________  / /
  / _ `/ / __/ __/ _ \/ _ \
  \_, /_/\__/_/  \___/_.__/
 /___/ by @michenriksen
gitrob v2.0.0-beta started at 2019-07-15T03: 31: 42Z
Loaded 91 signatures
Web interface available at http: //0.0.0.0: 9393
Gathering targets...
Retrieved 20 repositories from michenriksen
Analyzing 20 repositories...
MODIFY:  Contains word:  credential
Path.......:  credentials.json
Repo.......:  michenriksen/searchpass
Message....:  Update passwords
Author.....:  Michael Henriksen <michenriksen@neomailbox.ch>
File URL...:  https: //github.com/michenriksen/searchpass/blob/
a245aee..[truncated]
Commit URL.:  https: //github.com/michenriksen/searchpass/commit/
a245ae..[truncated]
MODIFY:  Contains word:  credential
Path.......:  credentials.json
Repo.......:  michenriksen/searchpass
Message....:  Update passwords
Author.....:  Michael Henriksen <michenriksen@neomailbox.ch>
File URL...:  https: //github.com/michenriksen/searchpass/blob/
ff908..
[truncated]
Commit URL.:  https: //github.com/michenriksen/searchpass/commit/
ff9085c..[truncated]
Findings....:  2
Files.......:  539
Commits.....:  225
Repositories:  20
Targets.....:  1
Press Ctrl+C to stop web server and exit.
```

结果差异是显而易见的。Gitrob 检测到了一些“有趣”的信息条目，同时提供了它们所在位置的描述。在这个数据库中，Gitrob 发现某些文件包含单词“credential”。

当我访问 Gitrob 的 Web 界面时，就可以看到更详细的条目列表。图 13.9 所示为每个找到的条目及它们的链接。

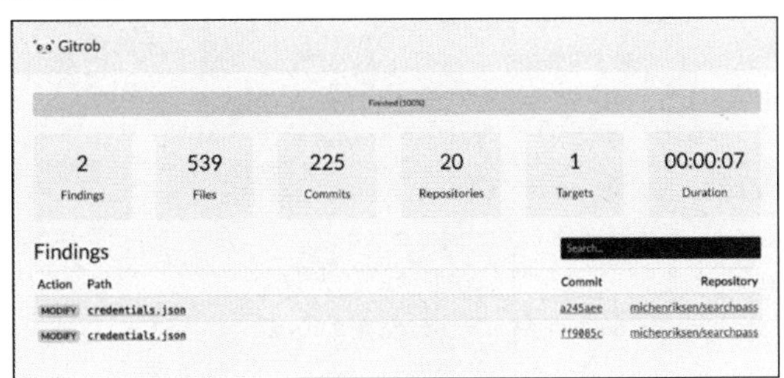

图 13.9　Gitrob 发现的条目与链接列表

Gitrob 可用于搜索 SSL 密钥、凭证和其他信息。如果遇到内容很丰富的数据库，调查者在结果页面很可能会发现不少线索。

5. Git 提交日志

另一种搜集信息的方法非常简单：只需查看 Git 数据库的提交日志。日志中包含每次提交的时间和日期，以及提交人的信息。由于每次提交必须包含一个相关的电子邮件地址，我们从日志中可以发现目标对象的一些新信息，如新的别名、电子邮件地址等。

为了说明我的观点，让我们研究一下 KickAss 框架的 c3nt3rx 数据库。在 KickAss 论坛上公开讨论这个框架，从而可以直接关联到论坛的重要人员，如 NSA 和网站管理员（实际上是我们的朋友 Cyper）

该框架的 Git 地址是 https://github.com/c3nt3rX/kaf。

进入数据库后，可以通过输入 git log 查看提交日志，代码如下：

```
[root@OSINT] > git log
commit 9a8d392f4265f9fafec854d06bcc86608c393b3a
Author: NSA<nightsquare@sigaint.org>
Date: Thu Jun 16 22: 11: 16 2016 +0200
changes
commit c9282534f031f066450197f31ef985d07661daa7
Author: NSA <nightsquare@sigaint.org>
Date: Thu Jun 16 22: 09: 33 2016 +0200
some changes and new scripts
commit 20fa61ff8113dd34e2dd6a2485b9654d6e09459a
Author: NSA <nightsquare@sigaint.org>
Date: Fri May 27 01: 18: 05 2016 +0200
new banner
```

```
commit af98fc17cec67f8a3085f374161cec93e15cd177
Author: NSA <nightsquare@sigaint.org>
Date: Wed May 25 19: 01: 38 2016 +0200
new readme
commit fd594e4bbc70e184005a7a3931a02aa7d3613b5a
Author: c3nt3rX<centerx@hotmail.gr>
Date: Sat May 21 02: 53: 06 2016 +0300
Update kaf.py
commit c06b68662da1b8690963a47930d24f04e6a75028
Author: c3nt3rX <centerx@hotmail.gr>
: ...skipping...
commit 6fbe9999d2fb68fb0954866328ad63505f4a06a5
Author: NSA <nightsquare@sigaint.org>
Date: Thu Jun 30 08: 06: 54 2016 +0200
change donate adresse
```

可以看到两个不同的作者：NSA 和 c3nt3rx。

每个作者都有自己的关联电子邮件地址。现在有了 c3nt3rx 的电子邮件地址，还有 NSA（Cyper）的电子邮件地址：nightsquare@sigaint.org。

提示

nightsquare 是一个非常有趣的电子邮件，因为 NSA 的前两个字母可以映射到 night 和 square。不知道这是巧合，还是它确实和 NSA 有某种关系？如果是这样，A 又代表什么？

下一节将介绍“Cyper 生活在奥地利（或周边地区）”，所以，Cyper 的名字可能是指奥地利的夜晚广场（nightsquare）。

我一直没能弄明白，如果有人读到这里时产生了任何想法，请联系我。

13.4 维基网站

对我来说，没有什么比在调查中找到像“中了头奖”一样的证据更令人满足的了。如果调查报告用“真是个笨蛋啊（附带摇头表情）”来结尾，这种感觉就会倍增。

回到我们的老朋友 Cyper（又名 CyPeRtRoN，又名 Ghost，又名 NSA）的故事。

Cyper 的一个更加容易辨识的特征是，他总是偷偷地说他与 Hackweiser（一个 20 世纪 90 年代末的黑客组织）之间的联系。他反复说这件事，从而让追踪他的账号变得更加容易。一旦调查者知道要找什么，或者有一些关键的准确信息，一切就会水到渠成。

2015 年 7 月 24 日，在一个基于 TOR 的社交媒体网站 Galaxy 2.0 上，Cyper 和 Arsyntex 进行了一场激烈的讨论：

CyPeRtRoN：所有其他的人，不要偏执，不要玩弄我，目前一切都很好。

Arsyntex：小心@CyPeRtRoN，他是一个 cookie 跟踪专家。他是美国国家安全局和英国政府通信总部派来的特工，哈哈。

CyPeRtRoN：哈哈，感谢你的宣传，你不知道我是谁。你以为你释放了两个专家，现在就成了 Jogesh。

CyPeRtRoN：给你读点东西 https://en.wikipedia.org/wiki/Hackweiser。

Arsyntex：成员包括、R4ncid、Bighawk、hoenix、不朽，RaFa、Squirrlman、PhonE_TonE、odin、x[beast]x、Phiz、@CyPeRtRoN 和 Jak-away（又名 Hackah Jak），哈哈。

从这个讨论中得到两个有趣而重要的结论：Hackweiser 的维基百科链接，以及 Arsyntex 对 Cyper 发布 URL 的反应。

在此之前，我从未认为维基百科（或任何其他公开维基网站）是可靠的情报源。

但是我错了。

Wikipedia

虽然维基百科作为可靠的信息来源而言缺乏公信力，但有一件事它做得很好：对页面的每次更改（请求性的或永久性的）都保留了准确和公开的记录。

Hackweiser 的维基百科网站（https://en.wikipedia.org/w/ index.php? title=Hackweiser）列出了以下成员：R4ncid、Bighawk、[P]hoenix、Immortal、RaFa、Squirrlman、odin、x[beast]x、Phiz 和 Jak-away（又名 Hackah Jak）。

可能大家已经注意到，有个关键成员从这个不朽的名单中消失了：伟大的 CyPeRtRoN。

可是，我们刚刚在 Galaxy 2.0 的论坛帖子中看到，Cyper 说他是 Hackweiser 的成员，他甚至为此炫耀。

记住，在一个年轻又有抱负的黑客眼中，虚荣心永远会战胜操作安全（OPSEC）。

为了证明我的观点，在 Hackweiser 的“Wikipedia”页面中切换到“View history”选项卡，如图 13.10 所示。

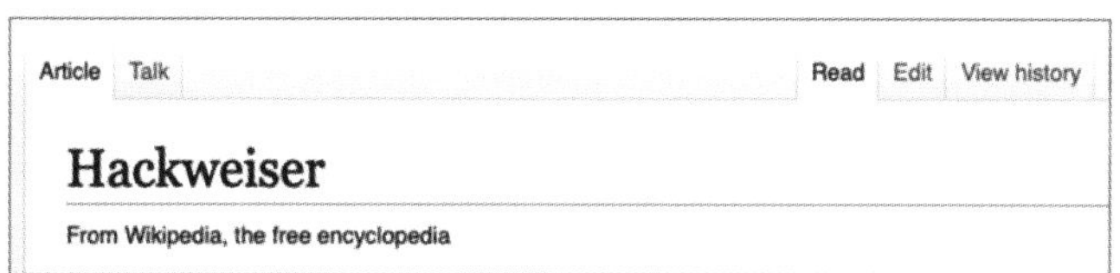

图 13.10　Hackweiser 的 Wikipedia 页面

在“View history”页面中可以看到页面更改记录的完整列表（包括永久性的和已删除的更改），如图 13.11 所示。

回到 Galaxy 2.0 论坛中的对话，Cyper 发出消息的时间是 2015 年 6 月。注意到图 13.11 中有一个关于 2015 年 5 月的条目了吗？如果想要了解 2015 年 5 月的所有修改及其影响，可以先看看 2014 年 11 月之前的条目（可以直接在 https://en.wikipedia.org/w/index.php?title=Hackweiser&oldid=635593910 上查看）。

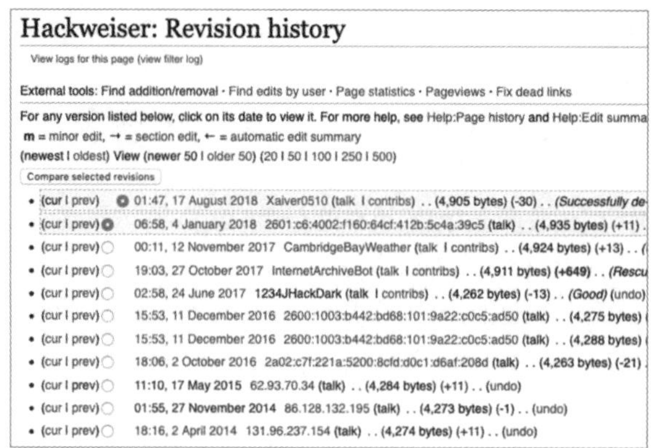

图 13.11 Hackweiser Wikipedia 页面的 View history 选项卡

在 2014 年 11 月的页面中，Hackweiser 的成员是 R4ncid、Bighawk、[P]hoenix、Immortal、RaFa、Squirrlman、PhonE_TonE、odin、x[beast]x、Phiz 和 Jak-away（又名 Hackah Jak），这个列表与现在页面上的完全相同。

维基百科有一个非常方便的“Compare selected revisions”（比较选定的修订）按钮（即差异比较工具）。图 13.11 所示页面的每条修订旁边都有一个单选按钮。勾选 2015 年 5 月修订版的单选按钮，然后单击“Compare selected revisions”（比较选定的修订）按钮，我们将来到一个显示版本之间差异的页面，如图 13.12 所示。

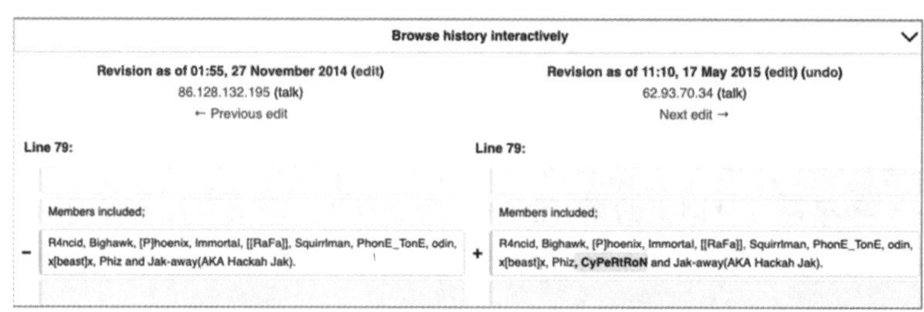

图 13.12 两个版本之间的差异页面

也可以通过以下链接直接查看差异页面：https://en.wikipedia.org/w/index.php?title=Hackweiser&diff=662753224&oldid=635593910。

正如读者可能已经猜到的，2015 年 5 月的成员名单中额外添加了 CyPeRtRoN。

我们的朋友 Cyper 会如此自负，故意把自己的名字写到了维基百科页面上吗？更重要的是，他愿意冒险用一个非 VPN 的 IP 地址进行编辑，从而提升他对内容修改的合法性吗？

如图 13.13 所示，在 whatismyipaddress.com 上搜索 Cyper 用来修改维基百科页面的 IP 地址 62.93.70.34，可以得到地址所在的大致位置。

Cyper 会不会如此虚荣，直接在自己家里编辑维基百科页面？虽然从法律角度不好说这一事实能否被认定，但我确定这条线索非常可靠。

提示

可以在关于 TDO 的官方调查报告里找到更多关于 Cyper 的细节。

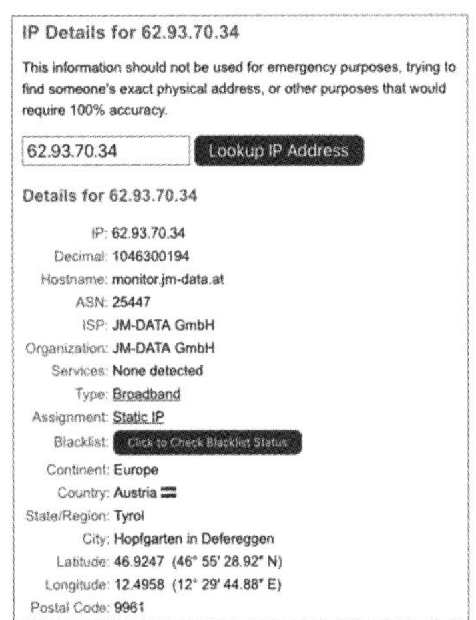

图 13.13　在 whatismyipaddress.com 中搜索 62.93.70.34 得到的结果

13.5　小结

本章的重点是如何寻找隐藏在互联网角落中的信息，包括使用像 Harvester 这样的工具来进行广泛的信息搜集，以及使用像 Gitrob 这样的集成类工具搜集 GitHub 信息。

从本章的示例中可以看到，在论坛、临时粘贴网站、代码数据库和维基网站这类最让人意外（和困惑）的地方，也可以收获意想不到的结果，有时甚至是突破性线索。

在下一章中，将进一步扩大搜索范围，从 MongoDB 和 Elasticsearch 这类可公开访问的数据库中查找信息。

第14章 可公开访问的数据存储

发现互联网上的数据泄露不是一件容易的事情。根据我的经验，一旦发现了漏洞或数据泄露，在整个调查过程中最困难的部分在于弄清楚该如何处理相应的情况。

本章将讨论两方面的内容。我们将介绍在 MongoDB 和 Elasticsearch 等几种常见的 NoSQL 数据库中发现数据泄露的方法，以及在 Amazon 存储桶和 Digital OceanSpace 等可公开访问的云存储平台上发现数据泄露的方法。我也会讲述我的一些发现和经历。

鲍勃·迪亚琴科所揭露的知名数据泄露事件比我认识的任何人的都多。

专家提示：鲍勃·迪亚琴科（Bob Diachenko）

我不会使用固定的模式来查找数据，每次我都会根据得到的结果改变查找方法。我还故意降低搜索的自动化程度。当我浏览报告时，我总是手动完成。这样做的原因是过去当我依赖于自动脚本完成工作时，会忽略重要的信息，犯了很多错误。

在对结果进行核对时，我惊讶地发现许多有趣的内容都被忽略了。然后我就开始自己检查结果，这就是我现在的方法。

出于合规目的，我不会去使用任何复杂的或入侵性的技术，以及任何可能将我与黑客联系在一起的技术。我使用的都是公开的工具。我想说的是，如果我能找到某些数据，那么世界上任何人都可以做到。在我找到某样东西后，任何人都可以访问它。

在开始担负披露数据泄露事件的责任后，我开始受到一些公司的反击，尤其是那些通常很难会去联系的公司。

我想这可能是因为我当时还没有合适的身份，这意味着，我对这些公司来说是一个完全陌生的人。

我也有过差点干不下去的时候。几家公司试图起诉我，我不知道是否因为我是某家公司的雇员，所以他们想通过起诉这家公司赚一些钱？

我最终意识到我能为行业带来价值，所以我顶住了所有压力。我重新评估了我对付这些公司及处理数据泄露的方式。接到我通知的这些公司对所发生的事情感到尴尬，但通常他们都要为泄露数据承担法律责任。我遵循的流程与以往不同，但更加有效。

在这种情况下，你需要非常小心地处理正在查看的数据，对如何处理这些数据、为什么做出这样的决定、如何确保只有你查看了这些数据的副本（我指的是副本，因为数据是公开的，很多人可以看到它）做好解释的准备。

不幸（还是万幸？）的是，大多数公司从来没有要求我这样做。他们只是接受信息，从来不要求我签署保密协议，甚至不知道我如何处理或在哪里存储这些数据。

14.1 Exactis Leak 与 Shodan

2018 年 7 月，我发现 Exactis 出现了数据泄露，这是我第一次发现公共 Elasticsearch 数据库的安全事件。Exactis 是一家营销公司（即数据经纪人），通过向其他公司出售数据赚钱。其公共数据库拥有超过 2 亿人的个人信息，这些数据包括姓名、电子邮件、电话号码、地址、性别、宗教信仰、政治偏好、宠物信息、家庭大小，以及一系列与生活方式相关的其他信息，如一个人是否吸烟、是否潜水、是否穿大码衣服等。

关于 Elasticsearch 数据库，需要注意的一点是，它们不像大多数数据库那样需要访问权限——默认情况下，不需要使用用户名和密码就可以登录。虽然 Elasticsearch 也可以配置角色和权限，但默认情况下不会。

这意味着，任何通过 IP 地址的 9200 端口访问 Elasticsearch 数据库的人，只需提供准确的 URL 就可以对数据拥有完整的 CRUD（创建、读取、更新、删除）权限。保护 Elasticsearch 集群的方法是将所有数据放在防火墙之后，这样 IP 地址就不会被暴露。

1. 数据属性

发现泄露数据集的所有者通常是调查中最困难的部分，因为我们拥有的只是一个 IP 地址，而托管数据的平台不会在未收到正式法律请求的情况下告知该地址的所有者。

通常我在试图联系相关公司很久之后才会有人给我回复，但这次的情况不同（我不知道该联系谁）。识别 IP 地址的所有者可能是调查者将不得不承担的最令人疲惫的任务之一，所以，我找了一些人来帮忙。

我花了整整一个月才弄清楚到底是谁拥有 Exactis 数据。在开始的几周，我找不到失主，于是向执法部门和记者求助，希望他们能帮上忙。

当发现泄露服务器的所有者是 Exactis 时，我已经与《连线》杂志的安迪·格林伯格（Andy Greenberg）开展了密切合作。我们在最终确认后立即联系了 Exactis，建议他们将服务器离线，因为这些数据是完全开放的。

我解释说，我已经通知了执法部门，因为这些数据包含几乎所有美国公民的信息，而且我正在与《连线》杂志合作进行调查。我强烈建议他们和安迪谈谈，做好记录，从而控制损失。

在《连线》杂志发表相关文章后，发生在 Exactis 身上的事情是我无法预料到的，直到今天我仍然感到难过。这家公司后来倒闭了，老板史蒂夫·哈迪格雷（Steve Hardigree）目前正面临几起诉讼。有一天晚上我收到了史蒂夫的短信，问我为什么毁了他的生活。

我不打算撒谎，因为我知道一些事实，这件事情确实很糟糕。作为泄露这些数据公司的 CEO，他在某种程度上必须承担责任。坦率地说，互联网上有很多人都在寻找开放的数据库信息，他们找到这些数据只是时间问题。

根据《连线》杂志最近的报道，这位 CEO 表示这些数据只是“开放了几天”。然而我持有不同的看法，因为我仅是寻找数据的所有者就花了很长时间。

但我说的话“不算数”，我必须以事实为依据。每个调查员的职业生涯中都会遇见这种情况，我也因此学会了一些新奇和有用的Shodan技巧。

2. Shodan命令行选项

很多人都会使用Shodan的Web界面，但可能还没有意识到Shodan命令行的扩展功能也很强大。

Shodan的命令行工具的最大好处之一是能够下载特定数据库类型的所有搜索结果。

例如，让Shodan查找所有公开可访问的Elasticsearch数据库的IP地址。这需要两条命令，第一条用来下载数据，第二条用来将其解析成可用的格式。这也是我找到Exactis数据泄露的过程。

首先，使用以下代码告诉Shodan下载那些运行Elasticsearch的IP地址：

```
Shodan download --limit (number of results) (your filename) (query)
```

为了下载所有的Elasticsearch数据库，我们将上限设置为50000个条目，结果获得了大约30000个。之所以把这个数值设得很高，就是为了确保下载过程能够包含所有条目，代码如下：

```
root@osint: >shodan download --limit 50000 elasticdata product: Elastic
Search query: product: Elastic
Total number of results: 28289
Query credits left: xxxx
Output file: elasticdata.json.gz
```

有了下载文件，可以使用parse命令提取需要的数据。本例中使用以下命令提取IP地址和端口号：

```
shodan parse -fields ip_str, port --separator , elasticdata.json.gz
```

这将创建一个仅包含IP地址和端口号的解析后的文件。本章后面将使用这些信息来自动识别可能泄露敏感信息的服务器。

3. 查询历史数据

之前提到，在Exactis案例中我学到了一些Shodan命令行工具非常有用的方法。Shodan不仅可以方便地查询和下载原始数据，还可以搜索有关IP地址的历史信息。这意味着在任意时间点上，Shodan不仅记录了每个IP地址上哪些端口是开放的，还将这些信息作为历史记录保存下来以备查询。我们把这个功能用在Exactis IP地址上，看看能找到什么。

Exactis有如下3个IP地址与Elasticsearch集群相关联：

- 172.106.108.69。
- 172.106.108.73。
- 172.106.108.77。

作为调查工作的一部分，调查者很可能被执法部门要求提供证据（或证词），以及关于IP地址或数据集暴露在网络上的持续时间信息。在接受《连线》杂志的后续采访时，Exactis首席执行官史蒂夫·哈迪格雷坚称这些数据只被曝光了几天。

下面的代码用于查询这些 IP 地址的历史信息：

```
shodan host --history -S --format pretty (ip address)
[ root@OSINT ] >shodan host --history -S --format pretty 172.106.108.77
172.106.108.77
City:                   Ashburn
Country:                United States
Organization:           Psychz Networks Ashburn
Updated:                2019-04-11T06: 43: 30.053445
Number of open ports: 7
Vulnerabilities:        CVE-2018-15919 CVE-2018-15473 CVE-2017-15906
Ports:
25/tcp (2016-09-02)
25/tcp (2016-08-30)
25/tcp (2016-06-18)
25/tcp (2016-06-16)
80/tcp Apache httpd (2.2.15) (2016-10-14)
2020/tcp OpenSSH (7.4) (2019-04-11)
3306/tcp MySQL (2016-06-02)
5601/tcp (2018-06-01)
5601/tcp
[results truncated]
9200/tcp Elastic (6.2.4) (2018-06-04)
9200/tcp Elastic (6.2.4) (2018-06-02)
9200/tcp Elastic (6.2.4) (2018-05-29)
9200/tcp Elastic (6.2.4) (2018-05-25)
9200/tcp Elastic (6.2.2) (2018-05-07)
9200/tcp Elastic (6.2.2) (2018-04-27)
9200/tcp Elastic (6.2.2) (2018-04-03)
9200/tcp Elastic (6.2.2) (2018-03-31)
9200/tcp Elastic (6.2.2) (2018-03-20)
9200/tcp Elastic (6.2.2) (2018-03-18)
9200/tcp Elastic (6.2.2) (2018-03-11)
9200/tcp Elastic (6.1.1) (2018-02-19)
9200/tcp Elastic (6.1.1) (2018-02-15)
9200/tcp Elastic (6.1.1) (2018-02-15)
9200/tcp Elastic (6.1.1) (2018-02-10)
9200/tcp Elastic (6.1.1) (2018-01-21)
9200/tcp Elastic (6.1.1) (2018-01-03)
9200/tcp Elastic (6.0.0) (2017-12-14)
9200/tcp Elastic (6.0.0) (2017-12-07)
9200/tcp Elastic (6.0.0) (2017-11-24)
```

从结果中可以看到，Shodan 在 2017 年 11 月 24 日首次检测到这些 IP 地址开放了 9200

端口（Elasticsearch 服务器的典型端口）后，端口的开放状态一直持续到 2018 年 6 月 4 日（大约就是在我联系他们的时候，事情已经曝光了）。

Shodan 的历史信息表明，服务器在我发现它们之前已经开放了 7 个月。这就是为什么我很难接受 Exactis 的首席执行官的声明——“服务器只开放了几天”。

我完全可以理解 CEO 对我的愤怒和怨恨，但这些信息至少让我感觉好点儿。不过，7 个月确实太久了。考虑到还有很多其他公司、研究人员和犯罪分子都在爬取公共数据集，我很可能不是唯一发现这些数据的人，但可能是唯一一个能够找出数据拥有者的人。

我希望我的叙述不仅有助于阐明 Exactis 事件，而且有助于调查人员在类似的情况下获得更多的背景信息。

14.2 CloudStorageFinder

CloudStorageFinder（CSF）是一个由 Robin Wood 编写的开源工具，它可用于查找公开暴露的云存储桶。在可供使用的许多云存储查找器工具中我之所以选择 CSF，是因为它的搜索对象不限于 AWS。

CSF 能够搜索的公开可访问数据库包括 Amazon S3 桶、Digital Ocean 空间和 SpiderOak 共享文件夹。CSF 可以在 https://github.com/digininja/CloudStorageFinder 上下载。

CSF 通过对公共 URL 进行暴力破解（bruteforcing）来工作。单词列表越精准，就会得到越多的结果。请参考第 2 章关于创建强大单词列表的方法。

CSF 有 3 个关键工具：bucket_finder.rb、space_finder.rb 和 spider_finder.rb。不难推测，bucket_finder.rb 用于寻找 Amazon S3 桶，space_finder.rb 用于寻找 Digital Ocean 空间，而 spider_finder.rb 用于查找 SpiderOak 共享文件夹。

这 3 个程序的选项都非常相似，主要的区别是区域参数。通常，公共存储位于不同的区域，因此，需要根据正在搜索的不同服务更改参数。

查找 CSF S3 存储桶的参数如下。

--help，-h：显示帮助。

--download，-d：下载文件。

--log-file，-l：日志输出到的文件名。

--region，-r：要使用的区域，选项如下。

- us——美国标准。
- ie——爱尔兰。
- nc——北加州。
- si——新加坡。
- to——东京。

-v：verbose wordlist：要使用的单词列表。

1. Amazon S3

假设已经准备好暴力破解单词列表，那么运行 CSF 非常简单。本次将对美国地区运行 bucket_finder 扫描，并使用-d 下载所有内容，代码如下：

```
[ root@osint ] >./bucket_finder.rb -r us -d wordlist.txt -l logfile.txt
```

扫描结果如下：

```
Bucket iis redirects to: iis.s3.amazonaws.com
Bucket does not exist: endofspecialwords
Bucket does not exist: Aarhus
Bucket found but access denied: Aaron
Bucket does not exist: Ababa
Bucket found but access denied: aback
Bucket does not exist: abaft
Bucket does not exist: abandoned
Bucket does not exist: abandoning
Bucket does not exist: abandonment
Bucket does not exist: abandons
Bucket found but access denied: abase
```

CSF 不允许通过 S3 API 密钥进行身份验证。本章后面将讨论 Noscraper 工具的使用。

2. Digital Ocean 空间

Digital Ocean 是我选择的云服务商，它最近发布了一个“空间”功能，提供类似于 Amazon S3 服务的公共存储服务。这很不错，因为我总是喜欢使用新的服务，其中也很可能会存在错误配置。

提示

当注册 Digital Ocean 空间时，注册过程会询问是希望公开访问权限，还是将访问权限限制为只有拥有正确密钥的用户。由于亚马逊的初始设置和配置要复杂得多，所以，我认为这里不会有太多的出错机会，除非有人无意中创建了一个公共空间然后忘了有这回事。尽管如此，我们仍然应该尝试。

CSF space_finder 的运行参数有些不同，如下所示：

```
Usage: space_finder [OPTION] ... wordlist
-h, --help: show help
-d, --download: download the files
-l, --log-file: filename to log output to
-h, --hide-private: hide private spaces, just show public ones
-n, --hide-not-found: hide missing spaces
-r, --region: the region to check, options are:
      all - All regions
```

```
        nyc - New York
        ams - Amsterdam
        sgp - Singapore
    -v: verbose
    wordlist: the wordlist to use
```

我们这里将尝试使用-r all 参数对所有区域运行 space_finder，其他参数不变。使用“all”参数运行该意味对纽约、阿姆斯特丹和新加坡发送 3 个不同的请求，代码如下：

```
[ root@osint ] >./space_finder.rb -r all -d wordlist.txt -l logfile.txt
```

输出如下：

```
Space does not exist in region ams3: Backup
Space does not exist in region nyc3: Backup
Space does not exist in region sgp1: Backup
Space does not exist in region ams3: warez
Space does not exist in region nyc3: warez
Space does not exist in region sgp1: warez
Space does not exist in region ams3: pr0n
Space does not exist in region nyc3: pr0n
Space does not exist in region sgp1: pr0n
Space does not exist in region ams3: porn
Space does not exist in region nyc3: porn
Space does not exist in region sgp1: porn
Space does not exist in region ams3: Scripts
Space does not exist in region nyc3: Scripts
Space does not exist in region sgp1: Scripts
Space does not exist in region ams3: IISHelp
Space does not exist in region nyc3: IISHelp
Space does not exist in region sgp1: IISHelp
Space found in region nyc3: vinnytroia
(https: //vinnytroia.nyc3.digitaloceanspaces.com )
<Private>https: //vinnytroia.nyc3.digitaloceanspaces.com/test/
```

如果幸运地找到一个公共空间，那么命令显示的内容应该与上述差不多。

现在，让我们转向 NoSQL 数据库，看看在那里可以找到什么。

14.3 NoSQL Database3

传统关系型数据库存在伸缩性和灵活性问题，这导致了 NoSQL 数据库的出现。现在大多数 Web 应用程序都使用 NoSQL 数据库。在 NoSQL 数据库中，所有内容不是存储在传统的“表”中的，而是以“文档”形式存在的。

除了更佳的速度和灵活性，大多数 NoSQL 数据库需要比传统 SQL 数据库提供更加安全的配置。然而，大多数 Elasticsearch 数据库在默认情况下是公开可访问的，除非设置了防火墙或阻止了 9200 端口的访问。

本节将介绍如何在一些流行的 NoSQL 数据库（包括 MongoDB、Elasticsearch 和 CassandraDB）上查找公开可访问数据。

1. MongoDB

MongoDB 是最流行的 NoSQL 数据库类型之一。MongoDB 不使用常见的 SQL 数据结构表示方法，而是将数据存储在灵活的 JSON 文档中。可以通过多种方式查询 MongoDB 数据库，包括命令行工具和 GUI 应用程序（如 RobotMongo）。

专家提示：鲍勃·迪亚琴科（Bob Diachenko）

我认为 MongoDB 的开发者过去犯了一个错误，现在他们正在为此付出代价。在早期的某个版本中他们决定保留默认配置而不使用任何密码或授权，这个版本非常受欢迎。到现在，世界各地的许多公司和管理员仍在使用那个过时的 MongoDB 版本，并没有更新他们的软件（新版本不允许使用默认凭证登录）。在那个版本中，完整的“凭证”就是根本没有凭证，不需要使用暴力破解也不使用任何密码就可以登录。

Mongo 命令行既麻烦又不稳定。Robot 3T 是一个用于访问和使用 MongoDB 数据库的免费 GUI 工具，它还有一个名为 Studio 3T 的高级版本，具备从 MongoDB 数据库导入和导出数据的能力。

如果之前没有使用过，那么 Robot 3T 初始界面将提示输入连接信息，如图 14.1 所示。

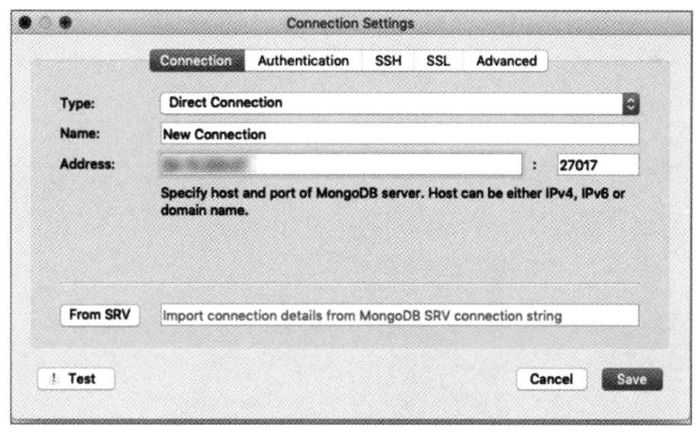

图 14.1　Robot 3T 的初始界面

本节将展示从实际运行的 MongoDB 服务器中获取数据过程的截屏。因为不知道谁是这些数据的拥有者，所以，隐藏了相关信息。

在输入目标服务器的 IP 地址并单击“Save”按钮后，界面显示 MongoDB 连接列表，如图 14.2 所示。

单击“Connect”按钮，将连接到这个 MongoDB 服务器。左列将显示一个树形菜单，其中包含可用数据库和集合的列表。图 14.3 所示为服务器上可用数据库的测试结果。

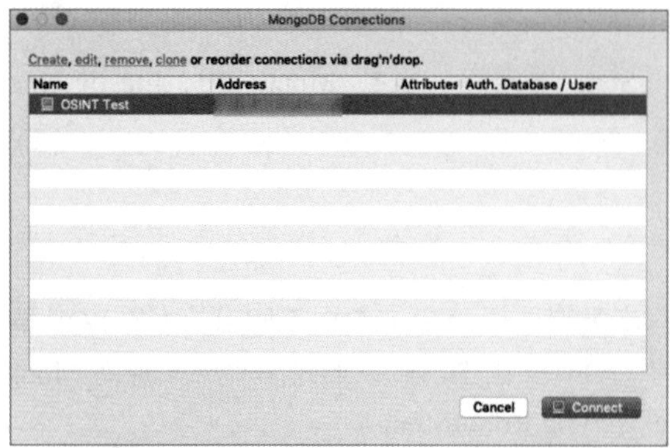

图 14.2　Robot 3T 中的 MongoDB 连接列表

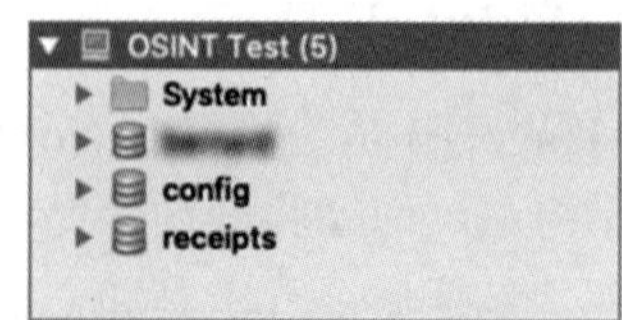

图 14.3　服务器上可用数据库测试结果

为了便于查询，我们将图 14.3 中被模糊掉的数据库称作 PrivateDB。

展开每个数据库，将显示可用集合（一种类似表的数据结构）的列表。图 14.4 所示为每个数据库包含的集合列表。

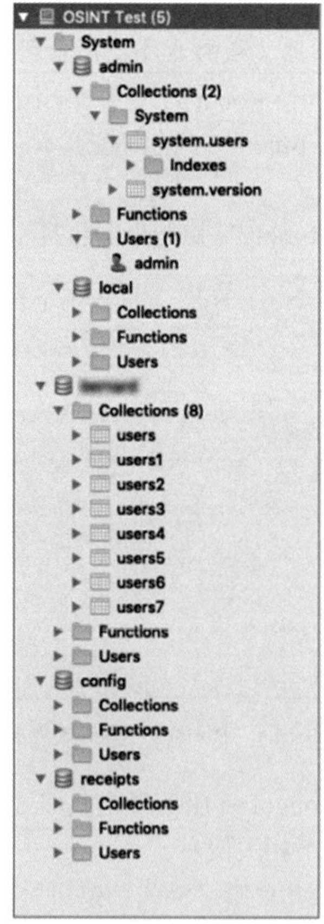

图 14.4　数据库包含的集合列表

在 PrivateDB 中有 8 个不同的集合。单击第一个“users”集合将展开应用程序窗口，显示该集合中可用的文档列表，如图 14.5 所示。

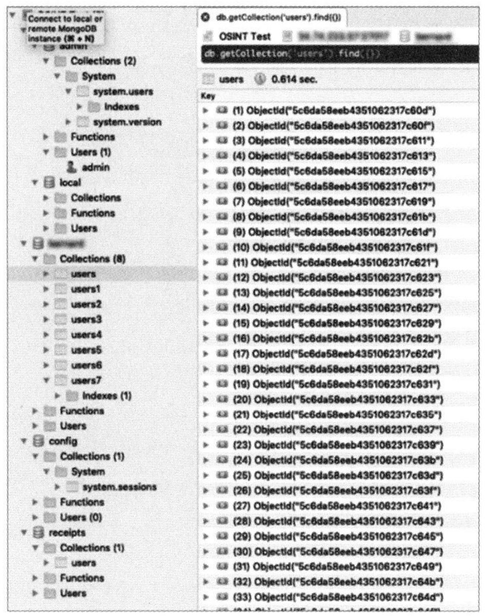

图 14.5　集合中可用的文档列表

从列表视图中可以看到大多数文档都包含 11 个或 12 个字段，如图 14.6 所示。要查看这些字段的具体信息，可单击下三角按钮展开扩展视图。

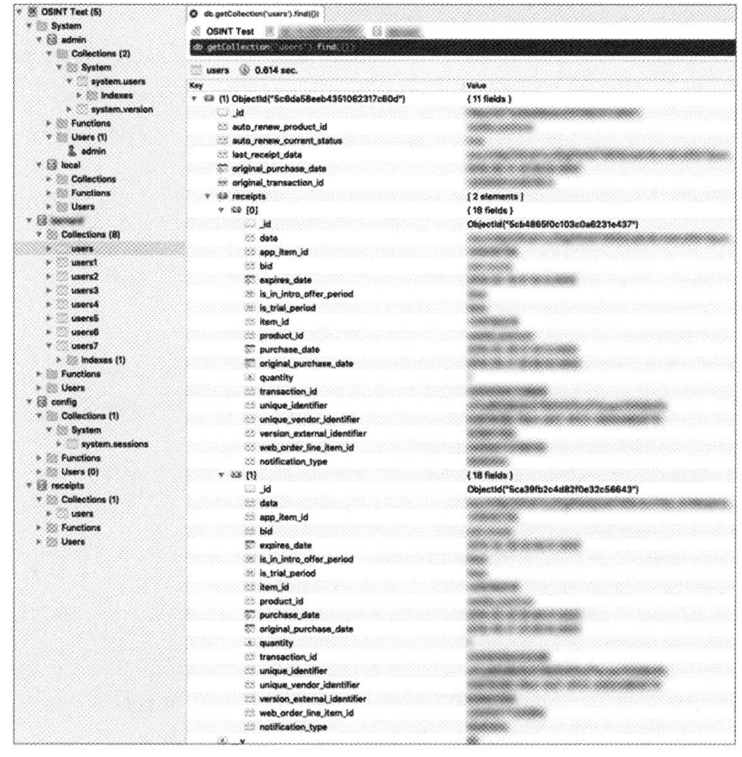

图 14.6　从列表视图中查看文档字段信息

在视图中还允许对任何字段进行创建、修改或删除操作。因为这不是我们的数据，所以我们就到此为止了。如果想修改数据，可以右击相应的字段，在弹出的快捷菜单中选择“Edit Document”命令，如图 14.7 所示。

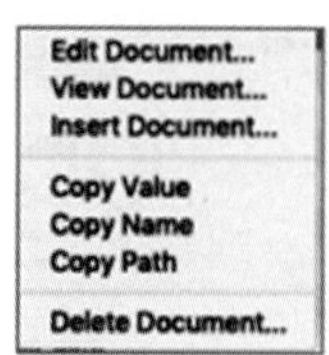

图 14.7 右击字段弹出的快捷菜单

警告

Robot 3T 的免费版本不允许导出数据。如果想要转存整个数据库，可使用命令行工具或购买该工具完整版本的 license。

Robot 3T 很适合快速浏览单个 MongoDB 数据库，但要快速查看和处理成千上万的 IP 地址中包含的 MongoDB，使用这种方法是不可行的。在本章后面，将介绍一个名为 nofinish 的工具，它具有这一功能。在此之前，我们先快速浏览一下 Mongo 命令行工具。

2. Mongo 命令行工具

Mongo 命令行工具可用于浏览和转存 Mongo 数据库（转存比浏览更困难）。本节主要介绍 Mongo 的默认命令行工具，转存功能将在后边的 NoScrape 中介绍。

安装好以后，通过输入目标 IP 地址连接到 Mongo 数据库，代码如下：

```
[ root@scraper1 ~ ] >mongo 0.0.0.0
MongoDB shell version v3.4.20
connecting to: mongodb: //0.0.0.0: 27017/test
MongoDB server version: 4.0.9
WARNING: shell and server versions do not match
Server has startup warnings:
2019-04-17T00: 03: 45.291+0000 I STORAGE [initandlisten]
2019-04-17T00: 03: 45.291+0000 I STORAGE [initandlisten]
** WARNING: Using the XFS filesystem is strongly recommended
with the WiredTiger storage engine
2019-04-17T00: 03: 45.291+0000 I STORAGE [initandlisten]
**See http: //dochub.mongodb.org/core/prodnotes-filesystem
2019-04-17T00: 03: 48.012+0000 I CONTROL [initandlisten]
2019-04-17T00: 03: 48.012+0000 I CONTROL [initandlisten]
** WARNING: Access control is not enabled for the database.
2019-04-17T00: 03: 48.012+0000 I CONTROL [initandlisten]
** Read and write access to data and configuration is unrestricted.
2019-04-17T00: 03: 48.012+0000 I CONTROL [initandlisten]
```

一个 MongoDB 实例可以容纳多个数据库。连接后可以使用 show dbs 命令显示当前实例中的各个数据库信息，代码如下：

```
>show dbs
admin 0.000GB
bernard 2.507GB
config 0.000GB
local 0.000GB
receipts 0.001GB
```

接下来，通过输入 use 和数据库名称来选择要使用的数据库，代码如下：

```
>use bernard
switched to db Bernard
```

输入 show collections 命令可以列出所选数据库中的集合：

```
>show collections
users
users1
users2
users3
users4
users5
users6
users7
```

选择集合和选择数据库的操作类似，在 use 命令之后加上集合名称即可：

```
use users
```

要查看集合中的所有数据，可以使用 find()命令或者 find().pretty()命令来查看 JSON 文档的整洁版本：

```
db.collection_name.find().pretty()
```

此类搜索可能会花费很多时间，因为它将遍历整个数据库集合的内容。更好的方法是转存整个数据库，或者使用如 RobotMongo 这样的 GUI 工具搜索数据。为了实现转存，我开发了一个名为 NoScrape 的工具，这将在本章的后面介绍。

3. Elasticsearch

Elasticsearch 是一款非常受欢迎的开源、企业级搜索引擎，它基于免费和开源的 Apache Lucene 信息检索软件构建并考虑到了多租户需求。Elasticsearch 非常快，也很简单，它的核心是将数据存储在 JSON 文档中，同时提供了可以通过 Web 访问的分布式全文搜索引擎。

Elasticsearch 使用 JSON 和 Java API，这使得它易于与其他解决方案集成。它是理想的 NoSQL datastore，因为它支持实时 Get 请求。

Elasticsearch 在分片（Shard）之上执行分布式索引操作，分片可以有自己的副本。这种分布式架构设计使得 Elasticsearch 具有可伸缩性，同时提供近实时的搜索功能。

Elasticsearch 的数据查询非常简单，所有操作都可以通过简单的 CURL 命令来执行。

1）查询 Elasticsearch

要查询 Elasticsearch，只需输入 curl ip:port。在下面的例子中，将查询 Elasticsearch 的一个本地副本。

```
>curl localhost: 9200
{
"name" : "node1",
"cluster_name" : "myES",
"cluster_uuid" : "UVc8iPj4TlqVdf-IacHcOw",
"version" : {
"number" : "6.6.1",
"build_flavor" : "default",
"build_type" : "rpm",
"build_hash" : "1fd8f69",
"build_date" : "2019-02-13T17: 10: 04.160291Z",
"build_snapshot" : false,
"lucene_version" : "7.6.0",
"minimum_wire_compatibility_version" : "5.6.0",
"minimum_index_compatibility_version" : "5.0.0"
},
"tagline" : "You Know, for Search"
}
```

结果将显示本地 IP 地址上运行的 Elasticsearch 服务器的版本等信息，从而我们知道这个服务器是活动的。再次查询可用索引（数据库）的列表，代码如下：

```
curl -X GET "localhost: 9200/_cat/indices?v"
health  status  index.  uuid        pri  rep  docs.count  docs.deleted  store.size
green   open    n203    i98ZmZQgSA   4    1    711314316   23            162.5gb
yellow  open    n204    CVBXsWyIT    5    1    385781741   0             68gb
green   open    n205    HHrwpFHiQ7   4    1    211146503   0             264.8gb
```

在此列表中，可以看到 n203、n204 和 n205 共 3 个索引，其中一些包含数亿条记录（这些记录都存储在 JSON 文档中）。

索引名通常是晦涩的，下面研究每个索引中的映射。映射类似于关系型数据库中的表头，它们给出了索引的结构，让用户知道会在里面找到什么东西。该命令的输出是纯 JSON 格式，可以将它粘贴到 JSON linter 中对其格式化，让它更容易阅读（例如，www.jsonlint.com）。

```
curl -X GET "localhost: 9200/my-index/_mapping"
{"my-index": {"mappings": {"breach": {"dynamic": "false", "_all": {"enabled": false}, "properties": {"address": {"type": "text"}, "dob": {"type": "keyword", "ignore_above": 256, "normalizer": "lowercase_normalizer"}, "email": {"type": "keyword", "ignore_above": 256, "normalizer": "lowercase_normalizer"}, "hash": {"type": "keyword", "ignore_above": 256}, "i": {"type": "keyword", "ignore_above": 100}, "mobile": {"type": "text", "analyzer": "phone_number"}, "name": {"type": "text", "fields": {"keyword": {"type": "keyword", "ignore_above": 256, "normalizer": "lowercase_normalizer"}}}, "password": {"type": "keyword", "ignore_above": 256}}}}}}
```

由于不易阅读，我们将这些文本复制并粘贴到 jsonlint.com 中，如图 14.8 所示。

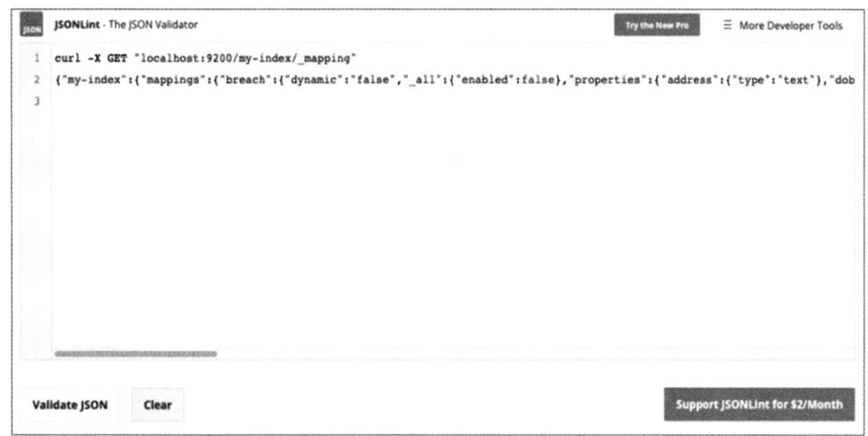

图 14.8　将内容粘贴至 JSON linter 窗口

之后单击“Validate JSON”按钮，将得到以下输出：

```
{
   "my-index": {
     "mappings": {
       "breach": {
         "dynamic": "false",
         "properties": {
           "address": {
             "type": "text"
           },
           "dob": {
             "type": "keyword",
             "ignore_above": 256,
           },
           "email": {
             "type": "keyword",
             "ignore_above": 256,
           },
           "hash": {
             "type": "keyword",
             "ignore_above": 256
           },
           "ip": {
             "type": "keyword",
             "ignore_above": 100
           },
           "mobile": {
```

```
                "type": "text",
            },
            "name": {
                "type": "text",
            },
            "password": {
                "type": "keyword",
                "ignore_above": 256
            },
            "username": {
                "type": "keyword",
                "ignore_above": 256,
                "normalizer": "lowercase_normalizer"
            }
          }
        }
      }
    }
}
```

在索引映射中可以看到字段名，如用户名、密码、名称、地址和各种其他有用的信息。

这就是我在 Exactis、Verifications.io、Apollo.io 的服务器上发现数据和并验证它们的过程。这几个地方都不需要身份验证，只需要输入一些简单的 CURL 命令。

提示

Elasticsearch 和大多数其他 NoSQL 数据库一样缺少安全的身份验证，从而使数据库勒索事件激增。只要能够访问 Elasticsearch 数据库，就意味着拥有了完整的 CRUD（增删查改功能）。网络犯罪分子会搜索公开的 Elasticsearch 数据库，下载所有数据并将它从服务器上删除，之后用一封简易的勒索信取而代之，我经常遇到这种情况。这也是为什么应该始终将 NoSQL 数据库置于防火墙或访问控制之后的另一个原因。

2）转存 Elasticsearch 数据

如果觉得数据库可能有用，可以下载它的副本以供后期查验。这就需要 Elasticdump 工具，运行它需要安装 NodeJS 和 NPM。

在 Elasticdump 安装完成之后，运行转存命令就像查询数据库一样容易。唯一的区别是需要为它指定输入和输出文件，以及每次查询的传输限制。每个请求可以导出的文档上限是 10000。建议先从这个值开始，如果发现服务器处理请求缓慢，那么可以尝试降低它，直到找到适合的值。下面的命令表示从服务器 0.0.0.0 转存 Elasticsearch 数据库。

```
>elasticdump --input=http: //0.0.0.0: 9200/index-name \\
--output=index-name.json -noRefresh --limit=10000
starting dump
got 10000 objects from source elasticsearch (offset: 0)
```

```
sent 10000 objects to destination file, wrote 10000
got 10000 objects from source elasticsearch (offset: 10000)
sent 10000 objects to destination file, wrote 10000
dump complete
```

完成后，会得到包含所请求索引内容的 JSON 文件。

14.4 NoScrape

NoScrape 是一个开源工具，旨在对查找和爬取开放存储容器及公共可访问数据库中可用数据集的过程进行简化。NoScraper 最初是由 William Martin 和我开发的，现在可以在 Night Lion Security 的 Gitlab 页面免费下载，下载地址为 https://gitlab.com/nightlionsec/noscrape。

在撰写本节时，NoScrape 已经支持从 MongoDB、AWS 存储桶、Elasticsearch 和 CassandraDB 访问和下载数据。

之所以设计这个工具，是因为我们实在受够了在数万台活动主机的 MongoDB 和 Elasticsearch 数据库中识别有用数据。它还具备了以极大规模搜索 AWS S3 存储桶的功能，只需要提供单词列表就可以运行。

NoScrape 有很多参数，可以根据调查者的需要来选用，具体如下：

```
-d Database Type                    : 爬取的数据库类型
                                    ["mongo", "s3", "es", "cassandra"]
-o OutputFile                       : 输出结果的文件
-v                                  : 开启 verbose 输出
--examples                          : 打印使用示例，然后退出

Mongo 和 Cassandra 选项
-tf, --targetFile                   : CSV 格式的主机（IP，端口）列表
-t, --target Target                 : 数据库的 IP 或 CIDR
-p, --port Port                     : 数据库的端口号
-s, --scrape                        : 扫描的类型运行：基本、完整
-f, --filter FilterFile             : 包含要匹配的关键字列表的文件
-u, --username Username             : 标准认证用户名
-p, --password Password             : 标准认证密码
-a, --authDb AuthDB                 : mongo 数据库

Elasticsearch 选项
-tf, --targetFile                   : CSV 格式的主机（IP，端口）列表
-t, --target Target                 : 数据库的 IP 或 CIDR
-p, --port Port                     : 数据库的端口号
-s, --scrape                        : 扫描的类型运行：基本、完整
-f, --filter FilterFile             : 包含要匹配的关键字列表的文件
```

```
-u, --username 用户名              : 标准认证用户名
-p, --password password            : 标准认证密码
-a, --authDb authDb                : mongo 数据库对 Elasticsearch 选项进行认证
-tf, --targetFile                  : CSV 格式的主机（IP, 端口）列表
-t, --targets Targets              : 数据库的 IP 或 CIDR
-p, --port Port                    : 数据库端口号
-s, --scrape                       : 爬虫库的类型：扫描、搜索、转存、匹配转存
-f, --filter FilterFile            : 包含要匹配的关键字列表的文件
-l,  --limit Limit                 : 每个请求转存 ES 记录的数量（默认/最大：10000）
--access AccessKey                 : AWS 访问密钥
--secret SecretKey                 : AWS 加密密钥
--hitlist DictionaryFile           : 包含要尝试的单词列表的文件
```

1. MongoDB

通过 NoScrape 从 MongoDB 服务器爬取数据的过程类似于使用 MongoDB 命令行工具。不同之处在于，NoScrape 已经自动化了其中的爬取查询功能，因此，不必再单独转存每个集合和数据库。

NoScrape 支持“基本”和“完整”两种 MongoDB 爬取类型。前一种将以树状列表的格式列出所有的数据库和表/集合。后一种将列出所有数据库、每个数据库中的所有表/集合，以及每个集合中的所有字段。

在开始扫描一系列包含 MongoDB 的 IP 地址前，使用-d 参数指定数据库类型为 mongo，使用-tf（targetfile）参数输入 csv 格式的地址和端口列表文件，同时要确保使用-o 参数并指定输出文件，这与使用标准 Linux 时将所有输出发送到文件的指令“>outputfile”相同。

下面的命令将以基本爬取方式对 mongolist.txt 文件中所有 IP 地址对应的数据库进行转存：

```
./noScrape.py -d mongo -s basic -tf mongolist.txt
```

由于没有指定输出文件，所以，可以实时看到输出。如果正在扫描大量的数据库，输出将很快填满界面缓冲区。

（1）处于被勒索状态的 MongoDB Server

在继续介绍用 NoScrape 爬取 Elasticsearch 之前，有一点值得一提：如果通过 NoScrape 随机爬取大量不同的 MongoDB IP 地址，那么输出文件很有可能包含大量错误消息，常见的如下：

```
Attached to 0.0.0.0: 27017
{ DB } hacked_by_unistellar
Collection } restore
```

前面提到过，调查者可能会遇到 NoSQL 数据库已被删除，目前处于被攻击者勒索状态的情况。上面就是它在 MongoDB 中的样子。

（2）无权访问，代码如下：

```
An unexpected error occurred while enumerating the databases on
```

```
0.0.0.0: 27017 - not authorized on admin to execute
command { listDatabases: 1, nameOnly: true }
```

如果 MongoDB 服务器设置了身份验证，我们将看到这条消息。现在越来越多的 MongoDB 实例都设置了身份验证，这意味着即使数据库被 Shodan 检测到，也无法在没有身份证书的情况下访问它。

（3）错误的 IP 地址/超时，代码如下：

```
Error connecting to 0.0.0.0: 27017 - timed out
```

这非常容易理解，该 IP 地址不存在或者已经设置了防火墙来阻止访问。

2. Elasticsearch

NoScrape 最初是作为一种快速搜索和转存 Elasticsearch 数据库而开发的，其所有操作都可以使用 CURL 命令手动完成。特别之处在于，NoScrape 会把所有的东西都放在清晰明了的工具包中供用户使用。与爬取 MongoDB 选项类似，NoScrape 需要指定一个包含了目标 IP 地址和端口列表的 CSV 文件，同时在运行时务必确保使用-d 参数，将数据库类型设置为 es。

NoScrape 中的 Elasticsearch 爬虫系统有 4 种不同类型（scan、search、dump 和 matchdump），可以使用-s 参数指定。

1）scan

scan 参数将列出每个 Elasticsearch 服务器的基本输出，并将索引的内容输出到界面或文件中。这与之前提到过的用“/_cat/indices?v”命令查询服务器类似，代码如下：

```
[ root@osint ] >python3 noscrape.py -d es -tf es-list.txt -s scan
----Results: 0.0.0.0: 9200
health  status index                          uuid   pri rep docs.count docs.deleted store.size
yellow  open   nginx-dos-router-2019.04.29 1oE... 5   1   3773305     0            1.5gb
yellow  open   app-dos-web-2019.03.31         1Nq... 5   1   2702331     0            892.12
yellow  open   nginx-dos-web-2019.05.01       3B0... 5   1   9851        0            2.9mb
yellow  open   nginx-dos-web-2019.04.04       EaA... 5   1   10023       0            3mb
```

这是一个典型 Elasticsearch 服务器的输出。注意，在文件的开头有“----Results:IP 地址”，这使得之后的列表搜索和清理变得更容易。

如果想要保留某些关键字并删除其他的，可以使用-filter 参数来实现。不建议在搜索阶段就使用这个选项，因为如果只看索引的名字，很可能会错过很多重要的结果。

2）search

search 参数通过搜索数据库中每个索引的映射表来更加深入地分析 Elasticsearch 数据库输出，类似于查看表头。使用这个选项很有用，因为通常实际的索引名称很晦涩或者不会引起关注，但是映射文件能够准确地显示出每个表中有什么类型的数据。

dump 参数将通过 Elasticdump 来转存 IP 地址上的每个索引。请谨慎使用此参数，因为它将下载所有内容。这里不需要指定输出文件名，因为 Elasticdump 将使用索引名称作为 JSON 文件名。

输出结果可能会很多，请做好处理非常大的文件的准备。结果可能像下面这样：

```
[ root@osint ] >python3 noscrape.py -d es -tf es-list.txt -s search
```


{"type": "keyword"}, "timezone": {"type": "keyword"}}}, "host": {"type": "keyword"}, "hostname": {"type": "keyword"}, "jsessionid": {"type": "keyword"}, "level": {"type": "keyword"}, "logger_name": {"type": "keyword"}, "message": {"type": "text"}, "messageId": {"type": "keyword"}, "requestUri": {"type": "keyword"}, "requestedSessionId": {"type": "keyword"} , "requestedSessionIdFromCookie" : {"type" : "keyword"} , "requestedSessionIdValid":{"type":"keyword"},"service":{"type":"keyword"},"sessionId": {"type": "keyword"}, "stack_trace": {"type": "text"}, "subscriptionId": {"type": "long"}, "system": {"type": "keyword"}, "tags": {"type": "keyword"}, "thread_name": {"type": "keyword"}, "type": {"type": "keyword"}, "user": {"type": "keyword"}, "userId": {"type": "keyword"}, "userIp": {"type": "keyword"}, "useragent": {"dynamic": "true", "properties": {"build":{"type":"keyword"},"device":{"type":"keyword"},"major":{"type":"keyword"}, "minor": {"type": "keyword"}, "name": {"type": "keyword"}, "os": {"type": "keyword"}, "os_major": {"type": "keyword"}, "os_minor": {"type": "keyword"}, "os_name": {"type": "keyword"}, "patch": {"type": "keyword"}}}, "x-forwarded-for": {"type": "text"}, "x-forwarded-host": {"type": "keyword"}, "x-forwarded-port": {"type": "keyword"}, "x-forwarded-proto": {"type": "keyword"}, "x-forwarded-server": {"type": "keyword"}, "x-prerender-token": {"type": "keyword"}, "x-real-ip": {"type": "keyword"}, "x-request-id": {"type": "keyword"}}}, "ERROR": {"_all": {"enabled": false}, "dynamic_templates": [{"message_field":{"match":"message","match_mapping_type":"string","mapping":{"index": "analyzed", "type": "string"}}}, {"string_fields": {"match": "*", "match_mapping_type": "string", "mapping": {"index": "not_analyzed", "type": "string"}}}], "properties": {"@timestamp": {"type": "date"}, "_ga_cid": {"type": "keyword"}, "_mxpnl_cd": {"type": "keyword"}, "_mxpnl_cm": {"type": "keyword"}, "_mxpnl_cw": {"type": "keyword"}, "accept": {"type": "keyword"}, "accept-encoding": {"type": "keyword"}, "accept-language": {"type": "keyword"}, "agent": {"type": "keyword"}, "application_name": {"type": "keyword"}, "application_version": {"type": "keyword"}, "cf-connecting-ip": {"type": "keyword"}, "cf-ipcountry": {"type": "keyword"}, "cf-ray": {"type": "keyword"}, "cf-visitor": {"type": "keyword"}, "clientip": {"type": "keyword"}, "connection": {"type": "keyword"}, "dos_ga_clientid": {"type": "keyword"}, "dos_mixpanel_clientid": {"type": "keyword"}, "environment":{"type":"keyword"},"geoip":{"dynamic":"true","properties":{"area_code": {"type": "long"}, "city_name": {"type": "text"}, "continent_code": {"type": "keyword"}, "coordinates":{"type":"double"},"country_code2":{"type":"keyword"},"country_code3": {"type": "keyword"}, "country_name": {"type": "keyword"}, "dma_code": {"type": "long"}, "ip":{"type":"keyword"},"latitude":{"type":"float"},"location":{"type":"geo_point"}, "longitude": {"type": "float"}, "postal_code": {"type": "keyword"}, "real_region_name": {"type":"keyword"},"region_code":{"type":"keyword"},"region_name":{"type":"keyword"}, "timezone": {"type": "keyword"}}}, "host": {"type": "keyword"}, "hostname": {"type": "keyword"},"jsessionid":{"type":"keyword"},"level":{"type":"keyword"},"logger_name": {"type":"keyword"},"message":{"type":"text"},"planId":{"type":"keyword"},"requestUri": {"type" : "keyword"} , "requestedSessionId" : {"type" : "keyword"} , "requestedSessionIdFromCookie":{"type":"keyword"},"requestedSessionIdValid":{"type": "keyword"},"service":{"type":"keyword"},"sessionId":{"type":"keyword"},"stack_trace":

```
{"type":"text"},"subscription":{"type":"keyword"},"system":{"type":"keyword"},"tags":
{"type":"keyword"},"thread_name":{"type":"keyword"},"type":{"type":"keyword"},"user":
{"type": "keyword"}, "userId": {"type": "keyword"}, "useragent": {"dynamic": "true",
"properties":{"build":{"type":"keyword"},"device":{"type":"keyword"},"major":{"type":
"keyword"}, "minor": {"type": "keyword"}, "name": {"type": "keyword"}, "os": {"type":
"keyword"}, "os_major": {"type": "keyword"}, "os_minor": {"type": "keyword"}, "os_name":
{"type": "keyword"}, "patch": {"type": "keyword"}}}, "x-forwarded-for": {"type": "text"},
"x-forwarded-host": {"type": "keyword"}, "x-forwarded-port": {"type": "keyword"}, "x-
forwarded-proto": {"type": "keyword"}, "x-forwarded-server": {"type": "keyword"}, "x-
prerender-token": {"type": "keyword"}, "x-real-ip": {"type": "keyword"}, "x-request-id":
{"type": "keyword"}}}, "...
```


乍一看，非常混乱，如果仔细观察，会发现一些非常有趣的事情。标题中包括诸如 IP 地址、纬度、地理位置、区域代码和用户 ID 等关键信息。

提示

我只是随机抽取了这个 IP 地址，完全不知道里面有什么。不过这看起来真的很有趣，值得去探索。

输出信息很多，是-filter 参数大显身手的时候了。-filter 允许指定关键字文件来筛选结果，只有当一个或多个关键字与搜索结果匹配时，才会显示输出。

本例中之前的输出都与关键词相匹配，因此，-filter 的输出将完全相同。下载数据之后调查者通常需要以手动方式检查结果，但也可以跳过这一步，直接转存所有数据。

3）dump

dump 命令将转存指定 IP 地址上的所有数据。这个选项适合想获得所有数据，但不关心下载的是什么的情况。

每个 Elasticdump 请求可以转存的最大数目为 10000 条（它也是默认值）。如果遇到速度较慢的服务器，可以尝试使用-l（limit）参数减少这个值。

dump 命令会为每个需转存的 IP 地址自动创建一个文件夹。从 IP 地址上下载的所有数据都将存储至该文件夹中。下面的命令将对 es-test.txt 文件中列举的所有 IP 地址运行 NoScrape，并自动下载 IP 地址中的数据库：

```
./noScrape.py -d es -tf es-test.txt -s dump
```

如果成功连接到目标 IP 地址，输出将如下所示：

```
GET http: //0.0.0.0: 9200/* [status: 200 request: 0.116s]
Dumping to file for ip 0.0.0.0: 9200 and the index nginx... 2019.01.29
http: //0.0.0.0: 9200/* [status: 200 request: 0.116s]
Dumping to file for ip 0.0.0.0: 9200 and the index nginx...2019.02.29
GET http: //0.0.0.0: 9200/* [status: 200 request: 0.116s]
Dumping to file for ip 0.0.0.0: 9200 and the index nginx...2019.03.29
```

输出位于(0.0.0.0:9200)文件夹中，其中存放着从每个服务器下载的 JSON 文件列表。

4）matchdump

matchdump 参数是之前扫描和爬虫方法的组合。与通常情况下下载所有的内容再手动检查不同，matchdump 通过只转存匹配特定条件的数据库来简化这个过程。

使用这个功能需要指定--filter 参数。NoScrape 结合搜索和筛选功能对 Elasticsearch 数据库执行多次搜索。NoScrape 首先将获取 Elasticsearch 索引的所有映射数据，并根据过滤器关键字列表对它们进行检查。一旦与关键字相匹配，则使用 dump 参数下载所有相关的数据库。

完整的命令如下：

```
./noscrape.py -d es -tf list.txt -s matchdump --filter keywords.txt
```

完成后，得到的输出应该与前面转存示例的结果完全相同。我随机选择的 Elasticsearch 服务器恰好与我通常使用的关键字相匹配，包括用户名、IP 地址、地理位置、门牌位置等。

一旦匹配到这些关键字，matchdump 选项将通知 NoScrape 转存整个数据库。文件会根据服务器的 IP 地址保存在不同的文件夹中。

为了查找感兴趣的数据字段，在构建搜索列表时建议使用以下关键字：

- Password。
- Username。
- Email（将匹配 email_address 和任何变体）。
- GeoIP。
- IP。
- FacebookID。
- LinkedIN。
- Instagram。
- Hash。
- Salt。
- Telephone、Mobile、Cell。

3. CassandraDB

Apache 的 CassandraDB 是另一种流行的 NoSQL 数据库，它与 MongoDB 非常相似，在此 NoScrape 的 CassandraDB 选项与 MongoDB 完全相同。在使用中唯一区别在于，对 CassandraDB 运行扫描或爬取，需要将-d 参数更改为 Cassandra。

下面的命令将对 CassandraDB IP 地址列表进行基本扫描：

```
./noScrape.py -d cassandra -s basic -tf cassandra-list.txt
```

得到的结果也非常类似于 MongoDB，如下：

```
[2019-05-12 08: 02: 15] New Cassandra host <Host:  0.0.0.0 datacenter1>
discovered
[2019-05-12 08: 02: 19] {Keyspace} weather_geohash_ks
[2019-05-12 08: 02: 19] {Table} GRIB2_Data
[2019-05-12 08: 02: 19] {Table} GRIB2_PIC
[2019-05-12 08: 02: 19] {Table} GRIB2_Status
[2019-05-12 08: 02: 19] {Table} GRIB2_Status_HTSGW
```

```
[2019-05-12 08: 02: 20] Failed to create connection pool for new host
172.17.137.165:
OSError: [Errno None] Tried connecting to [('0.0.0.0', 9042)].
Last error: timed out
[2019-05-12 08: 02: 20] Using datacenter 'DC1' for DCAwareRoundRobinPolicy
(via host '0.0.0.0'); if incorrect, please specify a local_dc to the
constructor, or limit contact points to local cluster nodes
[2019-05-12 08: 02: 21] {Keyspace} twitter
[2019-05-12 08: 02: 21] {Table} user
[2019-05-12 08: 02: 21] {Keyspace} elastic_admin
[2019-05-12 08: 02: 21] {Table} metadata
[2019-05-12 08: 02: 21] {Keyspace} dbtest2
[2019-05-12 08: 02: 21] {Table} alumno
[2019-05-12 08: 02: 21] {Table} alumnos
[2019-05-12 08: 02: 21] {Table} ambulancia
[2019-05-12 08: 02: 21] {Table} area
[2019-05-12 08: 02: 21] {Table} aseguradora
[2019-05-12 08: 02: 21] {Table} asistencias
[2019-05-12 08: 02: 21] {Table} auntentificacion
[2019-05-12 08: 02: 21] {Table} auto
[2019-05-12 08: 02: 21] {Table} cajas
[2019-05-12 08: 02: 21] {Table} cama
[2019-05-12 08: 02: 21] {Table} categoria
[2019-05-12 08: 02: 21] {Table} centrocosto
[2019-05-12 08: 02: 21] {Table} citas
[2019-05-12 08: 02: 21] {Table} cliente
[2019-05-12 08: 02: 21] {Table} consultorio
[2019-05-12 08: 02: 21] {Table} convenio
[2019-05-12 08: 02: 21] {Table} criterioevaluacion
[2019-05-12 08: 02: 21] {Table} curso
[2019-05-12 08: 02: 21] {Table} cursoprogramado
[2019-05-12 08: 02: 21] {Table} diagnostico
[2019-05-12 08: 02: 21] {Table} dietas
[2019-05-12 08: 02: 21] {Table} docente
```

可以选择运行更深入的爬取类型来查看和搜集数据，或者使用-d 参数转存所有数据。

4. Amazon S3

NoScrape 支持对 Amazon S3 桶进行扫描，它和 CloudStorageFinder 之间的主要区别在于 NoScrape 能够使用 AWS 的身份验证机制。

在使用自有的 S3 身份通过验证后，就能很容易地搜索配置错误的公开存储桶了。

几个月前，一位记者写了一个故事，讲述了我就 All American Entertainment（AAE）

的 S3 桶曝光的事情联系他的经过。AAE 恰好是这个记者的主要演讲局[1]（speakers bureau），泄露的数据内容包括他与巨石强森、格温妮丝•帕特洛、希拉里•克林顿、科林•鲍威尔等众多名人和公众人物的对话。

这一发现使记者十分不安，因此，他在报道中介绍了事件的细节。然而，随着这篇报道的发表，我开始意识到，记者对我的不安比事件本身更多。

事实上，AAE 的“错误配置”有些复杂，甚至令人困惑。对于那些没有深入了解过亚马逊存储桶复杂配置的人来说，这种在设置过程中引入的错误很难轻易被发现。

我想说的是，一些需要身份验证的 S3 bucket 可以使用任何身份凭证（包括 S3 访问密钥）进行访问。

也就是说，我能够使用自己的身份凭证访问 AAE 的私有桶，从而发现 AAE 数据泄露。

这就是为什么 NoScrape 能够通过任意凭证就能大规模扫描 S3 桶的原因。

下面的命令将使用特定的 Amazon 访问密钥和秘密密钥对 S3 存储桶进行扫描。

```
[ root@osint ] >python3 noScrape.py -d s3 --access AccessKey \\--secret SecretKey
-tf wordlist.txt
```

如果存储桶存在，但 AWS 密钥无效（或未经授权），那么，将看到以下错误：

```
[S3_NoAccess] 's3: //acciones' exists, but we do not have access
[S3_NoAccess] 's3: //actividad' exists, but we do not have access
[S3_NoAccess] 's3: //vinnytroia' exists, but we do not have access
```

如果密钥有效（或者正在扫描未设置身份验证的公开桶），那么，将看到类似下面的消息：

```
Identified access to 's3: //vinnytroia-test' -Listing all objects/files...
- OSINT-book-test.txt
S3 Module Completed
```

查看结果，可以看到列表中的 vinnytroia-test 桶是公开的。它是我为本示例专门创建的一个 bucket，其中一个文件名为 OSINT-book-test.txt。如果这是一个真正的 S3 存储桶，那么结果中可能会列出更多的文件。

NoScrape 目前还不具备下载存储桶文件的功能，但是到本书出版时这个特性将有望完成。把所有输出导出到文件中，将允许调查者快速识别并定位具有活动列表的存储桶。

14.5 小结

本章介绍了大量关于如何找到可公开访问的数据集、公共云存储容器（如 Amazon S3 和 Digital Ocean）的方法，还介绍了 NoSQL 数据库（如 MongoDB 和 Elasticsearch），以及从这些数据库手动查询和下载文件的命令行工具。NoScrape 为复杂而乏味的搜索任务提供了自动化功能，它可以从几种不同类型的 NoSQL 数据库（包括 MongoDB、Elasticsearch 和 CassandraDB）中搜索、爬取和转存数据。

在讨论完在公开访问服务器上查找数据的方法后，下一部分将重点关注威胁行为者的狩猎，以及用于获取目标用户信息的不同工具。

---

1 演讲局是源于西方国家的高端演讲领域的概念，是通过名人经纪的方式将签约的名人演讲家（包含前国家领导人、诺贝尔奖获得者、文艺体育名人等）集合在一起，为了特定的演讲受众群体而推广业务的一个机构。

第四部分　狩猎威胁行为者

这一部分包括：

第 15 章：探索人物、图像和地点

第 16 章：社交媒体搜索

第 17 章：个人信息追踪和密码重置提示

第 18 章：密码、转存和 Data Viper

第 19 章：与威胁行为者互动

第 20 章：破解价值 1000 万美元的黑客虚假信息

接下来的几章将涵盖很多技术与技巧，从简单的社交媒体研究到利用被破坏的数据库中包含的信息。在这一部分，还将介绍“跟踪矩阵”的构建方法，它将有助于建立我们自己的信息库。如果这项工作完成得好，将会显著推进我们的调查工作，从而更快地获取线索。

没有什么比从专家提示开始更好的方法了。

专家提示：克里斯·哈德纳吉（Chris Hadnagy）

在进行调查或渗透测试时，确实没有一个能够适用于所有情况的、普适性的调查工具和技术。这取决于我们的目标是什么，是鱼叉式网络钓鱼，还是一般的网络钓鱼？是想调查整个公司，还是某个人？是想获得一个Shell，还是一次点击？

方法太多了。例如，我们试图获得一个Shell，如果采用开源情报搜集方法，对我们来说可能就意味着要进行多阶段的攻击。我们花时间研究并找到能够让目标群体乖乖交出证书的方法，这很有意义。我们可以在他们的个人资料和社交媒体中寻找关键信息，通过它们，我们能够假装成某个角色并合法地向用户索取凭证。一旦得到凭证，我们就会随便再找个借口，部署一个加载了某种恶意软件的文件并最终得到Shell。

如果我们的目的只是让用户点击（有时一次点击就能感染恶意软件），例如，某个公司想让我们测试一下他们的员工是否会点击可疑的文件。在这种情况下，我们就会寻找能够骗取其点击的最佳情感触发内容，如慈善机构、爱好、孩子的活动，以及诸如此类的其他东西。

如果对企业进行开源情报调查，那么就不仅是试图弄清楚他们如何使用社交媒体这么简单了，因为每个人都会使用社交媒体。为了开源情报调查，我们要在Flickr、Instagram和他们的企业Facebook页面中搜索暴露的信息，看看是否有人参加公司的圣诞派对或年终野餐之类的活动（这种场合人们都会戴着他们的工牌）。再如，某个公司有一个重要的公告或新产品发布，公司举办了一个大型聚会，人们会戴着工牌拍照。

我们可以找那些刚被录用的员工，他们会很兴奋，就像在说“看，妈妈，我有新桌子了”，他们会将笔记本电脑打开，桌面铺满，工牌、手机和桌子上的一切东西都一览无余。

他们不会意识到，通过那些照片，他们分享了多少个人信息。

第15章 探索人物、图像和地点

终于来到了我最喜欢的部分：调查人员。这种体验就像拨开迷雾之后的真相大白，会让人产生一种难以置信的满足感。一旦找到确定的证据链并把目标清晰地刻画出来，一扇新世界的大门仿佛就在我的面前打开了：突然，时间慢了下来，世界变得清晰，宛如置身于《黑客帝国》中的子弹时间。这一切都让人难以置信。

专家提示：约翰·斯特兰德（John Strand）

无论何时，当你把目光投向某个组织群体时，你必须建立一套用于识别最有可能与你互动人员的方法，他们会点击你给他们的链接，或者相信你给他们传递的信息。

在训练测试人员和参加 SANS 课程的学员时，我让他们寻找那些明显的目标。假设你现在面对的是一个 4000 人的组织，最让你感兴趣的应该是那些最频繁使用社交媒体的人。

他们是在 Twitter 上有很大影响力的人，是那些经常给自己的食物拍照并发布到网上的人，是那些观点众多并坚持将它们发布到网络上的人。当你设法通过社会工程学制造一些借口尝试与某人进行接触时，这个过程会非常有趣，因为你将使用所有必要的信息让他迅速信任你。

通常只需要大约 3 个话题，就可以让对方完全信任你。因为人类通常只能同时处理大约 150 个实际关心的人际关系，除此之外的人都不重要。

例如，如果有人听说一艘渡轮在地中海沉没，400 人惨死，那么他会说："这太糟糕了。"其实这对他来说真的不重要，他的生活将继续下去。如果你的狗被车撞了，你就会伤心好几个星期，你的大脑在同一时间只能处理这么多社交关系。

实际上，有一些捷径可以让我们在这个过程中迅速强化自己的影响力。如果我想让你同意我的观点，最简单的方法之一就是预先确定你的宗教或政治偏好，然后把这些信息反馈给你。

这在某种程度上等同于把你的东西再返还给你，目标对象将帮助你填补剩余的信息。一旦目标对象接收到了 3 个话题点，他就会想："这个人的想法和我一样。我是好人，所以这个人也应该是好人。我是值得信赖的人，这个人也应该值得信赖。"接下来，我们就能很容易地让他们点击链接、进入网页或者与你进行更深入的互动，而不是简单地对你说："嘿，这里有一些百货公司的鞋子打五折。"

我的意思是，只需要付出一点点努力，你就能更好地操纵目标。你要努力识别最容易落入陷阱的人，那些在社交媒体上最活跃的人通常属于这一类，因为他们有深层次的需求，而你要做的就是要满足这种需求。其实他们的需求非常简单：他们只是想被看到和被认可。如果你能看到并认可他们，并反馈他们的优点或美德，那么他们就会相信你说的或做的任何事。

15.1 PIPL

我很喜欢 PIPL（www.pipl.com）。PIPL（发音类似 people）是世界上最大的、与人相关的搜索引擎（它的网站是这么说的）。虽然我不知道这是不是真的，但它的服务确实非常棒。当我试图寻找关于某人的更多信息时，PIPL 通常是我的第一站。

PIPL 允许通过电子邮件地址、社会用户名和电话号码进行搜索，它巨大的信息库包括人们的社交媒体信息、用户名、备用电子邮件地址等。

专家提示：卡特·默多克（Cat Murdock）

我觉得我是与互联网一起长大的。我上大学的时候，Facebook 就流行起来了，这些平台陪伴我一同成长。对我来说，社交媒体常常像唾手可得的果实，所以我一般也会从那里开始我的调查。

我是一个非常“视觉化”的人，我认为照片有很大的力量。我相信你也能意识到，照片所传达的信息可能超出了分享者的想象。例如，在一张照片的背景中看到某个专营店，你就能知道这个人所在的国家。

这可能不是照片分享者所考虑的事情。我会从分析社交网站这种轻而易举的任务中开始调查工作，对我能找到的所有电子邮件地址、用户名，以及目标在网上进行的所有活动进行全面审查。根据这些数据的可靠程度，去看看他们在尼克·弗诺（Nick Furneaux）所说的“数字阴影”中都做了什么。

以我的母亲为例，她有一个独特的姓氏。如果想通过开源情报搜索她（或者我）的信息，那么我首先会去 PIPL 看看有什么样的结果。坦率地说，我喜欢这种游戏。

我不知道是否在 Facebook 关闭部分搜索功能之前，PIPL 就抓取了它的数据。目前，Facebook 虽然不再提供该服务，但如果在 PIPL 中搜索与 Facebook 的个人资料相关联的电话号码，PIPL 还会显示相关的 Facebook 个人资料，而你很有可能会在其中找到用户基本档案信息，即便它之前已经从社交媒体上删除了。

我也喜欢在 Maltego 上使用 PIPL，只需搜索几次就能得到很多电话号码和账户。

因为结果中也有很多不正确的信息，所以我们仍然需要自己做一些功课，确保这些档案是真实、有效的。我非常喜欢使用 Maltego 信息搜索来启动调查工作。

每个人的愿望都是得到最终的答案，而不是空手而归。这就需要通过这样或那样的方式去实现。

寻找目标

PIPL 非常容易使用，就其提供的价值而言，其 API 并不算贵。对于 Maltego 的老用户来说，PIPL 的 API 已经内置在几个关键的社交媒体插件中。对于还未接触过 Maltego 的人来说，PIPL 网站非常简单。图 15.1 所示为 PIPL 的搜索页面。

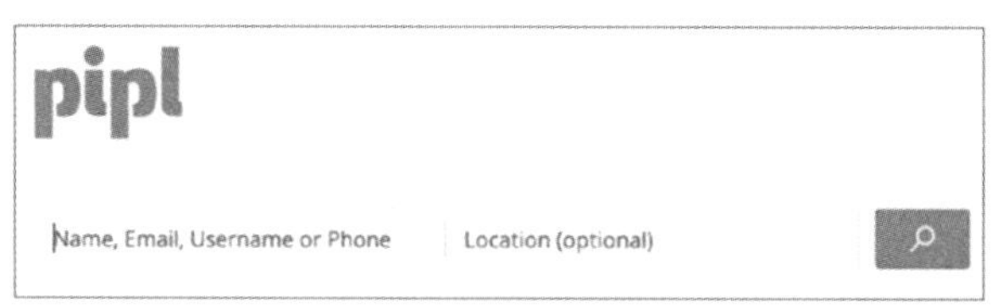

图 15.1 PIPL 的搜索页面

下面以我为目标开始搜索。到目前为止，我还没有在 PIPL 中搜索过自己，我想结果一定会很有趣。

 提示

我曾经创办并经营过一家名为“曲线唱片”的电子舞曲唱片公司（www.curvverecordings.com）。我还制作过音乐，并以 DJ 的身份巡回演出。如果搜索我，可能会找到很多与音乐相关的结果。

图 15.2 所示为在 PIPL 中搜索“Vinny Troia”的结果。

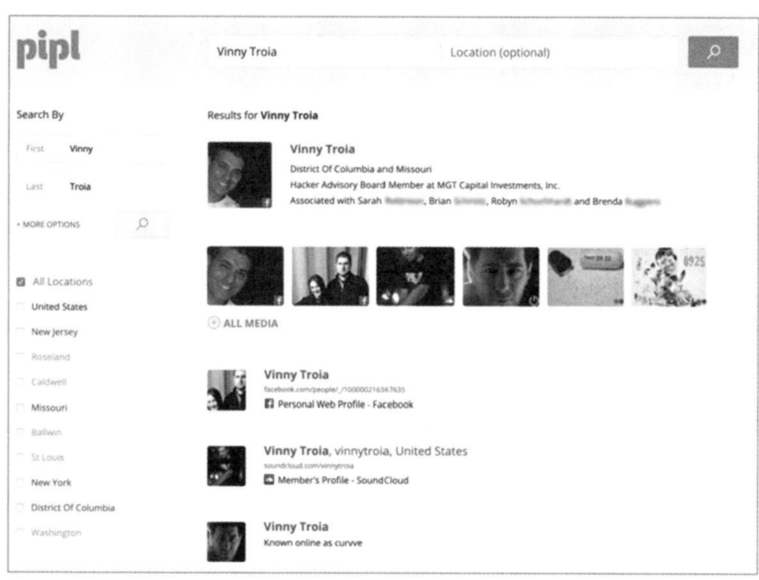

图 15.2 在 PIPL 中搜索“Vinny Troia”的结果

虽然结果不尽准确，但它也很好地描述了我的网络特征。其实，我不住在华盛顿特区，出现的 Facebook 页面也不是我的，不过 SoundCloud 页面是我的，其余的搜索结果（未显示出来）与音乐作品有关。

我认为“associated with”（相关人员）部分（在我名字下面第三行）是这个页面上最有趣的地方。并不是因为它很准确，而是因为它的随机性。第一个人，我和他不怎么熟；第二个人的号码就在我的手机里，但已经多年没联系了；第三个人，我从来没听说过；第四个人是我的高中同学，也很久没说过话了。

这可能是我见过的最具随机性的一组“相关人员”。虽然我认识其中的大多数人，但我不能说和他们中的任何一个人“有联系”。

虽然这不是一个很好的例子，它无法证明 PIPL 数据库中到底存储了多少数据，但我们应该对 PIPL 提供的结果有了一个感性的认识。这同时也是一个好例子，它表明我们（由任何服务）获得的数据可能不完全准确，这就是应当对所有搜索结果进行验证的原因。

我绝不会忽视任何有用信息。我经常出乎意料地发现，威胁行为者的 SoundCloud 页面使用的个人资料图标（及用户名）与他们在其他网站上对应的信息有相似之处。

回到威胁行为者搜索中来说明我们的观点。记得有一天，我决定试试我的运气，在 PIPL 中搜索“thedarkoverlord”，结果如图 15.3 所示。

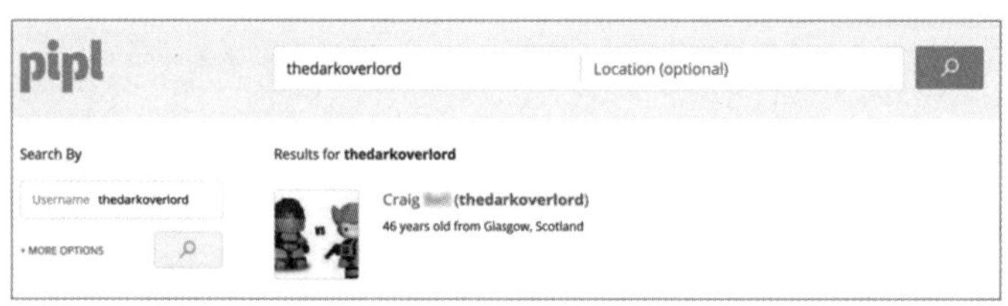

图 15.3　在 PIPL 中搜索“thedarkoverlord”的结果

令我惊讶的是尝试成功了。可怜的 Craig，因为这个消息他肯定接到了不少电话。

据我所知，Craig 不是 TDO 的一员。我觉得 Craig 和这个名字联系在一起真的很有趣。单击链接后，图 15.4 揭示了背后的原因，即 PIPL 显示的 Craig 和“thedarkoverlord”相关联的页面。

显然，Craig 在某个时候，在 eBay 和 Netlog 上拥有一个名为“thedarkoverlord”的个人页面。虽然这两个页面都不存在了，但是 PIPL 存储了这些信息。它们对我们的调查虽然没什么用，但仔细思考刚刚发生的事情，就会知道 PIPL 实际上非常强大。

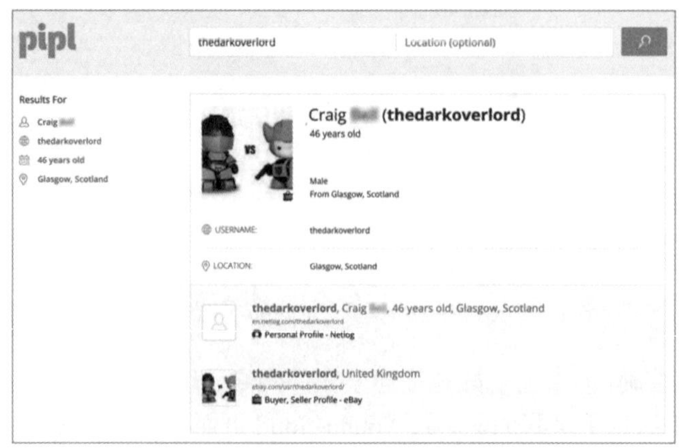

图 15.4　PIPL 显示的 Craig 和“thedarkoverlord”相关联的页面

PIPL 缓存了这些页面，并根据他的用户名将此人与“thedarkoverlord”联系起来。虽然那些页面已经不复存在，但我们知道它们曾经存在过。

访问历史数据可能是调查中最关键的部分，因此，以每次几美分的价格搜索并得到这类信息简直令人难以置信。尽管在这次尝试中我们找到的信息被证明是不相关的，但它仍然很好地说明了 PIPL 功能的强大。

提示

PIPL 最近升级了用户界面，增加了大量的新选项和新功能。由于这一修改是在这本书的大部分内容完成之后才添加的，所以我只能在这里注释说明。

新的高级搜索功能允许过滤和调整搜索结果，包括电话号码、用户名、地址、联系人姓名、教育程度、工作、年龄等，它们对于调查工作非常重要。

15.2 公共记录和背景调查

很多网站支持对人员进行背景调查。如果只想进行普通的调查，推荐如下两个网站：

- FreeBackgroundCheck.org。
- SkipEase.com（可搜索 BeenVerified、WhitePages 和 PeopleLooker）。

FreeBackgroundCheck.org 是一个免费的背景调查网站。如果正在寻找免费工具，那么它值得一试。

SkipEase.com 与 Kayak.com（一个旅游网站）的原理相近，它提供了同时搜索多个网站的能力。Kayak.com 对人们的吸引力在于可以同时搜索主要的机票和酒店网站（如 Expedia 和 Travelocity），进而找到旅行的最大折扣和最佳选择。

与之类似，SkipEase.com 允许运行、同步搜索 BeenVerified、WhitePage 和 PeopleLooker 这 3 个目前互联网上最大的（和最有信誉的）寻人网站。虽然 BeenVerified 通常是我的首选，但是因为 SkipEase.com 能够同时搜索 3 个网站，所以，没有理由不从这儿开始。

图 15.5 所示为 SkipEase.com 的界面，可以在“BeenVerified”选项组中输入“Vinny Troia”。

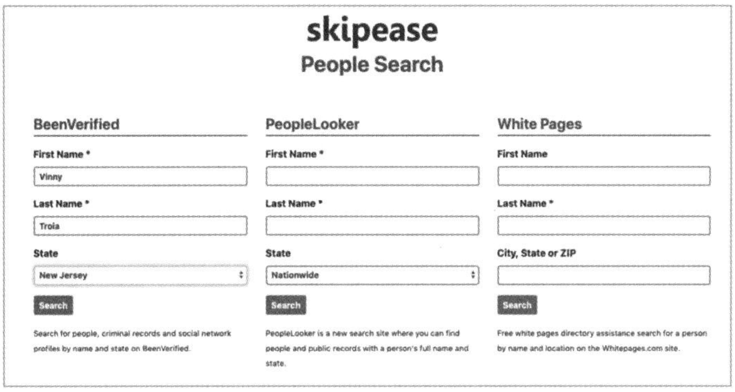

图 15.5　SkipEase.com 的界面

这 3 个网站都需要付费来查看结果或购买报告，所以，如果想在这里搜索目标信息，需要准备一些钱。

以上工具能够涵盖基本的人员搜索和背景调查。接下来将介绍一些虽然不太常见，但值得一看的其他工具。

1. Ancestry.com

我不知道为什么人们经常忽视 Ancestry.com。它宣称拥有超过 200 亿条记录可供搜索，这也是迄今为止世界上最大的人类历史信息库。

Ancestry.com 还提供不同的套餐，让调查者可以搜索各国的人员信息。虽然不是每个国家的记录都像美国或加拿大一样完整和及时更新，但如果知道威胁行为者的名字或家庭成员的名字，这就是一个很好的调查途径。

Ancestry.com 最大的好处就是可以免费试用 14 天。如果使用它的频率不高，还不至于购买会员时，可以重新注册一个账号继续试用。

2. 威胁行为者也有家人

Ancestry.com 对我来说真的很有用，我在调查一个加拿大的威胁行为者时，由于他是未成年人，所以没能找到什么。我大概知道他的名字，因为想同时了解与他有联系的其他人，所以我用 Ancestry.com 进行查询。我获得了关于他的不完全的家谱，从中至少可以确定他父亲和妹妹的身份：他的父亲是加拿大一位非常著名的厨师，而且他的 Facebook 页面不像他儿子一样设置了那么多访问限制。幸运的是，我不用给他发好友请求就能浏览他的相册，在那里我找到了几张包含嫌疑威胁行为者的照片。

3. 犯罪记录搜索

美国各州都应当有一个可以搜索的公共记录系统。调查者在追踪一名罪犯时，目标很可能已经在某处拥有了犯罪记录。如果知道这个人的名字并需要了解更多的背景，这些公共记录系统就是搜索的好地方。

美国各州的法院网站各不相同，所以，从美国州法院中心（NCSC，网址是 www.ncsc.org）开始比较好。要找到美国每个州的法院链接，请访问以下网址：

https://www.ncsc.org/topics/access-and-fairness/privacy-public-accessto-court-records/state-links.aspx，或者在谷歌上搜索以下内容：“State court websites ncsc.org”，第一个结果就是前面的 URL。

图 15.6 所示为 NCSC 的网站，在这里可以找到每个州法院的查询服务。

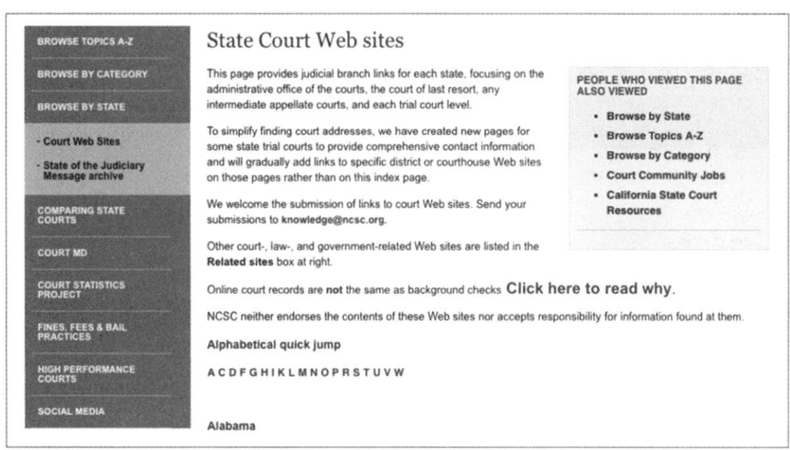

图 15.6　NCSC 的网站界面

15.3 Image Searching

在调查 TDO 的起源时，有几张图片最初是作为账户头像出现的。虽然这看起来微不足道，但仔细研究就会发现这些图片非常特殊，可以将它们与别处的账号联系起来。黑客（至少在他们还很厉害的时候）会在论坛上重复使用头像，所以，能够找到这些头像的出现地点是非常重要的（特别是在社交媒体上）。

搜索图像通常使用 3 种主要工具：TinEye、EagleEye 和谷歌反向图像搜索。下面介绍这 3 个工具，先听听默多克的一段话。

专家提示：卡特·默多克（Cat Murdock）

我遇到很多次的事情是，现在已经成为专业人士的女性，早年在网上泄露了有损自己形象的照片。

很多时候她们甚至不知道这些数据还在，也没有意识这些照片是被有意或无意发布在 Flickr 页面或其他人博客之中的。忽然之间，它们就在谷歌 Images 搜索结果中出现了。

我认为这是网络开源情报的一个优点，我们已经能够找到它们，甚至帮助人们删除它们。这与通过这类数据开展敲诈勒索，或达到操纵某人的目的是不同的。因为情感掺杂在其中，没有完美的解决方案，受害者在这种局面下也很难做出决定。

能够为那些身处此境的人提供帮助很有成就感。当研究一个人的“数字阴影”时，你会发现他们的照片经常被误用或滥用：照片裁剪的方式可能不是那么令人满意，或者不知何故照片被挪作他用等。在调查中会遇到这些图像时，我们会利用掌握的信息与谷歌联系：“嘿，这些内容是关于我的，能把它删了吗?”这就是开源情报的强大优势。

反向图像搜索和 TinEye 都很有用。在进行搜索时，应考虑使用不同的尺寸参数，因为这些图片已经被裁剪或修改了。

我遇到过几次这样的情况：照片中的人看起来像某人，可能是之前摄影师拍过她

（他）的照片，然后以未授权的方式使用了它们。

也有可能是她（他）的前男友把照片裁剪得只剩一张脸，或者把自己的脸叠加在别人身上，让自己看起来像出现在照片里一样。所以，记录调查过程中发现的细节是非常重要的。它们现在看起来似乎无关紧要，但可能会在未来产生很大的影响。

1. 谷歌 Images

谷歌 Images 的功能远不止搜索图像。通常情况下，可以通过输入关键字或人名，来找出所有与它们完全匹配、部分匹配及无关匹配的图像。

但是，你知道谷歌 Images 还允许对图像进行反向搜索吗？如图 15.7 所示，单击照相机图标。

图 15.7　谷歌 Images 界面

在图 15.8 中出现的图像上传界面，允许粘贴图像 URL 或直接上传图像。

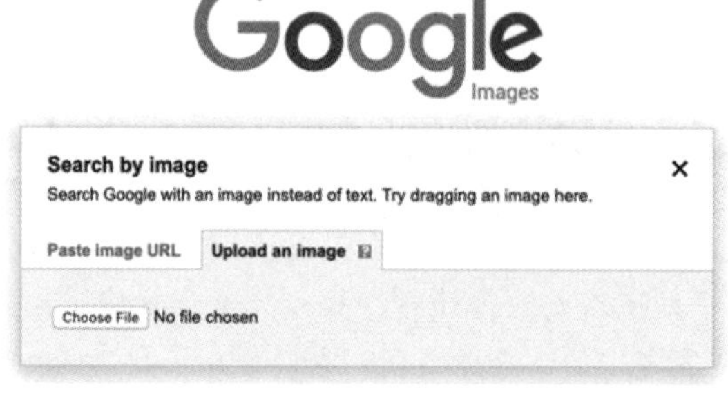

图 15.8　单击谷歌摄像头标志后的网站界面

 提示

令人扫兴的是，我从来没有通过谷歌 Images 反向搜索找到过有用的线索。但是，我一直都很乐观，为了彻底调查，我总是先在这里试一试。

2. 寻找“金矿”

前段时间，一个与 TDO 关系不太密切的人给我发了几张照片，他声称这些照片与名为 Tessa88 的威胁行为者有关。很明显，Tessa 给这个人发了很多照片，以证明他的身份，或仅仅让他看起来很酷。图 15.9 是其中一张照片，内容似乎是被盗的信用卡。

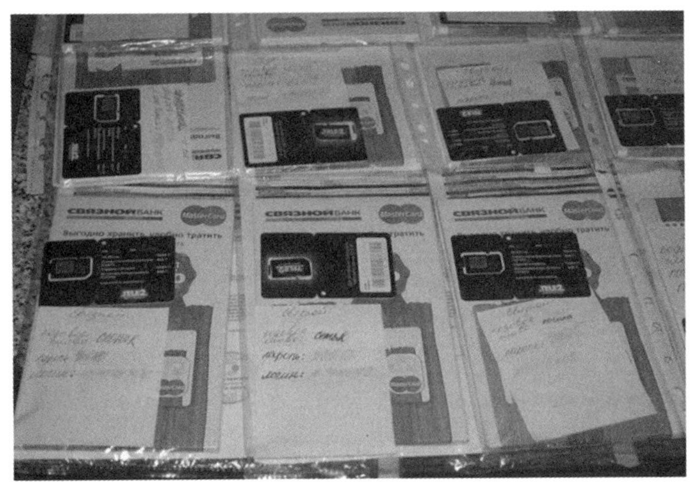

图 15.9　关于被盗信用卡的照片

我们也许永远不会知道这是哪里、为什么出现，以及还会出现在哪些地方，但重要的是要尽力而为，这就是我喜欢在谷歌 Images 中搜索的原因。搜索结果如图 15.10 所示。

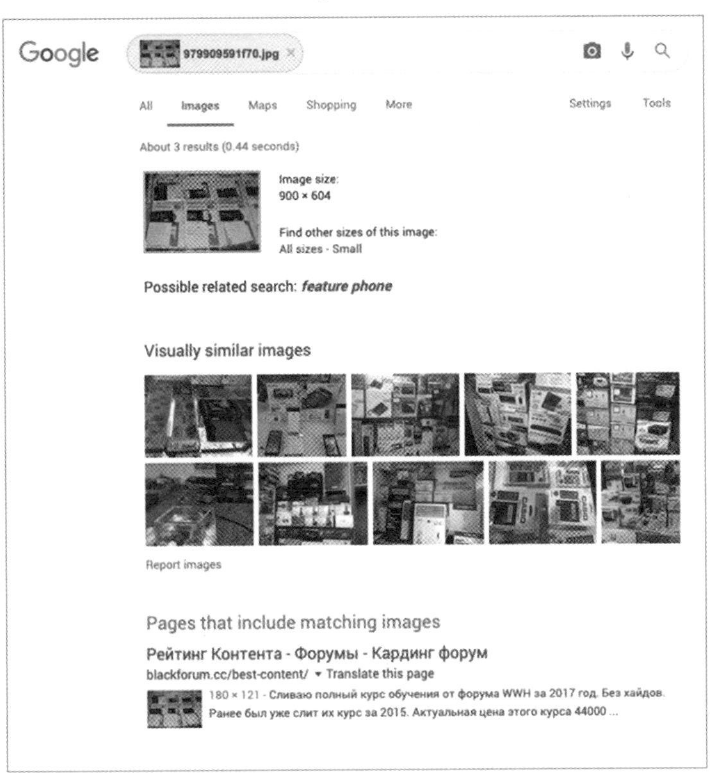

图 15.10　谷歌 Images 中搜索被盗信用卡照片的结果

搜索的结果完全出乎意料，与之匹配的页面是俄罗斯 Carding 论坛（一个盗窃信用卡并试图在网上变现的地方），它的地址是 blackforum.cc。

3. 跟踪

沿着俄罗斯 Carding 论坛的线索可以找到一个帖子，其中用户 Bankir 列出了可出售的信用卡，如图 15.11 所示。

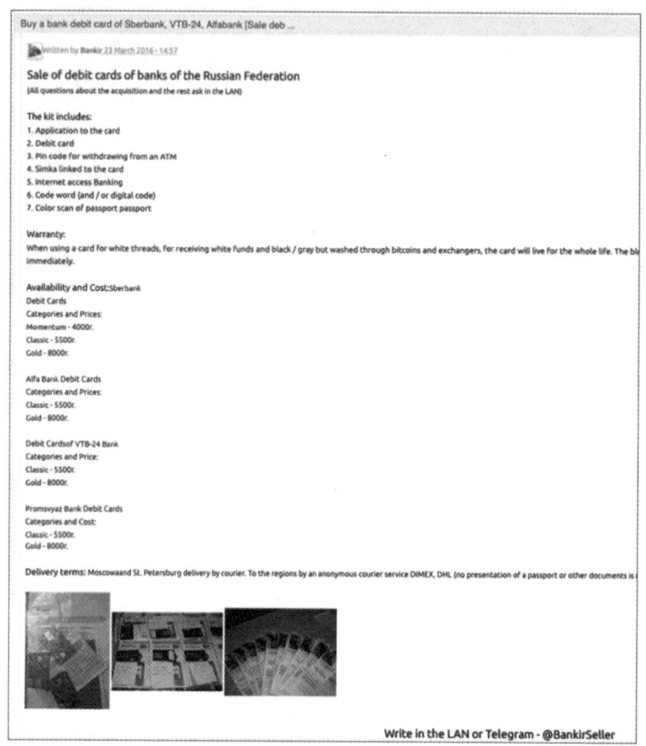

图 15.11　Carding 论坛中用户 Bankir 出售信用卡的帖子

进展很大，我们又获得了和这张照片相关的其他两张图像。这告诉我发布消息的人，要么和 Tessa 是同一个人，要么是在同一个小组工作。

无论哪种情况，我们都知道了一个与他有关的新用户名：Bankir。我们现在还有他的 Telegram 账号，可以用这个账号与他联系。

4. TinEye

TinEye（www.tineye.com）与谷歌图像反向搜索“非常相似”。我用引号是想表达 TinEye 和谷歌一样都有很大的不确定性，调查者应该两种都试试。

图 15.12 所示为 TinEye 的搜索页面。

为了全面调查，在 TinEye 中搜索与图 15.9 中相同的信用卡图像。不幸的是，TinEye 未能像谷歌 Images 那样找到结果，如图 15.13 所示。

图 15.12　TinEye 的搜索页面

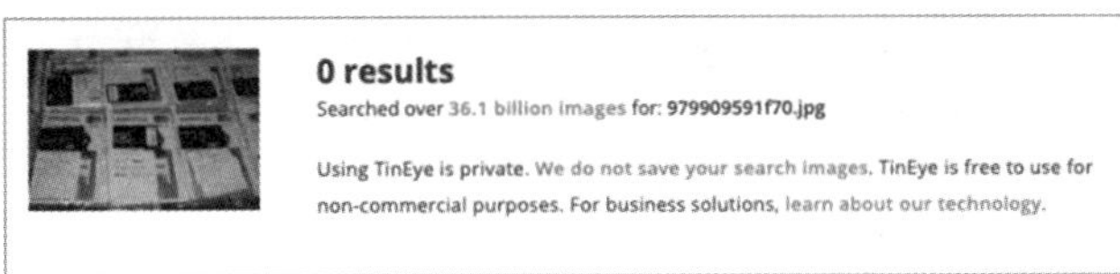

图 15.13　TinEye 无法像谷歌 Images 一样找到结果

再来一次，这次我们搜索 Cyper 的一个旧头像，如图 15.14 所示。

图 15.14　Cyper 的一个旧头像

这是一个相当常见的图像，也是说明 TinEye 和谷歌 Images 之间区别的好例子。谷歌 Image 在反向搜索这张图片时返回了大约 2000 万个结果。

另外，TinEye 得到的结果看起来更合理，如图 15.15 所示。

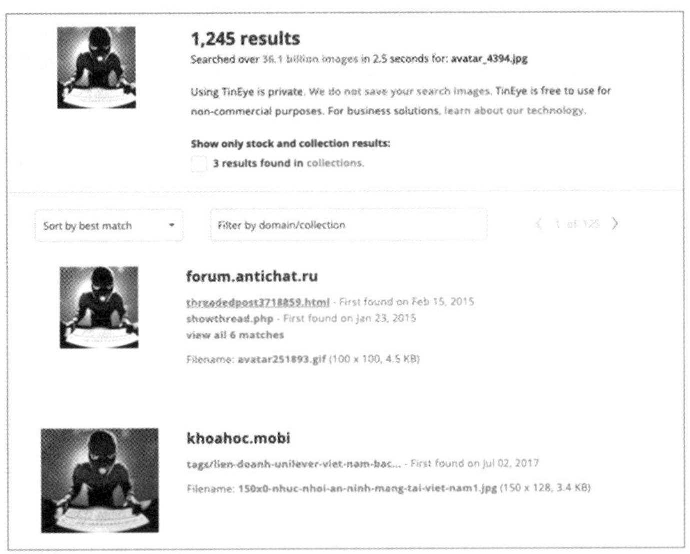

图 15.15　TinEye 返回的结果远少于谷歌 Images

这张图片的第一个匹配项是 antichat.ru（一个老式的俄罗斯黑客论坛）上某用户的个人头像。这是一个绝对值得调查的可靠匹配，也是为什么不应该只依赖单一工具来获得结果的典型用例。

继续查看结果，最终会发现 Cyper 受保护的 Twitter 页面，如图 15.16 所示。这是另一个绝佳的图像反向匹配结果。

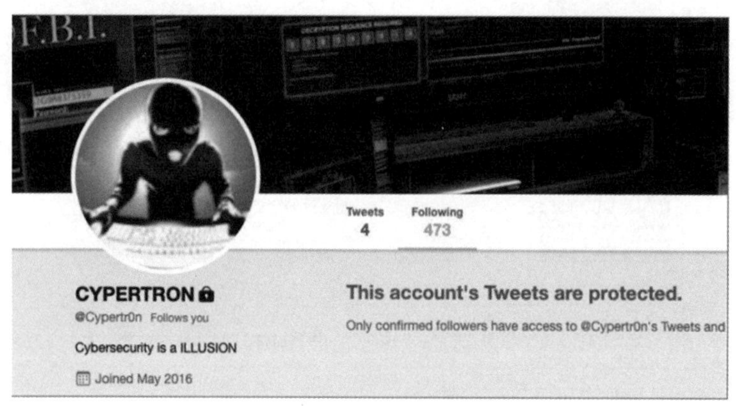

图 15.16 Cyper 受保护的 Twitter 页面

我发现威胁行为者喜欢重复使用个人资料图片，所以，查找与威胁行为者相关的、新的 Twitter 或社交媒体页面，通常可以转换为匹配个人资料图片等这类容易的事情。在上面的图片中，我还发现他是我的粉丝，同时也证实了一个非常重要的细节：这个账户仍然是活跃的。

5. EagleEye

EagleEye 是一个图片搜索工具，旨在对社交媒体上的个人资料图片进行反向搜索。它的主要缺点在于，如果想搜索更多与之匹配的头像，就必须知道此人部分名字信息。但如果调查者已经知道威胁行为者或目标的名字，并且只是想搜索更多信息，那么这不是太大的问题。

为了找到某人的其他社交媒体账户，EagleEye 首先在 Facebook 上搜索这个名字，然后在谷歌、ImageRaider 和 Yandex 上对图片进行反向图像搜索。最终得到一个格式良好的 PDF 报告。

EagleEye 的另一个用途是检查是否有人在钓鱼攻击。在社交媒体上搜索某人的照片，看看是否有其他照片与之匹配，总是有好处的。

EagleEye 的下载地址为 https://github.com/ThoughtfulDev/EagleEye。

图 15.17 所示为 EagleEye 的主界面。

以我的一张新闻照片（见图 15.18）为例子，看看能够返回什么样的结果。

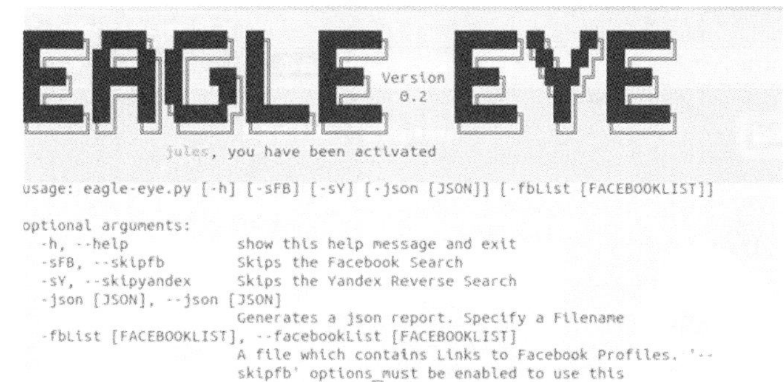

图 15.17　EagleEye 的主界面

图 15.18　作者的一张新闻照片

图 15.19 所示为 EagleEye 在处理图像时的典型输出。

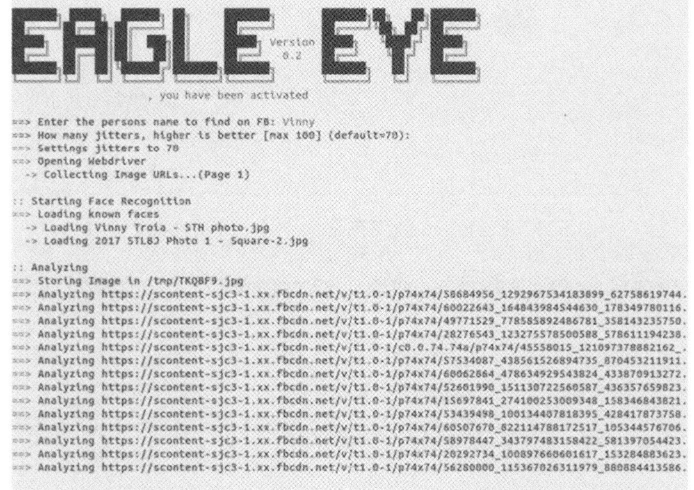

图 15.19　EagleEye 在处理图像时的典型输出

EagleEye 将在后台加载一个网络驱动程序，并自动在谷歌中搜索图像。图 15.20 所示为 EagleEye 的自动化的反向谷歌搜索功能。

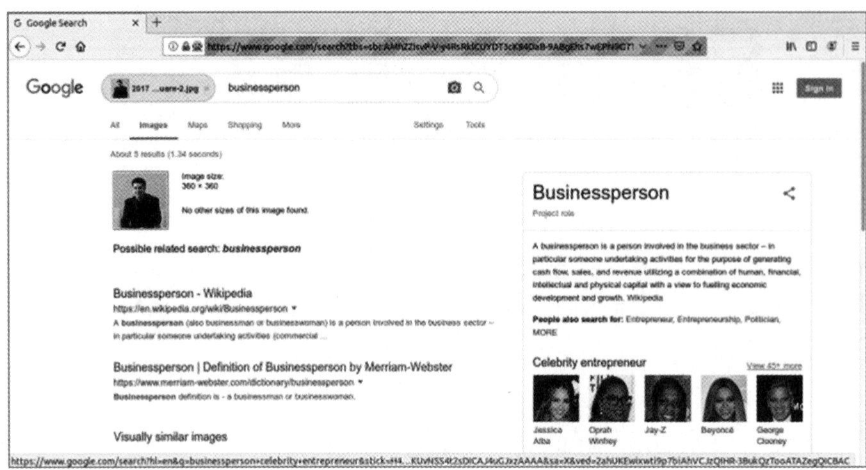

图 15.20 EagleEye 自动化的反向谷歌搜索功能

虽然不是特别有用，但 EagleEye 最终通过从我的头像中采集的信息，找到了我的 Facebook 页面，如图 15.21 所示。

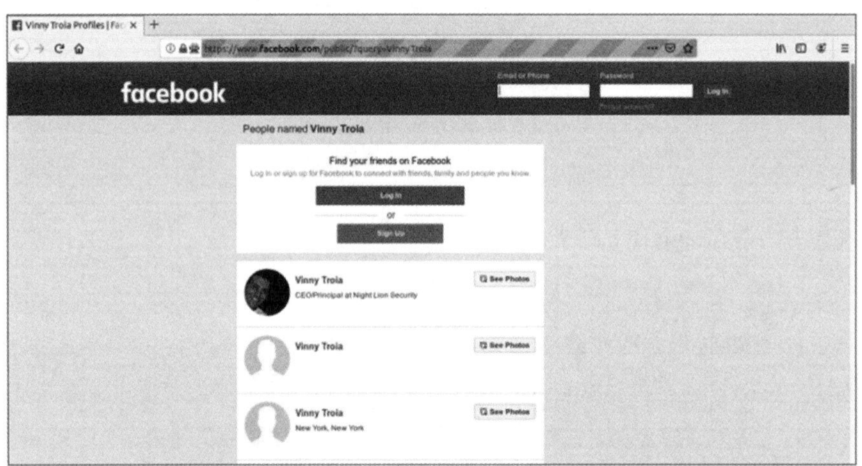

图 15.21 EagleEye 最终找到了作者的 Facebook 页面

这个工具既然能找到我的资料，说明它还是有用的。如果有想识别的人的照片，可以用它试一试。

15.4 Cree.py 和 Geolocation

Cree.py 是一个 OSINT 工具，用于从选定的社交媒体网站上的公开数据中检索地理位置信息。

最值得注意的是，只要目标用户没有在其 Twitter 客户端中禁用地理位置数据，Cree.py 就可以检索推文的地理位置数据。如果禁用了地理定位功能，Cree.py 仍然可以从目标的

Twitter 账户中检索到非常有用的位置信息，如他们的追随者数量、他们转发哪些用户、他们使用的连接 Twitter 的设备类型，以及他们通常发布推文的频率和时间。

Cree.py 支持 Windows、Mac OSX 和 Linux，可在 https://www.geocreepy.com 上找到。

开始

下载并安装 Cree.py，图 15.22 所示为 Cree.py 的主界面。

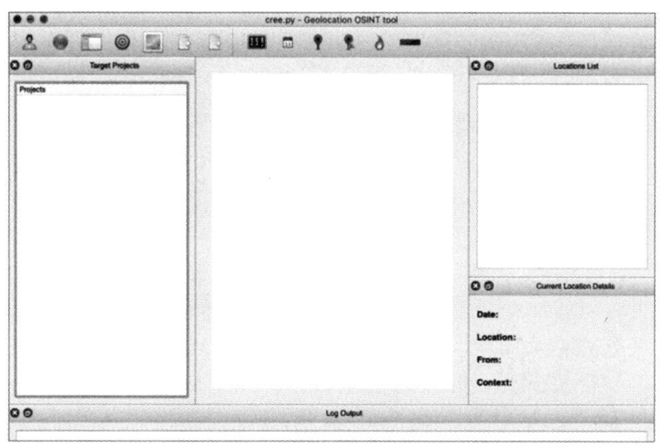

图 15.22 Cree.py 的主界面

要开始新的扫描，可单击人物图标，以启动关于特定目标的新配置文件。

搜索我的个人 Twitter 账户“Vinny Troia”。图 15.23 所示为设置目标和选择搜索平台的初始搜索窗口。

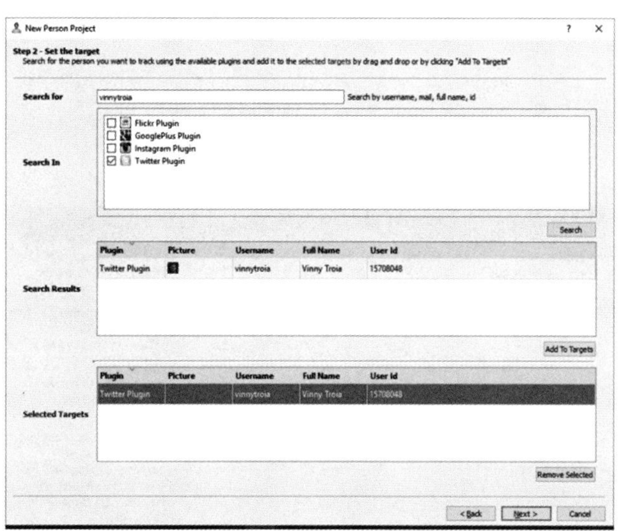

图 15.23 Cree.py 初始搜索窗口

在“Search for”文本框中输入我的名字后，Cree.py 将自动查找目标并填充“Selected Targets”区域，如果成功匹配（或发现多个潜在匹配）就会在区域中列出可选择的目标。

选择目标并单击“Next”按钮后，Cree.py 开始分析该用户的推文。

初始分析完成后会显示目标的 Twitter 配置信息，提示用户打开或关闭了位置功能：

- User has enabled the possibility to geolocate their tweets
- User has disabled the possibility to geolocate their tweets

如果用户的推文包含地理位置信息，Cree.py 将显示目标用户的推文列表及对应的位置信息。例如，在查看我的 Twitter 账户时，可以看到 7 条推文具有地理位置信息，如图 15.24 所示。

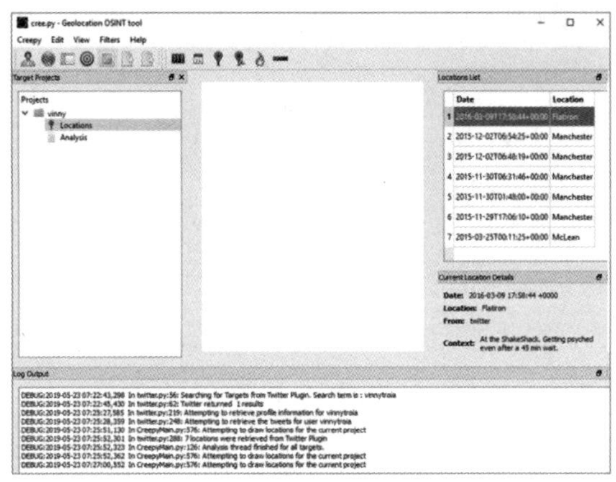

图 15.24　作者的推文及地理位置信息列表

这时，可以根据日期或它们在地图上的位置来筛选位置。通过设置自定义的日期或地点过滤，可以查找特定日期范围内的推文或者过滤掉不准确的位置。每次更新位置筛选器时，地图都会自动刷新。

还可以将结果导出为 CSV 格式，保存的信息记录对于在今后的调查中建立索引和执行搜索都非常有用。

表 15.1 是我的推文的 CSV 导出列表，其中包括地理位置信息。

表 15.1　带有地理位置信息的 CSV 导出

TIMESTAMP	LATITUDE	LONGITUDE	LOCATION NAME	CONTEXT
2016-03-09 17:58:44 +0000	40.7393845	-73.990098	Flatiron	At the ShakeShack. Getting psyched even after a 45 min wait.
2015-12-02 06:54:25 +0000	38.577462	-90.499221	Manchester	ICYMI - 128GB USB3 Flash Drive - $25 - https://t.co/LhLWPotjVz
2015-12-02 06:48:19 +0000	38.577462	-90.499221	Manchester	Wow. 128GB USB3 flash drive only $25. SSD prices are dropping like crazy.
2015-11-30 06:31:46 +0000	38.577462	-90.499221	Manchester	has anyone started shopping yet? is there anything good out there worth buying right now? #BlackFriday
2015-11-30 01:48:00 +0000	38.577462	-90.499221	Manchester	Ok, look. I am as big a fan of #WalkingDead as anyone, but at some point shouldn't the zombies all collapse under their own weight?
2015-03-25 00:11:25 +0000	38.9374855	-77.203885	McLean	Hello, Langley.

虽然在威胁行为者的推文中找到地理位置信息的可能性不大，但绝不能低估网络罪犯留下蛛丝马迹的概率。这和很多犯罪分子因为没有在停车标志前停车而被逮捕并没有什么不同。

15.5　IP 地址跟踪

在 2020 年的 Derbycon 大会上，约翰·斯特兰德做了一场关于“网络归因”的演讲，其中展示了一种精确定位 IP 地址的物理位置的好方法。

专家提示：约翰·斯特兰德（John Strand）

我曾经在肯塔基州 Louieville 市区的一个用户身上测试 Canarytokens。当用户打开“恶意软件”时，我收到了他的 IP 地址。但当我用他的 IP 地址查找地理位置时，结果却不是很准确——显示的位置大约在 20 英里之外。

我发现，要获得更精确的地理位置，一种方法是对所涉及的 IP 地址使用 traceroute 命令。查看结果中最后一跳路由器的 IP 地址，并对该 IP 地址进行地理定位。

这会让你离目标更近。在我的测试中，我能够将 IP 地址定位到酒店所处的街区内。

15.6　小结

本章介绍了许多在线追踪人物的工具，包括反向图像搜索、背景调查、人物查找工具，以及从社交媒体搜集地理位置信息的方法等。

下一章将深入研究社交媒体档案，其中包括可以帮助我们识别与目标有关的别名、账户和电话号码的工具和技术。

第16章　社交媒体搜索

本章重点介绍有助于发现目标的其他用户名和社交媒体配置文件的工具和技术。本章将研究多种搜索查找用户名、别名及电话号码的方法，从而能够在第 17 章中建立威胁行为者的跟踪矩阵。

本章中的几个例子都与内森·怀亚特（Nathan Wyatt）有关。目前他正在反抗美国的引渡，因为他被怀疑与 TDO 黑客组织的行为有关。

我认为怀亚特采用了“Arnie”的用户名，而 TDO 把他当作了替罪羊。这个推测后来在我与 Columbine（我认为他是 NSA@rows.io 的密友）的谈话中得到了印证（谈话里“SoundCard”是我使用的假名）。

Columbine：是的，我不知道 Revolt（另一名黑客）在哪里，但坦率地说，我不关心。
Columbine：但我们从来没有说过那么多。
Columbine：其他很多人都离开了。
Columbine：就像 NSA@rows.io。
Columbine：他们成立了“TDO”黑客组织。
Columbine：那是个勒索组织。
SoundCard：是的，我很了解他们。
Columbine：我确实听说 Arnie 对 NSA 很生气。
SoundCard：不得不说他们在市场方面做得很好。
Columbine：所以，团队内部关系紧张。
Columbine：是啊。
Columbine：他们真的很擅长。
SoundCard：这很有趣。
SoundCard：我正想知道呢。为什么？
Columbine：NSA 几乎没为 TDO 做什么事，但他还是拿到了钱。
Columbine：所以 Arnie（他做了大部分工作）很生气。
Columbine：这就是我的看法。
SoundCard：哦，我以为 Arnie 就是那个被关进监狱的人。
Columbine：不，他们还在逍遥法外。
Columbine：除非他们犯了个严重的错误，遭到了执法机关的逮捕。

Columbine：我不这么认为。
Columbine：在所有这些人中，我最希望 NSA 被逮捕。
SoundCard：那是一个英国人。
Columbine：是的，你听到他的声音了吗？
SoundCard：是的。
SoundCard：真是个混账。
Columbine：是啊。

如果我是对的，那么这段对话清楚地表明，Columbine 正试图将所有主要的 TDO 黑客行为从 NSA（TDO 核心负责人）身上转移给 Arnie，使他罪名成立。

并不是所有搜集的信息都是有效的或合法的，这一点很重要。许多高明的威胁行为者会专门留下诱饵式的线索，使得调查者对他们的踪迹搜寻被迫中断。

在搜集信息（特别是在社交媒体上）时，你应该经常问自己，发现的信息是否有效，或者是否有人故意让你找到这些信息。

16.1 OSINT.rest

OSINT.rest 出自 Maltego 插件 SocialLinks（https://www.mtg-bi.com）的创建者之手。SocialLinks 是目前我最喜欢的插件。起初我打算介绍 SocialLinks，但现在其作者发布了独立的网站，可以搜集同样的数据，所以我还是介绍网站吧。

OSINT.rest（www.osint.rest）提供可以搜集目标用户社交媒体信息的巨量 API。可以在命令行界面中使用 CURL 命令查询这些 API，或者使用 Postman（https://www.getpostman.com）这样的工具。API 查询是收费的，密钥和批量查询服务需要购买。

OSINT.rest 允许通过 API 搜索以下内容和社交媒体：

- 使用电话或电子邮件搜索用户
- Facebook（照片、网页、视频、用户、帖子、点赞、地点）
- Instagram（用户）
- 图像
- Twitter
- Foursquare
- SL DB
- VK.com
- MySpace

查看 OSINT.rest 的 API 文档时，会发现“Run in Postman”（用 Postman 运行）按钮。单击这个按钮可以直接将 API 加载到 Postman 应用程序中（目前适用于 Windows 或 Mac 操作系统）。

图 16.1 所示为使用 OSINT.rest API 连接 Postman 应用程序时，左侧的菜单将切换至来自 OSINT.rest 的加载命令，其中“Search Information by Phone”（通过电话搜索信息）

选项被突出显示了。

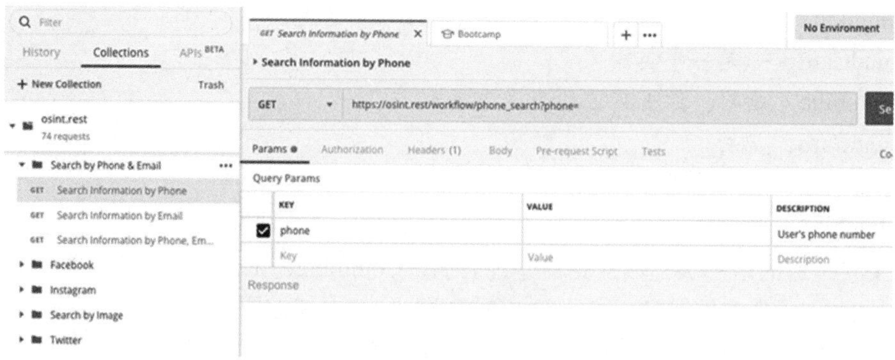

图 16.1　使用 OSINT.rest API 来连接 Postman 应用程序

图 16.2 所示为输入个人手机号码并成功搜索到的结果截图。

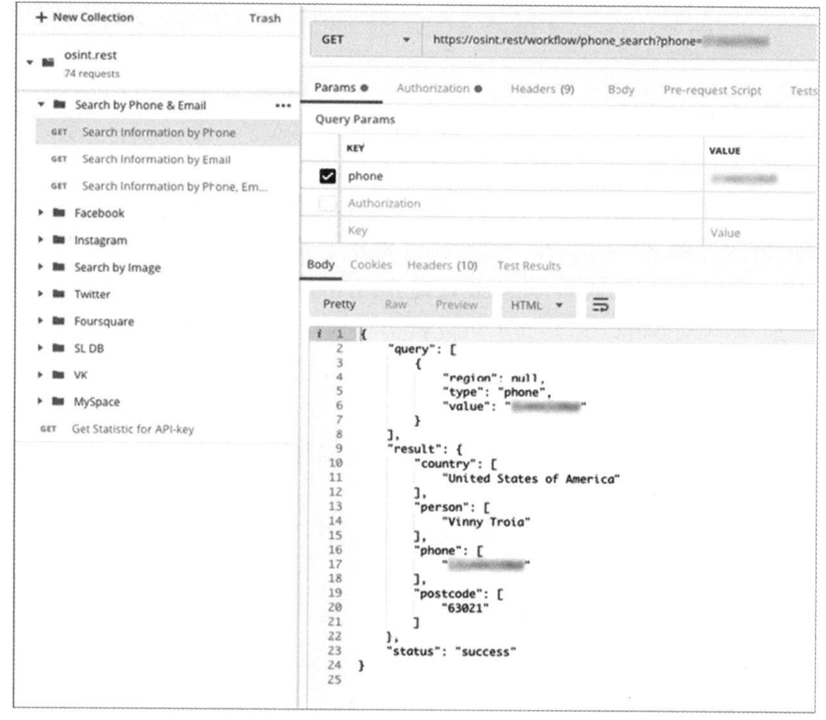

图 16.2　输入手机号码后的搜索结果截图

此 API 虽然只适用于美国的手机号码，但如果需要对手机号码进行反向搜索时，其作用非常强大。

OSINT.rest 在搜索 Facebook 时有近 100 个不同选项，包括搜索用户、用户的朋友，以及在帖子、视频、页面上发表评论的人物等。

使用内森·怀亚特的资料来开展搜索调查，发现 2017 年他因通过电话窃听皮帕·米德尔顿（Pippa Middleton）被判入狱。2019 年怀亚特试图反抗美国的引渡，因为他被怀疑与 TDO 黑客组织的行为有关。

简单搜索一下，就可以找到他公开的 Facebook 资料。图 16.3 所示为他的 Facebook 页面，注意 URL 栏中的个人 ID 为 100010064775327。

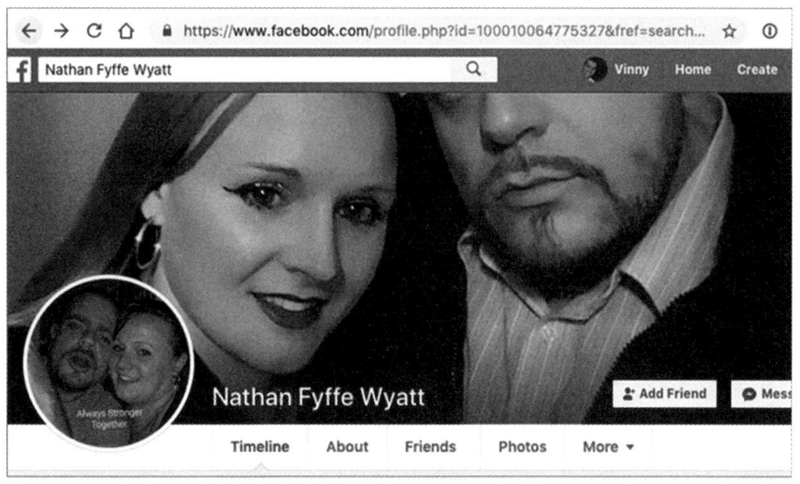

图 16.3　内森 • 怀亚特的 Facebook 页面

由于大多数调查搜索需要用户的准确个人 ID，所以，必须找到它。如果能直接拿到目标人物的 ID，就省去了寻找的步骤，接下来通过 OSINT.rest 的 Facebook 功能进一步挖掘。

调查目标的“朋友圈”，是识别其他威胁行为者或关联人员的简单方法。就像在查询参数中输入 Facebook ID 来查找目标一样，获取目标好友信息的 JSON 列表也很简单。

图 16.4 所示为内森 • 怀亚特 Facebook 好友的搜索结果。

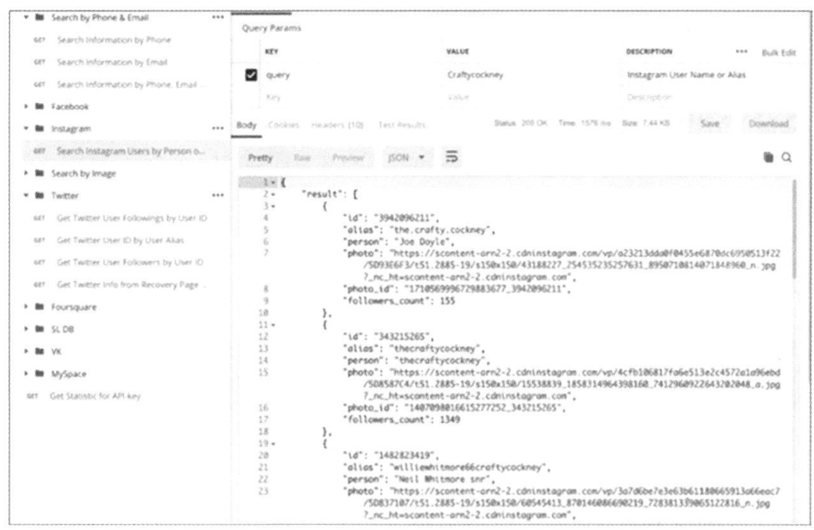

图 16.4　利用 OSINT.rest 查询内森 • 怀亚特 Facebook 朋友的搜索结果

提示

用一个非常具体的例子即可说明为什么了解目标的好友很重要。前段时间，我在追踪一个特定的威胁行为者（我知道他的真实姓名）。在浏览他的好友名单时，有几个人引起了我的注意。在看了他们的 Facebook 资料和好友列表后，我注意到他们实际上也是该目标的另一个 Facebook 账户的朋友，于是我立刻就找到了目标的照片。因为名字不同，如果没有检查他的朋友名单，我可能永远也不会找到他的资料。

从搜索结果可见，怀亚特有 77 个 Facebook 好友。搜索结果还显示了其好友的用户名、ID、图片和 URL 等。利用 Maltego 自动创建所有连接的可视化图表可以简化这个过程，在本节末将进行演示。

从公开新闻报道和法庭报告中，知道名为“CraftyCockney”的用户和怀亚特有直接联系，这是一个很好的切入点。

现在试试用 Instagram 搜索。图 16.5 所示为使用左侧 Instagram API 对 CraftyCockney 的查询结果。

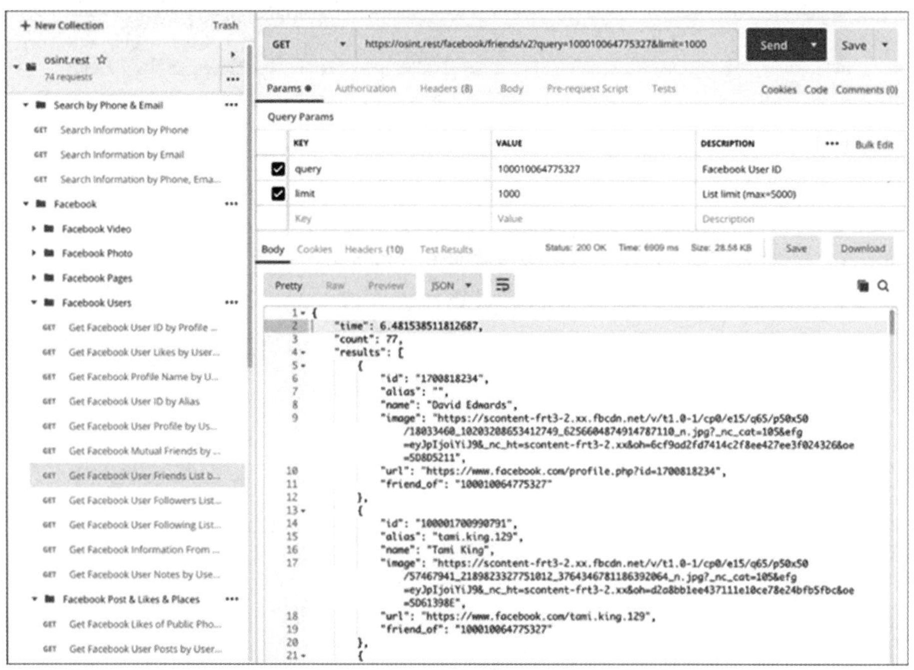

图 16.5　Instagram API 对 CraftyCockney 的查询结果

这个 API 搜索结果呈现了 Instagram 中所有含有 CraftyCockney 字符的用户名。需要花时间逐一查看大概 20 个结果，从而找出真正的目标人物。

如果还有其他用户名要搜索，只需重新查询一次。

1. 另一个测试对象

作为另一个示例，搜索一下安全专家克里斯托夫·莫尼尔（Christopher Maunier，又名 WhitePacket）。克里斯托夫的 Facebook 主页上的大部分个人信息都未填写，但是通过调用 Facebook 强大的搜索算法，将他的名字输入系统仍然能够找到一个近似匹配的页面，上面有一张图片和一个拼写有误的名字“Chris Maunier”。我不清楚为什么 Facebook 找到了这个人的信息，也许 Facebook 通过照片或最接近的匹配项将他们联系到了一起。无论怎样，终归是获得新信息了。

为了执行更多搜索，需要知道克里斯托夫的 Facebook ID。从 URL 中可以知道他的用户名是 chritopher.maunier.923。需要做的就是在 OSINT.rest 的“Get Facebook User ID by Profile”（按账户名称获取 Facebook ID）API 中输入这个名称并搜索，结果如图 16.6 所示。

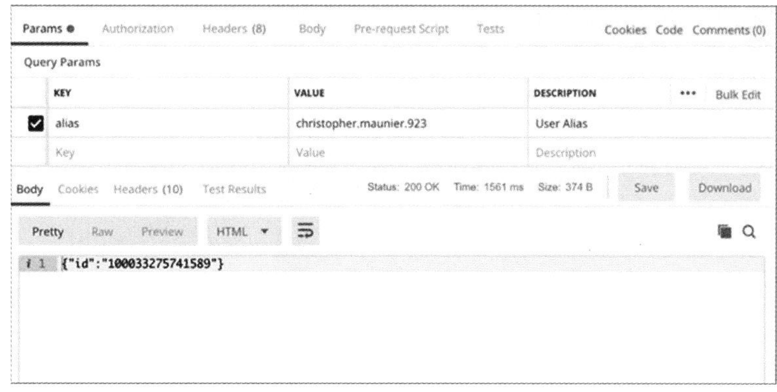

图 16.6　“Get Facebook User ID by Profile” API 的搜索结果

从结果中得知克里斯托夫的 Facebook ID 为 100033275741589。虽然他的大多个人资料是保密的，但仍然可以从中获得大量的信息。首先，运行“Get Facebook User Profile by User ID”（按 FaceBook ID 获取用户资料）API，显示的用户资料结果中包括最近的帖子、标题、用户全名、直链 URL 和照片 URL 等，如图 16.7 所示。

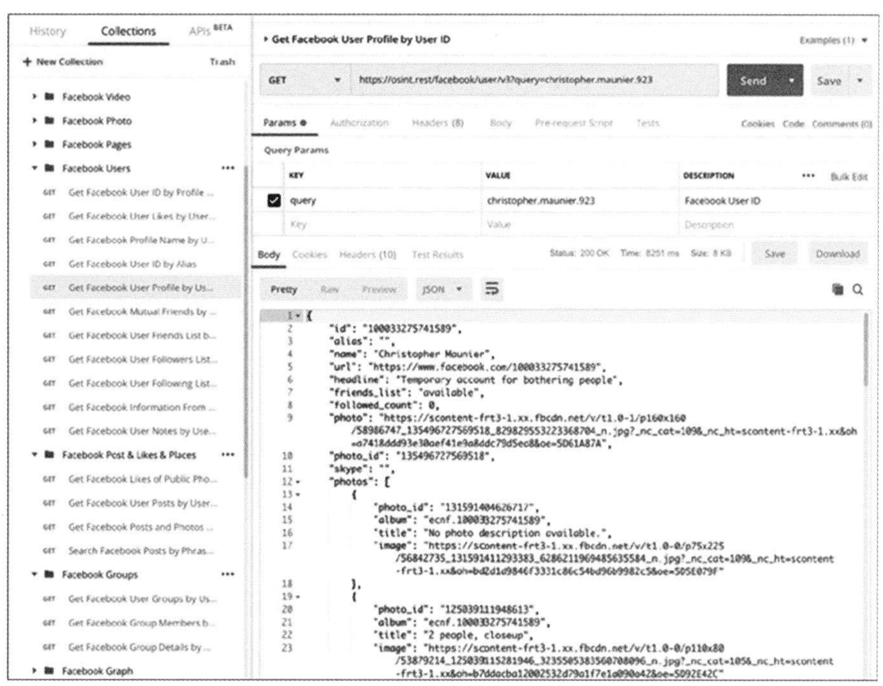

图 16.7　“Get Facebook User Profile by User ID”API 的搜索结果

从这些结果中可以找到他 Facebook 照片的 URL。幸运的是，OSINT.rest 还提供了一个反向图像搜索 API。使用照片的 URL 运行 API 搜索，可以看到用户 100033275741589 的公开帖子和个人资料等信息，如图 16.8 所示。

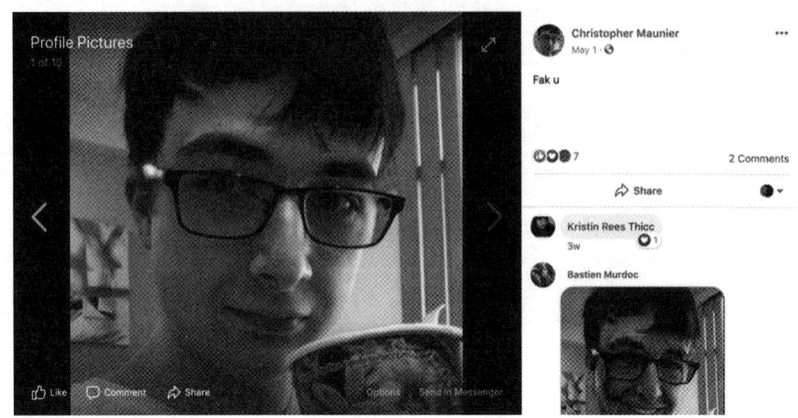

图 16.8　OSINT.rest 的反向图像搜索结果

在有了目标照片的情况下，可以保存它，也可以复制 URL 并执行反向图像搜索。

提示

在查找目标个人资料时，强烈建议保存搜到的所有照片。有一次，我犯了一个错误，一张照片也没存。当时我想反正稍后可以再回到个人资料页面，如果需要的话再保存照片。不幸的是，当我回来时资料已经清空了。直到今天，我还是不敢相信我当时没有保存那张照片。别犯和我一样的错误，一定要保存所有内容（并对文件夹进行适当的编目，以便稍后可以找到这些资料）。

图 16.9 所示为谷歌的图片反向搜索 API，需要输入的唯一参数就是图像 URL。

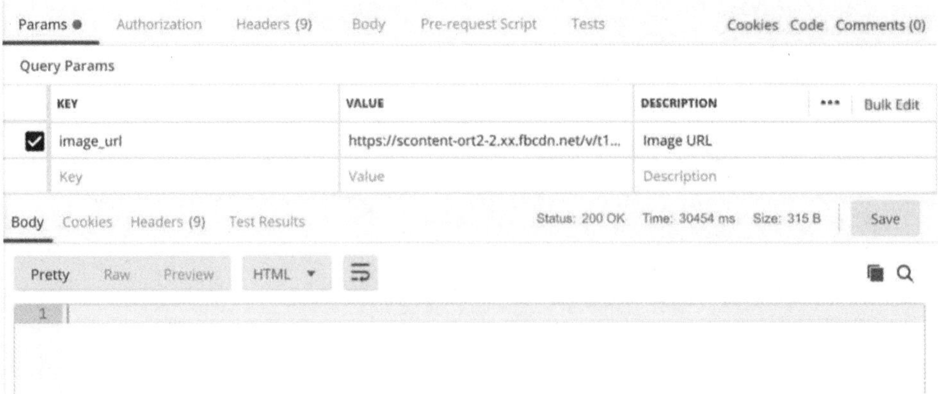

Params ● Authorization Headers (9) Body Pre-request Script Tests Cookies Code Comments (0)

Query Params

	KEY	VALUE	DESCRIPTION
☑	image_url	https://scontent-ort2-2.xx.fbcdn.net/v/t1...	Image URL
	Key	Value	Description

Body Cookies Headers (9) Test Results　Status: 200 OK　Time: 30454 ms　Size: 315 B　Save

Pretty Raw Preview HTML

1

图 16.9　查询谷歌的图片反向搜索 API

如图 16.9 中的“Body”选项卡所示，搜索结果是空的。为了确认这不是 API 错误，通过谷歌图像进行手动搜索，得到的结果相同。正如之前所说，虽然反向图像搜索很少能搜索到信息，但仍然是必须尝试的手段。

2. Twitter

我从未遇到过哪个威胁行为者或网络罪犯没有创建 Twitter 账户的。Twitter 通常包含可用于调查犯罪活动的“金矿”，因此，应当对 Twitter 账户进行彻底搜索。

继续前面的例子，目前已经知道克里斯托夫与“WhitePacket”关联，所以，继续查找看看是否能挖掘到别的信息。开始 Twitter 搜索之前，需要识别目标的 Twitter ID。幸运的是，OSINT.rest 有一个允许根据用户名搜寻 Twitter ID 的 API。图 16.10 所示为“Get Twitter User ID by User Alias”（按用户名获取 Twitter ID）API 的运行结果，其中查询字符串为“WhitePacket”。

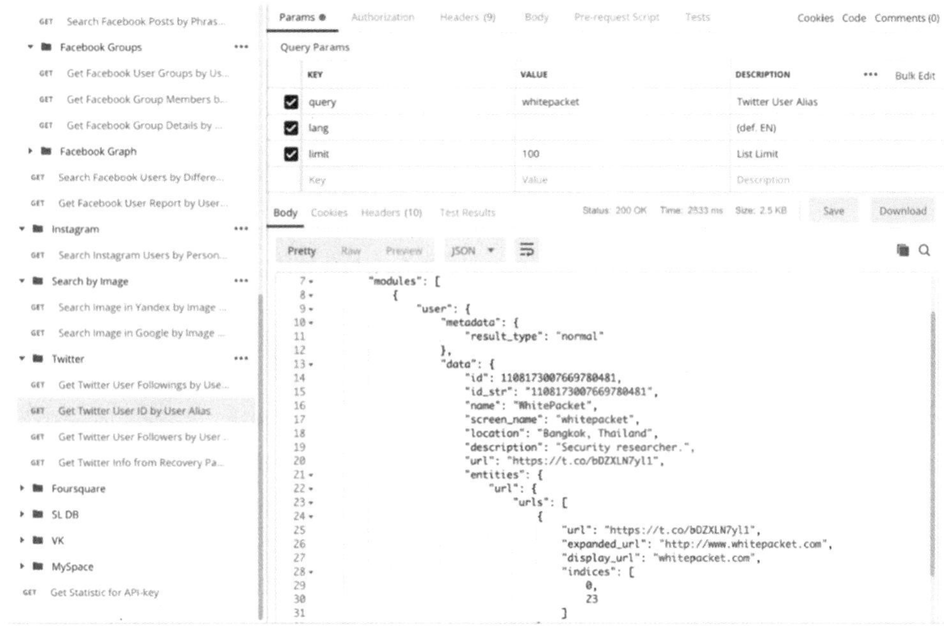

图 16.10　“Get Twitter User ID by User Alias”API 的运行结果

只有一条数据，这个结果确实令人惊讶，原因是“WhitePacket”几个月前关闭了他的 Twitter 账户。既然有了他的 Twitter ID，就可以进行各种各样有趣的搜索了，包括获取他关注的人和关注他的人的名单。由于这个账户启用不久，所以，没有太多人关注他，不过这两类人很有可能是值得搜索的高质量目标。

图 16.11 所示为使用 Twitter ID 获取 Twitter 粉丝（关注他的人）列表的搜索。

如果确定这个 Twitter 账户就是寻找的目标，那么可以扩大搜索范围，如他点赞或转发的推文列表，然后利用这些信息来组建一个威胁行为者追踪矩阵。

在这里只涉及了 OSINT.rest 中少数几种搜索 API，强烈建议采用该工具来尝试更多可能性。

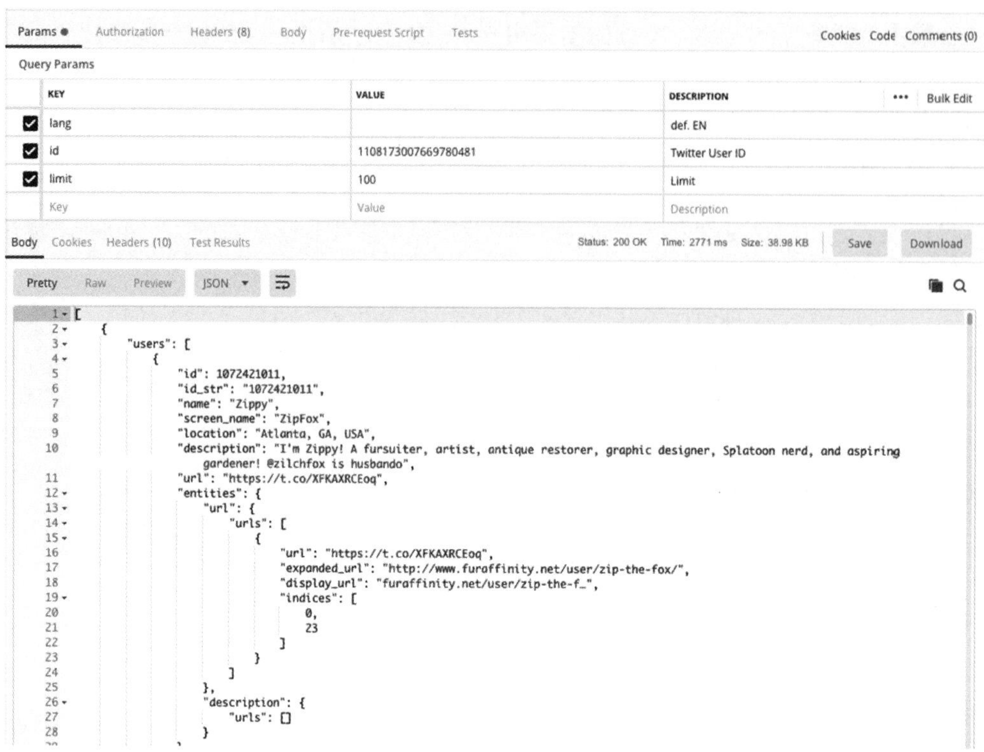

图 16.11　使用 Twitter ID 获取 Twitter 粉丝的搜索结果

3. SocialLinks：供 Maltego 用户使用

由于许多出版物中已详尽地介绍了 Maltego，本书将不再赘述。尽管我时常用到它，但我认为介绍一些小众的工具和技术更为有益，它们会给相关搜索带来更多的价值。本节讨论的是 OSINT.rest 的 API，SocialLinks 插件本质上是 OSINT.rest 的图形界面版本，同样具有强大的功能。

用两个例子来说明这个插件非常好用。首先，搜索一下电子邮件地址 hackernike@live.ca。SocialLinks（使用与 OSINT.rest 相同的 API）在搜索该电子邮件地址后，能够根据得到的信息自动创建可视化连接。图 16.12 所示为 SocialLinks 创建的目标电子邮件连接关系图。

只要运行一次搜索，就可以看到两个不同的 MySpace 页面、四个不同的 Skype 账户、两个 IP 地址和一个假的用户名。

图 16.13 所示为使用 Maltego 的 SocialLinks 插件搜索 WhitePacket 的公共电子邮件地址 Chris@Whitepacket.com，界面呈现出的连接关系图。

同样，只需一次搜索，就可以看到许多信息，包括两个 Skype 配置文件、几个 GitHub 链接（一个用于 WhitePacket 发布的 ZIB 特洛伊木马和 zlobotnet）、一个 Google 账户和一个 Foursquare 页面。

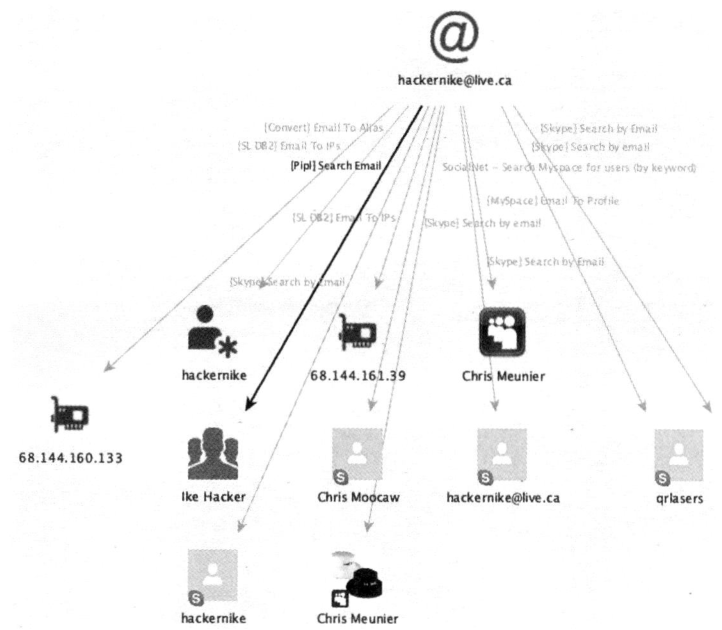

图 16.12　使用 SocialLinks 创建的目标电子邮件连接关系图

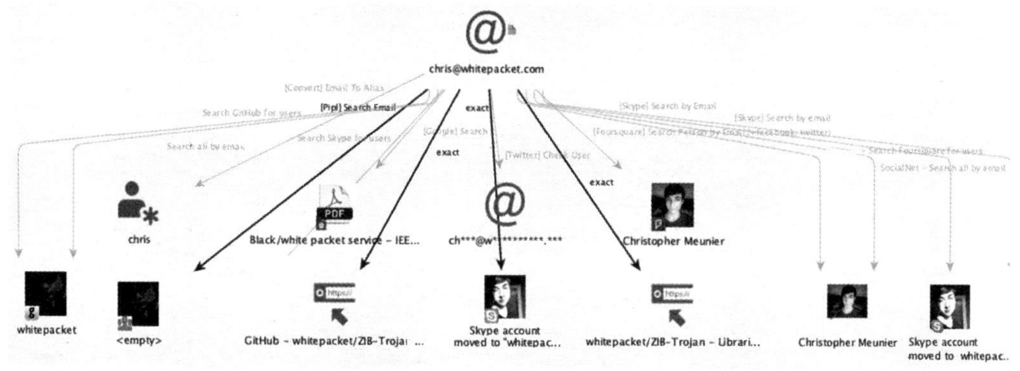

图 16.13　WhitePacket 的公共电子邮件地址连接关系图

16.2 Skiptracer

Skiptracer 是一款 Python 工具，使用基本的 Web 抓取来帮助编译目标的被动信息。Skiptracer 提供许多可用于抓取信息的模块，包括电话号码、电子邮件地址、用户名、真实姓名、家庭地址、IP 地址、主机名、车牌号码等，甚至还可以通过 HIBP.com 获取可用于攻击的网站证书。

电子邮件模块可以根据 LinkedIn、HaveIBeenPwned、MySpace 和 AdvancedBackGroundChecks 等网站上的指定电子邮件地址搜索相关账户；姓名模块可以在 Truth Finder、True People 和 AdvancedBackgroundChecks 等网站上搜索目标的名字和姓氏；电话模块可以在 TruePeopleSearch、Who called 和 411.com 上查找美国的电话号码（包括执行反向搜索）；

车牌模块可以在一个全国性的数据库中搜索已注册的美国车牌；用户名模块允许在 KnowEm 和 Namechk 等网站上执行搜索。

该工具可在 https://github.com/xillwillx/Skiptracer 网站上免费下载。

16.2.1 搜索

启动 Skiptracer 之后将看到一个搜索菜单，可选择使用哪个模块进行搜索，如图 16.14 所示。

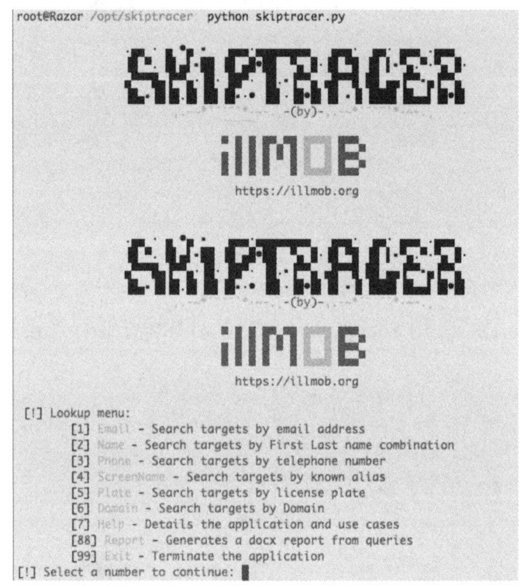

图 16.14 Skiptracer 的启动界面

1. 电子邮件地址搜索

从搜索电子邮件地址开始。在主菜单上按下键盘上的“1”键，会进入电子邮件地址搜索菜单，如图 16.15 所示。

```
[!] E-Mail search menu: target info
        [1] All - Run all modules associated to the email module group
        [2] LinkedIn - Check if user exposes information through LinkedIn
        [3] HaveIBeenPwned - Check email against known compromised networks
        [4] Myspace - Check if users account has a registered account
        [5] AdvancedBackgroundChecks - Run email through public page of paid access
        [6] Reset Target - Reset the Email to new target address
        [7] Back - Return to main menu
[!] Select a number to continue:
```

图 16.15 Skiptracer 的电子邮件地址搜索菜单

回到之前的示例，现在可以通过电子邮件地址继续搜索 hackernike@live.ca。由于某些原因，搜索 LinkedIn 功能不可用，这意味着不能使用“All”（全部搜索）选项，必须单独运行每个模块。在本示例中将使用选项 3，通过 TroyHunt 的 HaveIBeenPwned（HIBP）数据库搜索电子邮件地址，如图 16.16 所示。

```
[!] E-Mail search menu: Target info - hackernike@live.ca
        [1] All - Run all modules associated to the email module group
        [2] LinkedIn - Check if user exposes information through LinkedIn
        [3] HaveIBeenPwned - Check email against known compromised networks
        [4] Myspace - Check if users account has a registered account
        [5] AdvancedBackgroundChecks - Run email through public page of paid access
        [6] Reset Target - Reset the Email to new target address
        [7] Back - Return to main menu
[!] Select a number to continue: 3
```

图 16.16　通过 HaveIBeenPwned 数据库搜索电子邮件

HIBP 的搜索结果如下：

```
[?] HaveIbeenPwned
[+] Dump Name: 000webhost
[=] Domain: 000webhost.com
[=] Breach: 2015-03-01
[=] Exposes:
[-] DataSet: Email addresses
[-] DataSet: IP addresses
[-] DataSet: Names
[-] DataSet: Passwords
[+] Dump Name: Adobe
[=] Domain: adobe.com
[=] Breach: 2013-10-04
[=] Exposes:
[-] DataSet: Email addresses
[-] DataSet: Password hints
[-] DataSet: Passwords
[-] DataSet: Usernames
[+] Dump Name: CashCrate
[=] Domain: cashcrate.com
[=] Breach: 2016-11-17
[=] Exposes:
[-] DataSet: Email addresses
[-] DataSet: Names
[-] DataSet: Passwords
[-] DataSet: Physical addresses
[+] Dump Name: DaniWeb
[=] Domain: daniweb.com
[=] Breach: 2015-12-01
[=] Exposes:
[-] DataSet: Email addresses
[-] DataSet: IP addresses
[-] DataSet: Passwords
[+] Dump Name: MySpace
[=] Domain: myspace.com
[=] Breach: 2008-07-01
```

```
[=] Exposes:
[-] DataSet: Email addresses
[-] DataSet: Passwords
[-] DataSet: Usernames
[+] Dump Name: xat
[=] Domain: xat.com
[=] Breach: 2015-11-04
[=] Exposes:
[-] DataSet: Email addresses
[-] DataSet: IP addresses
[-] DataSet: Passwords
[-] DataSet: Usernames
[-] DataSet: Website activity
```

即使 HIBP 不会展示任何被泄露的数据，仍然可以获得很多信息，例如，一个特定的电子邮件地址是目标在哪里使用的。这对于将在第 17 章中讨论的构建威胁行为者追踪矩阵，以及使用站点密码重置来获取目标的额外信息时特别有用。几乎这些网站都留存有关目标的信息，有时他们甚至在论坛或社交媒体上主动公开了信息。

2. 电话号码搜索

利用 Skiptracer 搜索电话号码能获得许多信息，这着实让人感到惊讶。我们将用示例阐述搜索过程，其中对手机号码进行了模糊处理，如图 16.17 所示。

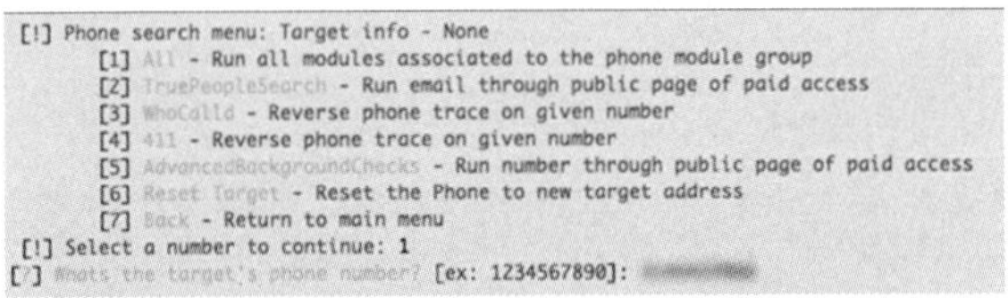

```
[!] Phone search menu: Target info - None
      [1] All - Run all modules associated to the phone module group
      [2] TruePeopleSearch - Run email through public page of paid access
      [3] WhoCalld - Reverse phone trace on given number
      [4] 411 - Reverse phone trace on given number
      [5] AdvancedBackgroundChecks - Run number through public page of paid access
      [6] Reset Target - Reset the Phone to new target address
      [7] Back - Return to main menu
[!] Select a number to continue: 1
[?] Whats the target's phone number? [ex: 1234567890]:
```

图 16.17　Skiptracer 对个人手机号码的搜索功能

在搜索个人手机号码时，可以看到非常详细的搜索结果。尽管本书不会展示任何个人信息，但搜索得到的信息确实是非常有用、极具价值的，下面将探讨这些信息是否有效。

为便于理解，在每条记录右边的方括号中都备注了信息说明，代码如下：

```
[+] Alias:
     [=] AKA: Toria Vinney
     [=] AKA: Vinny Troia
     [=] AKA: Vinnie Troia
     [=] AKA: Vincenco Troia
[+] Related:
[+] Associate(s):
     [=] Known Associate: *** [我 15 年来未联系过的人]
     [=] Known Associate: *** [已删除]
     [=] Known Associate: *** [从未听说过这个人]
```

```
        [=] Known Associate: *** [从未听说过这个人]
        [=] Known Associate: *** [我的隔壁邻居]
        [=] Known Associate: *** [过去住在这个房子的人]
        [=] Known Associate: *** [从未听说过这个人]
        [=] Known Associate: *** [家庭成员]
        [=] Known Associate: *** [阿姨]
        [=] Known Associate: *** [已删除]
        [=] Known Associate: *** [妻子的前任]
        [=] Known Associate: *** [已删除]
        [=] Known Associate: *** [已删除]
[+] Address:
        [=] Current: ** [正确]
        [=] Previous: ** [错误]
        [=] Previous: ** [错误]
        [=] Previous: ** [正确]
        [=] Previous: ** [正确]
        [=] Previous: ** [正确]
        [=] Previous: ** [正确]
        [=] Previous: ** [错误]
        [=] Previous: ** [错误]
        [=] Previous: ** [正确]
[+] Phone:
        [=] #: *** Numbers Removed
[+] Name: Jessica ***
[+] Age: **
[+] Alias:
        [=] AKA: Jessica Troia [我的妻子]
        [=] AKA: ***
        [=] AKA: ***
[+] Related:
[+] Associate(s):
        [=] Known Associate: *** [正确]
[+] Address:
        [=] Current: ** [正确]
[+] Phone:
        [=] #: ** Removed
        [?] AdvanceBackgroundChecks
[+] Name: Vincenzo Troia
[+] Alias:
        [=] AKA: Vinny Troia
        [=] AKA: Vinnie Troia
        [=] AKA: Toria Vinney [很奇怪]
```

```
[+] Phone:
      [=] #: ** Numbers removed [有些正确]
[+] Email:
      [=] Addr: ** [正确]
      [=] Addr: ** [正确]
    [=] Addr: ** [正确]
    [=] Addr: ** [正确]
    [=] Addr: ** [正确]
    [=] Addr: ** [正确]
    [=] Addr: ** [正确]
    [=] Addr: ** [正确]
    [=] Addr: ** [正确]
    [=] Addr: ** [正确]
    [=] Addr: ** [正确]
    [=] Addr: ** [正确]
    [=] Addr: ** [正确]
[+] Addresses.:
    [=] Current Address:
    [-] Street: ** [正确]
    [-] City: ** [正确]
    [-] State: ** [正确]
    [-] ZipCode: ** [正确]
    [=] Prev. Address:
    [-] Street: ** [正确]
    [-] City: ** [正确]
    [-] State: ** [正确]
    [-] ZipCode: ** [正确]
[+] Name: ** [正确]
[+] Phone:
    [=] #: ** [正确]
    [=] #: ** [记不清了]
    [=] #: ** [记不清了]
[+] Email:
[+] Addresses.:
    [=] ** [已删除]
[+] Related:
    [=] Known Relative: ** [已删除 正确]
    [=] Known Relative: ** [已删除 正确]
    [=] Known Relative: ** [已删除 错误]
```

无论这些结果是有效还是无效的，对于单次搜索而言可以说相当详尽。

3. 用户名搜索

用户名搜索将按列表检查已知网站，以识别是否存在带有用户名的 URL。其缺点 Skiptracer 不会核实用户是否存在，只要出现一个 URL 就显示一个成功匹配。这意味着如果网站返回 404 页面或者访问被重定向，也会显示为匹配成功。包括 SpiderFoot 和 Intrigue 在内的许多工具都提供类似的搜索，因此，每当决定运行这类搜索时，需要对每个用户名进行验证。不要低估威胁行为者在多个网站上重用用户名的可能性，有时一个正确的匹配就能开启调查的新领域。

图 16.18 所示为对用户 cr00k 的搜索界面。

```
[!] ScreenName search menu: Target info - cr00k
      [1] All - Run all modules associated to the email module group
      [2] Knowem - Run screenname through to determin registered sites
      [3] NameChk - Run screenname through to determin registered sites
      [4] Tinder - Run screenname and grab information if registered
      [5] Reset Target - Reset the Phone to new target address
      [6] Back - Return to main menu
[!] Select a number to continue: 1
```

图 16.18　Skiptracer 对用户 cr00k 的搜索界面

提示

说明：目前还未详细讨论“cr00k”（后续章节中会有更多关于他的信息）。他或他的用户名与 TDO 存在关联，作为该组织最初的数据贩卖者之一，他的名字在黑客论坛上随处可见，同时出现于大量与 TDO 相关的威胁报告中。有趣的是，“cr00k”背后的人很狡猾，他时常盗用另一个管理员的用户名，这是他的惯用策略。

这种手法很聪明，值得注意。当研究“cr00k”这个用户名时，同样也可能会被其他使用这个用户名的威胁行为者误导。

总之，在同一组织的成员中切换和重用用户名是一种常见的用来制造混乱的策略。在调查较长时间跨度的事件时，一定要记住这一点。

对“cr00k”用户名的搜索结果如下：

```
[?] Whats the target's screenname? [ex: (Ac1dBurn|Zer0C001)]: cr00k
[?] Knowem
   [+] Account: Blogger
   [+] Account: DailyMotion
   [+] Account: facebook
   [+] Account: foursquare
   [+] Account: Imgur
   [+] Account: LinkedIn
   [+] Account: MySpace
   [+] Account: Pinterest
   [+] Account: reddit
   [+] Account: Tumblr
   [+] Account: Twitter
   [+] Account: Typepad
```

```
    [+] Account: Wordpress
    [+] Account: YouTube
[?] Namechk
    [+] Acct Exists: https://facebook.com/cr00k
    [+] Acct Exists: https://www.youtube.com/cr00k
    [+] Acct Exists: https://twitter.com/cr00k
    [+] Acct Exists: https://www.instagram.com/cr00k
    [+] Acct Exists: http://cr00k.blogspot.com/
    [+] Acct Exists: https://plus.google.com/+cr00k/posts
    [+] Acct Exists: https://www.reddit.com/user/cr00k/
    [+] Acct Exists: https://www.ebay.com/usr/cr00k
    [+] Acct Exists: https://cr00k.wordpress.com/
    [+] Acct Exists: https://www.pinterest.com/cr00k/
    [+] Acct Exists: https://cr00k.yelp.com
    [+] Acct Exists: https://github.com/cr00k
    [+] Acct Exists: http://cr00k.tumblr.com/
    [+] Acct Exists: https://www.producthunt.com/@cr00k
    [+] Acct Exists: https://steamcommunity.com/id/cr00k
    [+] Acct Exists: https://myspace.com/cr00k
    [+] Acct Exists: https://foursquare.com/cr00k
    [+] Acct Exists: https://soundcloud.com/cr00k
    [+] Acct Exists: https://cash.me/$cr00k/
    [+] Acct Exists: https://www.dailymotion.com/cr00k
    [+] Acct Exists: https://disqus.com/by/cr00k/
    [+] Acct Exists: https://www.deviantart.com/cr00k
    [+] Acct Exists: https://www.instructables.com/member/cr00k
    [+] Acct Exists: https://keybase.io/cr00k
    [+] Acct Exists: https://www.kongregate.com/accounts/cr00k
    [+] Acct Exists: https://cr00k.livejournal.com
    [+] Acct Exists: https://angel.co/cr00k
    [+] Acct Exists: https://www.last.fm/user/cr00k
    [+] Acct Exists: https://www.tripit.com/people/cr00k#/profile
    [+] Acct Exists: https://fotolog.com/cr00k/
    [+] Acct Exists: https://imgur.com/user/cr00k
    [X] Could not find required datasets.
[?] Tinder
    [+] User: cr00k
    [X] No Profile Found.
```

再次提醒，这些页面很可能只是无关紧要的信息或 404 页面，但每个都需要验证。

16.2.2 另一个用户名搜索

为了彻底调查，不忽略任何疑点，再次搜索用户名“CraftyCockney”，代码如下：

```
[?] Whats the target's screenname? : Craftycockney
[?] Knowem
```

```
    [+] Account: Blogger
    [+] Account: Etsy
    [+] Account: Hubpages
    [+] Account: LinkedIn
    [+] Account: MySpace
    [+] Account: Photobucket
    [+] Account: Pinterest
    [+] Account: reddit
    [+] Account: scribd
    [+] Account: Tumblr
    [+] Account: Twitter
    [+] Account: Typepad
    [+] Account: Wordpress
[?] NameChk
    [+] Acct Exists: https://facebook.com/Craftycockney
    [+] Acct Exists: https://twitter.com/Craftycockney
    [+] Acct Exists: https://www.instagram.com/Craftycockney
    [+] Acct Exists: http://Craftycockney.blogspot.com/
    [+] Acct Exists: https://plus.google.com/+Craftycockney/posts
    [+] Acct Exists: https://www.reddit.com/user/Craftycockney/
    [+] Acct Exists: https://www.ebay.com/usr/Craftycockney
    [+] Acct Exists: https://www.pinterest.com/Craftycockney/
    [+] Acct Exists: https://Craftycockney.yelp.com
    [+] Acct Exists: http://Craftycockney.tumblr.com/
    [+] Acct Exists: https://www.producthunt.com/@Craftycockney
    [+] Acct Exists: https://myspace.com/Craftycockney
    [+] Acct Exists: https://foursquare.com/Craftycockney
    [+] Acct Exists: https://www.etsy.com/people/Craftycockney
    [+] Acct Exists: https://soundcloud.com/Craftycockney
    [+] Acct Exists: https://disqus.com/by/Craftycockney/
    [+] Acct Exists: http://photobucket.com/user/Craftycockney/library
    [+] Acct Exists: https://www.deviantart.com/Craftycockney
    [+] Acct Exists: https://www.instructables.com/member/Craftycockney
    [+] Acct Exists: https://angel.co/Craftycockney
    [+] Acct Exists: https://www.last.fm/user/Craftycockney
    [+] Acct Exists: https://www.tripit.com/people/Craftycockney#/
    [+] Acct Exists: https://fotolog.com/Craftycockney/
    [X] Could not find required datasets.
[?] Tinder
    [+] User: Craftycockney
    [X] No Profile Found.
```

在搜索用户名时，一定要尝试替换普通字母方法。例如，“CraftyCockney”的 Twitter 账号实际上是“craftycockn3y”。这个过程肯定单调乏味，但如果不去尝试，会错过很多重要的账号。在知道了怀亚特的 Twitter 账户后，快速浏览他关注的人，就会知道他对视频游戏特别感兴趣，尤其是刺客信条、Xbox 游戏机和 Ubisoft 公司。

16.3 Userrecon

Userrecon 是一个简单的 Python 脚本，可以在 75 个不同的社交网络中搜索用户名。该工具通过测试 URL 的方式，在多个不同站点下查找活动账户，这与 Skiptracer 采用的 Knowem 或 Namechk 工具非常相似。与它们相比，Userrecon 可以测试更多的站点，反馈更精确的搜索结果，因此非常值得采用。当脚本完成运行时，它会自动将结果保存到文本文件中，便于编目或导入其他应用程序。

通过 GitHub 可以下载 Userrecon。

图 16.19 所示为采用 Userrecon 搜索“cr00k”的起始界面。

图 16.19 利用 Userrecon 搜索“cr00k”的起始界面

Userrecon 返回以下结果：

```
[?] Input Username: cr00k
  [*] Removing previous file: cr00k.txt
  [*] Checking username cr00k on:
  [+] Instagram: Found! https://www.instagram.com/cr00k
  [+] Facebook: Found! https://www.facebook.com/cr00k
  [+] Twitter: Found! https://www.twitter.com/cr00k
  [+] YouTube: Found! https://www.youtube.com/cr00k
  [+] Blogger: Found! https://cr00k.blogspot.com
  [+] GooglePlus: Found! https://plus.google.com/+cr00k/posts
  [+] Reddit: Found! https://www.reddit.com/user/cr00k
  [+] Wordpress: Found! https://cr00k.wordpress.com
  [+] Pinterest: Found! https://www.pinterest.com/cr00k
  [+] Github: Found! https://www.github.com/cr00k
  [+] Tumblr: Found! https://cr00k.tumblr.com
  [+] Flickr: Found! https://www.flickr.com/photos/cr00k
```

```
[+] Steam: Found! https://steamcommunity.com/id/cr00k
[+] Vimeo: Not Found!
[+] SoundCloud: Found! https://soundcloud.com/cr00k
[+] Disqus: Found! https://disqus.com/cr00k
[+] Medium: Found! https://medium.com/@cr00k
[+] DeviantART: Found! https://cr00k.deviantart.com
[+] VK: Found! https://vk.com/cr00k
[+] About.me: Found! https://about.me/cr00k
[+] Imgur: Found! https://imgur.com/user/cr00k
[+] Flipboard: Found! https://flipboard.com/@cr00k
[+] SlideShare: Found! https://slideshare.net/cr00k
[+] Fotolog: Found! https://fotolog.com/cr00k
[+] Spotify: Found! https://open.spotify.com/user/cr00k
[+] MixCloud: Not Found!
[+] Scribd: Not Found!
[+] Badoo: Not Found!
[+] Patreon: Found! https://www.patreon.com/cr00k
[+] BitBucket: Found! https://bitbucket.org/cr00k
[+] DailyMotion: Found! https://www.dailymotion.com/cr00k
[+] Etsy: Found! https://www.etsy.com/shop/cr00k
[+] CashMe: Found! https://cash.me/cr00k
[+] Behance: Not Found!
[+] GoodReads: Not Found!
[+] Instructables: Found! https://www.instructables.com/member/cr00k
[+] Keybase: Found! https://keybase.io/cr00k
[+] Kongregate: Found! https://kongregate.com/accounts/cr00k
[+] LiveJournal: Found! https://cr00k.livejournal.com
[+] AngelList: Found! https://angel.co/cr00k
[+] last.fm: Found! https://last.fm/user/cr00k
[+] Dribbble: Found! https://dribbble.com/cr00k
[+] Codecademy: Found! https://www.codecademy.com/cr00k
[+] Gravatar: Found! https://en.gravatar.com/cr00k
[+] Pastebin: Found! https://pastebin.com/u/cr00k
[+] Foursquare: Not Found!
[+] Roblox: Found! https://foursquare.com/cr00k
[+] Gumroad: Not Found!
[+] Newgrounds: Found! https://cr00k.newgrounds.com
[+] Wattpad: Found! https://www.wattpad.com/user/cr00k
[+] Canva: Found! https://www.canva.com/cr00k
[+] CreativeMarket: Found! https://creativemarket.com/cr00k
[+] Trakt: Found! https://www.trakt.tv/users/cr00k
[+] 500px: Not Found!
```

```
    [+] Buzzfeed: Found! https://buzzfeed.com/cr00k
    [+] TripAdvisor: Found! https://tripadvisor.com/members/cr00k
    [+] HubPages: Found! https://cr00k.hubpages.com/
    [+] Contently: Not Found!
    [+] Houzz: Found! https://houzz.com/user/cr00k
    [+] blip.fm: Not Found!
    [+] Wikipedia: Found! https://www.wikipedia.org/wiki/User:cr00k
    [+] HackerNews: Not Found!
    [+] CodeMentor: Not Found!
    [+] ReverbNation: Found! https://www.reverbnation.com/cr00k
    [+] Designspiration: Not Found!
    [+] Bandcamp: Not Found!
    [+] ColourLovers: Not Found!
    [+] IFTTT: Not Found!
    [+] Ebay: Found! https://www.ebay.com/usr/cr00k
    [+] Slack: Not Found!
    [+] OkCupid: Found! https://www.okcupid.com/profile/cr00k
    [+] Trip: Found! https://www.trip.skyscanner.com/user/cr00k
    [+] Ello: Found! https://ello.co/cr00k
    [+] Tracky: Not Found!
    [+] Tripit: Found! https://www.tripit.com/people/cr00k#/profile/basic-info
    [+] Basecamp: Not Found!
  [*] Saved: cr00k.txt
```

根据反馈结果可知，Userrecon 与其他工具相比搜索的站点更多，而且能更好地处理 404 及无效页面。它是一个很好的辅助工具，可以对结果进行验证，确保搜索结果涵盖了所有的基础网站。

16.4 Reddit Investigator

在 Reddit 上挖掘到的信息更是让我惊讶不已。网友喜欢在 subreddits 中发帖讨论最热门的话题，如威胁行为者参与讨论黑客或电子游戏等内容。

有一个工具网站（www.redditinvestigator.com）值得保存在工具箱中。该网站非常易于搜索使用，并提供免费和专业两个版本。

图 16.20 所示为 Reddit Investigator 的主页，它只有一个搜索字段。

如果想经常使用该网站，那么专业版本也相当便宜。专业版可以查看缓存数据及可能删除的帖子，允许在缓存的帖子中搜索，以及查看帖子的时间跨度等，所以值得开通。

假设当威胁行为者发布了一篇关于其他黑客或“炫耀东西”的帖子，但几周后决定删除它，如果能够在删除之后的某个时刻再回头访问这些历史数据，那价值无疑是巨大的。

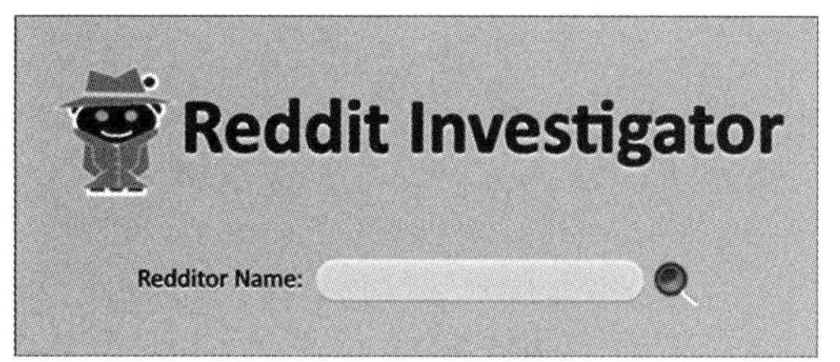

图 16.20　Reddit Investigator 的主页

搜索结果将反馈用户的统计数据，包括用户曾经发帖的子站点、积分、参与了哪些帖子的投票、最活跃的时间等。

用该工具去搜索用户“WhitePacket”，图 16.21 和图 16.22 所示为“WhitePacket”在 Reddit 上发帖的数据统计结果。

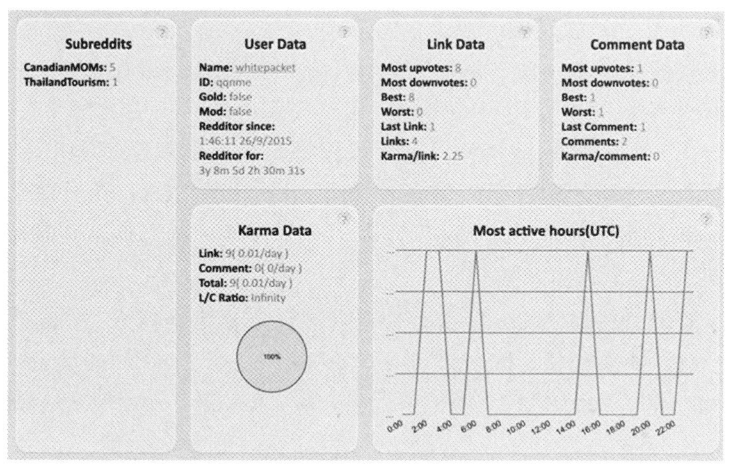

图 16.21　WhitePacket 发帖数据统计图（1）

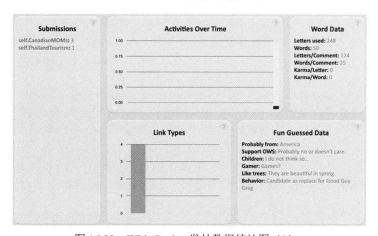

图 16.22　WhitePacket 发帖数据统计图（2）

查看这些信息，可见“WhitePacket”在 Reddit 上并不是很活跃，他的大部分帖子都是在 Reddit 的一个名为“CanadianMOMs”的子板块上发布的。

这就是前文提及的如何在相关话题中搜索相关人物。

这些信息非常重要，因为它不仅可以跟踪用户的活动和兴趣，还可以了解他们在与谁互动。建立目标的朋友和熟人的档案与建立目标的档案一样重要，一个朋友可以引出两个朋友。拥有的信息越多，就可以将更多看似无关的线索联系起来。

TDO 调查的关键人物——“Peace”

为了便于理解，我们用一个真实的例子来说明这类信息的有效性。在 TDO 调查中最关键的一步是发现了用户“cr00k”实际上和用户“Peace of Mind”（又名“Peace”）是同一个人。

一旦开始搜索“Peace”，就能找出他身边的朋友和同事。直到那一刻，才能真正了解谁在运作 TDO。到 2018 年，已经有足够多的信息表明“Peace”和“Ping”（流行的暗网黑客论坛 Hell 的所有者）也是同一个人。

因为假定这些信息是真实的（但后来发现不是），我于是开始调查“Ping”、他已知的伙伴，以及 Hell 论坛的主要用户。为此，需要找到论坛的历史数据（其中包括 SQL 数据库的抓取和导出）。有了这些资料，就可以根据论坛上的对话推测出“Ping”的好友。

Hell 论坛的旧帖子清楚地表明，“Ping”和另一个用户“Revolt”是非常亲密的朋友。在媒体对 Hell 论坛高度关注时，“Ping”发表了一份声明，称当他不在时，会把论坛管理权交给“Revolt”。

不知道大家如何看待这一点，但我不会把管理权限交给任何人，除非真的完全信任那个人。记住这一点，如果知道“Peace”又名“cr00k”，是 TDO 的成员之一，难道这不恰好说明了“Revolt”和“Peace”的关系很亲近吗？从“Revolt”开始搜索是最好的起点。

说明

坦白说，事情并不是这样的。实际上，在我找出“cr00k”的身份之前，我很早就注意到了“Revolt”这个名字。但直到我理解了“cr00k”和“Ping”之间的联系，才最终把这些点关联起来。这个事例是真实的，是为了说明搜索目标的朋友和伙伴非常重要。

16.5 小结

本章介绍了利用社交媒体来查找目标更多的信息所使用的工具和技术。威胁行为者或目标未在社交媒体上注册账户的情况是罕见的，他们很有可能会在多个网站上有多个账户，所以，要尽可能在不同的社交媒体网站上仔细搜索。

接下来的两章，将利用所有可用信息来构建威胁行为者矩阵。

第17章 个人信息追踪和密码重置提示

从本章开始，将进入开源情报的分析部分。第 17 章和第 18 章将详细介绍构建威胁行为者信息矩阵的过程。什么是威胁行为者信息矩阵？它是一种将与账户相关的数据可视化汇聚起来的方法，本质上是一个巨大的 Excel 表格，包含多个账户名、用户名、虚假身份、URL 和其他与目标相关的个人信息。采用该方法有助于识别数据内在的关联模式。

本章以 TDO 黑客组织的角色和人物为例，阐述威胁行为者信息矩阵。

说明

下文将专注于建立一个网络威胁行为者的信息档案，这意味着我使用的搜索方法将主要用于寻找这类角色。如果要调查一个普通人（不是网络罪犯），我可能会使用另一些平台和服务。两者的区别在于使用的过程和技术不同。

17.1 从哪里开始搜索 TDO

首先应该确定从哪里开始搜寻。如果目标是调查 TDO（或其他任何威胁行为者），首先要问自己——已经掌握了哪些信息？

起初可以利用的信息，只有所有媒体披露过的关于 TDO 的资料。从这些新闻中，可以了解一个名为“cr00k”的用户在几个不同的黑客论坛上出售窃取的数据。

图 17.1 所示为俄罗斯黑客论坛 Exploit 上 TDO 组织成员“cr00k”出售数据的帖子截图。

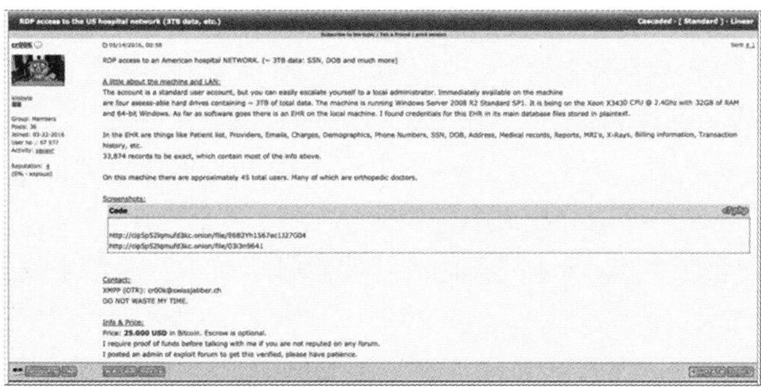

图 17.1　cr00k 在俄罗斯黑客论坛 Exploit 上出售数据的截图

其他几个暗网黑客论坛也出现过类似的数据出售信息，包括 Hell、Siph0n 和 0Day。需要注意的是，这些网站的帖子内容和在 Exploit 论坛上的完全相同。

如果在两个不同的黑客论坛上看到不同的人发布了同一篇文章，那么自然而然可以联想到这两个用户是同一个人，或在一起工作。

用户“F3ttywap”（这个用户名有点像说唱歌手）在两个暗网论坛上发布了相同的内容，因此，可以关联到“cr00k”。

就从这里开始梳理信息矩阵吧。

17.2 建立目标信息矩阵

鉴于调查单个目标（或群体目标）的高度复杂性，可能会有相当多的数据需要记录。第 16 章提到过，我们所期望的是在一个地方就能找到与目标相关的所有信息。但在越来越深入地解开目标身份之谜的过程中，这种可能性变得越来越小。

值得注意的是，威胁行为者（尤其是经验丰富的威胁行为者）拥有许多不同的账户和角色，这就是需要将这些数据记录到不同的 Excel 表格（及标签页）中的原则，否则，信息将变得混乱。

通常从以下 3 个标签页开始建立信息矩阵：

- 账户。
- 验证信息。
- 数据转存。

第 18 章和第 19 章将详细阐述这 3 个标签页。“账户”标签页用于识别哪些电子邮件地址在特定网站上存在相关账户；“验证信息”跟踪密码重置和验证问题信息；“数据转存”跟踪从密码数据库转存和其他被黑客攻击的数据库中发现的信息（这是第 18 章的重点）。

1. 从论坛开始搜索

第一件事是搜索，从哪里开始呢？威胁行为者十分狡猾，他们采用了“cr00k”和“F3ttywap”这两个当时许多人都喜爱的流行名称作为用户名。在谷歌中搜索“F3ttywap”，将返回关于这个说唱歌手的大量信息，但这些信息都是无用的。在这种情况下，除非精通 Dorking[1]技术，否则，研究威胁行为者是极其困难的。

首先要缩小搜索范围。由于“F3ttywap”这个用户名是从黑客论坛上发现的，所以，最佳途径是先从其他黑客论坛寻找更多的线索。

调查者不大可能通过 Dorking 或其他高级搜索引擎技术从论坛中找到相关信息，因为

1 译者注：Dorking 技术通常是指 Google Dorking，使用谷歌搜索引擎中的高级变量来在搜索结果中找到特定的信息，如版本号、文件名等。黑客经常使用该技术识别目标系统的漏洞，以及互联网上可以获取的敏感信息。

大多数黑客论坛需要登录（有时需要付费）才能查看内容。但生活中有些时刻，幸运会突然而至。

像 HackForums.net、Nulled.to、RaidForums.com 和 OGUsers.com 这样易于查找的黑客论坛值得（而且应当）浏览一下。可以使用“Insite”操作符执行谷歌搜索，也可以直接到每个站点中搜索包含该用户名的帖子或浏览记录。

从 Nulled.to 黑客论坛开始搜索，图 17.2 所示为在 Google 中输入“f3ttywap inurl:nulled.to”的搜索结果。

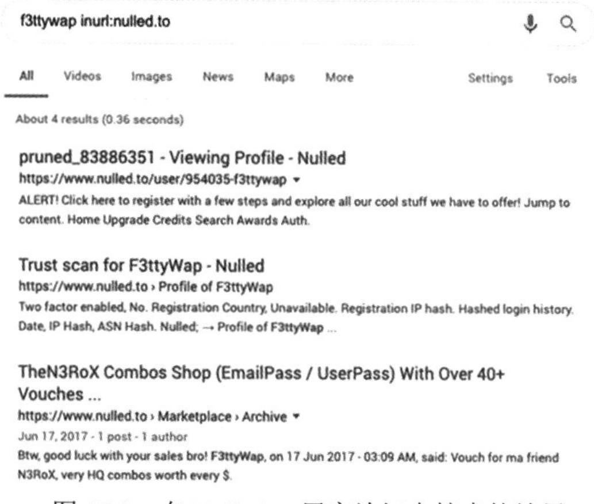

图 17.2　在 Nulled.to 黑客论坛中搜索的结果

单击第一个链接，可以看到他的个人资料页面（https://www.nulled.to/user/954035-f3ttywap），但是账户被删除了。从图 17.3 中可以发现一个非常重要的细节，即该用户的账户在删除前被禁用了。

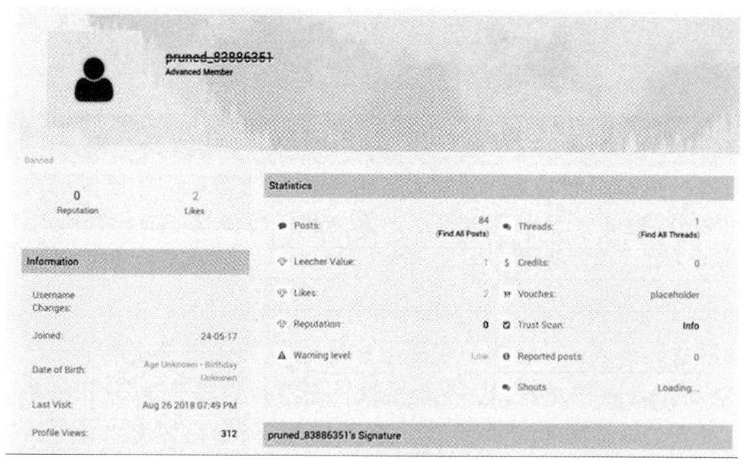

图 17.3　Nulled.to 论坛中“F3ttywap”的个人主页

2. 禁用名单

大多数黑客论坛都有一个禁用名单，这个列表列出了该论坛的所有禁用账户。为了阻止不怀好意者在论坛上进行“网络钓鱼”，大多数论坛会在被禁止的用户名旁边显示其使用的电子邮件地址。

可以使用 Nulled.to 站点页脚中的链接访问禁用名单，如图 17.4 所示。

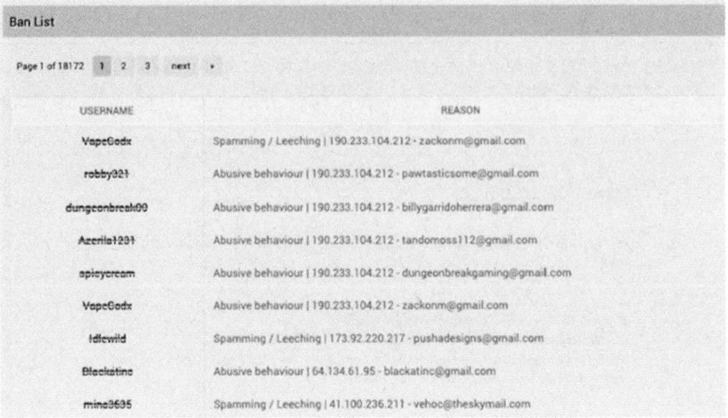

Ban List

Page 1 of 18172 1 2 3 next ▸

USERNAME	REASON
VapeGodx	Spamming / Leeching | 190.233.104.212 - zackonm@gmail.com
robby321	Abusive behaviour | 190.233.104.212 - pawtasticsome@gmail.com
dungeonbreak00	Abusive behaviour | 190.233.104.212 - billygarridoherrera@gmail.com
Azerila1231	Abusive behaviour | 190.233.104.212 - tandomoss112@gmail.com
spicycream	Abusive behaviour | 190.233.104.212 - dungeonbreakgaming@gmail.com
VapeGodx	Abusive behaviour | 190.233.104.212 - zackonm@gmail.com
Idlewild	Spamming / Leeching | 173.92.220.217 - pushadesigns@gmail.com
Blackatinc	Abusive behaviour | 64.134.61.95 - blackatinc@gmail.com
mine3635	Spamming / Leeching | 41.100.236.211 - vehoc@theskymail.com

图 17.4 Nulled.to 上的禁用名单

由于已经知道“F3ttywap”账户被禁用了，所以，可以通过查看禁用账户列表找到他的电子邮件地址。问题是：禁用账户列表长达 18000 多页，而且没有搜索功能。为了解决这个问题，需要直接从网站的负责人那里获取信息。

17.3 社会工程学攻击

对目标或目标的伙伴进行社会工程学攻击是获取重要信息的一种方式，本示例中就体现了这一点。在详细介绍之前，以社会工程学大师“人类黑客”克里斯·海德纳吉（Chris Hadnagy）的提示作为这部分的开始。

专家提示：克里斯·海德纳吉（Chris Hadnagy）

我们最近对一家公司进行了一次攻击，目的是重置密码。为了做到这一点，需要该公司一个员工的 ID 编号及其中一个安全问题的答案。

首先，需要寻找一个暴露 ID 编号的员工，他们可能无意间在电子邮件往来或邮件讨论组中不小心上传过员工证照片。最终被我们找到了几个。

然后，观察找到的人，并确定他们是否在各大社交媒体都注册了账户。假设找到了 10 个人，其中 5 个人在社交媒体上比较活跃，之后人肉搜索这 5 个人，并假装成其中的一个人，打电话给负责密码更改的公司后台人员。对话内容基本如下：嘿，我是文尼（Vinny），我忘记了密码，必须重新设置。但我现在在开车，不方便用电脑，我需要怎么操作呢？

毫无疑问，每次电话那头的人都会告诉我们：需要您的员工 ID 及其中一个安全问题的答案。然后我们假装回答说：哦，不好意思，我总是忘记我当初写了什么。之后他们一般会告诉我们一两个安全问题的答案。

> 这不是开玩笑，每次都是如此。
>
> 最后，根据之前挖掘到的信息查看谜底是否已经解开。如果没有，则再找一找，然后再给后台打电话，这次就能拿到安全问题的答案了。
>
> 我们上周刚刚进行了一次攻击，整个过程如行云流水般顺利，最后重置了密码。

但“F3ttywap”的情况并非如此，我们还需要找到与这个用户名相关联的电子邮件地址，因此，我采用了其他黑客惯用的手段，登录了 Discord，找到论坛支持的页面。我多希望保存了一份当时对话的副本，但确实没找到。

在对话中，其中一个网站的管理员愿意为我查找账户。我告诉他，我被一个名字很像的用户欺诈了，我想确定是不是同一个人。他给我发来了账户数据库表的截图，甚至还给我发了账户注册的 IP 地址，邮件地址是 kunt.x7@gmail.com。

有时候需要做的就是多提问。

掌握了与用户相关的更多信息，就可以开始完善威胁行为者追踪矩阵了。图 17.5 所示为 Excel 中追踪矩阵应包含的信息。

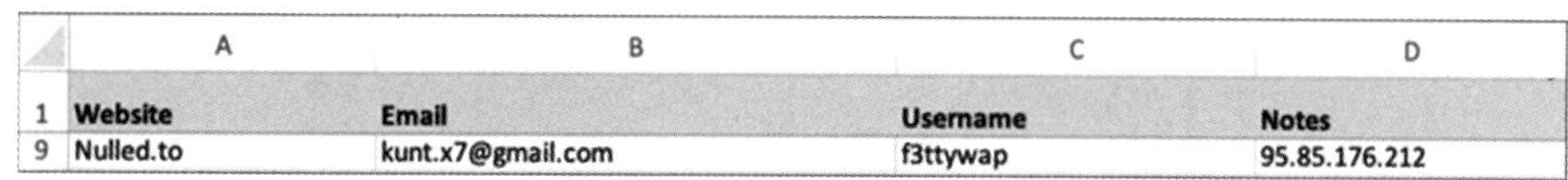

	A	B	C	D
1	**Website**	**Email**	**Username**	**Notes**
9	Nulled.to	kunt.x7@gmail.com	f3ttywap	95.85.176.212

图 17.5　威胁行为者追踪矩阵的主要信息构成

矩阵的这一页就是记录找到的数据，接下来将逐步充实矩阵信息。

1. 社会工程学威胁行为者：“Argon”的故事

说起社会工程学，我想谈谈我们的好朋友 Cyper，以及我是如何渗透进 KickAss 论坛，进入他们的核心圈子的。

2018 年 10 月，一名安全记者写了一篇关于我的文章，题为《当安全研究人员冒充网络罪犯时，谁能区分?》。

当时，我伪装成一个数据经纪人，在 KickAss 论坛上的用户名为 SoundCard。文章的作者揭露了我使用的假名，使 KickAss 的成员对我高度警惕。

 **说明**

这篇文章暗示我假扮成数据经纪人来出售 LinkedIn 泄露的数据，这些数据都是真实数据。这篇文章真正让我恼火的是，作者为了宣扬自己，把我往火坑里推，说我不知出于什么目的“强迫他写了这篇文章”。

我甚至不明白这是什么意思，但我选择不说他的名字，否则这会让他觉得我愿意宣扬他的名字，就像宣扬什么珍藏品一样。

现实情况是，威胁情报专业人员经常伪装成网络骗子，博取地下团伙的信任来获得有价值的情报。

这是一种普遍的做法，这位记者可能是搜索到了我过去的一些信息，或者从其他威胁情报公司和人那里得到了信息。但不知为什么，他察觉出来我和其他人不一样。

我问他这篇文章到底是怎么回事，他给我发了封邮件，声称是从一位关系密切的商业伙伴那里得知的。那位商业伙伴说我认为他是本书的“作者之一”，因此把他推向了风口浪尖。

这根本就是杜撰的。根据回复，我弄清楚了他的伙伴是谁，进而理解为什么事情被混淆了。我确实告诉过他的伙伴，这位记者和其他几个人一样都同意为我的书提供客座专家评论，但仅仅是类似“以下人员提供了意见”这样的声明。

不管怎样，我给这位记者转发了当时他接受我的邀请并愿意对本书发表评论的邮件，后来再也没有收到过他的消息。

这位记者并非第一次，也并非最后一次公开别人的个人信息，这种行为可能只是出于他不同意别人的观点。他在最近的一条推文中还公布了安全研究员 NotDan 的个人信息，引起了安全界的强烈抗议。

这篇文章在 KickAss 论坛上引起了很多人的兴趣，我也成了攻击的目标。论坛管理员“Cyper”（又名 NSA）针对我的网站发布了一个挑战赛帖子——“拿下这个骗子的网站”，如图 17.6 所示。

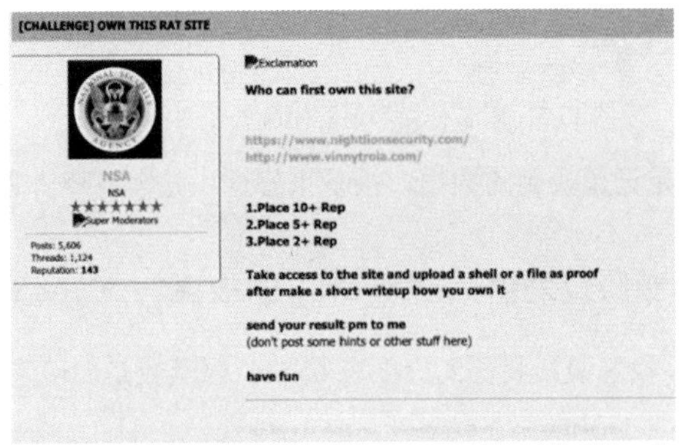

图 17.6　KickAss 论坛管理员的发帖内容截图

我对曝光个人真实信息的做法持否定态度。在那位记者公开了我的信息后，需要有人承担后果。如图 17.7 所示，用户“deafrow”的帖子证明了这一点。

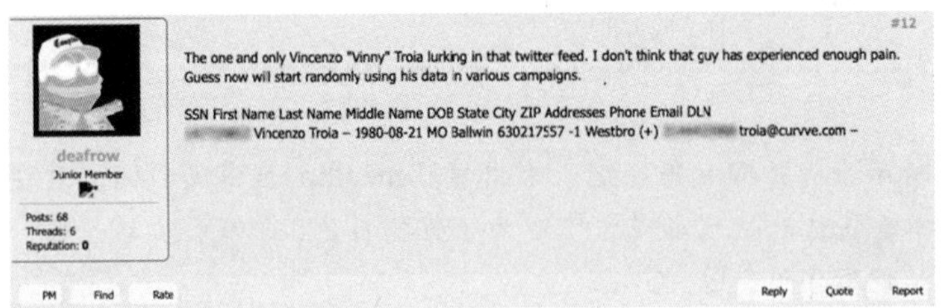

图 17.7　论坛上名为“deafrow”的用户发帖公开了作者的个人信息

幸运的是，每件事情都存在转机，这件事也证明了我的想法是对的。

很少有人知道，我在论坛上还有第二个账户“Argon”。当时，“Argon”正在申请加入“Cyper”的黑客组织。攻破我的网站将是一个绝好的机会，还有什么比在挑战赛中黑进自己的网站更能展示我的黑客技能吗？

所以，我成功了。

我在我某个站点的远程目录中设置了一个过时的 PHPMyAdmin 面板。任何使用 Wfuzz（如第 7 章所述）执行服务器和目录暴力侦察的人都能够找到它。

我设计的情节很直观：只要发现了这个面板，就可以在电子邮件地址中广泛地搜索任何电子邮件/密码组合（这项技术将在第 18 章中讨论）。

我将 PHPMyAdmin 的登录信息设置为一个已遭到泄露的用户名/密码组合。使用从泄露数据中“发现”的密码，我假装通过暴力侦察 PHPMyAdmin 面板获得了访问权限。

就这样，为了证明“Argon”的黑客技能，我直接修改了我的 WordPress 站点数据库，“黑”进了我自己的站点，并将首页替换为图 17.8 所示的图片。

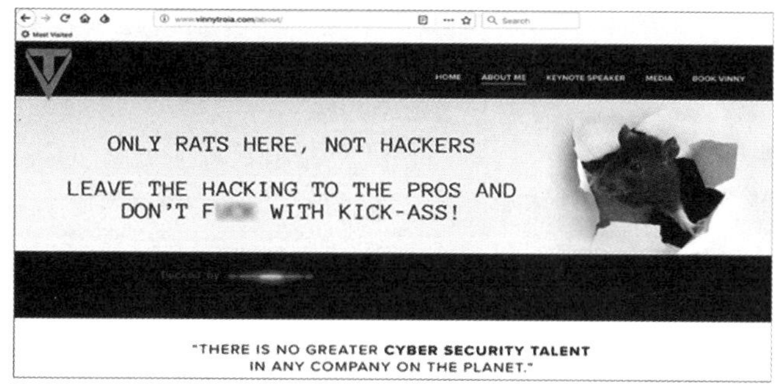

图 17.8　作者的 WordPress 站点被“黑”之后的首页

事情还没完。我猜测“Cyper”和他的团队肯定想亲自验证访问和登录，所以，我在宣告胜利之前在服务器上设置了严格的防火墙规则，用来完全阻止任何来自已知 TOR、VPN IP 地址、代理或其他已知恶意 IP 地址的连接。任何传入的连接都会被监视和记录下来。

当陷阱设置好后，我在论坛的挑战赛主题上发表了一篇庆祝帖子，如图 17.9 所示。

图 17.9　作者为欺骗论坛管理员而发布的庆祝帖子

不错吧？有多少人会期望有人入侵自己的网站？

关于我是如何做到这一切的，“NSA”问了我很多问题，事实上整个过程都是理论上可行、实际上可操作的。

“NSA”和他的团队饶有兴致地登录了我的网站并逗留了一段时间，我获得了设置陷阱的回报：他们所有的 IP 信息都被记录下来了。我把网站的 PHPMyAdmin 地址故意设计成晦涩难读的（但也是全新出炉的），因此，任何访问都明显与他们相关，包括突然出现的虚假的网页抓取机器人。

这个故事的重点是，如果想对目标开展社会工程攻击，就不要畏畏缩缩。有时，最离谱的想法就是最好的想法。

专家提示：约翰·斯特兰（John Strand）

当开始构思针对对手的社会工程策略时，事情并不只是诱使他们打开某些旧文件，从而通过恶意代码搜集关于他们的信息这么简单，关键是要用对诱饵。在琢磨了相当长一段时间后，我发现伪造的文件看起来总是很假，更好的办法是在真实的文档中添加追踪元素。

有经验的对手一般不会启用宏。如果将宏嵌入 Word 文档中，他们不会打开它。如果在 Excel 电子表格中插入宏，由于 Excel 电子表格中的宏很常见，他们会不会打开它，结果就很难说了。

此外，如果试图在文档的元数据中添加一个指向级联样式表（CSS）的链接或者一个图像来源标签，由于这很难被察觉，那么他们打开该文档的可能性就大大提高了。

我最喜欢的让对手运行特定程序的方法通常都非常简单。例如，在网站上建立一个目录，上面写着 VPN，里面包含一个自动配置 VPN 的可执行文件。在这个可执行文件中加入回调功能，甚至可以对它进行数字签名，然后需要的就是等待。当有人试图运行可执行文件时，对数字代码签名证书的查找请求就会触发。

这里的关键之处不在于怎么设计文档唤醒的“非传统方法”，而在于使用正确的诱饵来让对手打开那些特定的文档，然后与我们为吸引他们而专门创建的组件进行交互。

2. 一次教训：每个人都可能被社会工程攻击

在上个故事中，某个时刻你可能会问：“等等，这篇文章暴露了你是 SoundCard，但没有提到 Argon。这个名字是怎么传出去的？”有趣的是，在这个案例中我也被社会工程攻击了，下面是事情的经过。

出于兴奋，Cyper 决定在 Twitter 上公布 Krebs 和我之间的争论。图 17.10 所示为 Cyper 在 KickAss_Sec 的 Twitter 页面发布的消息截图（该页面现在已经关闭）。

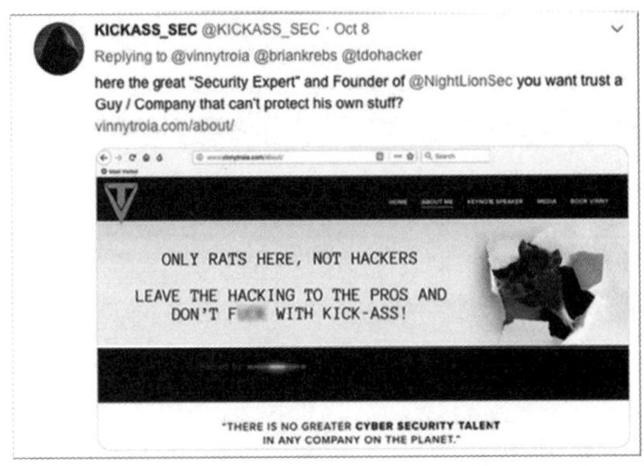

图 17.10　KickAss_Sec 的 Twitter 页面消息截图

在这场激烈的 Twitter 对话中，Cyper 添加了一个关于 KickAss 论坛的宣传链接（但使用了旧的 URL，这一点立马被我发现）。我单击了链接，想知道为什么他会使用旧地址。由于我的 TOR 浏览器保存了 Cookie，因此，我立即以 Argon 的身份重新登录了原来的 KickAss URL。

我搞砸了，KickAss 发现原来 Argon 这个用户也是我在使用的。

这个故事告诉我们：不要在 TOR 中存储 Cookie，也不要那么快地单击链接。

3. TDO 和 KickAss 论坛的结束

我在关于 TDO 的官方报告中提出了一项推断，即 KickAss 论坛这个 TDO 黑客组织官方站点的关闭，是一个精心设计的退出骗局。

说明

退出骗局（特别是上述情况下）指的是暗网市场的所有者突然关闭网站，并将其托管账户中的钱全部卷走。

暗网市场通过托管系统出售非法商品。买家用加密货币购买商品，此时加密货币存储在网站的托管账户中。当买方确认收到货物后，托管账户向卖方转出资金。

一旦市场中有足够的交易和资金存储在其托管账户中，退出骗局将开启。管理员选择欺骗所有的交易者，关闭网站并拿走所有的资金。

我相信这就是 KickAss 论坛最终关闭的原因。

TDO 的最后一次媒体宣传活动涉及“9 • 11”事件中的一系列保险信息泄露，被称为“偷来的 9 • 11 文件”，每批文件在发布时都包含一组毫无价值的不同的保险信息。该组织利用这种策略来吸引媒体，希望通过攻击“9 • 11”阴谋论者来获得关注。

但它仅在很短的一段时间内才起作用。

每批文档都包含一个 PGP 密钥，用于验证数据是否确实来自 TDO，同时还包含以下 TDO 的官方联系信息：

TDO 电子邮件地址： tdohackers@protonmail.com。

备用电子邮件地址-1： thedarkoverlord@msgsafe.io。

备用电子邮件地址-2： thedarkoverlord@torbox3uiot6wchz.onion。

在这里申请新的邮件地址：(torbox3uiot6wchz.onion)。

KickAss 论坛 Tor 地址：kickassugvgoftuk.onion。

TDO 突然开始推广 KickAss 论坛，更有趣的是，他们在推广中使用的是旧的 URL（就是本章前面我不小心点击的那个）。

该论坛的会员费现在已经涨到了 600 美元。我认为这是 TDO 利用其品牌和“9 • 11”新闻价值在网站注册中筹集超额资金的方法。

在“9 • 11”事件的周边新闻枯竭之后（也就是说，人们发现这些数据完全没有价值），论坛以典型“退出骗局”的方式关闭了：收获了赚来的钱，赶走了新用户。

但是，该网站实际上并没有关闭。尽管某些博客和威胁情报证实该网站已被执法部门取缔，但这个私有网址仍然存在。

图 17.11 所示为“NSA”（Cyper）对论坛被执法部门关闭事件的回复。注意，发帖日期是 2019 年 1 月 30 日，是该网站已被关闭的文章和报告发布数周之后。

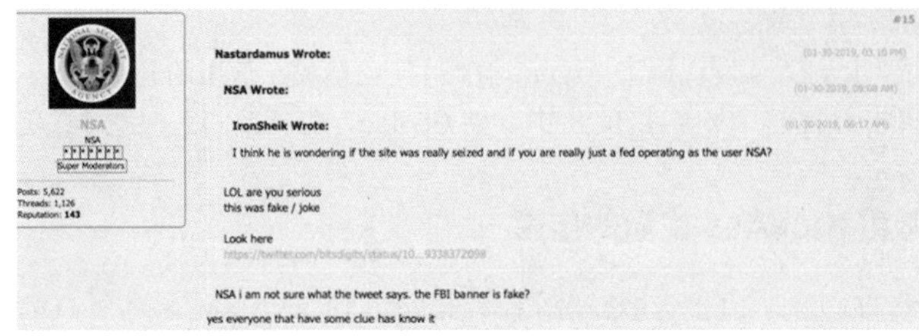

图 17.11　“NSA”对 KickAss 论坛被执法部门关闭事件的回复

作为对图 17.11 中的帖子/评论的回应，“NSA”发布了一条关于论坛关闭时间的更详细的消息，如图 17.12 所示。

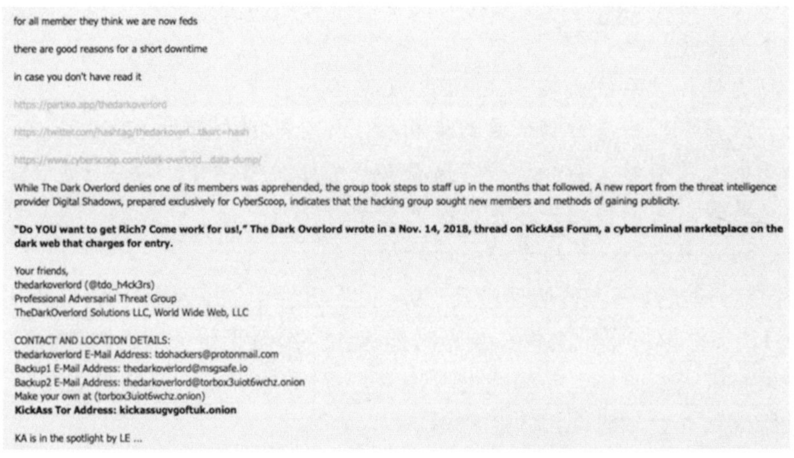

图 17.12　“NSA”发布的关于论坛关闭时间的消息

所有的事情最终都会结束。大约一个月后，网站永久关闭了，但它会不会再次回归呢？几天前我的一个朋友和一个威胁行为者聊天，他们提起了我，以下是他们的谈话内容。

X:　你知道 KickAss 论坛又回归了吗？

X:　我在任何地方都找不到 NSA 或 inferno。

XXX:　KickAss 论坛没有回归啊。

X:　哦？

X:　他们启用了一个新网站？

X:　或者 TDO 已经完蛋了？

X:　看起来他们是在搞退出骗局。

XXX:　被克雷布斯/特洛伊（Krebs/Troy）搞砸的所有东西都暂停了。

XXX:　我想这应该和 TDO 有关。

X:　克雷布斯/特洛伊搞砸了什么？

XXX:　反正我是这么听说的。

XXX:　嗯。

XXX:　克雷布斯还不算什么，那个叫 Vinny Troya 的是元凶。

XXX:　Troia。

X:　噢，那篇文章。

X:　明白了。

我责怪克雷布斯，因为他的文章。

下面回到本章的正题，使用密码重置提示来完善跟踪矩阵。

17.4 使用密码重置提示

密码重置提示是什么？每当你单击网站上的“forgot password”（忘记密码）选项时，网站通常会给出提示，然后给出相应的指示以帮助验证身份。这种提示的另一种术语是“account verification questions”（账户验证问题）。

例如，该网站可能会显示：为了重置你的密码，我们将发送电子邮件到你的邮件地址 v*******@gmail.com。

如果你也无法访问上面的邮件地址怎么办？这种情况是完全有可能的。这就是为什么通常网站有两到三种不同的验证选项，包括电子邮件、短信和安全问题等。

当建立目标档案时，这些提示可以揭示大量的信息。正如即将看到的，有时知道账户不存在与理解目标的行动同样重要。

1. 启动验证表

在本章的开始部分已经描述过目标跟踪矩阵的构建方法。Excel 文档中的“验证”标签页是关于搜集和记录密码重置提示的。

我在验证标签页的左侧列字段中记录了一个我通常会检查的网站列表。虽然根据目标不同，这一列表会有所差异，但一个好的开始应包括以下网站：

- 谷歌电子邮件（Gmail）。
- 雅虎（Yahoo）。
- 微软电子邮件（Hotmail/Microsoft）。
- 易趣（eBay）。
- 支付宝（PayPal）。
- 脸书（Facebook）。
- Instagram。
- 推特（Twitter）。
- VK。
- Venmo。

- 领英（LinkedIn）。
- Steam。
- 索尼 PSN。
- ICQ。

现在将它应用到“F3ttywap”的搜索中。由于我们已经获得了一个电子邮件地址（kunt.x7@gmail.com），所以，从 Gmail 开始验证跟踪矩阵吧。

2. Gmail

在 Gmail 中输入目标的电子邮件地址，然后单击“forgot password”（忘记密码）按钮，进入账户恢复页面，如图 17.13 所示。

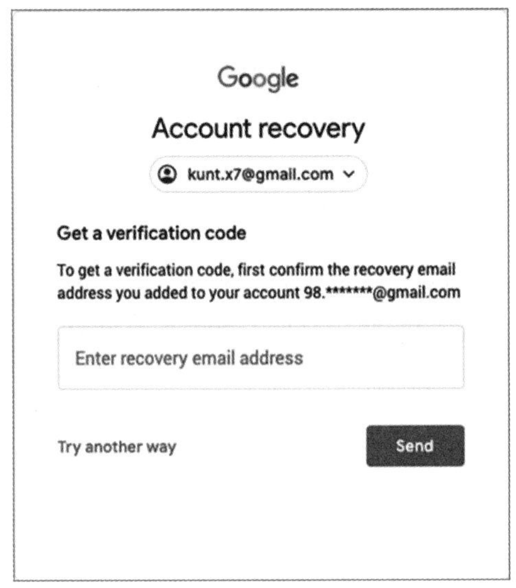

图 17.13　Gmail 的账户恢复界面

得到第一条提示：用于恢复的邮箱地址是 98.*******@gmail.com。

 说明

Gmail（及大多数账户恢复页面）的好处是，在恢复提示中提供了确切的字符数。我们因此可在以后的搜索中把信息联系起来，而不用担心做出错误的假设。

大多数网站提供多种账户恢复方法。使用 Gmail 时，单击“Try another way”（尝试另一种方式）将显示其他账户验证选项。

在刚才的情况中，只有一种形式的验证方式可用。但情况也并非总是如此，图 17.14 展示了使用我个人 Gmail 账户尝试恢复时，将显示另一种验证选项。

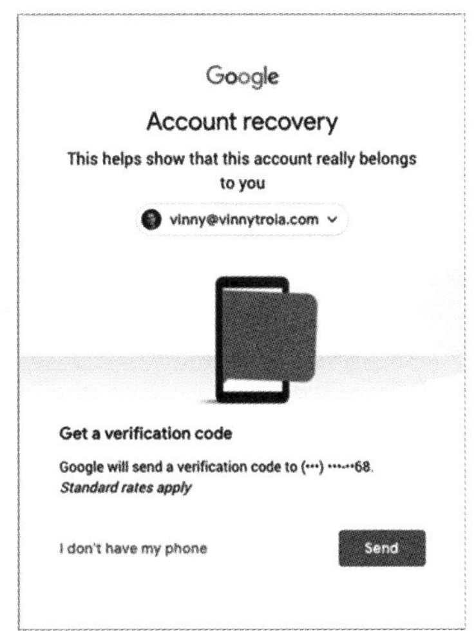

图 17.14　Gmail 忘记密码时的另一种账户验证选项截图

从页面截图可以看到我的电话号码是 12 位（在处理国际号码时要注意），且以 68 结尾。

现在有了足够的信息，可以填写跟踪矩阵的“Verifications”（验证）标签页了。图 17.15 显示了在跟踪矩阵中添加的内容。

作为数据示例，在“Verification Number”（验证手机号）中填写的是我的电话号码。

Site	Email	Username	Verification email	Verification Number
Gmail	kunt.x7@gmail.com		98.*******@gmail.com	********68

图 17.15　在跟踪矩阵中添加已获知内容

3. Facebook

在账户验证提示方面，Facebook 并不是最好用的。然而，即使在没有信息显示的情况下，仍然可以了解很多信息，“没有信息”也是一种信息。最近，Facebook 取消了通过电子邮件地址搜索用户的功能，这意味着无法判断用户是否使用电子邮件地址注册过 Facebook 账户。

在这种情况下，Facebook 的密码重置页面可以完成同样的任务。图 17.16 所示为在 Facebook 账户重置页面输入目标电子邮件地址的情形。

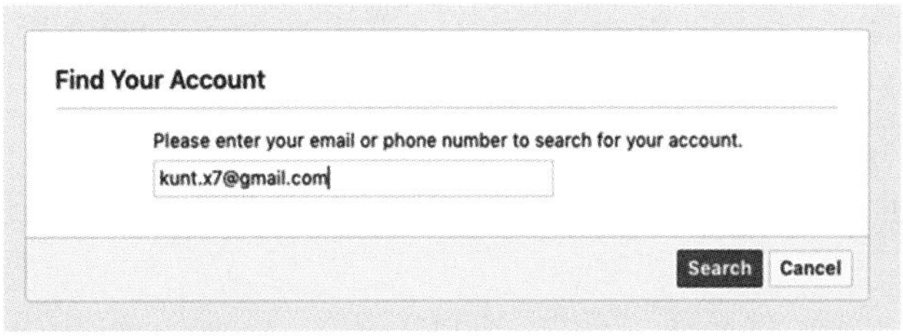

Find Your Account

Please enter your email or phone number to search for your account.

kunt.x7@gmail.com

Search　Cancel

图 17.16　在 Facebook 账户重置页面中输入目标电子邮件地址

如果该账户存在，将显示一条消息，称已发送电子邮件进行验证；否则，将显示图 17.17 所示的消息。

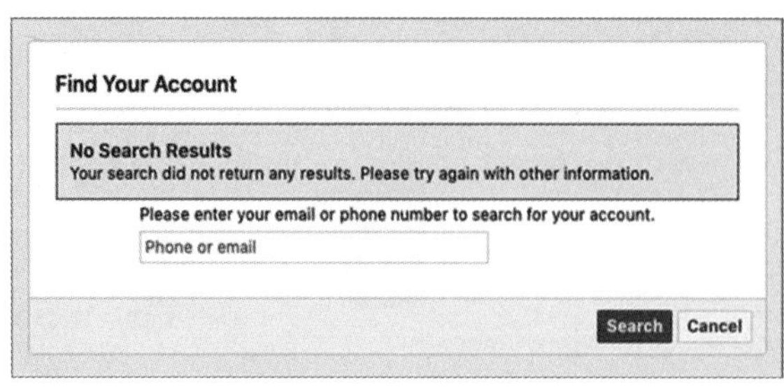

图 17.17　未搜索到用户时的 Facebook 账户重置页面

这意味着这个电子邮件地址没有注册过 Facebook 账户。如果该邮件地址确实存在，那么下一步可以使用 Facebook 内部搜索，或者使用 OSINT.rest、Pipl.com 等外部工具，通过搜索电子邮件地址来找到目标。

4. PayPal

另一个非常重要的网站是 PayPal。大多数威胁行为者都有多个 PayPal 账户，所以，很有可能通过他们的账户恢复选项来获得重要的提示信息。

图 17.18 所示为在 PayPal 的"forgot username/password"（忘记用户名/密码）页面中输入目标电子邮件地址后，收到的 PayPal 账户安全验证提示信息。

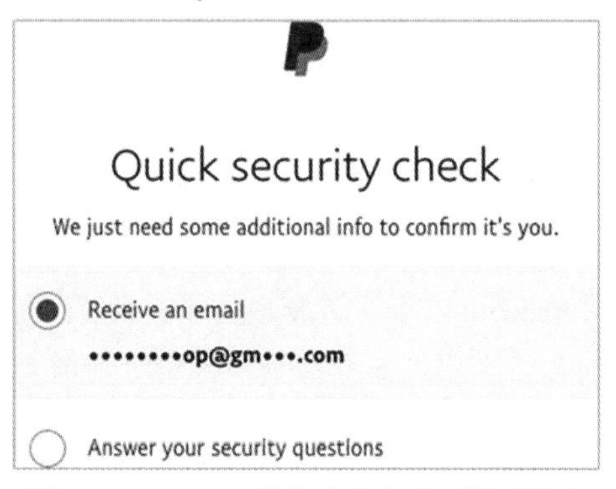

图 17.18　PayPal 的账户安全验证提示信息

这一点非常重要，因为 PayPal 提示了恢复电子邮件地址第一部分的最后两个字母，而非 Gmail 提示的前 3 个字母。PayPal 也显示了确切的字符数（基于圆点而不是星号）。

有可能这两个站点存储的恢复地址不同，但是暂时假设它们一样，现在可以推断出恢复地址是 98.*****op@gmail.com。

第 18 章将告诉我们，这是一个非常好的提示。现在继续搜索，看是否还能找到别的信息。

由于无法访问电子邮件地址，所以，可以选择"Answer your security questions"（回答安全问题）单选按钮。图 17.19 所示为这个提示页面。

图 17.19　提示页面

需要在追踪矩阵中记录这两个提示问题，之后将继续补充矩阵的缺失信息。

测试邮箱地址与 PayPal 账户并没有什么关联，不然从提示中可以了解更多。为了便于理解，切换回我的个人账户。

输入我的个人电子邮件地址到 PayPal，将有 4 种不同的方式来验证身份信息。第一个选项是短消息验证。图 17.20 所示的 PayPal 的页面，提示了我的电话号码的其中 5 位数字。

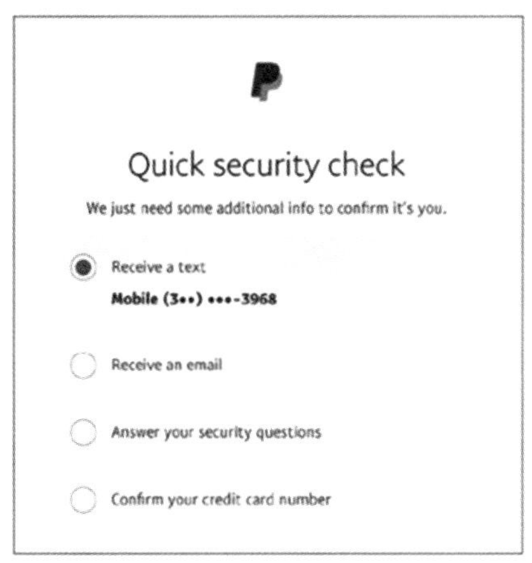

图 17.20　PayPal 身份验证页面的电话号码选项

将此结果与从 Gmail 中了解的信息进行比较，可以确定电话号码的尾数都是 68。这似乎说明了两个电话号码是同一个。现在有了电话号码的最后 4 位数字，以及区号的第 1 位数字，这些信息可以用来在其他网站上验证身份（很多网站都会要求输入电话号码的最后 4 位数字）。

下一个选项是电子邮件验证。类似于其他站点上的验证选项，将会提示电子邮件地址的一部分，并要求通过接收电子邮件核实，如图 17.21 所示。

查看图 17.21 中提供的详细信息，可以推测出电子邮件地址域名为 mac.com，且最后两个字母是 ia。因为上面有 8 个圆点（共有 9 个字母），所以，不难猜到我的恢复邮件地址是用的我的名字——vinnytroia@mac.com。

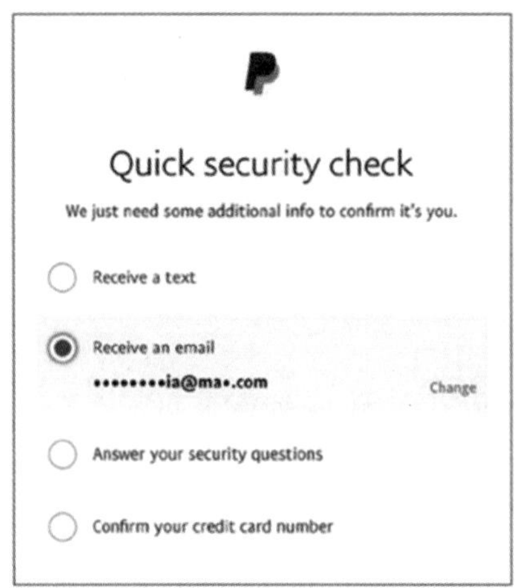

图 17.21　PayPal 身份验证页面的电子邮件地址选项

如图 17.22 所示，最后一个选项是验证信用卡号码。

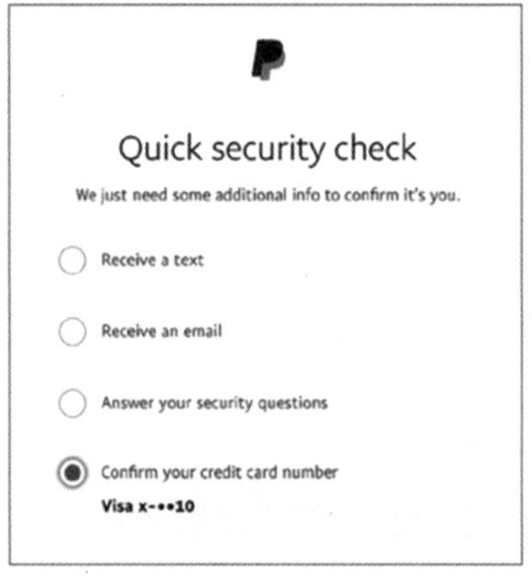

图 17.22　PayPal 身份验证页面的信用卡号码选项

大多数网站不提供这个验证选项，如果有这个选项，可以知道我的信用卡号码的最后两位是 10。

5. Twitter

几乎可以肯定的是，威胁行为者通常拥有多个 Twitter 账户。可以尝试使用 Twitter 的普通搜索引擎来查找这些账户，但是不同的账户很有可能会被混淆，或者这个人会使用你以前从未见过的用户名。

例如，有一次我想搜索一个名为“Revolt”的地狱论坛（the Hell forum）老会员。我在 Twitter 上搜索了很多次，都没能成功找到他的账户。

有一天，我试图搜索他的一个同伙，名叫“Ping”，更确切地说是“Pinger”。幸运的是，通过浏览不同的帖子，我找到了“Revolt”的 Twitter 页面。他的 Twitter 用户名是“Revolt_”，在 Twitter 中大写的 I 与小写的 l 看起来完全相同，如图 17.23 所示。

图 17.23　“Revolt”的 Twitter 页面

回到搜索过程，使用 Twitter 的账户重置工具可以知道账户是否存在。图 17.24 所示为搜索目标电子邮件 kunt.x7@gmail.com 时反馈的信息。

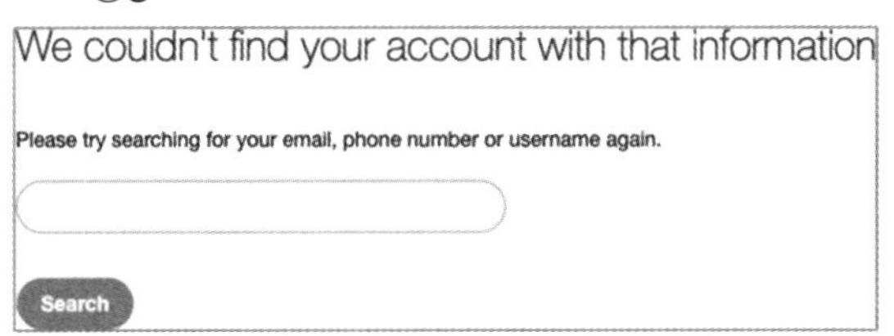

图 17.24　在 Twitter 中搜索 kunt.x7@gmail.com 时得到的结果

在 Twitter 中搜索用户名也同样有效。图 17.25 所示为查看用户名为“m4l1h4ck3r”的账户是否存在时 Twitter 搜索反馈的信息。

图 17.25　在 Twitter 中搜索“m4l1h4ck3r”时得到的结果

知道了恢复这个用户名的电子邮件地址，就可以把这条信息补充到跟踪矩阵中。

6. Microsoft

另一个几乎可以保证成功的办法是搜索 Hotmail 或 Skype 账户。几年前，在微软取消 Skype 的群聊（几乎毁了这款产品）之前，威胁行为者大量使用 Skype 账户。尽管他们大多数已经从 Skype 转移到 Telegram 或 Discord 上了，但这些账户很可能仍然可用。

Microsoft 账户可以通过用户名、电子邮件地址或电话号码进行搜索。图 17.26 所示为我的 Microsoft 账户的身份验证界面。

图 17.26　作者 Microsoft 账户的身份验证界面

与其他网站不同，Microsoft 公布了完整的域名。如果目标使用的是类似 gmail.com 或 yahoo.com 这样的网站，那就没什么大不了的。但是在使用个人账户的情况下，域名是不容易猜到的。

7. Instagram

就像 Facebook 或 Twitter 一样，大多数人都有 Instagram 账户。虽然 Instagram 不会反馈任何有助于完善目标个人信息跟踪矩阵的提示，但账户重置页面至少可以告知我们该账户是否存在。为了进行演示，图 17.27 所示为当我在 Instagram“忘记密码”页面中输入一个不存在的电子邮件地址时反馈的信息。

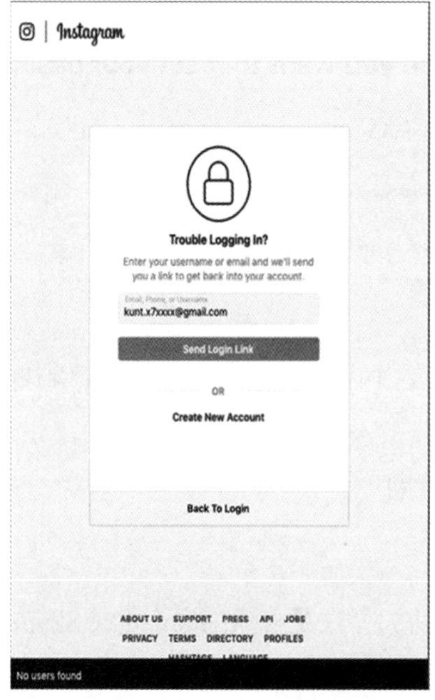

图 17.27　在 Instagram 中输入不存在的电子邮件地址时反馈信息的界面

查看页面的底部，可以看到没有找到使用这个电子邮件地址的用户。

接下来，尝试输入一个真正的目标电子邮件地址。图 17.28 所示为反馈信息的情况。

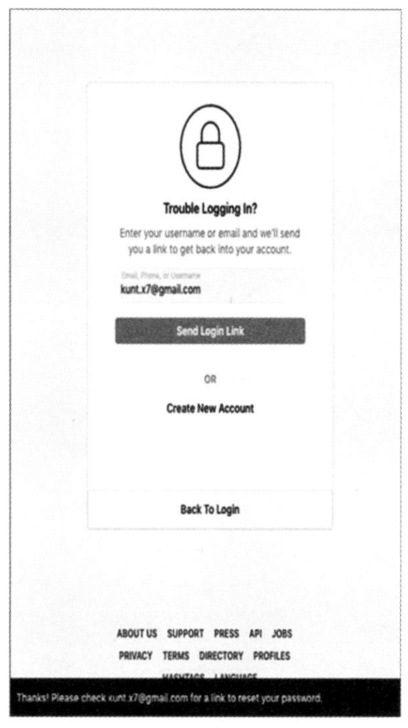

图 17.28　在 Instagram 中输入存在的电子邮件地址时反馈信息的界面

可以看到，这个电子邮件地址被用于注册 Instagram 账户。即使不能直接通过电子邮件地址搜索用户，至少知道用户有一个 Instagram 账户，可以寻找其他方法来调查它。

8. 使用 jQuery 网站响应

jQuery 是一个现代的 JavaScript 库。jQuery 旨在从较高的层次简化网站的 JavaScript 代码编写难度。它的一种常见用法是在无须提交表单的情况下，就能为 Web 表单的数据请求提供实时响应。

例如，在某网站上注册新用户时，要求我们输入用户名或电子邮件地址，就在输入的同时，可能会出现一个红色的通知，“对不起，这个用户名已经被占用了。请再试一次”。

利用这种机制的便利，可以“悄悄”确定用户是否在某个特定网站上注册过账户。

作为演示，测试电子邮件地址是否在 Exploit（一个很受欢迎的俄罗斯黑客论坛）上注册过。

图 17.29 所示为 Exploit 注册界面的一部分。

jQuery 的神奇之处在于，不需要登录（因为登录可能潜在地提示管理员注意到此次搜索）就可以立即知道用户名或电子邮件地址是否在论坛中已存在。图 17.30 所示为在相应字段中输入测试电子邮件地址和用户名的结果。

图 17.29　Exploit 论坛注册界面的部分截图

图 17.30　输入未被注册过的电子邮件地址和用户名时的页面

两个字段边框都变绿了，意味着用户名和电子邮件地址没有被使用，可以注册。图 17.31 所示为如果想看看论坛上是否有一个名为“cr00k”的用户所反馈的信息。

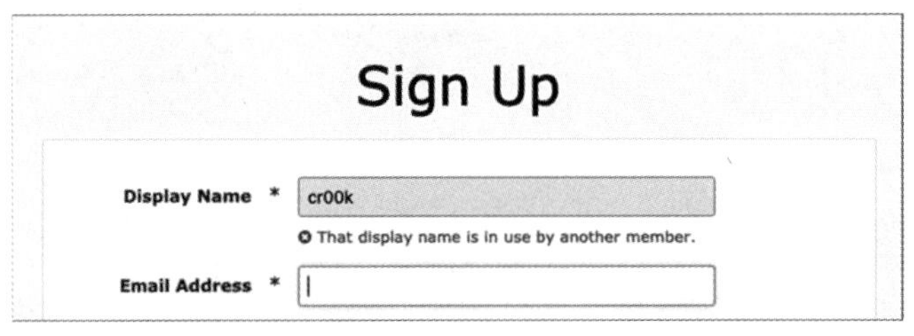

图 17.31　输入已被注册过的用户名时的页面

可以看到，“cr00k”这个名字正在被论坛的某个成员使用。

大多数网站都支持此类实时的用户名搜索，可以用来帮助确定调查的目标与某个特定的网站相关。

 **说明**

我通常将这些信息存储在跟踪矩阵的“账户信息”部分，在这里（而不是在本章的开头）阐述这个主题的原因是我还没有找到目标的电子邮件地址。

9. ICQ

ICQ 是出现于 20 世纪 90 年代末的一种较老的聊天服务，它一直存活至今，目前仍被全球威胁行为者大量使用。ICQ 的用户名由 8～10 位随机数字组成，因此难以被猜出。但有时不那么聪明的威胁行为者会为我们省去这些烦恼。

在图 17.32 中，威胁行为者“cr00k”（并非与 TDO 有关联的那个 cr00k）发布了一条贩卖加拿大和美国的信用卡数据的帖子，其中他把自己的 ICQ 号码贴出来作为他的联系方式。

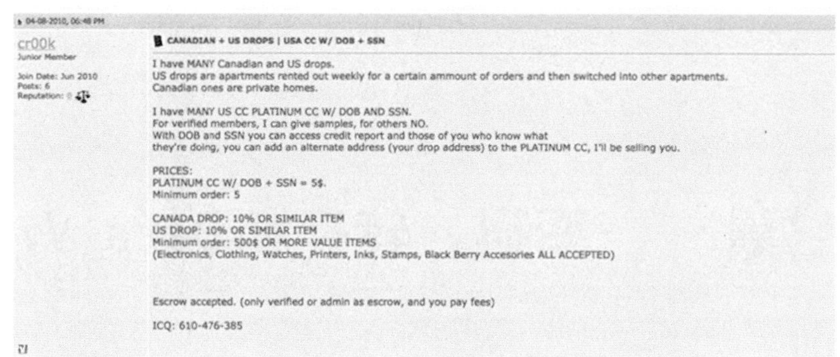

图 17.32　威胁行为者“cr00k”发布的帖子

在 ICQ 的账户重置页面中，使用 ICQ 号码是发起重置请求的一种方式。当在页面中输入 610-476-385 时，结果如图 17.33 所示。

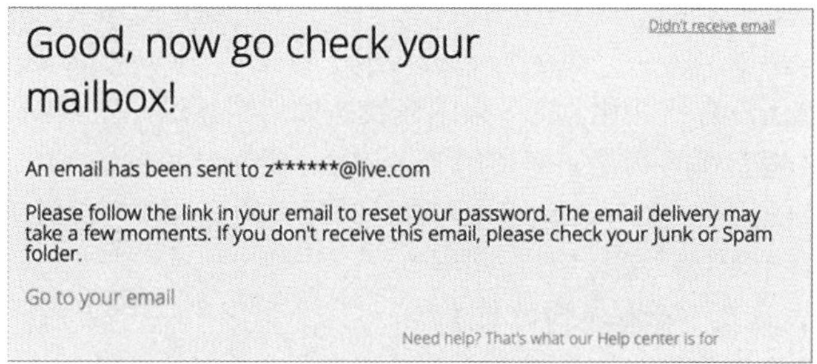

图 17.33　使用 ICQ 号码重置 ICQ 账户的页面

可以看到用户的电子邮件地址的第一个字母和完整的域名。如果已知威胁行为者的电子邮件地址，这将是一个与 ICQ 账户匹配的完美方法。

 **说明**

这个 ICQ 账户与 Zain M****相关，他是与账号 cr00k 相关联的另一个信用卡商。我们发现的邮件地址与他的个人现用地址 zainm****@live.com 相匹配。

17.5 小结

本章介绍了如何基于 Excel 建立一个用于记录目标所有相关信息的追踪矩阵，它包含 3 个不同的部分：账户、验证信息和数据转存。

本章介绍了几种用来帮助完善账户和验证信息的技术。“账户”部分是目标在各个网站拥有的所有账户的目录，“验证信息”部分用于记录这些站点提供的“账户重置”提示信息。

下一章将侧重于使用从黑客网站泄露的数据（即密码数据转存）来完善威胁行为者的个人信息。

第18章 密码、转存和Data Viper

本章将用黑客惯用的手段来对付黑客。也就是说，将使用数据转存（即被黑客攻击的公司数据）来填补第 17 章中未能获取的信息。

在调查 TDO 成员身份的过程中，我发现缺少一个可以记载所有历史数据并辅助形成必要结论的工具，所以，写了一个名为 Data Viper 的程序（www.dataviper.io）。

这个工具目前还没有商业化。接下来阐述我是如何构建这个工具的、用户如何构建自己的工具，以及在搜索期间我是如何利用 Data Viper 得到结论的。

以下是我与 TDO 第一次对话的部分内容，时间大约是 2017 年 11 月，他和我讨论了 cr00k，以及他与该组织的关系。

TDO：Peace，这是一个很不错的想法。

TDO：我们聘请了很多人作为数据交易经纪人。当我们忙着钻研黑客技术时，很难有时间去做这些事情。

VT：有意思，我想我从来没有这么想过。

VT：好吧，如果他是一名数据经纪人，为什么你们不再用他了？

TDO：我很惊讶你作为一名商人，却忽视了“供应链”问题及其好处。

VT：我不知道这个团体是怎么组织的。

TDO：你认为让局外人来承担像修辞写作、元数据搜集和人工情报收集这类又复杂又费钱的工作是明智的决定吗？

VT：如何吸纳他们？我有点疑惑？

TDO：风险。

VT：当然，从匿名的角度来看，这是完全有意义的。

VT：但这又回到了我刚才的问题。如果讨论之前的数据经纪人，重要的是知道为什么他们被选中，为什么现在又不再让他们参与了。

TDO：我相信我们的经纪人外包了大部分工作，但我们很难准确了解每件事情。

VT：那么，你还在与 cr00k 一起工作吗？

TDO：我们目前正在尝试执行 CBA，但回答你关于 cr00k 的问题对我们而言没有任何好处。

TDO：Peace，你是怎么做到的呢？

TDO：这会让我们了解那些重大数据泄露事件的背景。

VT：看来你们真的很有本事。

TDO：感觉这句话像你妻子对学校运动队说的。

VT：我妻子不上学。

VT：噢。哈哈。开玩笑，伙计。我们要开始对付你了。我们认为她以前确实去过学校。

这段对话中真正有趣的部分，是我向 TDO 打听关于“Peace of Mind”问题的方式。他急切地将“Peace”归为有史以来最伟大的黑客之一，我一直想知道其中的原因。

本章将使用 DataViper 中记载的信息回答这个问题。

18.1　利用密码

安全行业内部都清楚，无论是日常终端用户、经验丰富的技术用户、威胁行为者，还是介于以上几类之间的任何人，都会重复使用密码。

作为一个被贴上“安全专家”标签的人（我用了引号，因为我觉得这个称号有吹嘘的成分），我建议每个人都使用密码管理器以避免密码重复使用。

密码碰撞（使用用户某个账号的密码，尝试在用户另外的账号上登录）是当前 Gnostic Players、MABNA（目前在 FBI 的通缉名单上）和其他威胁行为组织入侵用户 Office365 环境、亚马逊 S3 账户和私有代码库的方式。

这种方法非常简单：首先搜集证书列表；然后以公司管理员为目标进行凭证填充攻击，直到获得访问权限为止。整个过程可以自动化，且对于没有启用多因子身份验证的公司非常有效。

在重复使用密码这件事上，威胁行为者也不例外。事实上，他们可能更年轻、更缺乏经验，从而更有可能在自己的账户中重复使用密码，特别是在一些旧账户中。利用在数据泄露中发现的账户和密码信息，可以通过相似的密码来跟踪他们的其他账户。

说明

当然，总有可能某个密码是通用的（如“password123”），用它搜索只会得到无用的结果。但大多数情况并非总是如此，如果检测到通用密码，那就换一个账户试试。

1. 完善 F3ttywap 的追踪矩阵

2017 年，Nulled.io 论坛遭到黑客攻击，其 MySQL 数据库的完整转存被疯狂转发，现在可以在 RaidForums.com 等多个网站下载到。

转存数据库包含完整的用户信息，如用户名、电子邮件地址、密码哈希值、验证电子邮件地址等字段。

在该数据库中的电子邮件地址“kunt.x7@gmail.com”链接到用户 ID 525426。然而，“kunt.x7@gmail.com”不是他常用的电子邮件地址，而是备用地址。从转存数据中看到，他常用的电子邮件地址是“kunt.lsx@gmail.com”。

现在有一个新的电子邮件地址可以添加到信息矩阵了。第 17 章已讨论了密码重置信息，现在介绍密码查找方法。

说明

重要提示：下面的截图来自 Data Viper 工具，本章的后半部分将讨论它。现在把重点放在研究密码查找的流程和技术上，最后回到工具的使用上来。

在 Data Viper 的 Elasticsearch 数据库中对这个新的电子邮件地址进行简单搜索，得到了 21 个匹配结果，如图 18.1 所示。

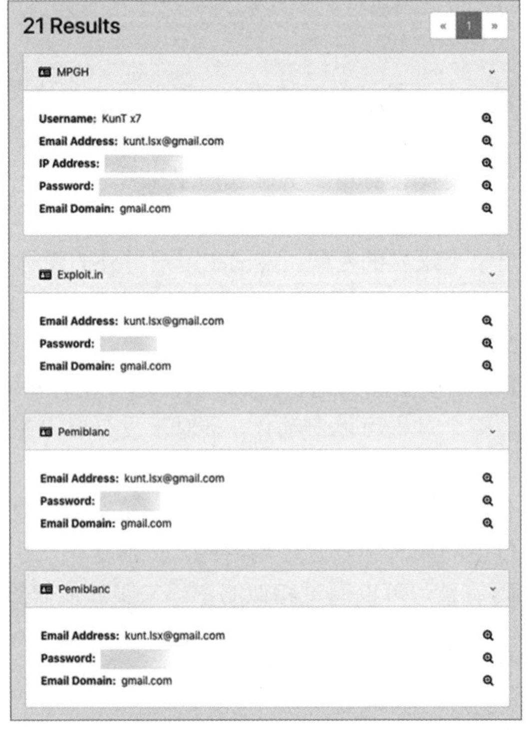

图 18.1 Data Viper 搜索 kunt.lsx@gmail.com 得到的结果

前 4 个结果提供了两个不同的密码和一个密码哈希值，密码信息的来源数据集名称（如 MPGH、Exploit.in 和 Pemiblanc）在每项结果的标题上显示。安全起见，我把密码进行了模糊化处理。假设其中一个密码是“2119801m”（实际上与原始密码非常相似）。

“2119801m”是一个相当独特的密码，这是用于寻找更深入线索的很好的例子。

搜索该密码产生了 91 个结果。我们不会列举全部的 91 条结果（因为很多是不相关的），只会突出重要的部分，讨论它们为什么如此关键。

图 18.2 所示为与密码相关的两个邮件地址（它们的域名不同）。

用户名“m4l1h4ck3r”以前没有出现过，但在搜索结果中重复出现了很多次，值得把它单列出来。

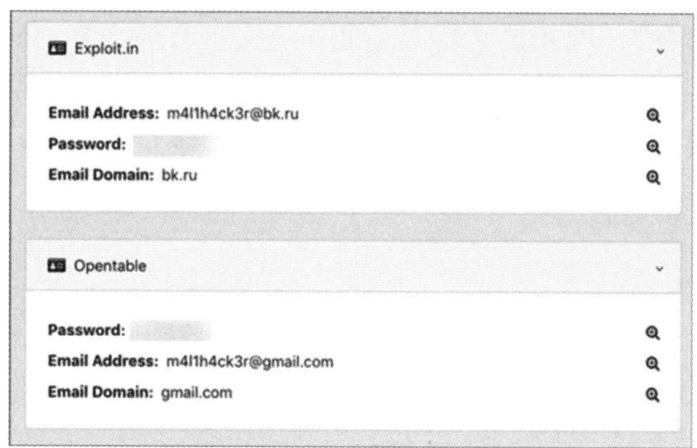

图 18.2　与密码“2119801m”相关的两个电子邮件地址

000WebHost.com 黑客论坛的某个账户也使用了该密码，如图 18.3 所示。

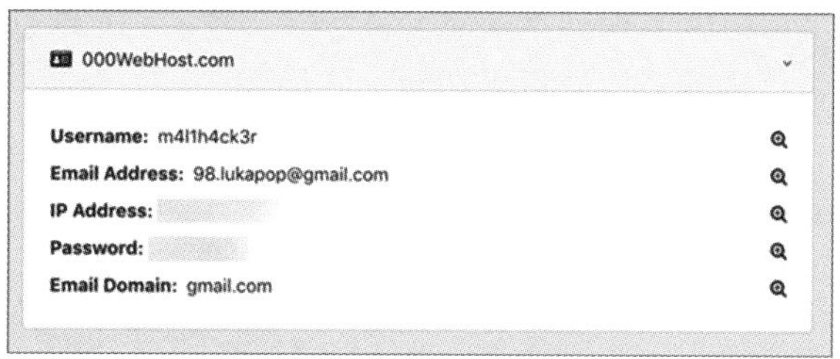

图 18.3　000WebHost.com 黑客论坛的某账户相关信息

这是一个巨大的发现。回想一下账户验证信息的采集方法，使用 Gmail 和 PayPal 密码重置提示将验证电子邮件拼凑在一起，代码如下：

```
98.*****op@gmail.com
```

现在，将其与密码相关联的电子邮件进行比较，其中的相似性会立即显现出来，代码如下：

```
98.*****op@gmail.com
98.lukapop@gmail.com
```

这个电子邮件账户的用户名是“m4l1h4ck3r”，该用户名下的其他账户都会和此电子邮件地址联系在一起。

看来我们的“朋友”在 000WebHost.com 上有很多账户。图 18.4 所示为密码相同的另一个账户，但其中的电子邮件地址和用户名不同。

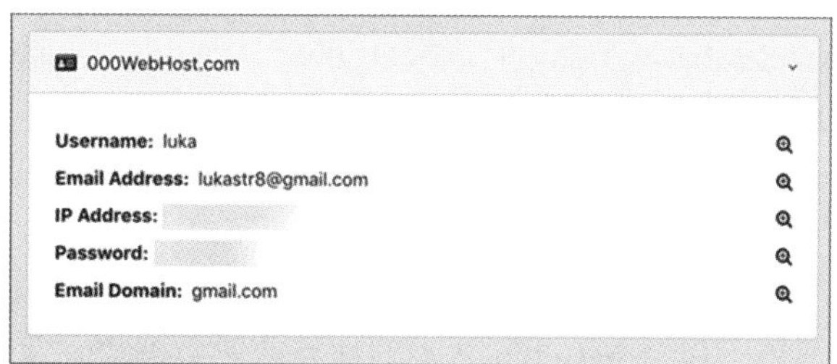

图 18.4　000WebHost.com 论坛上使用相同密码的另一个账户

虽然这有可能是两个不同的用户，但考虑到“Luka”在验证电子邮件地址中曾经出现过，再加上密码是相同的，因此，大概率是同一个人拥有两个账户。

如图 18.5 所示，在 000WebHost.com 论坛上还有一个账户也使用了相同的密码。这次可以看到他的全名，以及我们已经记录在案的电子邮件地址 kunt.lsx@gmail.com。

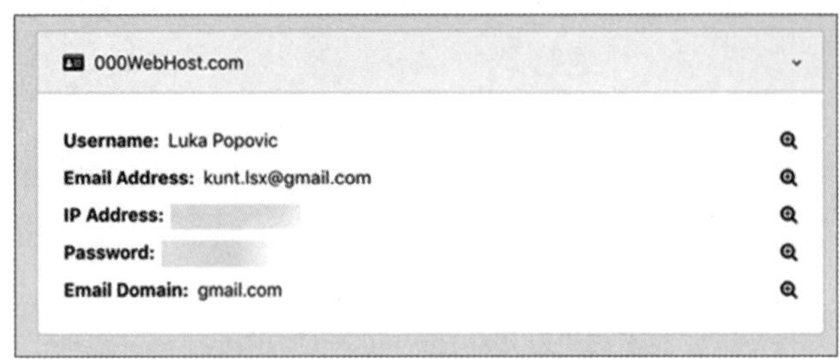

图 18.5 000WebHost.com 论坛上使用相同密码的又一账户

这种调查的要点是尽可能多地搜集信息。用目标的名字、IP 地址、电子邮件地址和密码来搜索更多的账户，这样就能摸清目标在网上的行踪。

2. 从重大错误中转向

虽然前面章节已经多次提到，但为了以防万一，我想再重申一次：据我所知，上面这个例子中的“F3ttywap”与 TDO 没有任何关系。

记住，有经验的威胁行为者将盗用其他人的用户名。况且“cr00k”（又名“Peace”）这个用户名并不少见。

这对我来说是一次很重要的教训，希望大家也能引起重视。仅仅找到了“F3ttywap”账户的所有者，并不意味他就是与 TDO 组织相关的那个“F3ttywap”。区别在于，这些账户都无法（以任何方式）与 Siph0n 暗网论坛上的“F3ttywap”联系起来（他和 Arnie 都在论坛上兜售 TDO 窃取的医疗数据）。

本章后续将有更多使用密码碰撞来识别目标的例子。首先介绍这些数据的搜集过程。

18.2 获取数据

泄露的数据集和密码转存数据库随处可见。可以在 RaidForums.com 等论坛上付费下载它们，也可以从 www.databases.today 上下载 Adobe、Dropbox、LinkedIn、Mate1 和 Ashley Madison 等主要网站的数千个数据转存。如果想搜集数据，就不能错过这些网站。

就私下里实际流传的数据而言，如果你已经得到了 databases.today 和 RaidForums.com 的所有信息，那么你可能已经获取了大概 50%的数据。

要开始搜集信息很容易，RaidForums.com 上到处都是提供包括数十亿用户名/密码组合凭证库的人。此外，还可以从 pastebin 之类的站点获取数据集。我倾向于远离任何类型的数据库和凭证库，下面解释原因。

说明

我花了近 18 个月才完成对 Data Viper 中的数据的管理。在我看来，它所包含的高质量数据比我在其他任何平台上看到的都要多。我知道这是一个有争议的说法，特别是当你从每家威胁情报公司听到的第一句话都是“我们比其他公司拥有更多/更高质量的数据”的时候。与他们不同，我并不是在推销会员资格，也很难证明我的说法是正确的，当然，我开发这个工具是为了实现非常具体的目标，我从来没有为了数量而牺牲质量。

最终它被证明是值得的。我对我所做的一切感到非常自豪，利用它我实现了我的目标——找到 TDO 成员。

1. 数据质量和数据集 1～5

2019 年年初，一个海量证书库泄露的消息引起了媒体的注意，它被称为“数据集 1”，包含了超过 10 亿条从各种数据源窃取和泄露中获取的用户名/密码组合。

换句话说，如果我们已经拥有这些数据库的信息，那么这个数据集是多余的。

特洛伊 • 亨特（Troy Hunt）是“Have I Been Pwned”网站的所有者，他写了一篇关于“数据集 1”中发现的数据，以及“数据集 2～5”中数据的长篇博客文章，对于后者他选择不去导入它们。

我和特洛伊同时开始处理这些数据。我自己对数据集 4 和 5 做了大量的分析，只是想看看是否有什么值得保留的信息。

每个数据集包含 10～20 个不同的文件夹，每个文件夹包含数百个随机编号的文件。我对数据进行清洗的过程如下：首先将每个文件夹中的文件合并、去重，得到 10～20 个非常大的唯一数据记录文件。

然后，将每个文件合并，每个数据集只留下一个主文件。

最后，使用 Linux 的重复数据删除和合并命令组合，从两个数据集生成的两个主文件，得到一个非常大的唯一数据记录文件。

以下是文件统计数据和分析结果。

数据集 4：

- 原始大小约 300GB。
- 近 40 亿条原始记录（数据集 1～5 中最大的数据集）。
- 删除并合并文件夹，产生了一个 60GB 的主文件，包括 18 亿个条目。
- 将新文件与原始数据进行比较，可以发现 55%的内容是重复的。

数据集 5：

- 原始大小约 220GB。
- 28 亿条原始记录。
- 经过分类和删除后，最终的文件大小为 45GB，包括 12 亿个条目。
- 比较结果，数据集 5 中 58%的数据是重复的。

合并数据集 4 和 5：

- 两个初始文件大小总计 105GB，包含 30 亿个条目。
- 合并和删除文件之后，最终的文件大小为 72GB，约 21 亿个条目。
- 对数据集进行梳理，又删除了 30%的重复条目。

2. 手动验证数据

乍一看，似乎是相当不错的结果。21 亿条唯一的用户名/密码组合对任何数据集都是一个很好的补充。

不幸的是，必须花时间对上述结果进行验证，而一旦开始验证，很快就会意识到这些数据是纯粹的垃圾。

下面从最终数据集文件中随机抽取几百个包含电子邮件地址和密码的条目：

```
"ddd-54000@hotmail.fr","54000"
"ddd-54000@hotmail.fr","cats654"
"ddd-54000@hotmail.fr","cats654"
"ddd-54000@hotmail.
fr","Cats654540"
"ddd-54000@hotmail.fr","ddd-54000"
"ddd-54000@hotmail.fr","ddd54000"
"ddd-54000@hotmail.fr","revoltec"
"ddd54000@hotmail.fr","revoltec"
"ddd-54000@mail.ru","Cats65454000"
"ddd-54000@rambler.ru",
"Cats654540"
"ddd-54000@yandex.ru",
"Cats65454000"
"ddd-54001@mail.ru","Cats65454000"
"ddd-54002@mail.ru","Cats65454000"
"ddd-54009@mail.ru","Cats65454000"
"ddd5400@mail.ru","qwerty"
"ddd5401@mail.ru","1ytrewq"
"ddd5401@mail.ru","ddd5403123"
"ddd5401@mail.ru","qwert"
"ddd5401@mail.ru","qwerty"
"ddd5401@mail.ru","Qwerty"
"ddd5401@mail.ru","qwerty10"
"ddd5401@mail.ru","qwerty1123"
"ddd5402@mail.ru","1ytrewq"
"ddd5402@mail.ru","ddd5403123"
"ddd5402@mail.ru","qwert"
"ddd5402@mail.ru","qwerty"
"ddd5402@mail.ru","Qwerty"
"ddd5402@mail.ru","qwerty10"
"ddd5402@mail.ru","qwerty1123"
"ddd5403@mail.ru","1ytrewq"
"ddd5403@mail.ru","ddd5403123"
"ddd5403@mail.ru","qwert"
"ddd5403@mail.ru","qwerty"
"ddd5403@mail.ru","Qwerty"
"ddd5403@mail.ru","qwerty10"
"ddd5403@mail.ru","qwerty1123"
"ddd540422@yahoo.com.tw","n888599"
"ddd5404@mail.ru","1ytrewq"
"ddd5404@mail.ru","ddd5403123"
"ddd5404@mail.ru","qwert"
"ddd5404@mail.ru","qwerty"
"ddd5404@mail.ru","qwerty10"
"ddd5404@mail.ru","qwerty1123"
"ddd5405@bk.ru","qwerty"
"ddd5405@inbox.ru","qwerty"
"ddd5405@list.ru","qwerty"
"ddd5405@mail.ru","1ytrewq"
"ddd5405@mail.ru","ddd5403123"
"ddd5405@mail.ru","qwert"
"ddd5405@mail.ru","qwerty"
"ddd5405@mail.ru","qwerty10"
"ddd5405@mail.ru","qwerty1123"
"ddd5406812129@yahoo.com",
"ddd54068"
"ddd5406@bk.ru","qwerty"
"ddd5406@hotmail.com","qwerty"
"ddd5406@inbox.ru","qwerty"
```

```
"ddd5406@list.ru","qwerty"
"ddd5406@mail.ru","qwerty"
"ddd5406@nm.ru","qwerty"
"ddd5406@pochta.ru","qwerty"
"ddd5406@qip.ru","qwerty"
"ddd5406@rambler.ru","qwerty"
"ddd5406@yandex.ru","qwerty"
"ddd5407906@163.com","d5407906"
"ddd5407@bk.ru","qwerty"
"ddd5407@inbox.ru","qwerty"
"ddd5407@list.ru","qwerty"
"ddd5407@mail.ru","qwerty"
"ddd54088@mail.ru","qwerty"
"ddd5408@bk.ru","qwerty"
"ddd5408@inbox.ru","qwerty"
"ddd5408@list.ru","qwerty"
"ddd5408@mail.ru","qwerty"
"ddd540900@gmail.com","1472580369"
"DDd540900@gmail.com","1472580369"
"ddd5409@mail.ru","qwerty"
"ddd5409@sbcglobal.net","96867340"
"ddd5410@sian.com.cn","19831014"
"ddd@54154.ru","drive330"
"ddd54@163.com","ninalove"
"ddd5417@mail.ru","qwerty"
"ddd541983@mail.ru","1645zzz"
"ddd541984@mail.ru","1645zzz"
"ddd541985@bk.ru","1645zzz"
"ddd541985@inbox.ru","1645zzz"
"ddd541985@list.ru","1645zzz"
"ddd541985@mail.ru","1645zzz"
"ddd541985@rambler.ru","1645zzz"
"ddd541985@yandex.ru","1645zzz"
"ddd541986@mail.ru","1645zzz"
"ddd541987@mail.ru","1645zzz"
"ddd541@mail.ru","45454546"
"ddd541@mail.ru","CFIEKZ1"
"ddd541@mail.ru","CFIEKZA"
"ddd542931@hotmail.com","mevemoza"
"ddd542@mail.ru","555555"
"ddd542@mail.ru","CFIEKZ1"
"ddd542@mail.ru","CFIEKZA"
"ddd5431@bk.ru","cfiekz"
"ddd5431@list.ru","cfiekz"
"ddd5431@mail.ru","cfiekz"
"ddd54321d@bk.ru","54321ddd"
"ddd54321d@inbox.ru","54321ddd"
"ddd54321d@list.ru","54321ddd"
"ddd54321d@mail.ru","54321ddd"
"ddd54321d@rambler.ru","54321ddd"
"ddd54321d@yandex.ru","54321ddd"
"ddd5432@autorambler.ru","cfiekz"
"ddd5432@bk.ru","cfiekz"
"ddd5432@inbox.ru","cfiekz"
"ddd5432@lenta.ru","cfiekz"
"ddd5432@list.ru","cfiekz"
"ddd5432@mail.ru","cfiekz"
"ddd5432@myrambler.ru","cfiekz"
"ddd5432@qip.ru","cfiekz"
"ddd5432@r0.ru","cfiekz"
"ddd5432@rambler.ru","cfiekz"
"ddd5432@ro.ru","cfiekz"
"ddd5432srftged@ddd.com",
"131531970"
"ddd5432@yandex.ru","cfiekz"
"ddd54333@qip.ru","555555"
"ddd5433@bk.ru","cfiekz"
"ddd5433@list.ru","cfiekz"
"ddd5433@mail.ru","cfiekz"
"ddd5433@qip.ru","555555"
"ddd543@aol.com","Thomas914"
"ddd543@mail.ru","555555"
"ddd543@mail.ru","cfiekz"
"ddd543@mail.ru","cfiekz@"
"ddd543@mail.ru","CFIEKZ1"
"ddd543@mail.ru","CFIEKZA"
"ddd543@qip.ru","555555"
"ddd543@rambler.ru","1q2w3e"
"ddd543@rambler.ru","555555"
"ddd543s@mail.ru","fdsa1210"
"ddd543s@yahoo.com","fdsa1210"
"ddd543s@yahoo.com","fdsa12101"
"ddd543s@yandex.ru","fdsa1210"
"ddd543s@ya.ru","fdsa1210"
```

"ddd543@yahoo.com","csh12345"
"ddd543@yandex.ru","555555"
"ddd54434@mail.ru","egor89227"
"ddd54435@mail.ru","egor89227"
"ddd54436@mail.ru","egor89227"
"ddd5445d4kcjkksd@
qq.com","82546004"
"ddd5445@mail.ru","fdffdfdf"
"ddd54484848484dd@56.com","198635"
"ddd544@aol.com","Thomas914"
"ddd544@mail.ru","555555"
"ddd544@mail.ru","CFIEKZ1"
"ddd544@mail.ru","CFIEKZA"
"ddd54511884@yandex.ru","qqqqqqq"
"ddd54542@yandex.ru","54545454m"
"ddd54544@mail.ru","54545"
"ddd545452@mail.ru","6541236e"
"ddd545453@mail.ru","6541236e"
"ddd545454@bk.ru","6541236e"
"ddd545454@inbox.ru","6541236e"
"ddd545454ksa@gmail.
com","6541236e"
"ddd545454@list.ru","6541236e"
"ddd545454@list.ru","ddd54545"
"ddd545454@mail.ru","6541236e"
"ddd545454@mail.ru","6545236e"
"ddd545454@qip.ru","6541236e"
"ddd545454@rambler.ru","6541236e"
"ddd545454sla@web.de","6541236e"
"ddd545454sla@yahoo.co.uk",
"6541236"
"ddd545454@yahoo.com","444film"
"ddd545454@yandex.ru","6541236e"
"ddd545454zlsl@yahoo.
com","6541236e"
"ddd545455@mail.ru","6541236e"
"ddd545456@mail.ru","6541236e"
"ddd54545@mail.ru","54545"
"ddd54545@mail.ru","6541236e"
"ddd54546@mail.ru","54545"
"ddd54546@mail.ru","ddd54546@
mail.r"
"ddd@54546.ru","drive330"
"ddd54547@mail.ru","54545"
"ddd54547@yahoo.com","sss54547"
"ddd54547@yahoo.com.tw","sss54547"
"ddd545488@163.com","1150718345"
"ddd5454@gmail.com","255555"
"ddd5454@hotmail.com","255555"
"ddd@5454.ru","drive330"
"ddd5454@YAHOO.COM","ddd789456"
"ddd54554545@juno.com",
"dddddgvlie6"
"ddd.54.55@hotmail.com",
"1234567894"
"ddd5456@mail.ru","111qqqaaa"
"ddd5457@aol.com","12696dd"
"ddd545@aol.com","Thomas914"
"ddd545@mail.ru","CFIEKZ1"
"ddd545@mail.ru","CFIEKZA"
"ddd545y999@qip.ru","3334444"
"ddd545y999@yandex.ru","33344"
"ddd545y999@yandex.ru","333444"
"ddd545y999@yandex.ru","3334444"
"ddd545y999@yandex.ru","33344441"
"ddd545y999@yandex.ru","3334444Q"
"ddd545y999@yandex.ru","545999"
"ddd545@yandex.ru","1234567"
"ddd545@yandex.ru","291979"
"ddd54608@mail.ru","19a89a"
"ddd54615461","54615461"
"ddd54615461@bigmir.
net","54615461"
"ddd54615461@bk.ru","54615461"
"ddd54615461@email.ua","54615461"
"ddd54615461@freemail.
ru","54615461"
"ddd54615461@gmail.com","54615461"
"ddd54615461@gs.uz","54615461"
"ddd54615461@hotmail.com",
"54615461"
"ddd54615461@hotmail.ru",
"54615461"
"ddd54615461@inbox.ru","54615461"

```
"ddd54615461@i.ua","54615461"
"ddd54615461@list.ru","54615461"
"ddd54615461@mail.com","54615461"
"ddd54615461@mail.ru","54615461"
"ddd54615461@narod.ru","54615461"
"ddd54615461@qip.ru","54615461"
"ddd54615461@rambler.
ru","54615461"
"ddd54615461@tut.by","54615461"
"ddd54615461@ukr.net","54615461"
"ddd54615461@yandex.by","54615461"
"ddd54615461@yandex.
com","54615461"
"ddd54615461@yandex.kz","54615461"
"ddd54615461@yandex.ru","54615461"
"ddd54615461@yandex.ua","54615461"
"ddd54615461@yandex.uz","54615461"
"ddd54615461@ya.ru","54615461"
"ddd54615461@ya.ua","54615461"
"ddd5461546@gmail.com","54615461"
"ddd5468@yandex.ru","23011985"
"ddd_5470ddd@yahoo.
co.jp","19880428"
"ddd_5470ddd@yahoo.
co.jp","87160044"
"ddd-5476@qq.com","325221"
"ddd5478d@hotmail.com","ddd8478d"
"ddd5478@mail.ru","1234567890"
"ddd5479@yandex.ru","1322455"
"ddd5479@yandex.ru","k1322455"
"ddd547@bk.ru","mama8962"
"ddd5551970@list.ru","gjkrjdjltw"
"ddd5551970@mail.ru","5551970"
"ddd5551970@mail.ru","ddd5551970"
"ddd5551970@mail.ru","gjkrjdjltw"
"ddd5551970@qip.ru","gjkrjdjltw"
"ddd5551970@rambler.ru",
"gjkrjdjltw"
"ddd5551970@yahoo.com",
"gjkrjdjltw"
"ddd5551970@yandex.ru",
"gjkrjdjltw"
"ddd5551971@mail.ru","5551970"
"ddd5551971@mail.ru","ddd5551970"
"ddd5551971@mail.ru","ddd5551971"
"ddd5551979@mail.ru","5551970"
"ddd5551979@mail.ru","ddd5551970"
"ddd5551979@mail.ru","ddd5551979"
"ddd5552008@yandex.ru",
"t30u87189a"
"ddd.5552010@yandex.ru","zyrjdf"
"ddd.5552010@yandex.ru","Zyrjdf"
"ddd.5552019@yandex.ru","zyrjdf"
"ddd555222554@mail.ru",
"321123321d"
"ddd555222555@mail.ru",
"321123321d"
"ddd555222556@mail.ru",
"321123321d"
"ddd555222@mail.ru","28111988"
"ddd5552@hotmail.com","947600"
"ddd.5552@mail.ru","11aa11"
"ddd55533443@mail.ru",
"ddd555444333"
"ddd55533444@mail.ru",
"ddd555444333"
"ddd55533445@mail.ru",
"ddd555444333"
"ddd55533@aol.com","8cwxkq43"
"DDD55533@AOL.COM","cairo"
"DDD55533@AOL.COM","dav2DAVID"
"ddd55533@aol.com","david"
"ddd55533@aol.com","DAVID"
"ddd.5553@mail.ru","11aa11"
"ddd.5553@mail.ru","159753waTsOn"
"ddd5553@mail.ru","ddd777"
"ddd5553@tianya.cn","331769638"
"ddd55544@mail.ru","inafngjn"
"ddd55545@hotmail.com","035611295"
"ddd55545@mail.ru","inafngjn"
"ddd55546@mail.ru","inafngjn"
"ddd55547@hotmail.
com","0876585486"
"ddd.5554@bk.ru","11aa11"
```

```
"ddd.5554@gmail.com","11aa11"
"ddd-55.54@gmx.de","qazxcv"
"ddd.5554@inbox.ru","11aa11"
"ddd.5554@list.ru","11aa11"
"ddd.5554@mail.ru","11aa11"
"ddd.5554@mail.ru","159753waTsOn"
"ddd5554@mail.ru","89222555920"
"ddd-55.54@mail.ru","ddd-55.54"
"ddd-55.54@mail.ru","ddd5555"
"ddd5554@mail.ru","ddd777"
"ddd-55.54@mail.ru","qazxcv"
"ddd-55.54@mail.ua","qazxcv"
"ddd.5554@pochta.ru","11aa11"
"ddd.5554@qip.ru","11aa11"
"ddd.5554@rambler.ru","11aa11"
"ddd.5554@rambler.ru","11aa111"
"ddd.5554@rambler.ru","11aa11123"
"ddd.5554@rambler.ru","11aa11a"
"ddd.5554@rambler.ru","11aa11qwe"
"ddd.5554@rambler.ru","Ddd.5554"
"ddd5554@rambler.ru","ddd777"
"ddd-55.54@web.de","qazxcv"
"ddd.5554@yandex.ru","11aa11"
"ddd.5554@yandex.ru","1212aa1212"
"ddd55551@inbox.ru","cfifcfif"
"ddd55551@mail.ru","121212"
"ddd55551@mail.ru","388211"
"ddd55552@inbox.ru","cfifcfif"
"ddd55552@mail.ru","5234ww"
"ddd55553@inbox.ru","cfifcfif"
"ddd55554@bk.ru","04111997az"
"ddd55554@inbox.ru","cfifcfif"
"ddd55554@mail.ru","cfifcfif"
"ddd55554@rambler.ru","27101993m"
"ddd555550@mail.ru","171000ddd"
"ddd555551@mail.ru","171000ddd"
"ddd55555@21co.com","000000"
"ddd555552@mail.ru","171000ddd"
"ddd5555553@inbox.ru","poiv4u9a"
"ddd5555554@inbox.ru","poiv4u9a"
"DDD555555555555@bk.ru","44444444"
"DDD555555555555@inbox.ru",
"4444444"
"DDD555555555555@list.ru",
"44444444"
"ddd5555555555@meta.ua","225517"
"ddd555555555@mail.ru","mamam12"
"ddd5555555@bk.ru","bekl2001"
"ddd5555555@hotmail.com",
"ryremalu"
"ddd5555555@inbox.ru","bekl2001"
"ddd5555555@inbox.ru","poiv4u9a"
"ddd5555555@list.ru","bekl2001"
"ddd5555556@inbox.ru","poiv4u9a"
"ddd5555557@inbox.ru","poiv4u9a"
"ddd555555d@sina.com","nijido"
"ddd555555@gmail.com","102030"
"ddd555555@hotmail.com",
"metiancai"
"ddd.555-555@hotmail.co.th",
"123456"
"ddd555557@mail.ru","06020602"
"ddd555557@rambler.ru","06020602"
"ddd55555@bk.ru","04111997az"
"ddd55555ddd@mail.ru","5555555"
"ddd55555ddd@mail.ru","55555555"
"ddd55555ddd@yandex.ru","5555555"
"ddd55555ddd@yandex.ru","55555555"
"ddd55555d@hotmail.com","larson07"
"ddd55555d@rambler.ru","larson07"
"ddd55555@ibox.ru","cfifcfif"
"ddd55555@inbox.ru","cfifcfif"
"ddd55555@inbox.ru","ddd55555"
"ddd55555@inbox.ru",
"ddd55555inboxrucfifcfif"
"ddd55555@inbox.ru","fifcfifc"
"ddd55555@mail.ru","55555"
"ddd55555@mail.ru","cfifcfif"
"ddd55555@meta.ua","225517"
"ddd55555@rambler.ru","ddd77777"
"ddd55555@yahoo.co.jp","ddd66666"
"ddd55555@yandex.
ru","qwerty123456"
"ddd5555666333@163.com","211385"
"ddd55556@bk.ru","04111997az"
"ddd55556@inbox.ru","cfifcfif"
"ddd55556@mail.ru","55555"
```

```
"ddd55556@mail.ru","cfifcfif"
"ddd55557@inbox.ru","cfifcfif"
"ddd55558@inbox.ru","cfifcfif"
"ddd55559@inbox.ru","cfifcfif"
"ddd-55.55@aliceadsl.fr","qazxcv"
"ddd-55.55@bk.ru","qazxcv"
"DDD5555DDD@bk.ru","EHtsvKWv"
"DDD5555DDD@inbox.ru","EHtsvKWv"
"DDD5555DDD@list.ru","EHtsvKWv"
```

这些数据显然是捏造的，因为邮件地址和密码几乎都一样。它更像一个密码猜测列表，而不是真实数据。

这些数据几乎没有任何用处，这也是我从来不会花时间搜集和处理数据集的原因。

专家技巧：Troy Hunt

我经常看到针对 Spotify 的凭证填塞攻击。经常听到有人说："嘿，我从临时粘贴网站 pastebin 上获得了一些信息，看起来 Spotify 的数据泄露了。"他们在看了文件后意识到，"哇，这些数据是格式化的，就和'数据泄露'一模一样，有用户名和明文密码，还有会员类型，如家庭会员、高级会员等。"

我在对其中的一些数据进行验证时，经常发现用户的密码重复使用。我不知道我会不会用"垃圾"来描述这些密码，因为它们本质上也是合法的口令。许多安全攻击被认为是数据泄露造成的，但究其根源只是因为密码被重复使用了。人们说："嘿，Spotify 泄露了我们的数据。"不，其实没有。

还有很多人试图伪造 Twitter 的泄露数据，他们会说："嘿，这是来自 Twitter 的 3000 万个账户数据。"这通常都是胡扯的，我曾经联系过 Twitter 的首席信息官来确认其中一些数据，它们不过是某次凭证填塞攻击使用的凭证库的一部分，密码被一遍又一遍地重复使用。

3. 哪里可以找到高质量的数据

大家可能会提出疑问：从哪里获得高质量的数据呢？然而，这不是一个快速或容易的过程。

可以在类似 RaidForums.com 或 databases.today.com 网站上找到一些基本的公共数据集。除此之外，可能还需要从暗网获取数据。

我虚构了很多情节，其中包括创建假角色、与威胁行为者互动等，我投入了数千个小时将自己融入这种隐匿的场景中，相当于我的生活被按下了暂停键。

这么做并不适合所有人，但对于那些将网络安全调查作为全职工作或那些有特定动机的人（就像研究 TDO 那样），会很快明白收集数据不是一蹴而就的。

18.3 Data Viper

Data Viper（www.dataviper.io）是我开发的一个工具，目的是帮助识别 TDO 的成员。我所尝试的所有威胁情报工具都缺乏必要的数据，这些数据甚至在那些拒绝向我提供帮助的公司里也没有。幸运的是，有朋友愿意帮忙搜索他们的数据集。很快我发现，一些公司之所以如此保护他们的数据，是因为他们根本没有什么有用的数据。

我决定自己搜集数据，Data Viper 就此诞生。该工具的图形用户界面（GUI）基于 ReactJS 和 PHP，数据库存储使用了 Elasticsearch 后端。这个工具的概念并不复杂，所以，我说任何人都可以构建它。事实上，连构建自己的前端 GUI 也不需要，可以使用 Kibana，它已经是 Elasticsearch 项目的一部分了。如果感兴趣，可以在 https://www.elastic.co/products/Kibana 网站上阅读更多关于 Kibana 的信息。

本书已多次讨论过 Data Viper，在本章开头也介绍了如何使用该工具的一个例子，即通过搜索数据泄露中的常见密码来识别威胁行为者的身份。实际上，任何工具都可以实现这个目标。从技术上讲，甚至不需要工具，只需具备搜索数据的能力，同时访问正确的数据就行（这就是 Kibana 的作用）。

本章末尾将介绍一些现成的解决方案。如果不想构建自己的解决方案，可以使用它们。下面探讨如何使用数据来形成一个可靠的结论。

1. 论坛：缺失的链接

搜索密码实际上只是 Data Viper 功能的一部分。在调查刚刚开始时，搜索密码可能用处不大，因为目前可能没有关于目标的足够信息，不知道哪些账户或电子邮件地址与威胁行为者相关，难以开展搜索。

第一次构建 DataViper 时我就意识到了这一点，这也是为什么我还花时间创建了一个复杂的网络爬虫工具，用于抓取我能找到的所有黑客论坛和站点。这个爬虫除了能够获取密码，还包括跨论坛用户、帖子和剪贴板站点的特定关键词搜索功能。

在撰写本章时，我拥有超过 110 亿条记录（不是简单地粘贴收集来的），以及上亿条的论坛帖子。

图 18.6 所示为 Data Viper 的主界面。

界面很简单。我购买了一个预先构建好主题的网站前端，这样就可以在无须编码的情况下插入组件。图 18.6 所示的字段是我通常用于查找的基本搜索元素。

2. 找出真正的“cr00k”

找出“cr00k”是我在 TDO 黑客组织调查期间的第一个重大突破。利用谷歌搜索查找“cr00k”，反馈结果显示该用户在各种开放黑客论坛上存在大量活动。

看起来追踪这个用户的行踪应该很容易，因为他在互联网上留下了大量线索。每次我与研究人员或情报公司谈论这个用户时，他们都立即表明“cr00k”就是“Zain M”，一个来自加拿大萨斯喀彻温省的小职员。

事实证明他们是对的。“cr00k”是一个来自加拿大的小职员，所有的证据都表明“Zain”就是“cr00k”。

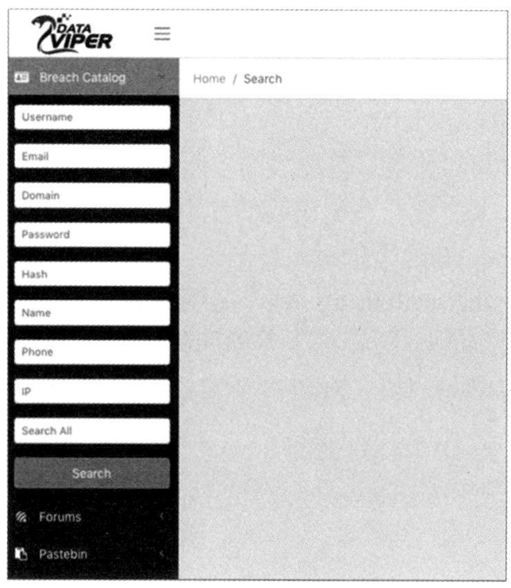

18.6　Data Viper 的主界面

然而，“cr00k”与 TDO 黑客组织没有任何关系，这也是我们花了几个月的时间才弄清楚的。

在很长一段时间里，我和其他人一样确信，在开放论坛上公开谈论信用卡交易的“cr00k”一定是与 TDO 黑客组织有关联的那个“cr00k”。

现在，只有一个问题仍然困扰着我。就像莫斐斯在《黑客帝国》（第一部）中那句经典台词一样，“它就像你脑子里的碎片，把你逼疯了”。

图 18.7 所示为“cr00k”在一个俄罗斯黑客论坛上发布的原始信息的截图。

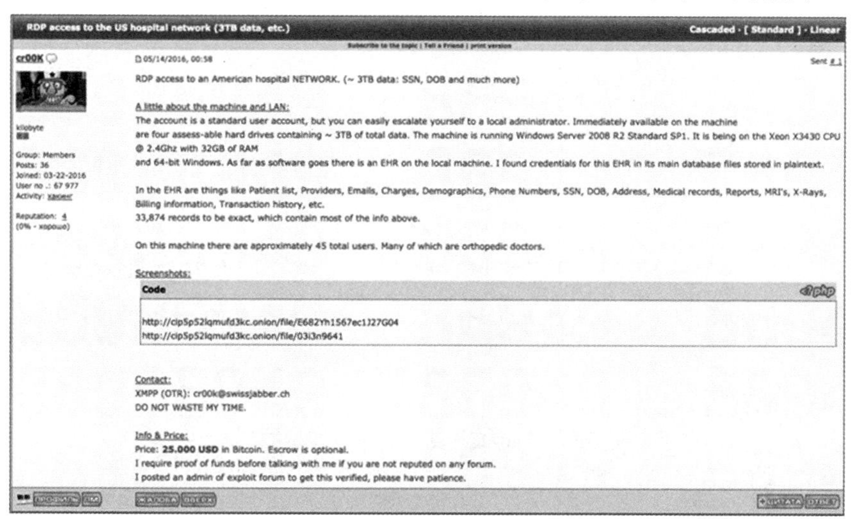

图 18.7　“cr00k”在俄罗斯黑客论坛上发布的原始信息的截图

这个截图中需要注意的是联系地址：cr00k@swissjabber.ch。

问题的症结就是这个邮箱地址。目前，所有密码、电子邮件地址及在线资源都指向“Zain”就是“cr00k”这个结论。然而，没有任何信息能把“Zain”和 XMPP（一个即时通信软件）地址 cr00k@swissjabber.ch 联系起来。

现在到 Data Viper 大展身手的时候了。

1）跟踪 cr00k 的论坛轨迹

我花费了一些时间访问和抓取尽可能多的暗网和公开论坛上的数据，基本上可以追踪到“cr00k”的全部轨迹。大多数公开论坛匹配都是无效的，因为最终指向了“Zain”。然而，基于 cr00k@swissjabber.ch 这个电子邮件地址，我们可以很容易地将 Exploit 论坛的用户“cr00k”与喜欢浏览 KickAss 和 0Day（两个暗网黑客论坛）的同一“cr00k”进行匹配。图 18.8 所示为“cr00k”在 KickAss 论坛上发帖的截图。

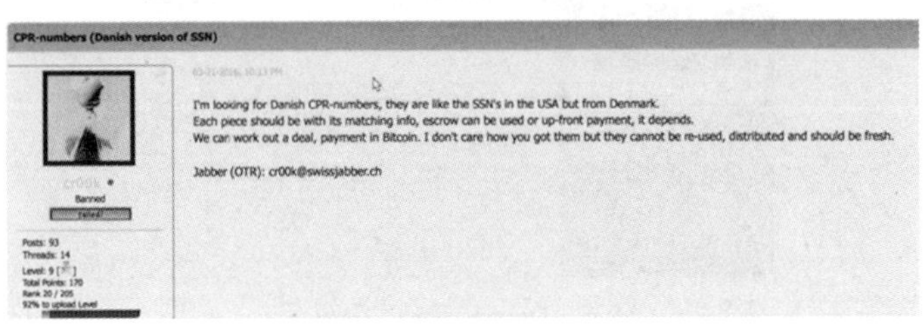

图 18.8 “cr00k”在 KickAss 论坛上的发帖

由于 Jabber ID 是相同的，所以，可以有把握地得出结论，即他们是同一个人。利用 Data Viper，可以列出该用户在 KickAss 和其他论坛上发布的所有帖子列表，如图 18.9 所示。

author	forum	message
cr00k	KickAss	DB which I was selling Mother went to the press...
cr00k	KickAss	If they are high quality then they can be used for online PoS systems like Stripe if you disable CVV number authorization/checking. Good luck with sales!
cr00k	KickAss	Prevent leaks by: - background checks, as you see the idiot who used the same PGP keys. This incident could of been easily prevented if you think about it right now. - allow people only if they either a) offer a service and will be active on the board (e.g. discussion)
cr00k	KickAss	1. EK with loads of traffic 2. Mavertising 3. E-mail spam with Word/PDF exploit.
cr00k	KickAss	DK is dead, as in not coming back.
cr00k	KickAss	Why would you ever use a source code from an AV from 8 years ago? Anti-virus companies are maybe updating their methods, techniques and databases everyday. If you want to effectively test your malware/exploits against AV's you should set-up a VM with the AV in particular (Kaspersky) on hardest mode.
cr00k	KickAss	Bitcoin mining is dead, better do ransomware with low price to decryption. 50 USD.

图 18.9 “cr00k”在各大论坛发帖的列表

2）按时间线分析

通过数据排序方式查看“cr00k”在相关论坛上的所有帖子，可以将事件按发生时间链接起来（为了更易理解，这里采用屏幕截图而不是 Data Viper 的小截图来显示帖子）。

如图 18.10 所示，2016 年 3 月 29 日，用户“cr00k”在 KickAss 论坛上发布了一个帖子，出售一些被黑的数据库（联系方式是 cr00k@swissjabber.ch）。

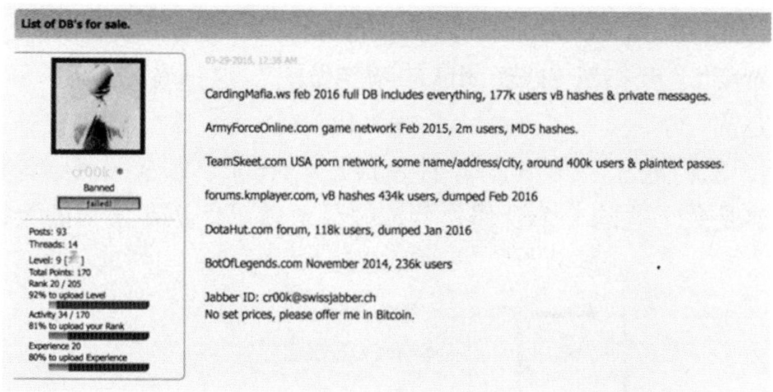

图 18.10　“cr00k”在 KickAss 论坛上的发帖

其中一个数据库包含美国色情网站的用户名和密码。

不久之后，用户“NeoBoss”在 Dream Market（曾经的一个暗网交易市场）上发布了同样的内容，如图 18.11 所示。

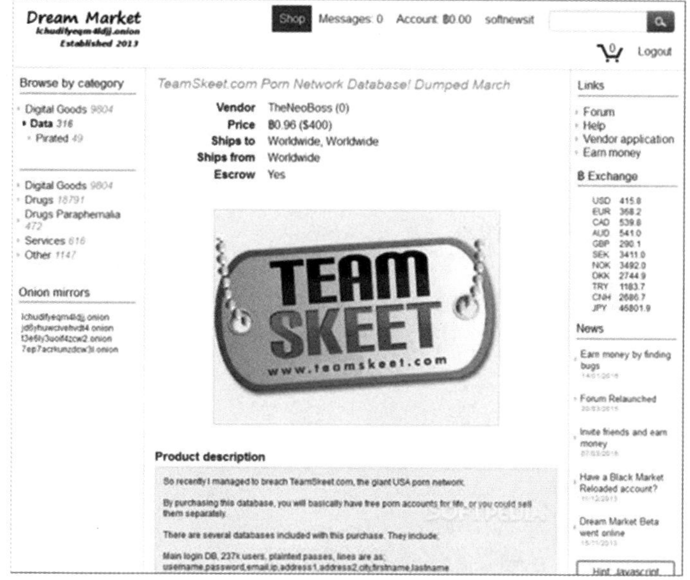

图 18.11　“NeoBoss”在 Dream Market 暗网交易市场上的发帖

帖子写道，“最近我成功入侵了美国色情网站。只要购买这个数据库，就可以终身拥有免费的账号。账号也可以单独出售。”

2016 年 3 月 31 日，Vice.com 上的一篇文章描述了黑客入侵色情网站并在网上出售数据的情况，如图 18.12 所示。

Hacker Breaches Porn Network, Advertises User Data on Dark Web

The hacker, selling data under the handle TheNeoBoss, has gained control of the porn site Team Skeet, and claims to have data on over 230,000 customers.

图 18.12　Vice.com 网站上发布的一篇文章

这篇文章直接引用了“NeoBoss”帖子中的内容，即数据卖方明确表示自己对这次黑客攻击负责，并希望“公开指责 Skeet 团队的糟糕做法”。这样看来，基本可以认为“cr00k”和“NeoBoss”是同一个人。

但也有自相矛盾的情况。2016 年 4 月 3 日，“cr00k”在 KickAss 论坛上发布了一条沮丧的消息，内容是关于他的一个合作伙伴向媒体透露了他正在出售的数据库，如图 18.13 所示。

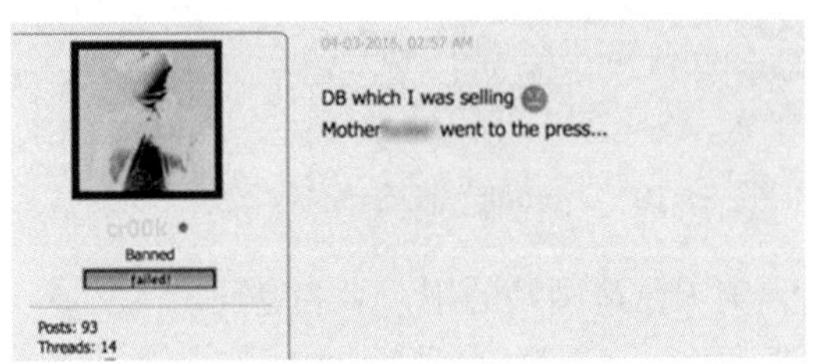

图 18.13　“cr00k”在 KickAss 论坛上的发帖

基于之前的帖子内容，可以推断他在出售 TeamSkeet.com 账户。结合当时的情况，又可以认为“NeoBoss”不是他本人，而是他的合作伙伴，也是向媒体发布信息的人。

到了 2016 年 6 月 26 日，“cr00k”在 Exploit 和 Siph0n 论坛针对用户“w0rm”发布了一份分析报告（ripper report），如图 18.14 所示。

在报告中他列举了关于“w0rm”的详细信息（“w0rm”是一个来自俄罗斯的非常有名的骗子）。

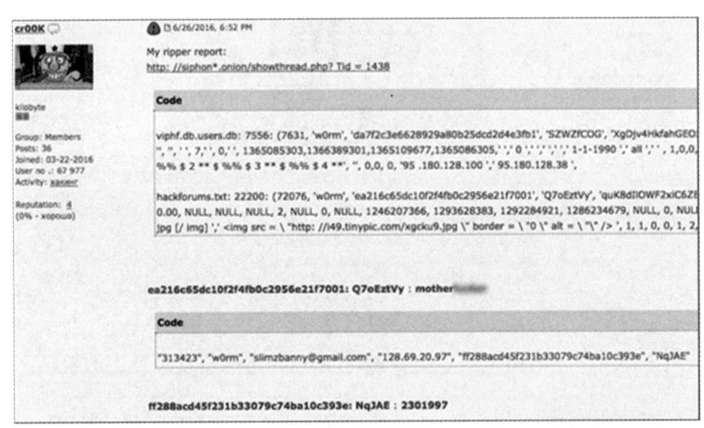

图 18.14　“cr00k”在论坛上发布的关于“w0rm”的分析报告

注意，哈希信息后面也出现了“mother*****”等字眼。“cr00k”似乎花了几个月时间才发现“w0rm”和“NeoBoss”是同一个人。

说明

值得注意的是，分析报告给出的 URL 链接与用户“F3ttywap”在 Siph0n 论坛上发布的是同一份报告。鉴于“cr00k”和“F3ttywap”在两个论坛上也发布过其他几个相同的 TDO 帖子，就足以断定这两个威胁行为者是同一个人。

快进到 2016 年 10 月，Vice.com 的 Motherboard 板块中有文章指出，用户“Peace”（又名“Peace of Mind”）声称对攻击和转存“w0rm”自己的黑客论坛 w0rm.ws 负责，如图 18.15 所示。

MOTHERBOARD TECH BY VICE　By Joseph Cox　Oct 2 2016, 12:00pm

Hacker Linked to Myspace, LinkedIn Dumps Hacks Competitor

Peace, who made his name selling databases of Silicon Valley companies, has dumped apparent data of a rival's black market site.

图 18.15　Motherboard 上发布的一篇文章

3）顿悟时刻

所有的事件看似都毫不相关，幸运的是，“Peace”对“w0rm”十分愤怒，“w0rm”不仅入侵了他的数据库，还向全世界公开发布了。

Data Viper 还包括我编写的一些脚本，这些脚本会从转存数据库中自动提取用户列表，并将每条列表数据作为用户账户导入我的测试论坛，同时也会导入私人消息、帖子和评论列表。

但在这种情况下，仅仅导入数据是不够的。我的习惯是在拆分和导入数据之前搜索整个数据集，特别是在获取新数据时手动搜索感兴趣的用户名，这完全是出于网络安全的职业敏感。在刚才的示例中，我习惯性地在“w0rm”的数据集中手动搜索“cr00k”，从而发现了一条关键线索（我相信很多人都忽略了这条线索）。

图 18.16 所示为 w0rm.ws 数据库“公告”数据表中的一条记录。

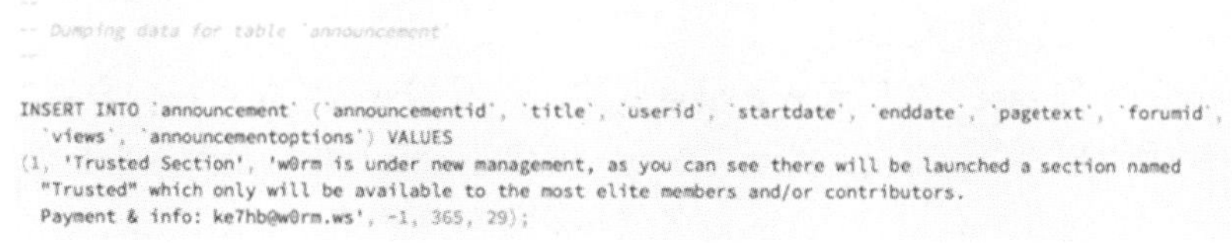

```
--
-- Dumping data for table `announcement`
--

INSERT INTO `announcement` (`announcementid`, `title`, `userid`, `startdate`, `enddate`, `pagetext`, `forumid`,
  `views`, `announcementoptions`) VALUES
(1, 'Trusted Section', 'w0rm is under new management, as you can see there will be launched a section named
  "Trusted" which only will be available to the most elite members and/or contributors.
  Payment & info: ke7hb@w0rm.ws', -1, 365, 29);
```

图 18.16　w0rm.ws 数据库“公告”数据表的一条记录

该公告（不是论坛帖子，也不是私人信息）称，“w0rm 有了新的领导……付款或有疑问请联系：ke7hb@w0rm.ws”。

由数据得知“ke7hb”已经是 w0rm 论坛的版主了。

对该用户名进行搜索，发现“ke7hb”是“w0rm”的另一个用户名，因此，他似乎在将论坛的所有权转移给自己（只是用了一个不同的账户）。

然而，数据库变更日志显示了一个完全不同的结果，如图 18.17 所示。

查看“userChangelog”（用户变更日志）表，可以看到“ke7hb”账户被重命名为“w0rm”，电子邮件地址从 ke7hb@iranmail.com 更改为 cr00k@swissjabber.ch。

如图 18.15 所示，“Peace”一直都喜欢媒体的关注，于是在入侵了 w0rm 后得意洋洋地宣布这一事实。如果他没有去媒体上说这些，对我们而言，调查将进入另一个“死胡同”。

不过他既然这么做了，就可以将“cr00k”与“Peace”联系起来。

```
--
-- Dumping data for table `userchangelog`
--

INSERT INTO `userchangelog` (`changeid`, `userid`, `fieldname`, `newvalue`,
  `oldvalue`, `adminid`, `change_time`) VALUES
(61, 387, 'username', 'ke7hb', 'cr00K', 100, 1463697364),
(62, 387, 'email', 'ke7hb@iranmail.com', 'cr00k@swissjabber.ch', 100, 1463697364),
```

图 18.17　w0rm.ws 数据库的变更日志

4）虚荣心总是会战胜安全操作

正如在前面章节讨论“Cyper”时所描述的那样，“虚荣心总是会战胜安全操作”。永远不要低估威胁行为者为了名声而粗心大意的情况。

“cr00k”完成入侵后，在 KickAss 上发表了关于 w0rm 论坛新管理人员的帖子，如图 18.18 所示。

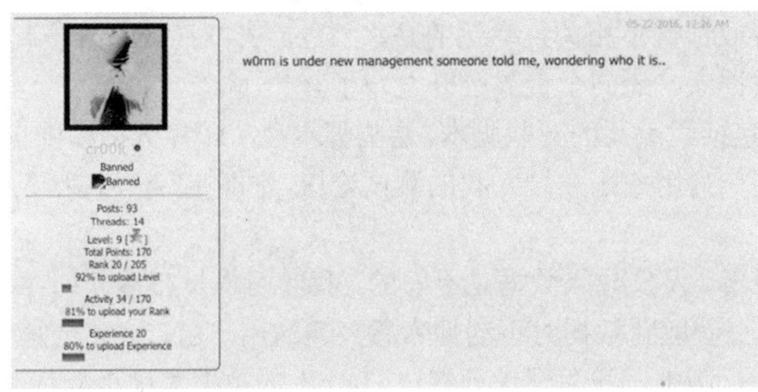

图 18.18　“cr00k”在 KickAss 上讨论 w0rm 论坛的帖子

显而易见，他在自吹自擂。

5）为什么这种关联是重要的

把“cr00k”到“Peace”关联起来是很重要的，因为“Peace”又可以关联到“Ping”——之前 Hell 论坛的所有者和管理员。关于“Ping”和 Hell 论坛身份的公开信息相当多，但大部分是错误信息。关键是，现在 TDO 的一名成员和已经不存在的 Hell 论坛所有者“Ping”存在关联，这意味着他很有可能还和一些老同伙打交道。

这使我的搜索重点从研究 TDO 相关事件转移到挖掘尽可能多的关于 Hell 论坛及其成员的信息上来。

事实证明我是对的。原来，“Ping”和他的朋友“Revolt”不仅在网上频繁互动，在现实生活中也认识对方（他们相差 1 岁，住址相距约 5 英里）。

说明

我评论大多数已公开的关于“Ping”的信息为“不正确”，Hell 论坛的几个成员做了一个非常聪明的举动，他们试图把“Ping”关联到其他人，从而在内部制造混乱，最终嫁祸给了迪米特里 · 巴布（Dimitri Barbu）。这一举动引发了连锁反应，导致这个人被捕，几份威胁情报报告陆续公布，“证实”了“Ping”是迪米特里。

值得一提的是，约瑟夫·考克斯（Joseph Cox）在 Motherboard 上发表了一篇文章，他揭露了这个故事背后的真相：被捕后，迪米特里说出了“Ping”的真实身份。不幸的是，由于他当时只有 15 岁，所以，那些记录被封存了，“Ping”的名字从未被公开。

坦率地说，这些孩子们上演了一场闹剧。但同时这个事例也展示了一篇博客文章在操纵调查人员和新闻媒体的看法方面是多么强大、令人惊讶。

直到今天，TDO 的战术依然没有改变。TDO 定期与记者交谈，他们的大部分消息都直接由博主“Dissent”在 www.databreaches.net 上设立的博客发出。在与“Dissent”的直接对话中，她告诉我，她总是通过博客传达 TDO 提供给她的信息，目前已经与 TDO 交流了 1000 多个小时。

需要明确的是，我们不应该总是相信所看到的东西，特别是当信息直接来自正在调查的目标时。

3. 小起点：Data Viper 1.0

当我的调查生涯刚开始时，我通过手动方式保存各种论坛上获得的所有内容（使用“Save As”保存每个重要页面），得到了一堆在使用时需要引用的 HTML 文件。再加上我还搜集了不少数据集，很快我经历了手动“grep”搜索的噩梦。

我开始研究不同的解决方案，在构建像 Data Viper 这样完整的 ElasticSearch 数据库之前，我偶然发现了 DEVON，它是一款非常好用的搜索工具，可以在 www.devontechnologies.com 上下载。

DEVON 是一个数据搜集和索引工具。把数据拖进去，按文件夹保存，它就成了调查者非常棒的搜索工具。

DEVON 数据库可以保存我能搜集到的所有数据。图 18.19 所示为在 KA（KickAss 论坛）文件夹中运行“cr00k”的搜索结果。

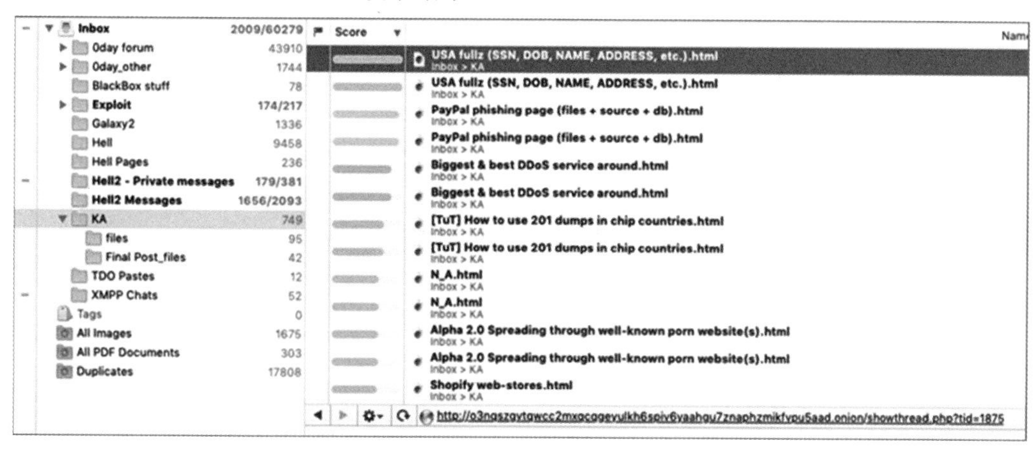

图 18.19　在 KA 文件夹中搜索“cr00k”得到的结果

与构建自己的应用程序相比，DEVON 的授权/使用成本并不高。如果需要一种方便记录搜索结果的方法，DEVON 无疑是一个非常好的选择。然而，这个工具只适用于 Mac 操作系统。如果是Windows或Linux用户，可以选择其他工具，如dtSearch（www.dtsearch.com）就有许多人使用，docfetcher（docfetcher.sourceforge.net）也是一个不错的选择。调查者需要评估一下哪种工具更适合自己。

18.4 小结

本章讨论了如何使用被黑的数据库和密码列表来找到目标的新信息。我们通过"F3ttywap"账号的实例来丰富之前章节中构建的威胁行为者追踪矩阵。由于密码重用在所有人（甚至是威胁行为者）中都很常见，因此，应该通过查找使用类似密码的其他账户来发现新的线索。

本章还深入探讨了Data Viper（www.dataviper.io），以及如何利用公开网络和暗网论坛的信息来跟踪威胁行为者的动向，并在适当的条件下最终确定他们的真实身份。Data Viper是一个自主开发的应用程序，除此之外，本章还讨论了如何使用免费的工具和数据集构建自己的应用程序。

第19章 与威胁行为者互动

本章详细说明了为什么和正在调查的威胁行为者互动是有价值的，他们在不知不觉中泄露的信息，足以让人感到惊讶。

19.1 让他们从“阴影”中现身

我在 DerbyCon 的闭幕式上做了一个关于“追捕网络罪犯”的演讲。我回到家，在带女儿去足球训练场的路上，收到了一条可疑的 Twitter 消息。

我知道我在 DerbyCon 上的演讲引起了某些人的注意，因为我在演讲中特别提到了 TDO 黑客组织，而且确保他们的名字会出现在后期的宣传推文中。

其实，我专门要求过 Adrian Crenshaw 和 DerbyCon 主办方不要公布这个演讲视频。我怀疑与 TDO 团体关系密切的人会关注到我的演讲，并想知道我讲了哪些内容。

演讲后没过几天，我收到了一个名为“YoungBugsThug”的神秘人物的推文，如图 19.1 所示。

图 19.1　YoungBugsThug 发布的推文内容

当然，我不知道他是谁。随后我在 Twitter 上收到了他的私信消息，如图 19.2 所示。

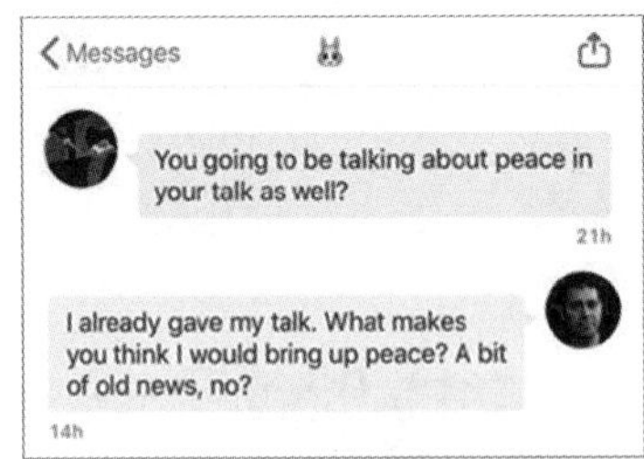

图 19.2　YoungBugsThug 给作者发送的 Twitter 私信消息

为什么他会问我 Peace（“Peace of Mind”）？2017 年以来，Peace 几乎很少现身，这引起了我的注意。我开始调查“YoungBugsThug”，以及他为什么会这样问我。事实证明这是非常有价值的一步。

在进一步讨论之前，我想先补充一些相关背景。

19.2　WhitePacket 是谁

本书中的很多例子都是关于 WhitePacket 和克里斯托夫・莫尼尔的。我提过他是一位安全研究员，并且拥有自己的安全公司 White Packet Security，但我从未真正解释过为什么选择以他为例。

如果你看过官方的 TDO 报告，应该可以明白为什么我认为莫尼尔是 nsa@rows.io，即 TDO 背后的主要人物。下文叙述了我得出这一结论的过程，而这些工作也为确定 YoungBugsThug 的真实身份奠定了基础。

1. 与 Bev Robb 联系

在开篇的致谢中，我向贝弗・罗柏（Bev Robb）表达了我的感激之情。当我发现 cr00k 就是 Hell 黑客论坛最初的管理员 Ping 时，我便开始寻找他以前的伙伴。我联系了那些报道 Hell 论坛的记者，贝弗就是其中之一。

贝弗和我聊了很久，她把我介绍给一个她在论坛上认识的人。他的名字叫克里斯托夫・莫尼尔（Christopher Meunier），也就是 WhitePacket。

贝弗说他是一个非常有才华的白帽，他曾经也是黑帽，但在历经艰辛和困难后退出了。克里斯托夫和贝弗围绕 Hell 黑客论坛及他为什么选择放弃黑帽都有非常充分的交流。幸好，贝弗把他们都救出来了！

克里斯托夫给贝弗讲了一个非常可信的故事，他说他因为公开了 ZIB 木马（一种基于 TOR 的僵尸网络）的源代码而受到 Ping 的死亡威胁。这是一场精心策划的阴谋，克里斯托夫试图把 Ping 的真实身份嫁祸给其他人，且这个阴谋成功了。

贝弗对克里斯托夫的评价很高，因此，当我找到克里斯托夫时，我向他提供了一份网站渗透测试员的工作邀约。通常我在以“陌生人”身份为别人提供工作岗位时，他们会表达乐意和感激，但在我和克里斯托夫聊天的过程中，他表现得非常粗鲁。

下面是我们第一次谈话的关键部分。

VT：你怎么认识贝弗的？

WhitePacket：不好意思，我不想讨论这个问题。

WhitePacket：你在执法部门吗？

VT：在执法部门工作赚不到钱。

WhitePacket：我很抱歉，兄弟，但你的语气听起来要么是在执法部门，要么是白痴，我认为更可能是后者。

VT：为什么这么认为？

WhitePacket：你和你的朋友 NightCat、JasonVoorhees、Hafez Asad 和其他混蛋可以一起滚了。

VT：NightCat?

VT：JasonVoorhees?

WhitePacket：**********

他所不知道的是，仅一个单词就为我打开了整个调查的大门——NightCat。

2. Stradinatras

克里斯托夫没有意识到的是，NightCat 是我曾用过的账户名。事实上，我只在 Exploit.in[1]论坛上用过一次这个别名，与名为 Stradinatras 的用户交流过。

Stradinatras 在 KickAss 论坛上的用户名为 Obfuscation，他的头像是一张白色帽子图片（我猜是因为他想伪装成一个白帽安全专家）。他在 KickAss 论坛上非常强烈地表示不喜欢 Arnie（疑似 TDO 黑客组织的负责人）。

说明

Stradinatras 和 Obfuscation 这两个名字是可以互换的，他公开宣布这两个都是他的用户名，使用的 Jabber 地址都是 obbylord@jabber.de。有趣的是，他似乎多次使用 lord 这个词，如 ObbyLord、DarkOverLord。

我在 Exploit.in 论坛上联系了 Stradinatras。因为我不想让他知道我在 KickAss 论坛上的用户名，所以我用了一个新名字 NightCat。

如图 19.3 所示，KickAss 论坛上有一个特别的帖子，Obfuscation 在帖子里公开抨击 Arnie 和 NSA(@rows.io)，因此，我认为他可能是寻找新线索的最佳人选。

我一点也没察觉到，Obfuscation 和 NSA 是同一个人，他的帖子只是为了转移人们对他的注意力。在向我透露 NightCat 这个的名字时，克里斯托夫犯了一个严重的错误：他暴露了自己就是 Stradinatras 和 Obfuscation，于是我启动了接下来的调查工作。

1 译者注：Exploit.in 是 2007 年上线的一个俄语黑客论坛，总用户数约 3.5 万，模仿 LeakForums、HackForums 等黑客论坛的经营方式。论坛成员在注册前需经审查，并要求一名现有成员做担保。

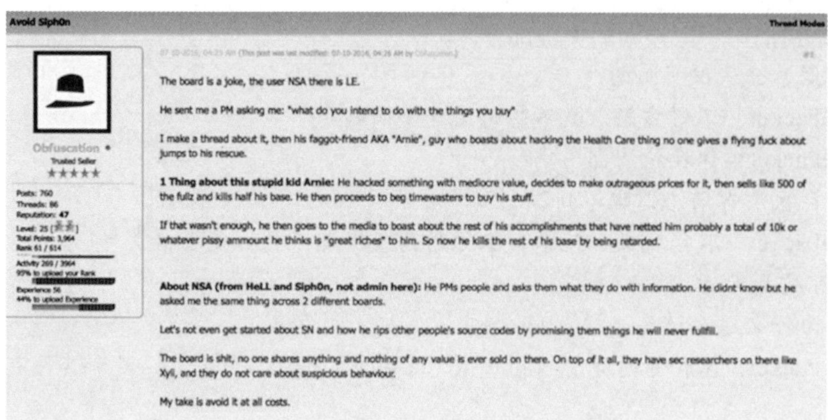

图 19.3　KickAss 论坛上抨击 Arnie 和 NSA 的帖子

3. Obfuscation and TDO

回顾 Data Viper 的日志，我发现了关于 Arnie 和一个名为 Bill 用户的身份的非常有趣的线索。

2016 年 6 月，KickAss 论坛上发布了一篇文章，称一名黑客在暗网上出售 1000 万名患者记录，如图 19.4 所示。这篇文章是黑客 Arnie 和 TDO 黑客组织的第一次现身。

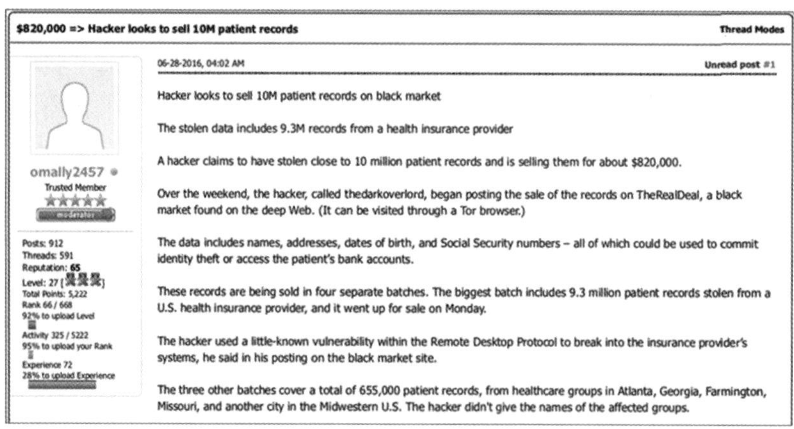

图 19.4　KickAss 论坛上出售患者记录的帖子

这篇帖子的第一个回复来自用户 l00t5，我认为他就是 Arnie，如图 19.5 所示。

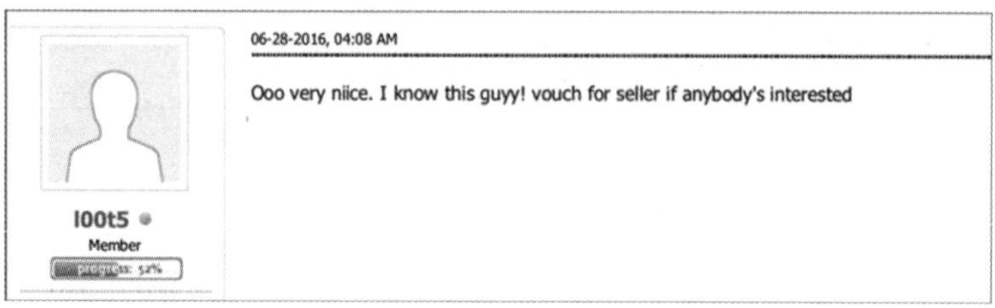

图 19.5　用户 l00t5 在 KickAss 论坛上的回帖

Arnie 为出售他自己的数据找人做担保，这是合理的。接下来，cr00k 也出现了，如图 19.6 所示。

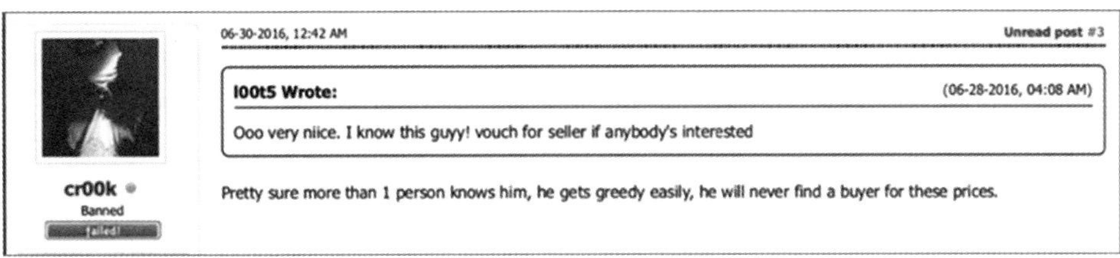

图 19.6　cr00k 在 KickAss 论坛上回复 l00t5

图 19.7 显示了 Obfuscation 和 l00t5 之间的对话过程，Obfuscation 对 l00t5 的回复非常有趣。

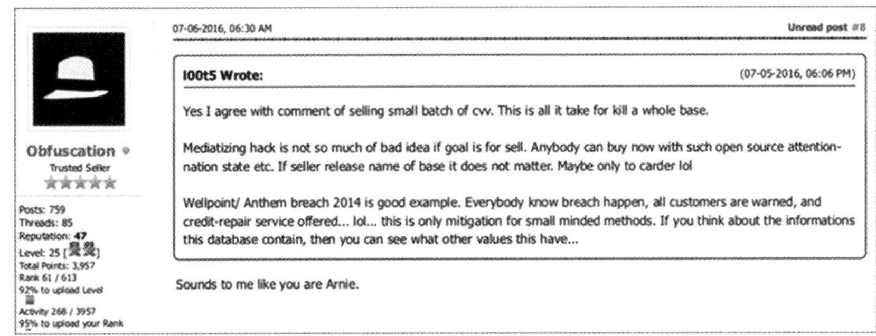

图 19.7　Obfuscation 在 KickAss 论坛上回复 l00t5

“我觉得你就是 Arnie”，Obfuscation 的猜测是对的，他也知道了。

还记得之前把 NightCat 和 JasonVoorhees 相提并论吗？事实证明，JasonVoorhees 就是 Arnie（得益于语言学风格分析的奇妙之处，我才能够在二者之间建立联系）。

 **说明**

在 Facebook Messenger 上的一次私人谈话中，怀亚特透露，Arnie 和 NSA 之间的分裂是皮帕·米德尔顿（Pippa Middleton）黑客攻击的结果。怀亚特被捕并释放后，NSA 变得偏执，认为 Arnie 现在为执法部门工作。这也解释了为什么 Obfuscation（又名 NSA）把 JasonVoorhees（又名 Arnie）称为混蛋。

下面这条回帖是由 l00t5 撰写的，针对 Obfuscation 的猜测，这条回复非常有用，如图 19.8 所示。

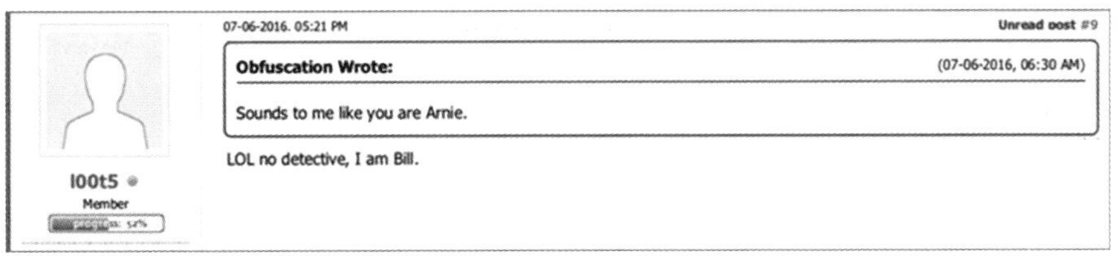

图 19.8　“l00t5”针对“Obfuscation”的回帖

从这段对话中可以看出，l00t5（又名 Arnie）和 Obfuscation 彼此非常熟悉，可以互相指责对方。在我看来，l00t5 故意使用 Bill 这个名字，因为他知道这个名字对 Obfuscation 具有特殊意义。

也许 l00t5 知道那是他的真名吧!

4. Bill 是谁

前面我提到过克里斯托夫·莫尼尔和贝弗·罗柏进行了多次长时间的对话，她保存了这些对话记录，我有幸也获得了这些信息。下面是一段看似随机的对话，贝弗要求克里斯托夫提供截图，如图 19.9 所示。

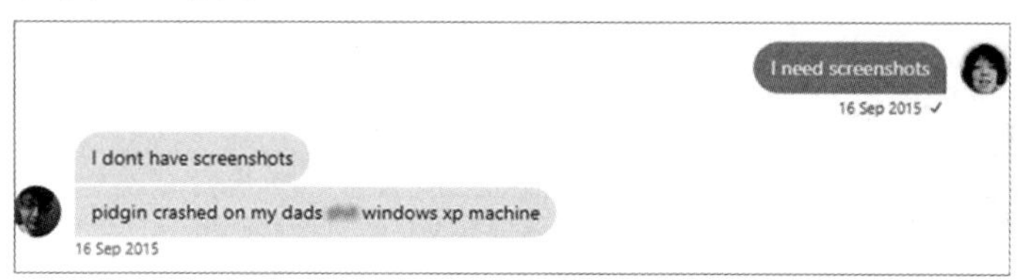

图 19.9　克里斯托夫和贝弗的部分对话

其中重要的细节是克里斯托夫在使用他父亲的 Windows XP 机器运行 Pidgin[1]。图 19.10 所示为第二天 Chris 从他正在使用的计算机中粘贴的一些代码的截图。

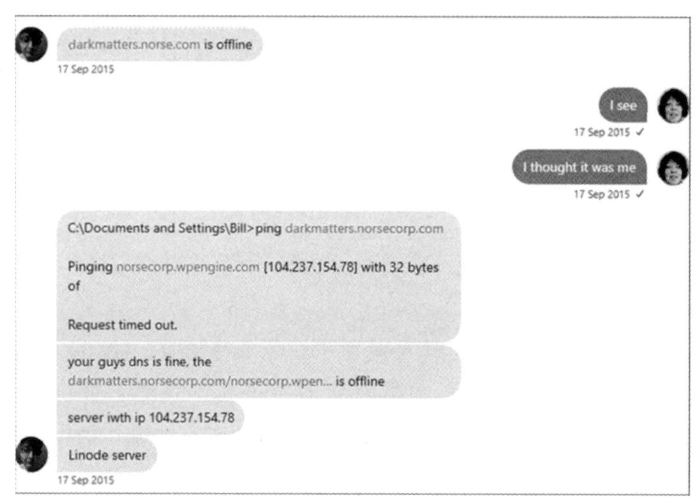

图 19.10　克里斯托夫和贝弗的另一部分对话

一些观察仔细的人可能会注意到克里斯托夫计算机的用户名是 Bill。鉴于克里斯托夫多次提到他在使用他父亲的计算机，因此可以大胆猜测他父亲名叫 Bill（比尔）。

1 译者注：Pidgin（前称 Gaim）是一个跨平台的即时通信客户端，可以在 Windows、Linux、BSD 和 UNIX 操作系统中运行，支持多个常用的即时通信协议，让用户可以同时登录不同账户。

5. Bill 到底是谁

威廉·米诺（William Meuneur）是克里斯托夫的父亲。更有趣的是，Bill 与加拿大的一家网络安全公司有关联。克里斯托夫之前的 LinkedIn 页面显示他在一家私人网络安全公司工作。他承认是使用父亲的计算机与其他人进行沟通的。

说明

还有大量其他证据将这些用户名联系起来，这些都可以在关于 TDO 黑客组织的官方报告中了解到。我只是想表明所有结论并不是仅基于这一条信息得出的。

获得这些背景信息后，可以回到关于 YoungBugsThug 的故事了。

19.3 YoungBugsThug

我们已经知道了克里斯托夫是谁，以及为什么一直在谈论他。现在让我们回到神秘的 YoungBugsThug（简称 YBT）。在我们的谈话中，YBT 问我是否曾经使用过 Dr.X 这个用户名，如图 19.11 所示。

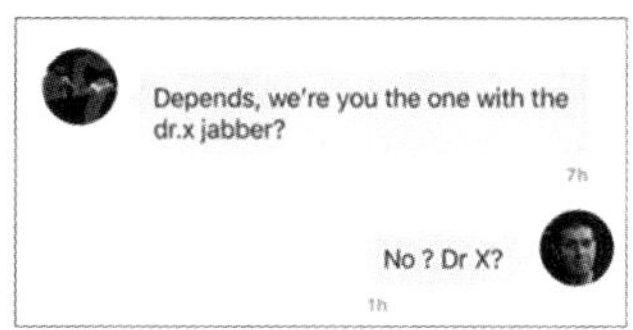

图 19.11 YBT 与本书作者的部分对话

老实说，我从来没有用过这个名字。这并不是我所关注的，因此，直到第二天我才注意到这件事。

这次他解释了他对我提问的原因。因为里面牵涉其他人，我在这里不能透露具体细节。简单地说，YBT 关于我是否就是 Dr.X 向一个特定的记者求证。现在第三个相关人物出现了，我可以联系他来确认身份。

我问了这个记者，并提到了 Dr.X。我解释说，我知道这个人是谁，并问记者是如何认识他的。

记者没有说太多，只是说提到 Dr.X 的人用了他的真名。

这时我已经知道我在和克里斯托夫对话了。当我问这个人的真名是不是克里斯托夫时，记者证实了我的猜测。

1. 我是怎么知道克里斯托夫的

在我们的谈话中有几件事提醒了我，第一件事是 YBT 试图让我相信他是 Dennis K（又名 Ping）。他会说：“你是怎么找到我的？”

基于我和他的交谈，我不相信他会说那样的话。他最不愿意做的就是承认他认识一个叫 Dennis 的人，更别说承认他就是 Dennis 本人了。

对我来说，真正重要的线索是谈话的语气。有一次，通过 Signal 发短信，我感到一阵寒意，因为他的语气让我毛骨悚然。他会简单陈述一下，然后马上说出我的名字。那种语气咄咄逼人，就像有人试图显露自己的统治地位一样。他反复这样做，好像要陷害我一样。图 19.12 所示为作者与 YBT 的部分短信聊天记录。

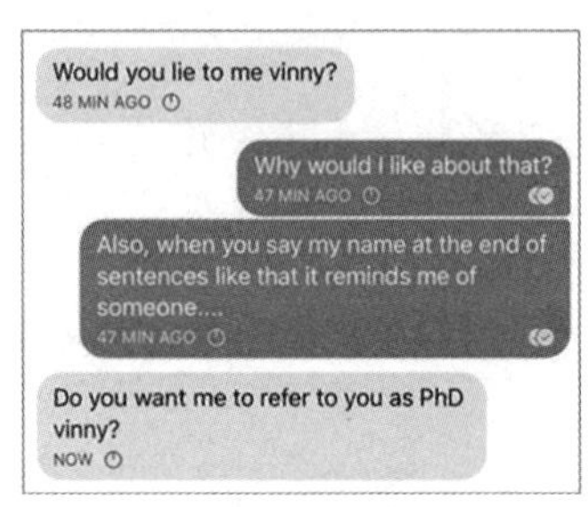

图 19.12 作者与 YBT 的部分短信聊天记录

TDO 的做法完全如此。

这种感觉很难描述。有时他和我会进行一次起初很正常的对话，但突然他说的下一句就能把人打回现实，让你真正意识到你在和谁打交道——一个需要在各方面都感觉比你优越的人。毫无疑问，这种优越感在他身上应显尽显。

下面是与 TDO 的部分对话内容。

TDO：你们这些白帽都是白痴。

TDO：没人会在你的网站上放 Xen 漏洞的，文尼（Vinny）。

TDO：从此以后，你需要放弃你承认过的对我们的“迷恋”。这样不健康，文尼。我们都很担心你。

很多威胁行为者都知道我是谁，知道他们在直接跟我对话，但从来没有人叫过我的名字。有人可能会说，这种针对我的行为只是一个巧合。

下面是节选的 TDO 和一个叫 James 的第三方之间的私人对话。

TDO：我们理解你的沮丧，詹姆斯（James）。也许联邦调查局搜查你是因为你向我们泄露了情报。

J：只有波戈（Pogo）和我妻子知道 FBI 询问礼品卡的事。

TDO：你的意思是，詹姆斯，你知道她有名字。

J：是的，我在推特上说过。

J：礼品卡的事情，别小题大做。我妻子刚刚提醒我。

TDO：贾斯汀（Justin），你帮了我们大忙，我会给你一些数字货币。

J：你真正亏欠的是那些医生和病人。

TDO：詹姆斯，你跟太多局外人交流了。

J：你是世界上最古怪的人。

TDO：换一个身份你会很开心的，兄弟。

J：不，我不会。

TDO：詹姆斯，你已经变得很烦人了。我们认识的那个有趣可爱的人呢？

看来 TDO 的语气是相当一致的。

另外，我还发现了一条具有锦上添花效果的线索。

2. 和 Mirai 僵尸网络有关系

2019 年 1 月，英国一家法院判处 TheRealDeal 暗网市场的所有者/管理员丹尼尔·凯（Daniel Kaye，又名 BestBuy、Poporet）两年八个月监禁，原因是他连接并使用了 Mirai 物联网僵尸网络。多篇文章称，Mirai 恶意软件于 2016 年 10 月首次在网上发布，当时 Kaye 是众多下载该软件源代码的人员之一。

2019 年 3 月，ZDNet 的网络犯罪记者 Catalin Cimpanu 发布了关于 Kaye 和 Mirai 僵尸网络的推文。推文中说，警方截获了 Kaye 与其他两个 Mirai 僵尸网络同谋对话的 Skype 日志，其中一个名叫克里斯托夫，如图 19.13 所示。

图 19.13　ZDNet 的网络犯罪记者发布的推文及 YBT 的回复

有趣的是，YBT 居然问 Catalin Chris 是不是加拿大人。

因为我没有看到截获的信息，所以没有任何确凿的证据表明克里斯托夫（NSA/TDO）是 Skype 日志中讨论的那个人。我初步判断的依据是我们提到的克里斯托夫，也是 TheRealDeal 市场（别名 Peace of Mind）的管理员，该市场的所有者是 Daniel Kaye。他们俩的合作历史很长，可以追溯到 Hell 论坛。

以下是丹尼尔（又名 whereami）和克里斯托夫讨论与 BestBuy 合作的一段对话。

whereami: BestBuy 躲开了。

whereami:就像在英国一样，面临着这么多的指控。

whereami:我发誓他是 TheRealDeal，或者他们逮捕了 TheRealDeal，没收了我所有的钱。

whereami:不管怎样，我们 3 个都被坑了。

whereami:假设 TheRealDeal 不是 BestBuy，那意味着他在一年前被捕了。

whereami:那案子就封存了。

YBT 和我最终将谈话转移到 Signal，他向我提供了几个备受瞩目的数据库，以换取关于 Daniel Kaye，以及关于他是否会被引渡到美国的机密情报，特别是封存的起诉记录，如图 19.14 所示。

最后，也是我个人最喜欢的一点，他直言不讳地问我是否认为他会被起诉，如图 19.15 所示。

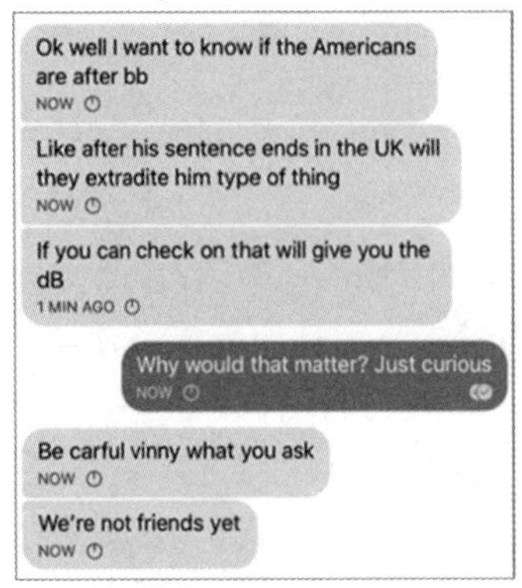

图 19.14　YBT 和作者在 Signal 的部分对话

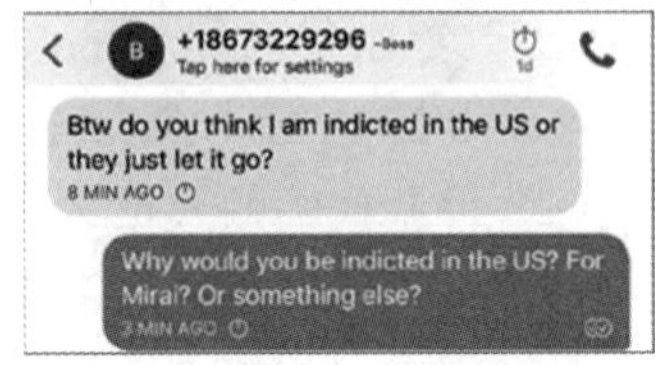

图 19.15　YBT 和作者在 Signal 的另一部分对话

如前所述，考虑到 BestBuy（又名 Daniel）和 Peace of Mind（又名 Chris）之间的关系，此处只是给出一些推测。众多证据表明，他们两人在其他黑客攻击和项目上有过合作。TheRealDeal 令人印象深刻地以数百万美元的“退出骗局”而告终，这只是这些项目中最大的一个。

你如果碰巧认识能查到丹尼尔·凯伊（Daniel Kaye）的聊天记录的欧洲刑警组织的人，我希望这些信息能帮助他们找出克里斯（Chris）是谁。

3. 为什么这个发现会如此惊天动地

有件事让我觉得不对劲。在图 19.16 中，YBT 似乎在继续讲述为什么我相信 Ping 是 Peace of Mind。

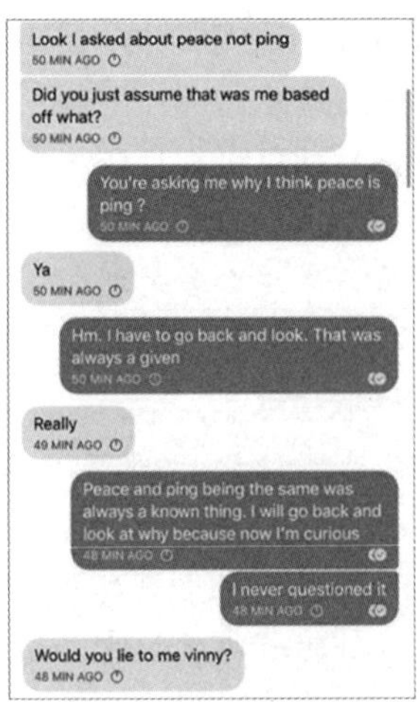

图 19.16　YBT 和作者部分聊天内容

我想了很久才意识到一件真正重要的事情：我从来没有质疑过 Peace 和 Ping 之间的联系。我不记得到底在哪儿读到这篇文章的，也不记得我最初为什么会产生这种联想，但据我所记得的内容，我读过的大多数文章和报道从未质疑过 Peace 和 Ping 的联系。

回顾时，我没有找到任何将这两者联系起来的证据。这次对话之所以如此重要，是因为在此之前，我都默认 Peace 和 Ping 是同一个人。

事实证明，我错了。

这就像一个巨大的巴掌打在脸上。为什么这么久以来我一直认为这两个人是有联系的？我甚至询问了一些在其他安全研究公司的朋友，问他们是否清楚两个用户名是相互关联的，但没有人能在他们的记录中查找到任何信息。

4. 质疑一切

当回顾所有的证据时，我更容易把 Peace of Mind 和 NSA 联系起来，这也一并解决了关于别名的一些其他问题。如果不是因为 YBT 担心我在演讲中透露的内容而联系我，我会继续相信 Peace of Mind 其实是 Dennis K（Ping），而不是 Chris。

这两个人有这么多共同的别名，从法律的角度来看可能并不重要，只是代表他们之间的联系错综复杂。从研究的角度来看，这段经历教会了我非常宝贵的一课——总是要质疑一切。

永远不要依赖于假设，不管这些信息多么详细，也不管有多少人（或安全研究人员）告诉你同样的信息。如果自己不能将所有的信息联系起来，就不能假定这是真的。

19.4 建立信息流

大多数情况下，我会使用各种别名与威胁行为者沟通。某些威胁行为者即使知道你的真实身份也会与你交谈。这有很多种解释，但很大可能是因为你掌握了他们想要的信息。

过去的半年里，我几乎每天都在和威胁行为者 Russian（又名 Ping、cr00k、NSFW）交谈。我第一次找他的时候就向他透露了我是谁，并把克雷布斯（Krebs）的文章作为跟他谈话的借口，因此他起初就知道我的真实身份。

随着时间的推移，我们建立了牢固的关系。毋庸置疑，他愿意一直跟我交流，是为了频繁打探我所掌握的情况，而且一有机会就给我提供虚假信息。他跟其他高级威胁行为者一样（他绝对算其中的顶级），为了使这些虚假信息看起来更逼真，需要在其中掺入大量的真实信息。

可以想象一下，如果从我们刚开始交流的那一刻起他就只对我撒谎，我就再也不会相信他说的任何话了。如果他连续几个月给我提供一些不那么重要的（但有效的）信息，那么他就可以编造一些与他相关的虚假信息，我则倾向于会相信它们。

一旦这样的联系建立起来，就会为我们带来可观的信息流，这简直是一个搜集他的圈子之外的威胁行为者组织信息的绝佳方法。他越是不关心那些人（或者那些人离他越远），他就越有可能完全敞开心扉，告诉你他知道什么。

如果你能让他们对某个话题产生兴趣，那么他们就会和多数人一样，在交谈最激烈的时候透露很多重要的信息。考虑到威胁行为者之间脆弱的人际关系，通常很容易在他们不和的情况下找到这些信息，甚至以此来煽风点火。

1. 利用黑客的内部纷争

另一个同样重要的策略是利用威胁行为者之间幼稚的争论，但需要耐心等待它们最终出现的时机。威胁行为者们在一些情况下会试图达成合作关系，但在你发现之前，可能有人已被惹恼，整个团队便开始互相报复。

这是一个火上浇油的好机会。许多威胁行为组织在 Discord 和 IRC 频道中都有身影，只要你对其进行持续监视和记录，应该能够在关键信息被删除之前发现这些活动。

下面是最近发生在 GnosticPlayers 和其他几个人之间的内部纷争的一段对话：

Sleepy：顺便说一句，Momondo，我知道你是谁。我会让你的嘴闭上，因为我真的不喜欢闭上我的嘴。

AmIEdgyEnough：@UnPirlaACaso 谁知道可能还是他。

UnPirlaACaso：不，哈哈。

AmIEdgyEnough：你可能不会。

UnPirlaACaso：我怀疑 popo 会关心他，他生活在第三世界，他不知道什么是 FBI，也不知道类似的东西，哈哈哈哈。

AmIEdgyEnough：哈哈哈哈。

UnPirlaACaso：FBI 可能根本找不见他，他们会问地球上有这个国家吗？我会为了这句话去找他吗？哈哈哈。

AmIEdgyEnough：捧腹大笑。

liff：你刚刚说过你的伙伴生活在第三世界。

UnPirlaACaso：这不是秘密。

Sleepy：他总是在公共场合说，所以我怀疑这是不是一个问题，哈哈。

liff：好吧。

Sleepy：想要找到 Momondo 并不难，因为他在麦当劳旁边的房子的照片在谷歌上被索引了。

AmIEdgyEnough：如果你让他被捕，那么百分百会有三到四人被捕，哈哈。

Sleepy：Momondo 已经被捕了，他和 USRS 做了一笔交易。一回来，我就从他那里打听到了所有的细节。

AmIEdgyEnough：是的。

Sleepy：关于恩克莱（Nclay），我要说的就是他永远都得担心会被判入狱。这就够了。

AmIEdgyEnough：不，他不会的，自闭症有它的好处。

Sleepy：你是自闭症患者吗，Photon?

AmIEdgyEnough：还有法国的司法系统。

Sleepy：Poshmark 知道你有自闭症吗?

AmIEdgyEnough:@Sleepy，让他们知道吧。看看会发生什么。

从这次对话中可以搜集到很多信息，就我的目的而言，最有趣的部分是关于波什马克（Poshmark）的。因为我已经知道 Russian（又名 NSFW）也使用了别名 Photon，并负责攻击 Poshmark（因为他告诉我他是如何做的，并与我分享了一份数据的副本），因此这次谈话将他与一个新的别名 AmIEdgyEnough 联系在了一起。

2. 这些信息都是真实的吗？

在这种情况下，你需要问自己的另一个问题——读到的信息到底是真是假。这些家伙聚在一起创造出虚假的场景并不需要费多大劲；或者更有可能的情况是，两位主角讲述的绝大部分情节都是真实的，只是其中“不小心”混入了一条虚假信息。这条信息已经足够让调查人员远离他们了。

我了解 NSFW 的历史，这是他擅长的领域之一。据我所知，他一直在用这种虚假消息操纵媒体和研究人员。

说明

值得一提的是，这时我和 NSFW 的联系已经完全切断了。就在这一切发生的前几天，在我的 Derbycon 演讲“追捕网络罪犯”被公布后，他与我变得越来越疏远并最终中止了对话。因为我和他一直在用我的真名交流，而且他知道我在同一个 Discord 频道里，所以关于 NSFW 和 Poshmark 的信息有可能是为了我好。

由于没有办法确定，我唯一能做的就是开始问问题。当我这么做的时候，我被告知 AmIEdgyEnough 用下面的信息接近了一个人，几乎预料到了我的反应。

AmIEdgyEnough：顺便说一句，如果有人问我要去哪里，就说我的别名是 Photon 并且我要去读大学了，因此我以后会很少出现。我相信我去的时候大家都会先问你的。
另外，确保在 raidforums 中告诉大家我要离开了。
我的搭档仍然会使用 NSFW 的身份，如果他要求就继续开展黑客活动，但不要告诉任何人 Photon 是我的别名。
如果有人问 Photon 是不是 AmIEdgyEnough，记得说“不”。如果有人说 NSFW 就是 AmIEdgyEnough，记得说“是”，这样人们就不知道我是 Photon，而认为我是另一个人。我可以给你报酬，联系我就行。

上面一段话有点自相矛盾——一方面 AmIEdgyEnough 说 Photon 是他的别名，但另一方面又要求不要告诉别人他的别名是 Photon——但也很明显，AmIEdgyEnough 试图在 NSFW 和 Photon 之间制造一些不同。

令人困惑的是，当你假设 Photon 和 NSFW 是两个人时，实际上是完全说得通的。AmIEdgyEnough 要求这个人撒谎说他不是 Photon，但如果有人问他是否是 NSFW，该人要撒谎说是。谎言是说现在的 NSFW 是他的搭档，而不是他自己。想明白这个问题实在是很费脑子。

3. 寻找其他线索

幸运的是，我还能找到其他线索。AmIEdgyEnough 和我已经交谈过了，他似乎总是想远走高飞，成为难以被调查者追踪的 a*******（网站密码重置提示中的字符串）。

在这一切之后，他显然“嗅到”了我在打听他的情况，并给我发了一条信息，让我不要再打听他的情况，并且永远不要再联系他。

游戏开始了。

有时候，仅仅只和一个人交谈就能给出你想要的答案，即使他们什么都没说。在我们的最后一次谈话中，AmIEdgyEnough 的措辞让我感到非常熟悉，很久都没有听到过了。

XX：来吧，伙计。你觉得我做了什么？或者在你的自恋世界里，你认为人们真的在谈论你？

AmIEdgyEnough：“小小自恋世界”暗示着我传达了自己的重要性。

XX：是的，这正是我所暗示的。

AmIEdgyEnough：然而，这与事实是矛盾的，你一直在问我，而不是我的自恋。

AmIEdgyEnough：好吧，你可以休息了，你知道你和这件事无关，也知道我在害怕谁，或者因此在担心谁。正是那些你正在与之对话的人，看到了这个信息本身。

AmIEdgyEnough：不幸的是，他们让我无法联系到他们。

XX：我现在要专心上课。

AmIEdgyEnough：老实说，你不会因为你的这堂课而让我失去注意力。你那该死的退化大脑记住信息的时间不能超过一天。无论你专注与否都是无用的，因为我说话不像那些整天沉迷于 Discord 的胖子。

XX：你说得对，我只是厌倦了和你说话。

AmIEdgyEnough：这就是为什么你会觉得累，因为你没有能力破译清晰复杂的信息。

AmIEdgyEnough：好吧，如果不是 n，那么你的谈话对象没有任何有价值的信息，除非他们有联系。因此，在这一点上，你可以自由使用你未被充分利用的大脑。

不管这个人是谁，很明显，他试图让自己在交流中显得过于聪明。

这种沟通方式让我想起某个人……这又把我们带回了调查的起点，真是太巧了。

4. 回到 TDO

在本书的前面部分，我提到过有两个不同的 TDO 形象。TDO1（又名 Arnie）是该组织 2016 年的头目，TDO2（又名 NSA@rows.io）是 2017 年至 2019 年的头目。

我从未与 TDO1 有过直接联系（自他 2016 年不再领导这个组织以来），但我读过他的一些聊天记录和论坛帖子。

当 TDO 在 2017 年更名时，他们使用了标准英语并试图对所有的交流进行标准化。这样做可以让不同的人代表群体发声。

在内森与我的一次私人谈话中，他提到 TDO 实际上有三个核心成员——他，一个精通黑客的“小子”，还有一个擅长语言和写作的人。

我与 TDO 的第一次直接接触是在 2017 年 10 月左右。直到今天，我才知道在那天和我交谈的那个人比此后每次交谈的人都要冷静得多。我一直想知道这个神秘的人是谁——我知道不是 Arnie，因为他当时在英国被拘留了。

语言的相似性通常不足以得出任何合理的结论。由于我已经有足够多的证据将 NSFW、Photon 与 cr00k（他是 TDO 的直接成员）联系在一起，所以我认为在 2017 年 11 月 11 日与我交谈的人是 cr00k，这个设想绝不牵强。

5. 解决最后一个问题

当我开始怀疑 cr00k 是其中一个别名为 TDO 的人时，最后一个难题自行解决了：钱去哪儿了？

提取比特币

以下是与 TDO 关于取出他们收入的对话摘录:

1:55 AM TDO 我们去年赚了近 1000 万英镑。
1:55 AM VT 真厉害啊!
1:55 AM VT 你怎么把它兑现?
1:55 AM TDO 我们没有。
1:55 AM VT 好吧。
1:55 AM TDO 这是个大秘密。
1:55 AM TDO 你想看看我们的地址吗?
1:55 AM VT 这不是什么秘密。
1:55 AM VT 我无法想象哪些 BTC 交易所能提供这么多现金。
1:56 AM TDO 我现在就给你看，因为你是个怪人。
1:56 AM VT 没问题。给我看看。
1:56 AM TDO 我们从来没有兑现过。
1:57 AM VT 你没明白我的意思。
1:57 AM VT 如果你不能兑现，那么钱就被卡住了。
1:57 AM TDO 不是的，这就是你不理解的。
2:00 AM TDO 请稍等。请注意，如果需要的话，我会从下面的地址中提取出钱来。
2:01 AM TDO 1EMWwmBJuvES3eb51pNJnjEvD1RgQ7evA
2:01 AM TDO 1 NcgGFPT23KawMMp8vp1TKxV1qEitpPtdk
2:01 AM TDO 让我们从这两个地址开始吧。
2:03 AM TDO 你以为我们没有利润，你错了。

我一直想知道 TDO 是怎么把那么多钱套现的。

再看看 cr00k 的另一个调查提供了非常合理的场景。

如果我的假设是对的，cr00k 就是 Dennis Karvouniaris（Instagram 用户名 dio_the_plug），住在加拿大卡加里。在谷歌上简单搜索一下，就会发现他的父亲是一位杰出的、拿过很多奖的厨师。

搜索卡加里这个地点没有找到任何有用的东西。然而，我学到了另一个非常宝贵的教训：不要忘记连带着你的问题关键词一起搜索，而不是仅仅搜索地址本身。

当我这样做时，我找到了一些非常有趣的信息，如图 19.17 所示。

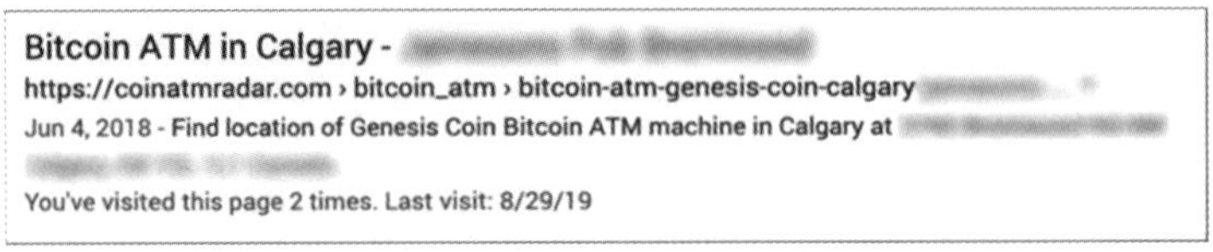

Bitcoin ATM in Calgary -
https://coinatmradar.com › bitcoin_atm › bitcoin-atm-genesis-coin-calgary
Jun 4, 2018 - Find location of Genesis Coin Bitcoin ATM machine in Calgary at
You've visited this page 2 times. Last visit: 8/29/19

图 19.17 搜索问题中的实际地址的部分信息

该地点配备了自己的比特币自动取款机。还有比这更好的匿名方式来取走“辛苦挣来”的勒索钱财吗？

我不知道这个组织是不是通过这种方式提取勒索收入的，以及他们是否使用数字货币混淆或有其他方法。我只是觉得这是个有趣的巧合。

19.5 小结

本章重点介绍了我与不同威胁行为者的直接沟通经历，解释了为什么有必要在调查过程中直接与他们接触：有时候，需要把他们引出来；另一些时候，可以让他们彼此对立，挑起或加剧他们之间的内部冲突。

在整个过程中我了解到，威胁行为者出于恐惧和自我保护会在不知不觉中泄露与自己身份相关的重要线索。无论用什么方法与他们沟通，一定要对他们所透露的信息持怀疑态度，质疑他们提供的任何信息。

第20章 破解价值 1000 万美元的黑客虚假信息

有时候一觉醒来，完全意想不到的事情就发生了。

我本以为这本书就此完成了，然而新的事情发生了：GnosticPlayers，一个因一系列备受瞩目的黑客攻击事件而臭名昭著的组织，决定对他们参与的一场涉及 1000 万美元的加密货币的盗窃案件进行公开。

这是前所未见的认罪事件，该组织的头目 Nclay 决定为自己的罪行忏悔，公开宣布他参与了攻击 GateHub 的行动。

可接下来发生的事情同样令人意外：该组织成员之间的紧张关系导致该组织在 RaidForums.com 上搜集并整理的私有数据库（后来被称为 leaktober）被公开泄露。该组织曾经窃取的这些价值极高的数据库包含数十亿用户账户、密码和其他私人信息，都被突然公布在网上且可以免费下载。

Nclay 继续在公共论坛上表达他的不满，似乎每一个新的帖子都暴露了一点他更多的隐私信息。GnosticPlayers 不仅承认了自己的罪行，而且突然决定参与对话访谈，公开他和他的合作伙伴的真实姓名和身份。

很快，该组织的两名成员公布了他们的完整档案，该组织的头目 Nclay 放弃了别名，改用真名称呼自己。

在这种困惑和兴奋交织的气氛中，该组织高层中一个与我相知甚熟的人向我透露，他是一名安全研究员和调查员。大概一年之前遭 GnosticPlayers 攻击的受害者雇佣他，要求潜入并调查 GnosticPlayers 以揭露 Nclay 的真实身份。显然，我们是站在同一战线的。

他很快开始向我提供他发现的信息，这些信息似乎都证实了该组织成员发布的关于其真实身份的信息。

这简直太神奇了！所有罪行看似都来自两个生活在法国的男孩，而这一切都归功于该组织头目的精神状态不稳定。

最终，在 2019 年 10 月 28 日，Nclay 显然因为对自己的罪行和公开背叛朋友的行为感到懊悔，所以决定结束自己的生命。

故事讲完了。犯罪情况被查清了，数据被曝光了，臭名昭著的黑客永远消失了。

这都是鬼扯。

一年多来，我与 GnosticPlayers 的所有成员单独交流，逐渐了解了每一位成员及其个性，以及成员之间的互动。我相信整个事件都是精心策划的，就是为了让安全研究人员和执法人员沿着一条非常清晰的道路找到错误的嫌疑人。

此外，Gnostic 的所有数据库都未被泄露。虽然泄露范围很广，但泄露的大部分都是较老的信息。像 Quora、Epic Games（Fortnite）等较新的数据库都未流出，很可能是因为其仍然非常有价值。我也完全不相信 Nclay 自杀了。

我所相信的，也是我打算在本章中展示的，即这些事件是由一个人精心策划的，这个人不仅是 GnosticPlayers 组织的一名极端低调的成员，而且也是本书前几章中讨论的 Ping 身份的策划者（以及 Dimitri Barbu 的塑造者）。

20.1 GnosticPlayers

2019 年 2 月左右，GnosticPlayers 这个名字在 Dream Market（一个暗网交易市场）上初次亮相并出售几个有名的数据库，其中包括 MyFitnessPal、MyHeritage、EyeEm、8fit 和 WhitePages。

该组织的第一次拍卖就涉及出售将近 10 亿条被盗数据记录，而这只是“第一轮”。

在我首次正式接触 GnosticPlayers 组织之前，我已经和这个团体的成员交流了好几个月。在接下来的半年中，又有 5 个新被盗的数据库被出售。

该组织由两名核心成员组成：Nclay 和 DDB（还有第三个成员 NSFW，稍后公布）。Nclay 是黑客，DDB 是卖家。

数据出售是组织成员之间内部关系紧张的结果。根据我和两名成员的谈话，Nclay 决定背叛 DDB，卖掉他所有的知名数据库。

以下是 Nclay 发给我的信息。

outtofreach: DDB 黑掉了所有的东西，追求荣誉和名声，但实际上并不是。

outtofreach: 因为他把自己没有做过的黑客行为揽到自己的头上，长期以来参与洗钱。

outofreach: 他现在觉得自己很好。

第一轮数据库在 Dream Market 上出售后不久，特洛伊·亨特（Troy Hunt）的网站 HaveIBeenPwned 上分享了其中几个数据库。该网站说明，有消息称这些数据库是由 Kuroi'sh 或 Gabriel Kimiaie-Asadi Bildstein 提供的。

与此同时，Nclay 的个人信息被泄露给包括我在内的一小群人，把他称作 Kuroi'sh 或 Gabriel Bildstein。

 说明

加布里埃尔·比尔德斯坦（Gabriel Bildstein，又名 Kuroi'sh）是一名知名黑客，此前因在 Vevo 网站上破坏 *Despacito* 和其他几个 YouTube 音乐视频而被法国当局逮捕。

2019 年 4 月左右，特洛伊·亨特得到了印度电商网站 Bukalapak 的泄露数据。然而

HIBP 网站表示，“有人向 HIBP 提供了数据，要求将其归因于‘Maxime Thalet’”。

几个月后，Maxime Thalet-Fischer 被认为就是 Nclay 的搭档 DDB。

组织内的冲突持续了好几个月，最终 Gnosticplayers 在 XRPchat.com 论坛上公开发帖，Nclay 承认自己入侵了 GateHub，并参与盗取 1000 万美元的加密货币，如图 20.1 所示。

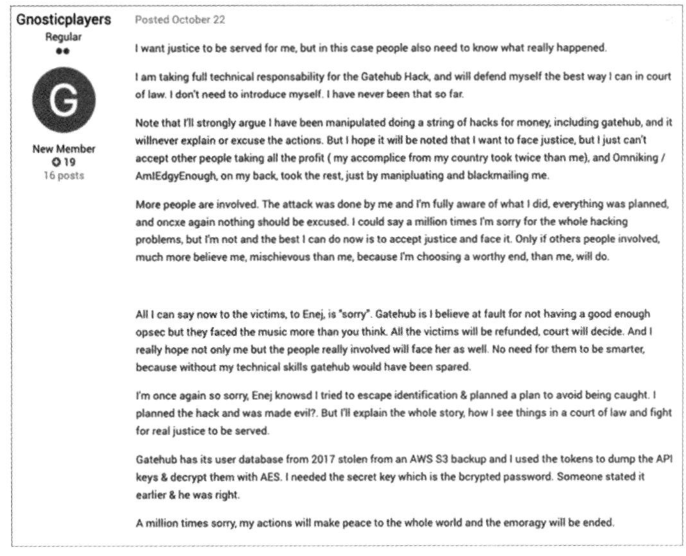
Gnosticplayers
Regular
New Member
19
16 posts

Posted October 22

I want justice to be served for me, but in this case people also need to know what really happened.

I am taking full technical responsability for the Gatehub Hack, and will defend myself the best way I can in court of law. I don't need to introduce myself. I have never been that so far.

Note that I'll strongly argue I have been manipulated doing a string of hacks for money, including gatehub, and it willnever explain or excuse the actions. But I hope it will be noted that I want to face justice, but I just can't accept other people taking all the profit (my accomplice from my country took twice than me), and Omniking / AmIEdgyEnough, on my back, took the rest, just by manipluating and blackmailing me.

More people are involved. The attack was done by me and I'm fully aware of what I did, everything was planned, and oncxe again nothing should be excused. I could say a million times I'm sorry for the whole hacking problems, but I'm not and the best I can do now is to accept justice and face it. Only if others people involved, much more believe me, mischievous than me, because I'm choosing a worthy end, than me, will do.

All I can say now to the victims, to Enej, is "sorry". Gatehub is I believe at fault for not having a good enough opsec but they faced the music more than you think. All the victims will be refunded, court will decide. And I really hope not only me but the people really involved will face her as well. No need for them to be smarter, because without my technical skills gatehub would have been spared.

I'm once again so sorry, Enej knowsd I tried to escape identification & planned a plan to avoid being caught. I planned the hack and was made evil?. But I'll explain the whole story, how I see things in a court of law and fight for real justice to be served.

Gatehub has its user database from 2017 stolen from an AWS S3 backup and I used the tokens to dump the API keys & decrypt them with AES. I needed the secret key which is the bcrypted password. Someone stated it earlier & he was right.

A million times sorry, my actions will make peace to the whole world and the emoragy will be ended.

图 20.1　Nclay 发帖承认入侵 GateHub 等罪行

与此同时，同一个人开始泄露 GnosticPlayers 被黑的几个数据库，并在流行的数据库转存网站 RaidForums.com 上免费提供。Nclay 在 Raid 论坛上向其他黑客表达了他的不满，并将他的合作伙伴 DDB 的名字公开，即 Maxime Thalet-Fischer。

经过 4 天的喋喋不休和混乱之后，消息越传越厉害，说 Nclay 对发布信息和泄露数据库感到非常懊悔，所以他自杀了。

真是个悲剧。在我们分析这些说法之前，先看看关于这个黑客组织及行为的背景信息。

别担心！事实上，Nclay 并没有死，他活得很好，甚至在本章后半部分奇迹般地卷土重来，并告诉我们他是如何黑进这些网站的。

1. GnosticPlayers 黑过的网站

以下是被 GnosticPlayers（Nclay/DDB）入侵的网站列表。这只是我所知道的一部分，并非其入侵网址的详尽列表。

- 500px
- 8fit
- 8Tracks
- Animoto
- Armor Games
- Artsy
- Avito
- BitMax
- BookMate
- Bukalapak
- Chegg
- ClassPass
- CoffeeMeetsBagel
- Coinmama
- Coubic
- Cryptaur
- DataCamp
- Dubsmash

- Edmodo
- Epic Games（Fortnite）
- Estante Virtual
- Evite
- EyeEm
- Fotolog
- GameSalad
- GateHub
- Ge.tt
- GfyCat
- HauteLook
- Houzz
- iCracked
- Ixigo.com
- Jobandtalent
- Legendas.tv
- LifeBear
- Mindjolt
- Moda Operandi
- MyFitnessPal
- MyHeritage
- Onebip
- PetFlow
- Pizap
- PromoFarma
- Quora
- Roadtrippers
- Roll20
- ShareThis
- Storenvy
- StoryBird
- StreetEasy
- Stronghold Kingdoms
- Taringa
- Wanelo
- WhitePages
- Wirecard.br
- Xigo
- Yanolja
- Yatra
- YouNow
- YouthManual
- Zomat
- Zynga

2. Gnostic 的黑客技术

黑掉这些网站的方式是 NSFW 向我透露的，Nclay 也证实了这一点。这个方法也得到了几家被攻击网站的证实。

这种攻击方式简单但极其有效：将攻击目标锁定在开发人员身上，使用回收凭证登录他们的 GitHub 账户。他们会在开发人员的 Git 存储库中搜索 AWS 密钥或类似的凭证。一旦有了密钥，他们就可以登录到公司的系统，拿走想要的数据。

虽然 Gnostic 的这种方法看起来像凭据填充/账户接管攻击，但其中特别有趣的是他们是如何登录这些 GitHub 账户的。以下是 Nclay 和我在 Twitter 上的一段谈话内容，他慷慨地解释了他的攻击过程，使得读者有机会在本书中一窥端倪。

VT：你是如何在不被 OAuth 锁定的情况下登录那些 GitHub 账户的？

VT：我认为不能仅仅使用用户名/口令登录 API，否则人们就会暴力破解它。

Nclay：参见“第一资本黑客”（CapitalOne）的案例。

Nclay：GitHub 因疏忽大意而被起诉。

Nclay：用户名/口令在整个 GitHub API 中一直都管用。

VT：太神奇了。

Nclay：在 Gatehub 黑客攻击之后，他们尝试加入一个设备验证步骤。

Nclay：但是 API 仍然允许我登录。

Nclay：我并未仅局限于 GitHub，但这很有趣。一旦你知道这样的缺陷存在。

Nclay：请看 Zomato 的黑客故事。

Nclay：再看看 8tracks 的黑客故事。

Nclay：我能成功黑了 GitHub，主要归功于 GateHub。

VT：你是怎么攻破 GitHub API 的？只是用 Python 脚本？

Outofreach：我自己的 PHP 脚本。

Outofreach：小回路。

Outofreach：只需要 curl up user: pass 就可以了吗？

Outofreach：我用的是我的私人数据转存。

Outofreach：我单独入侵了 Canva 后，就能黑掉 Gatehub 了。

Outofreach：CURL -u user：pass http://api.github.com/user

Outofreach：-k-L

Outofreach：只需要在解析完 Json 后将其输出到一个文件中（可以使用参数 jq 在一个通道中完成）。

说明

验证这一点非常容易，截至 2019 年 12 月，这仍然适用于 GitHub。要验证这一点，只需在命令行中运行以下命令:curl-u username: password http://api.github.com/repos -k -L。如果凭证是有效的，你将可以查看用户的私有 GitHub 存储库信息。然后可以使用这些凭证来获取私有存储库。

Nclay 没有提到他是如何绕过 GitHub 的 IP 地址检查的。为此，可以参考第 2 章中 NSFW 的说法。

"一旦登录，我必须迅速采取行动，以避免 Github 新的机器学习算法对使用新 IP 地址的账户进行锁定，因此，要立即使用 SSH-keygen 添加一个新的公共 SSH 密钥到用户配置文件……"

这是非常有创意的部分。一旦 Gnostic 能够通过凭证填充基于 http 的 API 身份验证来识别有效的开发人员账户，这个组织就会使用 GitHub 的命令行工具（不受 IP 地址验证检查）添加他们自己的 SSH 密钥到开发人员账户。

虽然这不是一个"漏洞"，但 GitHub 配置中的这一疏忽是 Gnostic Players 成功入侵如此多组织的原因，也是"Nclay"认为自己应该被视为"有史以来最伟大的黑客之一"的原因。

既然已经了解了 Gnostic 是如何实施攻击的，下面回到正题。

20.2　GnosticPlayers 的帖子

GnosticPlayers 公开承认自己的罪行让人感到震惊。更令人吃惊的是，这个人还决定公开该组织窃取的许多数据库（使任何人都可以免费下载）。我们将从这里开始分析。

图 20.2 所示为 GnosticPlayers1 在 RaidForums.com 上发布的一篇关于 Zynga 数据库泄露的文章。

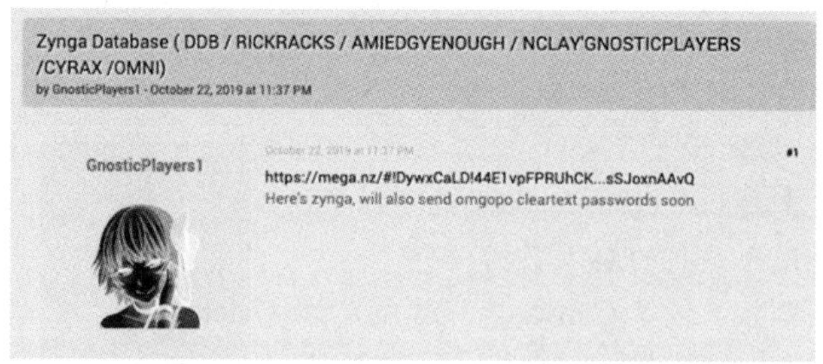

图 20.2　GnosticPlayers1 发布的关于 Zynga 数据库泄露的文章

我认为这篇文章的目的只是为了吸引人们的注意。首先，给出的 Zynga 数据链接是坏的，mega.nz 链接也处于暂停访问状态。

发布这些帖子的人很快就修复了其他泄露数据库的链接，但从未修复 Zynga 的链接。如果发帖人真的想泄露组织的所有数据库，他就会连它一起修复。我认为 Zynga（和其他几个公司）的数据库没有被泄露的原因是，它们仍然太有价值了。

以下是另一位研究人员与 DDB/Bline 之间的个人对话。

bline@jabber.ru：是 GnoticPlayer。

bline@jabber.ru：但不出售它。

xxx：引诱一个兄弟。

bline@jabber.ru：我不会，真的，我永远不会卖出去，没有人会卖。

bline@jabber.ru：我在 fortnite 的时候用过。

xxx：那就黑掉其他游戏账户？然后卖掉它们。

bline@jabber.ru：是。

图 20.2 中的帖子也很有趣，据我所知，帖子中提到的用户包括 RickRacks、AmIEdgyEnough、Cyrax 和 Omni，这些人都与 Zynga 被黑事件无关。

继续看 Gnostic 发布的另一篇帖子，如图 20.3 所示，其中包含了 BitMax 数字货币交易所和 overblog.com 的数据。

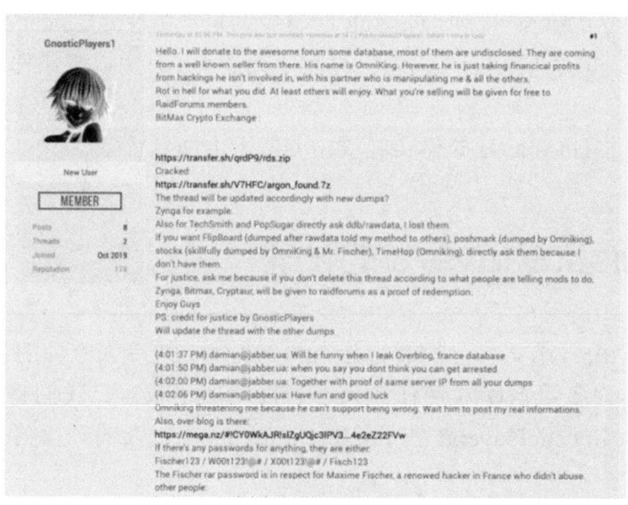

图 20.3　Gnostic 发布的另一篇帖子

这篇帖子最有趣的部分是它包含了大量不准确的信息。这一点很重要，因为发布这条信息的人（据称是 Nclay）应该知道他发布的信息是错误的。如果他想全盘招供，何必故意把明知不正确的信息写进去呢？

那些故意写错的信息对我们更重要。GnosticPlayers1 表示，StockX、Poshmark 和 Timehop 都被 Omniking 入侵了，但实际上它们是被 NSFW 入侵的（这是无可辩驳的）。

我非常肯定地知道，正如我和他之前讨论过的那样，Nclay 知道这一点。因此，最大的疑问是这个人为什么要保护 NSFW？

1. GnosticPlayers 2 出现了

2019 年 10 月 25 日，一个名叫 GnoticPlayers 2 的人出现在 RaidForums.com 论坛，并发布了以下信息：

我写这封信是因为我必须公布真相。现在人们对我这个真正的 GnoticPlayers 有很大的误解。

要了解真相，必须先了解过去。GnosticPlayers 的身份背后不是一个人，而是两个人。写这封信的我，以及开启这场闹剧的 GnosticPlayers 1。为了区分我们，可以叫我 Gabriel，叫 GnosticPlayers 1 为 Nclay，因为这才是我们的真实身份。

我从 2015 年就认识了 Nclay，一直很欣赏他的技术。多年来，我们一直是非常要好的朋友。我们来自同一个国家，在现实生活中见过几次面，彼此之间没有什么秘密，对彼此了如指掌，彼此互相信任。

Nclay 是所有黑客事件的幕后主使，而且都是他一个人做的，但他只知道入侵数据库，不知道如何处理数据库，也不知道如何盈利。我的第一个想法是在黑市上出售数据库，那也是我第一次在 Dream Market 创建了 GnosticPlayers 的身份。

我的想法是卖掉 Nclay 入侵的数据库。他很高兴，也很认可这个主意。他从未拒绝过，只要能够从中拿到变卖后的钱。也是在这个时候，我们加入了 Rawdata/DDB，他的真名是 Maxime Thalet，帮助我们销售数据库，并给我们提供了新的思路。

一切都很顺利，直到 Nclay 突破了 GateHub，偷走了 1000 万美元。在此之前，我们的任何获利都是平均分配的。Nclay 非常慷慨，他给了我和 Maxime 每人 1/3 的钱。我们每人都收到了 300 多万美元。问题就是从这里开始的。

Nclay 花钱很随意，他花光了所有的钱给自己买了 3 辆豪车，还把很多钱分给他的朋友们。但他们并非真正的朋友，只是因为 Nclay 有钱才和他做朋友，而且利用他赚钱。等 Nclay 买了车，把剩下的钱给了他那些虚伪的朋友之后，他就没钱了。他变得贪婪起来，开始后悔给了我和 Maxime 每人 300 多万美元的决定。

他开始要求我们把钱还给他，或者要拿回一大部分。当然，因为他是我们的朋友，我和 Maxime 给了他 50 万美元，但他拒绝接受，他很贪婪，说想要一半，也就是想让我们还他 300 多万美元。我们不接受，他那时很生气，开始对我和 Maxime 进行敲诈和威胁。他以我们的友谊发誓，如果我们不按他说的做，把他的钱还回去，他就会把我们的信息公布于众，要我们的命。

我们没听他的，也没理睬他，因为我们认为他是骗我们的，他不会做这样的蠢事。显然，Nclay 的脑子真的有问题。如前所述，他已经免费发布了所有的数据库，并主动公开我和 Maxime 的身份信息。他把我和 Maxime 说成是他行动背后的主要帮凶，而事实上，在整个案件中唯一的主角是他自己，而不是别人。

他发布了很多虚假信息说他是 Gabriel，但实际上我才是 Gabriel。他在冒充我们，利用我们的身份信息让我们陷入麻烦，以此进行报复。他陷害了所有人，唯独没有陷害他自己。他还公布了许多其他人的名字，这些人根本没有参与这个事件，或者从来没有参与任何攻击行为，他只是为了迷惑大众，传播虚假信息。他的话是不可信的、不真实的。我所说的都是事实，信不信由你。一个病态的骗子说的任何话都是假的，只会试图诬陷他人。

这篇帖子信息量很大。根据这个人的说法，GnosticPlayers 不是一个人，而是两个人。

显然，Nclay 黑了所有的网站，后来他们让 DDB 加入了。如果这人不是 Nclay，那他是谁？我以为这个组织只有两个成员，现在我突然意识到是三个。

如果我们相信这篇文章，那么 Nclay 是唯一黑进 GateHub 并获得 1000 万美元的人，出于严格的道义，他与其他两个合作伙伴分享了大部分的利益。

这些事情，我觉得不合理……

说明

现在真相已经浮出水面，DDB 是 GnosticPlayers2 帖子背后的人，这是说得通的，因为帖子的作者试图与黑客行为划清界限，但与他所说的相反，DDB 攻击了包括 Quora 在内的很多网站。他也没有在后期加入这个组织，他和 Nclay 一直在一起。

2. 神秘的第三个成员

本章提到了这个组织的一个神秘核心成员，我认识他已经有一段时间了，随后他突然成了一个众所周知的安全研究员。以下是我们的一段对话。

whackyideas25: 如果你了解他的同伙，你会发现他们彼此之间不太喜欢。

Argon: DDB?

whackyideas25: 他们会向你提供比预期更多的信息。

Argon: 你觉得那是 DDB 吗?

whackyideas25: DDB 和第三个。

Argon: 等等，谁是第三个?

whackyideas25: 兄弟，你也太不了解情况了吧。

whackyideas25: Gnosticplayers 是主要人物。

Argon: 直到昨天我才开始听说这事，所以请给我点时间。

whackyideas25: 他在 2016 年左右开始与 DDB 合作。

whackyideas25: 他甚至在自己的 Raidforums 上承认了这一点。

Argon: 好吧，但是第三个合伙人是谁? Omni?

whackyideas25: 当他第一次入侵 Dailymotion、8Tracks、Zomato 等公司时。

whackyideas25: DDB 和他取得了联系。

whackyideas25: 几年后，DDB 雇用了 NSFW，他从 DDB 那里学到很多。
whackyideas25: 现在，NSFW 和 Gnostic 发生了一些争执。
Argon: 是啊，我只知道这事。
whackyideas25: 因为在 Gnostic 看来，NSFW 就像一条只知道用自己方法蛮干的水蛭。
whackyideas25: 黑掉 Flipboard、Doordash、Poshmark 等公司。
whackyideas25: 总而言之，这基本上就是 3 人成团。
whackyideas25: Gnosticplayers、DDB 和 NSFW。

3. NSFW/Photon

此时，我知道 Photon（又名 Russian，大多数人将其称为 NSFW，因为他们是一个团队）正在与这个组织合作，但我不确定他是否是一个活跃的成员。

在胡乱猜测之前，不妨先看看 NSFW 对此有什么看法。以下是我与他（以 Russian 身份）在 2019 年 7 月 30 日的一次对话。

Argon:　你说过你卖给了 DDB 一些新玩意儿。
Argon: 有什么是我没有的好东西吗?
Russian: 是的。
Russian: 都是些私人的信息。
Russian: 如果他发现我再卖给你了，那就惨了。
Russian: 因为我们现在是合作伙伴了。

太棒了！NSFW 直接确认了他的搭档是 DDB，还有 Nclay/GnosticPlayers。在本书的前几章中，已了解到 NSFW/Russian 对入侵 Flipboard、Poshmark、DoorDash、MGM、CodeChef、Timehop 等很多网站都负有责任。

4. 针锋相对

一个非常意想不到的转折是，用户 OnSecurity（不知从哪里冒出来的新用户）在 Nclay 的帖子上回应了另一个用户的消息："VINNY TROIA（本书作者），闭嘴！"。

然后，又有一个新用户 K3l0t3x 加入，如图 20.4 所示。

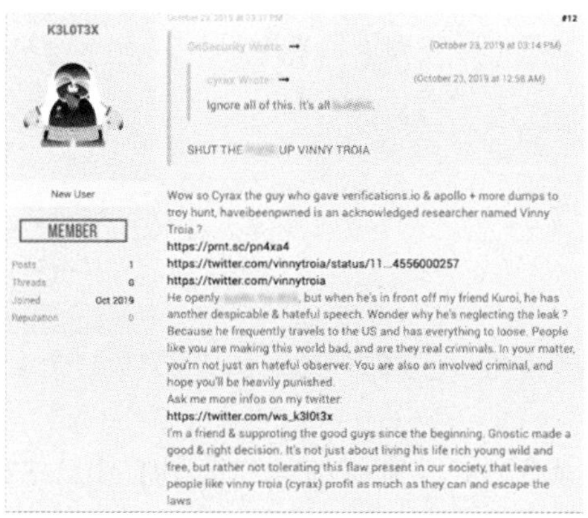

图 20.4　用户 OnSecurity 和 K3l0t3x 的回帖内容

这篇帖子都是胡说八道的，认为我是 Cyrax 的想法是荒谬的（因为我不是）。无论如何，我可以断定这是 Nclay 写的，因为他曾对我说过类似的话。

这篇文章显然是为了吸引我的注意，让我去调查这个新用户。这篇帖子甚至说要通过 Twitter 联系他，所以接下来我们看看他是谁。

20.3 与他联系

既然我卷入了这个小插曲，我决定继续研究下去。这种精神适用于每个调查者，因为还有什么能够比调查一群声称在 XMR 中窃取了 1000 万美元的网络罪犯，来真枪实弹地演练在本书中学到的种类调查技术呢？

我做的第一件事就是回顾一下所有的历史对话日志，从中发现了一些有趣的事情——2019 年 2 月 12 日，NSFW 给我发送了以下关于 Nclay 的记录（就是现在被泄露的那个）。

用户名：Kuroi'sh，nclay，shg_amar，amar_shg，irbl00d
名：Gabriel
姓：Kimiaie-Asadi Bildstein
年龄：19
国家：法国
城市：塔尔贝斯
地址：6 rue Emile Raysse
邮编：65000

电子邮件：
flam6@protonmail.com
carradio@protonmail.com
miraiever@protonmail.com
gaby.tarbes@gmail.com

母亲：
电话：06 08 47 98 50
工作：眼科医生
工作地址：larrey 24 街
城市：塔尔贝斯
邮编：65000
办公座机：05 62 93 29 29/05 62 34 99 93

公司名：拉乌尔 · 比尔德斯坦（MADAME LAURE BILDSTEIN）
建立时间：04-05-1998

街道：41829912900019

电子邮件：laure.bildstein@orange.fr

看来他们已经策划了很长一段时间了。不管出于什么原因，NSFW 就是给我提供虚假信息的人。现在来检查一下我得到的信息。

1. Gabriel/Bildstein 又名 Kuroi'sh

据 Variety 报道，Gabriel K. A. B. 是一名 18 岁的法国公民。他和他的同伙罗索斯（Prosox）因针对 YouTube 上 Despacito 视频的黑客行为涉嫌多项欺诈数据修改罪名被指控。

搜索 Kuroi'sh，可以在 YouTube 上发现大量信息，还可以找到他的 Twitter（@kuroi_dotsh）和 GitHub（github.com/securitygab）页面。

现在 Gabriel/Kuroi'sh 突然“醒悟”了，向世界披露他是 Nclay，而他本应向我坦白。因此，我决定主动联系他。

说明

在这一刻，关于 Nclay 死亡的谣言仍然在传播。如果这个人真的自杀了，他不应该出来回应。

推特用户 Kuroi'sh（@kuroi_dotsh）立即做出了回应。不幸的是，我无法从这个人身上得到更多信息，甚至不确定这个账户是否由 Gabriel 使用。图 20.5 所示为我与用户 Kuroi'sh 的部分对话内容。

如果他真的是 Nclay，他不会这样回复。他知道我是谁，他的英语也好多了。

Gabriel 的官方推特账号是一条死胡同，必须继续调查。

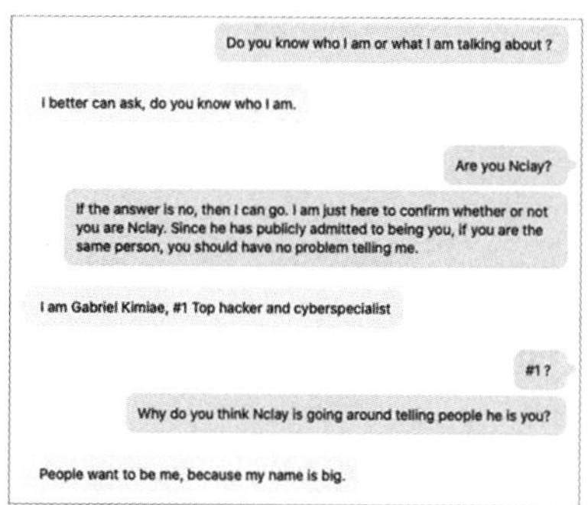

图 20.5 我与用户 Kuroi'sh 的部分对话内容

接下来，Kuroi'sh 的 GitHub 页面引用了他的 Zone-H 入侵网站页面（http://www.zone-h.org/archive/notifier=Kuroi）。正如前面提到的，Zone-H 是一个公布被入侵网站的档案站点。

破坏网站的黑客总是会向他们的朋友炫耀。这种行为本质上是不理智的，因为它成为我们调查的完美起点。

当浏览 Zone-H 的档案时，可以看到 Kuroi'sh 黑掉了数百个网站，所有这些都与以下人有关：

Greetz: Kolotex、RxR、Prosox、General KBKB、Shade 和 Sxtz。

2. 联系他的朋友

接下来我决定在推特上查他的朋友。这些踪迹可以追溯到很久以前，我应该能找到真正了解 Kuroi'sh 的人。我联系了以下几个人：

- Who Am I/k3l0t3x (@ws_k3l0t3x)
- RevSec (@cyb0rg_fs)
- 9-4 Boy (@FuegoLevel)
- Prosox (@ProsoxW3b)
- Chic000 (@Chic000w3b)

说明

坦白说，直到 Chic000 在 Twitter 上给我发了一封邮件，并说“管好你自己的事”之前，我从来不知道有这个人。

RevSec (@cyb0rg_fs)是第一个回应的人，他似乎非常了解 Gabriel。找找图 20.6 和图 20.7 中的亮点。

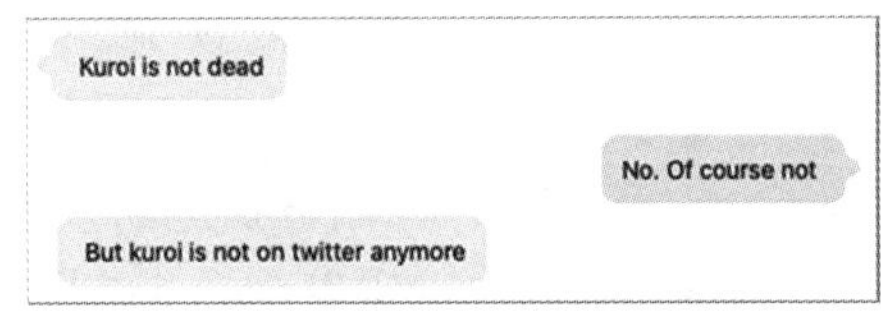

Kuroi is not dead
No. Of course not
But kuroi is not on twitter anymore

图 20.6　作者与 RevSec 聊天的部分内容

I speak with gabriel and prosox and I confirm that the info is wrong. And kuroi speaks french
It's a hater who made the site

图 20.7　作者与 Kuroi'sh 朋友联系的部分内容

现在有一个真正认识 Gabriel 的人，告诉我们目前了解到的信息都是假的。

3. 消灭虚假信息

关于图 20.7 中向他提到的站点，我引用的是一个非常有趣的 WordPress 博客。我想说，无论是谁想出的这个计划，他肯定都花了很多时间和精力来制造虚假信息。

当你想从盗窃数百万美元的加密货币事件中脱身时，你要确保先做好善后工作。

WordPress 博客名为 Nassim AKA Prosox From Morocco，可以在这里查看。

https://prosoxrealnamenassimfrommorocco.wordpress.com。

这个博客的作者想要揭露，Prosox 是史上最愚蠢的黑客。为了使关键词被搜索引擎覆盖，他们甚至创建了一个名为“Kuroi’sh & Friends”的页面。

该页面可以看到据称来自 Kuroi’sh 的对话，最后一篇博文写于 2017 年 3 月 14 日。一切看起来都完全合法，而且年代久远，足以引起合理的怀疑。

其实，这又是个骗局。

4. 用 Wayback 验证

一个 2017 年 3 月上线的 WordPress 博客应该在 Wayback Machine 存档，但是没有。然而，Wayback 捕获了两个 URL，如图 20.8 所示。

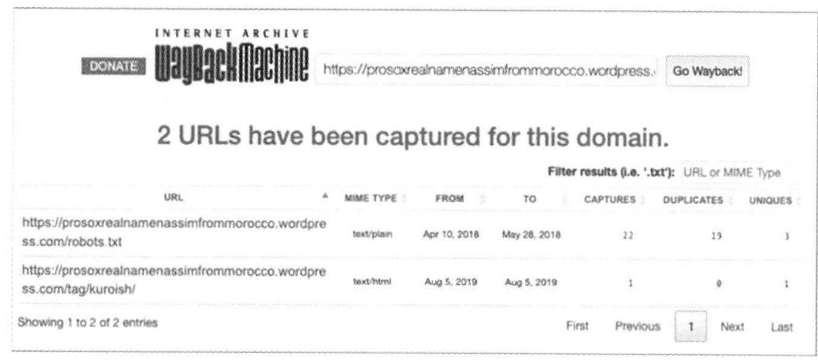

图 20.8　Wayback 捕获的两个 URL 页面

第一个文件是于 2018 年 4 月捕获的 ar.txt。第二个是一个带有 Kuroish 标签的 URL，看起来像 2019 年 8 月发布的。robots.txt 文件是空的，并且没有 sitemap.xml 文件，这使其更不可信。

和大多数 WordPress 网站一样，该网站目前有一个完整的 sitemap.xml 文件，如果这些博客文章真的是在 2017 年发布的，Wayback 肯定会缓存网站的副本。反之，标签很可能是在两年后添加的。

这可以说是假的不能再假了。

绕了这么多弯子，就从这里开始继续联系 Kuroi’sh 以前的同伙吧。

20.4　把信息汇聚在一起

回到 RaidForums，用户 K3l0t3x（简称 Kel）发表了一篇专门针对我的帖子，如图 20.4 所示。我可以肯定地说，是 Nclay 写的，因为写作风格和他一模一样。他甚至在几天前的一次聊天中对我说了一模一样的话。

现在的问题是：他为什么要用 Kel 的名字？发帖人知道我想和这个人说话，所以让我通过推特联系他。

我就此照办了。回帖的人似乎对目前的状况知道得很多，如图 20.9 所示。

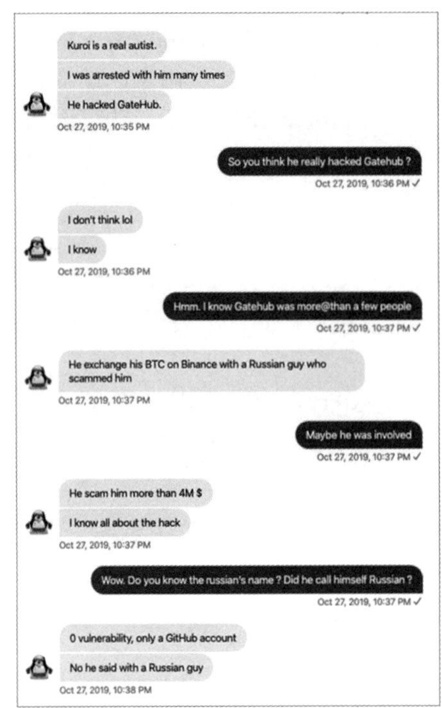

图 20.9　作者与 Kel 在 Jabber 的部分谈话内容

这个人说，Nclay（Kuroi'sh）被俄罗斯人骗走了 400 万美元。这就更能解释为什么他会创造这样一个情节。

为了确保我们谈论的是同一个人，他确认了 Kuroi'sh 的 Jabber 账户为 outofreach，如图 20.10 所示。

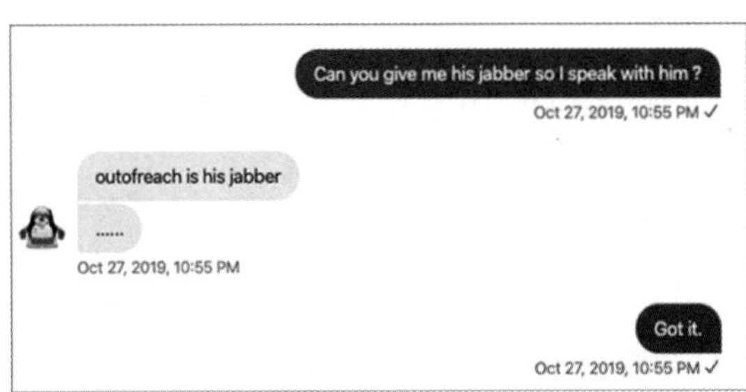

图 20.10　作者与 Kel 在 Jabber 的另一部分谈话内容

Outofreach@jabber.ua 是我一直用来与 Nclay 交流的 Jabber 地址。毫无疑问，不管这个人是谁，他都知道发生了什么，而且似乎在向我证实 Gabriel 是 Nclay。

因为真正了解 Kuroi'sh 的人告诉我这一切都是假的，所以任何试图扩大谎言的人都是谎言背后的策划人员，这不是没有道理的。

1. Data Viper

显然，Kel 是被怀疑的对象。为了找到有关线索，我所做的第一件事便是前往 Data

Viper 查看他的用户名，如图 20.11 所示。

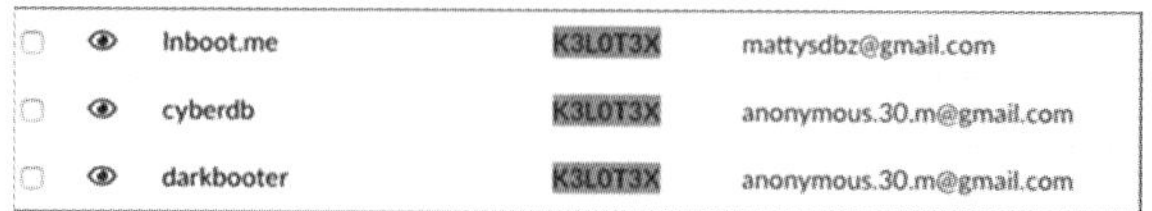

Inboot.me	K3L0T3X	mattysdbz@gmail.com
cyberdb	K3L0T3X	anonymous.30.m@gmail.com
darkbooter	K3L0T3X	anonymous.30.m@gmail.com

图 20.11　Data Viper 中记录的 Kel 的用户名

找到了两个电子邮件地址。从第一个电子邮件地址可以了解一些新的信息，如 anonymous.30.m@gmail.com，如图 20.12 所示。

Username	Email	Password	IP Address
K3L0T3X	anonymous.30.m@gmail.com		
	anonymous.30.m@gmail.com		
	anonymous.30.m@gmail.com		88.169.240.198
K3L0T3X	anonymous.30.m@gmail.com		
HyXaZ	anonymous.30.m@gmail.com	8a517b2cfaf	37.160.158.204
K3L0T3X	anonymous.30.m@gmail.com		
K3L0T3X	anonymous.30.m@gmail.com		

图 20.12　搜索电子邮件地址的部分结果

IP 地址是一个很好的调查点，特别当这些 IP 地址不是 VPN 或代理时。将搜索范围扩大到 88.169.240.198，得到了一些新的匹配，它们似乎都与同一个人有关，如图 20.13 所示。

Username	Email	Password	IP Address
HyXaZ	fibrebooter@outlook.fr	9657f6bf683	88.169.240.198
Mattys	savoiemattys@gmail.com	abbyblue14	88.169.240.198
	anonymous.30.m@gmail.com		88.169.240.198
DzF0x	azerty@hotmail.fr		88.169.240.198
Mattys	savoiemattys@hotmail.fr	abbyblue14	88.169.240.198
Flocon	hyxaz@gmail.com		88.169.240.198

图 20.13　查找 IP 地址的部分结果

这些电子邮件地址和用户名都是有效的，证明我们的调查可以进一步推进。我们还可以看到有一个通用的密码 abbyblue14，利用它能够得到更多的用户名和公共 IP 地址，如图 20.14 所示。

Username	Email	Password	IP Address
	savoiemattys@gmail.com	abbyblue14	
NezertYu	hyxaz@gmail.con	abbyblue14	
Mattys	savoiemattys@gmail.com	abbyblue14	88.169.240.198
	savoiemattys@yahoo.fr	abbyblue14	
	hyxaz@gmail.con	abbyblue14	
	savoiemattys@yahoo.fr	abbyblue14	
	savoiemattys@yahoo.fr	abbyblue14	
NezertYu	hyxaz@gmail.con	abbyblue14	
Mattys	savoiemattys@hotmail.fr	abbyblue14	88.169.240.198
	savoiemattys@yahoo.fr	abbyblue14	

图 20.14　部分电子邮件地址和用户名列表

说明

思维导图工具(Maltego)是将这些联系可视化的好方法,这样就可以在需要时回溯。

在追踪这一长串账户、用户名和密码后，似乎所有的线索最终都指向了两个电子邮件地址：mattysdbz@gmail.com 和 savoiemattys@gmail.com。

根据这些信息，K0l0t3x 的真名是 Matty Savoie。

这似乎太容易了。

2. 相信但核实

我确信，一个能够实施这种程度的欺骗的威胁行为者，必定也拥有很多似是而非的账户来制造迷惑调查者的虚假信息。

现在有了一些与目标相关的账号，让我们看看通过密码重置线索可以搜集到什么。从电子邮件地址 anonymous.30.m@gmail.com 开始，进入重置 PayPal 密码功能后会显示部分电话号码，如图 20.15 所示。

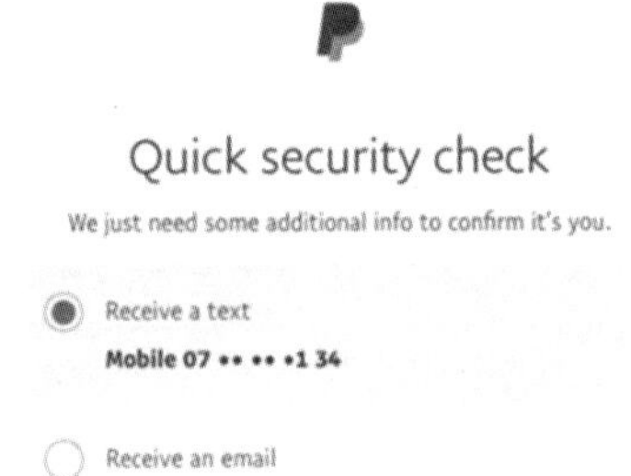

图 20.15　在重置 PayPal 密码功能中发现的提示

接下来，搜索电子邮件地址 savoiemattys@gmail.com 在谷歌密码重置中的信息，会给出不同的提示，如图 20.16 所示。

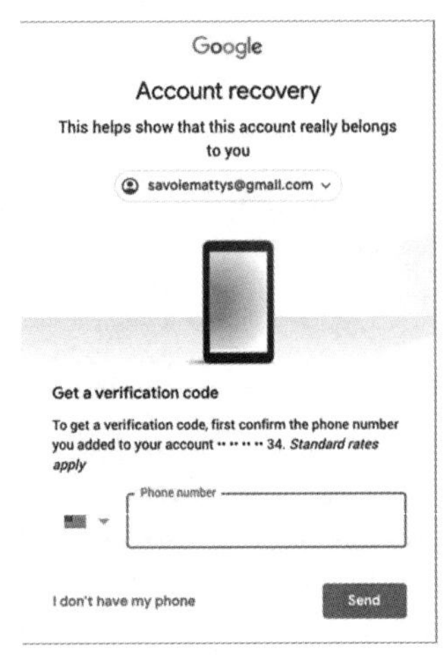

图 20.16　谷歌的密码重置提示信息

我喜欢这个验证方式，因为可以看到电子邮件地址绑定了一个以 34 结尾的活跃的电话号码。该号码很可能与 PayPal 电话验证电子邮件地址中使用的号码相同。

我真正喜欢这个验证方式的原因是，可以用它来验证电话号码是否是正确的。

如果在这里输入一个错误的数字，谷歌会提示但不会向该手机发送验证码。一旦我们有了一个认为准确的数字，需要做的就是回到这里，输入它，看看它是否有效!

PayPal 提供了大量的信息，但是只有 07……134 还不够，还需要继续搜索信息。

3. 域名查询工具 Iris

下一步是看看是否可以找到以该电子邮件注册的域名。域名查询工具在我的搜索流程中是非常重要的，因为它经常能返回与威胁行为者密切相关的信息。搜索 anonymous.30.m@gmail.com，马上就能命中。

域名：Nova-stresser.net
注册人姓名：K***W****
登记组织：
注册人街：30900 *******
注册城市：Nimes
注册州/省：
注册邮编：3*****
注册国家：法国
注册电话：+33.78xxxx34
注册电话分机：
注册传真：+43.xxxxxxx
注册传真 Ext:　　1
注册人电子邮件：anonymous.30.m@gmail.com
服务器名称：Ns1.easyname.eu
服务器名称：Ns2.easyname.eu

现在有了姓名、地址和电话号码，电话号码看起来与 PayPal、谷歌账户的验证信息高度相似。

说明

我给他的个人信息打了码，因为我不知道这个人是否真的参与其中，而且我也并不想“人肉”他。

对电话号码再一次进行搜索，就有了第二个匹配项，如图 20.17 所示。

这时，有一个新的电子邮件地址（keloattacker@gmail.com），以及两个可能的名字，K*** W****和 Ta**** La****，这两个名字都有不同的地址。

用谷歌搜索 Ta**** La****，把我们带到了 LocateFamily.com，如图 20.18 所示。

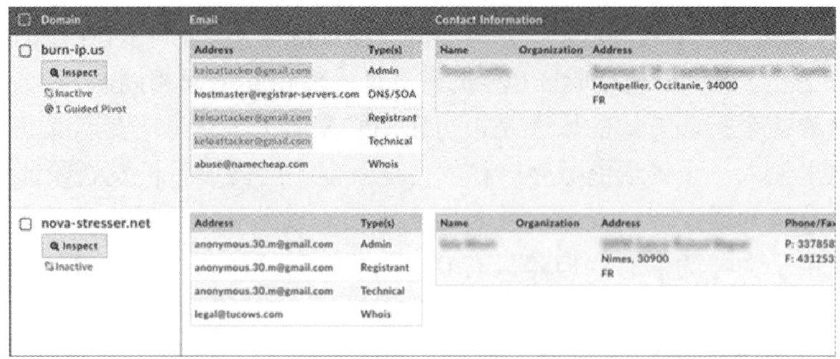

图 20.17　搜索电话号码的匹配结果

图 20.18　谷歌搜索“Ta**** La****”的结果

4. 使用第二个数据源进行验证

即使我付出了很大努力来确保 Data Viper 记录尽可能多的数据，但我仍然知道它不可能覆盖所有的信息。我在本书中多次强调，永远不能仅依赖单一的信息来源，自己的工具也不例外。

weeleakinfo.com 是一个允许任何人查询用户密码或其他个人信息的网站。类似 LeakedSource.com 或 Abusewith 这些已被执法部门强制关闭的旧网站，weeleakinfo.com 允许用户每月支付少量费用就能访问这些数据。这样的网站明显是违法的，但仍然可以提供非常重要的信息。如果有可能就趁早使用它们，因为这些网站一般运行不了太久。

这次，我发现了一个重要的匹配项，如图 20.19 所示。

图 20.19　利用 weeleakinfo.com 网站查询到的信息

网站从 2016 年 hostkey.com 黑客攻击的数据中返回了两个不同的账户，电话号码和电子邮件地址都匹配。因为这是一个网站托管平台，所以账户上的用户名应该是有效的。

现在有了 K3l0t3x 的两个可能的用户名。当然，也有可能这两个用户名都是假的。不管怎样，这个电话号码仍然是合法有效的。

5. 线索的尽头

不幸的是，GnosticPlayers 故事到此结束，我从未想过要把这个组织的成员查个底朝天。虽然其中一个与 GnosticPlayers 密切相关的人曾是 TDO 的成员，但这并不属于我的调查范畴。这件事发生时，我对 NSFW 的归因已经结束了。

至少，我尽了我的一份力，并还原了一个人的身份。在我看来，这个人要么是在该组织内工作，要么是对 GateHub 被黑有足够的了解，能够为找到正确的人提供必要的信息。未来无论哪个机构需要调查攻击 GateHub 的黑客，都可以从这里接手。

老实说，如果我没有被推进这趟浑水，我从未想过把 Gnostic 写进此书。

不过，这确实会令人感到好奇。

Nclay 为什么要故意把我牵扯进来？他知道这会惹恼我，所以这就是他一直以来的计划吗？如果 Nclay 想让我调查 Kel，他用 Kel 的名字引起我的注意是说得通的。

可是为什么呢？

20.5　到底发生了什么

简单的回答是，我不知道。现在我们有了关于 GnosticPlayers 和 GateHub 门户被黑的背景故事，下面是一些潜在的推论。

1. Outofreach

2019 年 2 月 11 日，TheRegister 报道称，一位名叫 GnosticPlayers 的黑客在 Dream Market 上先后 3 次首发了不同的数据库泄露文件。

ZDNet 随后的一篇文章写道："Gnosticplayers 承认了对黑客攻击负责，称自己并不只是一个中间人。"

听起来是不是很熟悉？

大约在同一天，NSFW 向我透露了这个神秘卖家的名字叫 Nclay，是 DDB 的合伙人。这一刻我才知道 DDB 只是卖家，而 Nclay 是黑客背后的黑手。

我联系了卖家（就像 NSFW 预测的那样），他用 Jabber 地址 outofreach@jabber.ua 介绍了自己。

有了这些，我对 Nclay 的第一个推测就是，他是所有黑客攻击的幕后黑手，他也叫 Outofreach。对我来说，一切都是针对我而精心策划的。

2. Kuroi'sh 神奇般地出现了

就好像被心灵感应召唤了一样，Kuroi'sh 在推特上联系了我，用的是 account@kuroi_dotsh

这个账户，这是我先前忽略的一个账户。这一次，他似乎更想谈一谈，并想要我相信他扮演的身份。

老实说，我已经准备结束整个调查了，但他说的一件事引起了我的注意，因为我正在思考它，如图 20.20 所示。

这个自称是 Gabriel/Kuroi'sh 的人似乎对 Nclay 很了解，对话中最重要的细节证实了 Nclay 和 Outofreach（我认为是 Nclay 的那个人）不是同一个人。

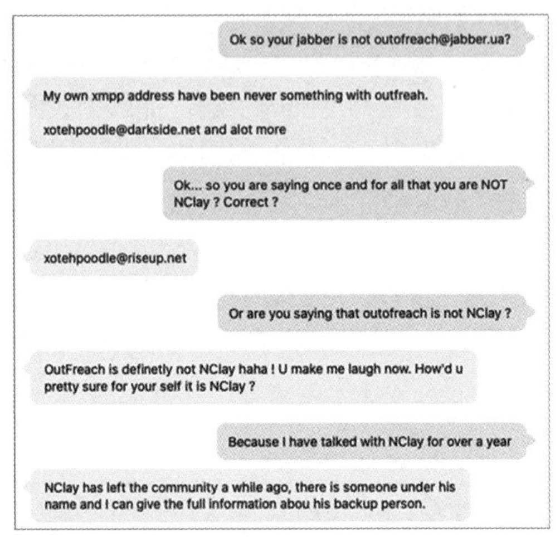

图 20.20　作者与 Kuroi'sh 的推特聊天部分内容截图

3. 我从《迷失》这部剧中学到了什么

《迷失》（*Lost*）一直是我最喜欢的电视剧之一。我特别喜欢这部剧的一点是，你永远不知道该相信谁。看了第二遍之后我突然意识到，之所以很难弄清楚发生了什么，是因为我有一种自然的倾向，认为每个人都在撒谎。

用这个视角重新看这部剧真的很有趣。你很快就会发现本杰明·莱纳斯（Benjamin Linus，剧中最神秘、最令人讨厌的角色之一）从来没有撒过谎。他总是说出发生的事情的真相，但人们就是选择不相信他。

当我第一次追这部剧的时候，我认为“其他人”在所有事情上都在撒谎，这导致我花了很多时间试图弄清楚到底发生了什么，以至于错过了很多明显的事实。

同样的方法也适用于本书中的场景。

现在，有这么多的信息告诉我 Gabriel Nclay 和 Kuroi'sh 是同一个人，我要么继续假设大家都在撒谎，要么就接受事实。

灵感时刻：

我不知道为什么我从来没想过，可能不止一个人在用 Nclay 这个名字。

4. 是谁黑了 GateHub

如果我们相信之前每个人的话，那么是 Gabriel Bildstein（又名 Nclay/Kuroi'sh）入侵了 GateHub 及其他网站。

以下是我与 Russian（又名 NSFW）2019 年 6 月 22 日的部分谈话内容。

Russian: 我听说这次攻击增加了很多新玩家。

Russian: 我最近听说执法部门就此事联系了 AWS、Github 和 Proxyrack。

Russian: 和 Gatehub 的安全研究人员谈过了，他们掌握了该组织的一些线索。

Russian: 他们是 4 个人，配合得很好。

Russian: 看看他们会不会遇到麻烦。

Russian: 这取决于 Gatehub 是否花费了大量资金提起了更多的诉讼。

Russian: 我不想被蒙在鼓里。

Russian: 我和他们在一起有一段时间了，我需要知道发生了什么事情。

Argon: 和谁在一起？DDB/nclay?

Russian: DDB。

Russian: Nclay 是一个****

“NSFW”显然知道谁是攻击 GateHub 的罪魁祸首，并表示是 4 个“新人”。

多么不可思议的巧合，我恰好在 Twitter 上与 4 个陌生人交谈，他们似乎都与 Gabriel、Nclay 及整个事件（K3l0t3x、RevSec、Chic000 和 Kuroi'sh）有关。

5. 破除谎言

如果我们最终相信 Gabriel 与 GateHub 被黑有关，应该先问问自己为什么会知道这些。

答案是：因为一个名叫 GnosticPlayers 的人公开宣布他黑了 GateHub。

下一个焦点问题是，为什么有人会公开承认偷了那么多钱？

答案是：他们不会。

除了公开坦白的那些，我没有发现任何证据表明 GnosticPlayers（又名 Outofreach）对入侵 GateHub 负有责任。

这是谎言。还有比这更好的办法把罪行转嫁到别人身上吗？

现在有如此多的信息将 Gabriel/Nclay 与 GateHub 联系起来，以至于当欧洲刑警组织质问时，他们会毫无疑问地认为 Nclay 就是 GnosticPlayers 已知的那个 Nclay，尤其是当 Nclay 的供词就是来自“GnosticPlayers”这一用户的时候。

突然之间，所有与 GnosticPlayers 相关的 50 多起高调黑客事件都将被其他人指控。

做得非常好。

6. Gabriel 也参与了吗？我的推论

事实是，我不知道，但我的直觉告诉我“不，你有答案”。我是在 2 月份，即大约是在 GateHub 被黑的一个月前，知道“Nclay”这个名字的。6 月，NSFW 明确表示，他知道 GateHub 被黑的幕后主使是谁，并将其归咎于 4 个“新人”。与此同时，他也承认与“DDB”合作，这告诉我他们本可以很容易地一起想出这个计划（甚至连干活都一直在一起）。

6 个人合谋把一桩 1000 万美元的抢劫案栽赃到一个人身上，这合理吗？当然了。这是一大笔钱，而且基于“NSFW”在 TDO 和 Hell 论坛的所作所为，他已经有着长期的将罪行归咎于他人的记录。

Gabriel 承认，在几年前黑掉 Zomato 和 Edmodo 时使用了 Nclay 这个名字，从那以后这个名字就不再使用了。这就为某些人创造了机会，他们通过使用这个名字将其与拥有黑客历史的人联系起来。

7. Gabriel 是 Nclay：另一种推论

每当我回顾与组织成员之间的对话，我就相信 Gabriel 可能就是 Nclay。Gabriel 告诉我的一些事情是不可否认的，这是只有 Gabriel 才知道的信息——包括法国司法部负责处理他的案件的是哪位官员、他的 4 辆车被没收（包括他的两辆兰博基尼），还有大约 180 万美元的比特币也被没收。

另外，他告诉我，当他第一次去警察局的时候，他因为精神崩溃被送进了医院。也许这就是他的计划。

我读了许多威胁行为者之间的对话，他们说 Gabriel 有“精神分裂症”或“躁郁症”（这是他们的说法），而这些医学诊断正使他能够从之前的黑客攻击中脱身。

也许他确实存在健康问题，所以他知道他可以逃避供认全部罪行。

当然，这都只是基于他自己对情况的推测……但他提供的陈词是准确的。

8. 所有信息都指向 NSFW

不管 Nclay 的动机和真实身份是什么，他和 Photon（NSFW）存在潜在的联系是不可否认的。

以下是两位知情人士的私下谈话内容。

Digi：Jimmy 和 Vinny 正在对付 Nclay。

Cyrax：你太傻了。

Digi：好吧。

Cyrax：是我跟 Nclay 说的。

Digi：噢。

Cyrax：Nclay 吓坏了，以为我是 Vinny。

Cyrax：Vinny 和 Nclay 一点关系都没有。

Digi：真的？

Cyrax：100%。

Digi：谁是 rf 论坛上的 Vinny？

Cyrax：Bishop。

Digi：他就是在推特上发布关于 Nclay 信息的人。

Cyrax：我的天呐！

Cyrax：关于那次演讲？

Cyrax：这就是这一切的原因吗？

Digi：是。

Cyrax：太傻了。

Digi：看吧。

Digi：你什么都不知道。

Cyrax：在他的演讲中没有提到任何人的身份。

Cyrax：哈哈。

Digi：因为 Vinny，一切都开始了。

Cyrax：如果是这样的话。

Cyrax：我知道为什么这真的开始了。

Cyrax：他的名字里面有四个字母。

Digi：我对此不太确定。

Digi：Omni?

Cyrax：N S F W。

Digi：哈哈。

Digi：是。

Digi：NSFW 和 DDB。

Cyrax：去他的 NSFW。

Digi：或者你可以叫他 Rawdata。

Digi：或 Photon。

Cyrax：Rawdata 是 DDB。

Digi：我知道。

Cyrax：Photon 是 NSFW。

Digi：所以我说你可以称呼他的任一名字。

考虑到这一切发生的时间，以及“NSFW”向我慢慢披露的这些信息，我不禁怀疑他们是不是同一个人。无论如何，这本书和我的 TDO 报告将提供足够的关于“NSFW”的归因，毋庸置疑，一旦他被拘留，真相就会大白了。

在此之前，这个传奇故事已经为这本书画上了一个完美的（而且非常有教育意义的）句号。

20.6 小结

这是一件令人难以置信的有趣故事。本章的主要结论如下：未经验证，任何线索都不应该被认定为事实。网络罪犯会不遗余力地编造复杂的背景故事来迷惑调查者，特别是当涉及金钱的时候。

如果事情看起来太完美，那它往往不是真的（例如，一个罪犯突然承认偷了 1000 万美元），此定律通常都成立。不要仅仅因为背后有合理的解释，就把奇迹当成事实。

不要相信任何人，应核实一切；但也不要认为每个人都在撒谎！

后　记

在写这篇后记的时候，怀亚特（我认为他是“Arnie”）已经被引渡到美国，而 TDO 的另外两个主要成员也会很快被引渡到美国。

令人遗憾的是，加拿大的司法系统进展得非常缓慢。然而，事情正在发生变化，下面说说我是怎么知道的。

2019 年 11 月 22 日，我收到了一封很熟悉的人发来的邮件。

你知道我是谁。我只能通过 vinnytroia@mailbox.org 这个电子邮件发声，由于你让我的处境如此难堪，你堕落了。

我是来评估你所造成的我还未意识到的损失的。

我非常感兴趣。两天后，我安排了一个时间同他在 Jabber 上用别名“theGoodoldNSA”交流。

TheGoodoldNSA：这是我所知道的。

TheGoodoldNSA：或者我能推断的。

TheGoodoldNSA：你把我的事告诉了联邦调查局和其他人，还有我做的事。

TheGoodoldNSA：你可能认为这是因为我没有和你合作，但是你毁了（或者即将摧毁）别人的生活，这是残忍的。

TheGoodoldNSA：我做了什么严重的事情，导致我会同时被多个机构调查？

TheGoodoldNSA：我也无法逃脱你所说的共谋指控。

TheGoodoldNSA：调查肯定已经开始，我也非常肯定你参与了这件事。

TheGoodoldNSA：出于一些原因，我不能说。

TheGoodoldNSA：那些告诉我的人是受法律约束的。

TheGoodoldNSA：一个我不认为是威胁的人，结果却是最大的威胁。

TheGoodoldNSA：真的有什么不对吗？

TheGoodoldNSA：我只想让你意识到你的所作所为毁了我的生活。

TheGoodoldNSA：我现在唯一想知道的是你为什么要这样对我？

TheGoodoldNSA：我们交谈了很长时间，我表现得像个傻瓜，但这是有道理的，友善是赢不了的。

TheGoodoldNSA：但说真的，你所做的太极端了。

Argon：不管我有没有了解真正的 TDO，这不重要。怀亚特依旧逍遥法外。

Argon：他一直在谈论他训练的那个孩子。

TheGoodoldNSA：我想知道的你都告诉我了。我真希望我现在就能灭了怀亚特，混蛋。

看起来 FBI 好像在审问这个人（根据他说话的风格，我怀疑他是 TDO/NSA/NSFW）。

不管我认为他可能是谁，这个人显然很生气，想知道我为什么要给联邦调查局提供信息。

第二天，我收到了老朋友莫尼尔发来的 WhatsApp 消息。

Chris Meunier：停止玩游戏。

Vinny Troia：我在玩什么游戏？

Chris Meunier：你假装不知道我为什么给你留言。

Chris Meunier：我不是来让你伤心的，我只是想确保我们把所有的事实都弄清楚。

Vinny Troia：有趣的是，两天前的晚上，TDO 给我发了短信。

Vinny Troia：或者和那些家伙有关的人。

Vinny Troia：说我毁了他的生活。

Vinny Troia：现在你又要求我澄清事实。

ChrisMeunier：这让你得出了什么结论？

Chris Meunier：你要做的事是正确的吗？

Vinny Troia：或者有什么事让他突然给我发信息。

Chris Meunier：你在做什么事。

Chris Meunier：涉及我。

Vinny Troia：我有多久没跟你说过话了？6 个月？现在你来找我了。

Chris Meunier：听起来你想让我给你点提示。

Vinny Troia：那会很有帮助的。

Chris Meunier：这牵涉联邦调查局（FBI）。

Vinny Troia：是的，我们是一致的。我跟 FBI 简单谈了一下 Nclay 的事。

Chris Meunier：我知道你跟 FBI 谈过。

Vinny Troia：你怎么会知道我和 FBI 谈过？

Chris Meunier：我们都和 FBI 有联系，好吗？

多么不可思议的巧合啊，我从一个我认为是 TDO 的人那里收到了关于 FBI 和他谈论我的信息，第二天 Chris 给我发了同样的信息。

如果这还不够，下面是我的朋友贝弗发给我的一条 Twitter 消息。显然 Chris 也突然联系了她，看看她是否一直在和 FBI 联系。

多么有趣的巧合啊。一个听起来和 TDO 一模一样的人联系我，然后 Chris 在一天以后联系我并问了同样的问题，这种可能性有多大？

我们该何去何从

我本想写这篇后记，说这个案子已经结束了，但似乎没有什么可以推动加拿大的司法系统。但至少，从这些信息中可以看出有一些变化。

我推测，随着这本书的出版日期越来越近，事情真的会开始加速发展，如果运气好的话，在你读到这本书的时候，这个故事已经全部结束了。

如果到那时事情还没有解决，我怀疑相关的人会试图把尽可能多的责任转嫁到他们的前合伙人身上。

我曾经在黑客论坛上看到过，当黑客开始互相争论的时候会发生什么。真相很快就会大白于天下，并迅速升级为一场混战，每个人都只为自己着想。结果是，每个人最终都在巨大的荣耀中倒下。

现在我想起来了，这可能是执法机构一直以来的计划。

这就是我想要的结果。

致谢

不管怎样，感谢你购买此书。我将几年来的调查工作的心得浓缩在此书中，很感激你有兴趣阅读我追捕网络罪犯的冒险故事。

我在调查 TDO 的过程中遇到了不少挑战，这确实改变了我的生活，重塑了我今后调查活动中的思维过程。如果你想尝试一下我用于解决一路上遇到各类问题的多种工具和技术，我将感到非常荣幸。

这本书的发行也标志着我的 Data Viper 平台正式推出了。它已经成为一个令人惊叹的威胁行为者数据和入侵前后威胁情报的存储库。我很高兴能看到其他组织受益于这个平台，让我多年来为开发这个平台所付出的努力产生了价值，帮助他们对犯罪进行归因，或者利用这些数据在犯罪发生前阻止犯罪行为。

再次感谢你购买我的书。如果你对这本书感兴趣，下次论坛碰面时请告诉我，或者随时在 Twitter 上给我发邮件或短消息。

祝好。